21世纪高等学校计算机类专业
核心课程系列教材

计算机导论

第5版·微课视频版

◎ 袁方 编著

清华大学出版社

北京

内 容 简 介

本书是一本介绍计算机专业知识的入门教材,内容包括计算机发展简史、计算机专业知识体系、计算机中的数据表示、计算机硬件知识、操作系统知识、程序设计知识、软件开发知识、计算机网络知识、计算机系统安全知识、人工智能知识和计算机领域的典型问题等。通过学习本书,学生可以了解计算机发展史中的重要人物和事件,熟悉学习计算机专业应掌握的知识体系和学习方法,从总体上掌握计算机专业的基本知识,聚焦计算机科学技术的最新发展趋势,探索计算机专业领域能解决的实际问题。编写本书旨在帮助学生尽早建立一个完整的计算机概念,构建一个初步的计算机专业知识体系框架,激发其学习与探索计算机奥秘的兴趣,为进一步深入学习专业知识、提高综合素质和能力奠定良好的基础。

本书适合作为高等学校计算机类专业"计算机导论"课程的教材,也可作为非计算机专业"大学计算机"课程的教材。

图书在版编目(CIP)数据

计算机导论:微课视频版/袁方编著.—5版.—北京:清华大学出版社,2024.5(2024.9重印)

21 世纪高等学校计算机类专业核心课程系列教材

ISBN 978-7-302-66261-7

Ⅰ.①计… Ⅱ.①袁… Ⅲ.①电子计算机-高等学校-教材 Ⅳ.①TP3

中国国家版本馆 CIP 数据核字(2024)第 096483 号

责任编辑:闫红梅 张爱华
封面设计:刘 键
责任校对:申晓焕
责任印制:曹婉颖

出版发行:清华大学出版社
   网   址:https://www.tup.com.cn,https://www.wqxuetang.com
   地   址:北京清华大学学研大厦 A 座 邮 编:100084
   社 总 机:010-83470000   邮 购:010-62786544
   投稿与读者服务:010-62776969,c-service@tup.tsinghua.edu.cn
   质量反馈:010-62772015,zhiliang@tup.tsinghua.edu.cn
   课件下载:https://www.tup.com.cn,010-83470236
印 装 者:艺通印刷(天津)有限公司
经 销:全国新华书店
开 本:185mm×260mm 印 张:19.75   字 数:479 千字
版 次:2004 年 8 月第 1 版 2024 年 5 月第 5 版   印 次:2024 年 9 月第 5 次印刷
印 数:16501~26500
定 价:59.00 元

产品编号:101710-01

第5版前言

本书第 5 版出版时,距离第 1 版出版已有 20 年的时间,经过多次修订完善,不断充实新内容,新版本越来越受到老师和同学们的欢迎,第 4 版出版以来,连续 4 年被清华大学出版社评为年度畅销图书,4 个版本总计发行近 20 万册。

一如既往,为能及时反映计算机领域的最新进展,特别是为能及时反映物联网、大数据、人工智能、区块链等新兴计算机技术的最新发展,保持教材内容的新颖性,我们对第 4 版进行了认真的修改和完善,形成了现在的第 5 版。

为了适应新发展,我们对章节结构进行了适当的调整,由第 4 版的 9 章变为第 5 版的 11 章,新版各章主要内容如下。

第 1 章 计算机发展简史。系统介绍了电子计算机的诞生与发展简史,包括代表性机型、重要事件、重要人物等;介绍了计算机的发展趋势、计算机的分类、计算机的特点、计算机的应用领域等内容;简要介绍了中国的计算机发展;补充了超级计算机的发展、大型计算机的发展、量子计算机的发展、国产 CPU 芯片的发展、ChatGPT 介绍等新内容。

第 2 章 计算机专业知识体系。根据 2022 年 7 月发布的最新版《工程教育认证标准》和《普通高等学校本科专业类教学质量国家标准》,介绍了计算机专业学生应具备的素质和能力,计算机科学与技术、软件工程、网络工程、信息安全和物联网工程 5 个计算机类专业的知识体系和主要课程的基本内容,实践教学体系对计算机类专业的重要作用。充实了主要课程内容介绍。

第 3 章 计算机中的数据表示。对计算机中的进制、不同进制数据的相互转换、数值型数据的表示、字符型数据的编码表示、汉字的编码表示、图像与声音数据的采集与表示等内容进行了系统介绍;对机器数的编码形式、浮点数的表示进行了更为详细的介绍。

第 4 章 计算机硬件知识。系统介绍了中央处理器、内存、外存、输入设备、输出设备、主板、总线等;充实了 3D 扫描仪、3D 打印机、GPU 等内容的介绍;补充了复杂指令集(CISC)、精简指令集(RISC)、流水线技术、并行处理技术、多核计算机、多处理器计算机、机群系统、M.2 接口固态硬盘等内容。

第 5 章 操作系统知识。系统介绍了操作系统的形成与发展、操作系统的特征、操作系统的功能等内容,Windows 10 的 BIOS 和 UEFI 两种启动方式,常用操作系统及其各自的性能特点。更加突出了操作系统的发展主线:不断提高 CPU 等硬件设备的利用率,进而整体提高计算机的性能。

第 6 章 程序设计知识。介绍了程序设计语言从机器语言到汇编语言,再到结构化程序设计语言、面向对象程序设计语言的发展历程；介绍了近几年得到广泛应用的 Python 语言；强化介绍了算法、数据结构、编译原理知识对高质量程序设计的支持，通过实例展示了算法优劣对程序执行性能的影响以及线性结构、树形结构和图状结构的实际应用。

第 7 章 软件开发知识。介绍了计算机系统软件、应用软件、关系数据库、数据库设计、软件工程的基本原则、软件开发方法、软件开发过程等内容；补充了敏捷开发方法、微软过程等近几年流行的软件开发方法；充实了分布式数据库、区块链、大数据管理、数据仓库、数据挖掘等内容，给出了完整的区块链应用示例。

第 8 章 计算机网络知识。系统介绍了计算机网络的定义、发展历程、分类、拓扑结构、功能和应用、传输介质、传输协议、连接设备等内容；介绍了互联网的发展、IP 地址和域名、互联网接入方式和服务等内容；物联网介绍扩充为一节的内容，包括物联网的定义、物联网系统的构成、物联网的应用等内容，给出了物联网应用实例。

第 9 章 计算机系统安全知识。介绍了目前计算机系统常见的安全威胁及常用的反病毒技术、反黑客技术、防火墙技术、入侵检测技术、数据加密技术、安全认证技术；介绍了应严格遵守的网络安全法等相关法律法规与职业道德；充实了相关法律法规与职业道德内容。

第 10 章 人工智能知识。系统介绍了人工智能的定义、研究目标、发展、人工智能研究的不同学派以及给经济社会发展带来的机遇与挑战等内容；简要介绍了博弈、定理自动证明、自然语言处理、计算机视觉、语音识别、智能机器人、自动驾驶汽车等应用领域现状；补充了搜索方法、逻辑推理方法、机器学习方法等人工智能实现方法和人工智能伦理等内容。

第 11 章 计算机领域的典型问题。介绍了哥尼斯堡七桥问题、哈密顿回路问题、中国邮路问题、汉诺塔问题、旅行商问题、NP 完全问题、生产者-消费者问题、哲学家共餐问题等，并强化与计算机领域的图论、算法复杂性、并发控制等问题的联系。

从第 1 版开始到现在的第 5 版，我们编写本教材一直追求的目标是体现广、中、新、易、趣、思 6 个特点，即知识面广、层次适中、内容新颖、通俗易懂、激发兴趣、引导思考，现在的第 5 版继续在这个方向上努力着。

对于教师：第 5 版保持了前 4 版的特色，仍然定位在对计算机专业知识做一个绪论性的介绍。主要目的在于让学生对计算机的历史发展、知识体系及学习（研究）方法有一个总体性的了解，积累计算机概念，培养计算思维，激发学生的学习兴趣和学习主动性。教师讲授时应以提高兴趣、总体了解为主，适当掌握介绍内容的深度。每章除习题外，还设置了思考题。教师可选部分或全部习题留给学生做，并对思考题给予适当的引导启发。

对于学生：本书内容比较全面，涉及的知识点比较多，由于篇幅限制，每部分内容的介绍相对简略。学生可以根据自己的兴趣点，（在教师的指导下）自己借助图书馆、互联网找一些相关文献资料做进一步的阅读、学习和深入思考。争取做到在对整个专业知识体系有基本了解的基础上，在某些方面有较深入的理解和思考。对于习题，要在理解书中内容的基础上去做；对于思考题，应在进一步阅读有关文献的基础上去思考。

为便于教师和学生使用本书，我们制作了配套的电子课件，对主要知识点录制了教学视频。电子课件中配有丰富的素材，使内容的介绍更为形象和生动。

第 5 版是在第 4 版的基础上修订而成的，修订工作由袁方完成。

本书的编写与修订参考了大量的书籍、报刊，并参考了互联网上部分有价值的材料。为此，我们向有关的作者、编者、译者和网站表示衷心的感谢。

王亮博士提供了区块链实例内容，安海宁副教授、倪志宏实验师审阅部分书稿并提出了很好的修改建议，在此表示感谢。

由于涉及内容非常多，虽然各部分内容都经熟悉相关领域的老师审阅，但限于编者水平，书中难免有不妥之处，敬请读者批评指正。

编　者

2024 年 2 月

目 录

第1章

计算机发展简史

虽然电子计算机诞生于 20 世纪 40 年代,但计算工具的发展历史却要漫长得多。众多的科学家、工程师和业界精英为计算工具及计算技术的发展进行了不懈的努力和创造性探索,在研究设计、制造开发、市场营销、企业管理等领域,既有成功的经验,又有失败的教训。学史使人明智,回顾、学习计算机发展历史,从经验与教训中获得启发,无论对于目前的学习,还是日后的学术研究、技术开发和经营管理,都是非常有益的。

1.1 电子计算机的诞生

1.1.1 早期的计算工具

微课视频

现在人们所说的计算机指通用电子数字计算机或称现代计算机,主要由电子器件和电子线路构成,处理的是数字信息,在程序的控制下自动运行。其英文是 computer,在学术性较强的文献中翻译成计算机,在科普性读物中翻译成电脑。现在的计算机已经广泛、深入地应用到经济建设、社会发展、科技进步及人类生活的各个方面,但计算机最初只是作为一种计算工具出现的。

需要是发明之母,计算工具及计算技术是随着人类实践的需求逐步发展起来的。

在远古时代,由于生产力极其落后,人类主要以打猎为生,几乎没有什么剩余的东西,自然也就没有计数和计算的需求。随着生产力水平的缓慢提高,食物及日常用品开始有了剩余,这样就逐渐有了计数和计算的需求,算术逐渐成为人类生产和生活的一部分,人类逐步寻找简单、方便和实用的计算工具。

人类初期的计算主要是计数,人有两只手、十个手指,很自然最早用来帮助人们计数(计算)的工具是人的手指,并且十进制记数法成为人们最习惯的方式。用手指计算虽然方便,但只能完成一些最简单的计算,而且不能保存计算结果。在没有任何文字与数字符号的远古时代,人们慢慢学会了用石子计数,用在绳子上打结的方式来记事和计数。我国古书上有"事大,大结其绳;事小,小结其绳"和"结之多少,随物众寡"的记载。

人类漫长的发展历史中,最早使用的人造计算工具是算筹,我国古代劳动人民最先制作和使用了这种简易的计算工具。在先秦诸子著作中,有不少关于"算""筹"的记载。算筹是用于计算的筹棍,如图 1.1 所示,有竹制的、木制的,还有骨制的,用算筹进行计算叫筹算,算筹在当时是一种方便、实用的计算工具,它可以按照一定的规则灵活地置于地上或盘中。筹算时,一边计算一边不断地重新摆放筹棍,能够进行加、减、乘、除等运算。我国古代数学家使用算筹这种计算工具,使我国的计算数学在当时处于世界上遥遥领先的地位,创造出了非凡的数学成就。祖冲之（429—500,南北朝时期著名的数学家、天文学家和机械制造专家）就是用算筹计算出圆周率 π 的值为 3.141 592 6～3.141 592 7,这一结果比西方早了一千多年。我国古代精密的天文历法等也都是借助算筹计算出来的。常用的成语"运筹帷幄之中,决胜千里之外"中的"筹"指的就是算筹。

随着人类社会的不断发展和进步,要求进一步提高计算速度和计算能力,算筹不适应比较复杂计算需要的缺点越来越明显,算筹被更先进、计算能力更强、使用更方便的新一代计算工具——算盘取代了,这是计算工具发展史上第一次重大的升级换代。算盘有很多种样式,图1.2是一种最为常见的样式。

图 1.1　算筹

图 1.2　算盘

因算盘的主要组成部件是算盘珠,所以使用算盘作工具进行计算称为珠算。"珠算"一词最早出现于东汉数学家徐岳所著的《数术记遗》中（公元 190 年）,距今已有 1800 多年了。算盘与算筹共存了一千多年,经过不断改进和完善,在元朝中后期取代算筹得到广泛应用,它是一种采用十进制的计算工具。在当时看来,算盘轻巧灵活,携带方便,应用极为广泛。在中世纪时期的世界各民族中,算盘是最为普及并和人们的工作、生活密切相关的计算工具。它不但对我国的经济发展和社会进步发挥过非常重要的作用,而且流传到周边的日本、朝鲜及东南亚国家,对世界文明做出了重要贡献,在计算工具发展史上具有重要地位。算盘有两种拼法,一是单词 abacus,二是汉语拼音 suan pan。

现在人们广泛使用的简单计算工具是手掌大小的电子计算器,在这种小巧的现代计算器普及之前,在我国广泛使用的日常计算工具就是算盘,一直持续到 20 世纪 80～90 年代,能够熟练使用算盘是各类商场、商店的售货员及单位的会计等工作人员的基本功,这在一些反映当时生活的电影和电视剧中可以充分见证。像现在普遍开设计算机技术（信息技术）课程一样,相当长一段时间内,我国的中小学和大中专院校的相关专业开设不同层次的珠算课程,要求学生学习珠算技术,即如何使用算盘进行计算。珠算是我国古代的重大发明,被誉为"世界上最古老的计算机"。2013 年 12 月 4 日,联合国教科文组织正式将中国珠算列入人类非物质文化遗产名录。

1.1.2　机械计算机

16 世纪中叶之前,欧洲数学和计算工具的发展是缓慢的,落后于当时的中国、印度、埃及等国。进入 17 世纪,数学和计算工具的发展重心逐渐转移到了欧洲。在欧洲,由于中世纪进入文艺复兴时期的社会大变革,极大地促进了自然科学技术的发展,人们长期被神权压抑的创造力得到极大释放,自由探讨学术问题的气氛空前高涨。其中制造一台能帮助人们进行数值计算的机器,成为自然科学技术发展的一个崇高目标。一位又一位富于智慧与创新精神的科学家、工程师为实现这一伟大目标进行了不懈的努力。虽然受当时自然科学技术总体水平的限制,很多设计方案没能成为现实,但为后来计算机的发展奠定了坚实的基础。

英国数学家约翰·纳皮尔(John Napier,1550—1617)以发明对数而闻名,1614 年他发明了一种能简化乘、除运算的骨质拼条,称为纳皮尔骨条。1620 年,英国数学家埃德蒙·冈特(Edmund Gunter,1581—1626)发明了对数计算尺,利用对数原理,把要计算的数字转换成度量尺的数码,然后对这些数码进行处理,得出计算结果。1624 年,英国数学家威廉·奥特雷德(William Oughtred,1575—1660)也是根据对数原理发明了圆形滑动计算尺。17 世纪中叶以后,出现了带有游标与滑尺的现代型计算尺。当时,计算尺是很流行的计算工具。图 1.3 所示是早期的一种计算尺。

1623 年,德国人威尔赫姆·谢克哈特(Wilhelm Schickard,1592—1635)给出了一个能进行加、减、乘、除运算,并能通过铃声输出答案的计算机(称为"计算钟")的设计方案,这是世界上第一台机械式计算设备,利用齿轮的转动来完成计算。可惜的是,一场大火烧毁了制作过程中的样机模型。

物理学中著名的帕斯卡定律的发现者,法国著名的物理学家、数学家和哲学家布莱士·帕斯卡(Blaise Pascal,1623—1662)为了帮助身为地方税务官的父亲算账,1642 年,在他年仅 19 岁时发明了齿轮式能实现加、减法运算的计算机,称为 Pascaline,如图 1.4 所示。为了纪念帕斯卡在计算机研制上的开创性工作,1971 年,瑞士计算机科学家尼古拉斯·沃思(Niklaus Wirth,1934—2024)将自己发明的一种程序设计语言命名为 Pascal 语言,这是一种很好的结构化程序设计语言,在 20 世纪 80~90 年代曾得到广泛学习和使用。

图 1.3　计算尺

图 1.4　帕斯卡计算机

戈特弗里德·威廉·莱布尼茨(Gottfried Wilhelm Leibniz,1646—1716)是德国伟大的数学家和哲学家,他和牛顿同时创立了微积分。1673 年,莱布尼茨建造了一台能进行加、减、乘、除四则运算的机械式计算机,如图 1.5 所示。莱布尼茨的这台计算机在进行乘法运算时采用进位-加(shift-add)的方法,这种方法后来演化为二进制算术运算规则,被电子计算机的设计者采用。

1777 年,英国的查尔斯·马洪(Charls Mahon,1753—1816)发明了逻辑演示器。这是一个非常小巧的简单机器,能解决传统的演绎推理、概率以及逻辑形式的数值问题,被称为计算机决策与逻辑功能的先驱。

1804 年,法国人约瑟夫·雅卡尔(Joseph M. Jacquard,1752—1834)发明了穿孔卡片织布机,该机器能够根据穿孔卡片上的"信息"自动编织出相应的图案,引起法国丝织工业的革命。雅卡尔织布机虽然不是能进行计算的机器,但它对穿孔卡片输入输出装置的设计开发具有很好的启发作用。基于穿孔卡片的信息输入输出和机器操作（运行）控制方式，对后来计算机的发展产生了重要影响。

1820年，法国人查尔斯·德·科尔马（Charles de Colmar，1785—1870）改进了莱布尼茨的设计，研制出第一台能够实际应用的机械计算机，并生产了1500台。

1847年，英国数学家、逻辑学家乔治·布尔（George Bool，1815—1864）开始创立逻辑代数（也称为布尔代数），1854年出版了专著《布尔代数》（*Boolean Algebra*）。他的逻辑理论建立在两个逻辑值0、1和三个逻辑运算符"与"（and）、"或"（or）、"非"（not）的基础上，这种简化的二值逻辑为数字计算机的二进制数计算、开关逻辑元件和逻辑电路的设计奠定了基础。同为英国逻辑学家的威廉·杰文斯（William Jevons，1835—1882）认为布尔代数是自亚里士多德以来逻辑学中最伟大的进展。注：亚里士多德（Aristotle，公元前384—公元前322，古希腊人）是世界古代史上最伟大的哲学家、科学家和教育家之一，创立了形式逻辑学。

1872年，美国人弗兰克·鲍德温（Frank Baldwin，1838—1925）开始建立美国的手摇计算机工业。这些手摇计算机在1960年电子计算器出现之前，一直是被广泛使用的计算工具。图1.6所示就是一台手摇计算机。

图1.5　莱布尼茨计算机

图1.6　手摇计算机

上面介绍的计算机基本上都属于手动机械式计算装置。除了鲍德温的手摇计算机逐渐变为电动外，英国数学家查尔斯·巴贝奇（Charles Babbage，1792—1871）也取得了突破性进展，使计算机不但能快速地完成加、减、乘、除运算，还能够自动完成复杂的运算，从手动计算工具进入自动计算工具的新时代。

巴贝奇在剑桥大学求学期间，正是英国工业革命兴起之时，当时为了解决航海、工业生产和科学研究中复杂的计算，对数表、三角函数表等数学用表应运而生。这些靠人工计算完成的数学用表尽管给计算工作带来了很大的方便，但其中的错误也很多，巴贝奇决心研制新的计算工具，用机器取代人工来计算这些实用价值很高的数学用表，以保证表中数据的正确。

图1.7　差分机

巴贝奇研制的第一台差分机（difference engine）于1822年完成，以蒸汽机为动力，由多个直立的铜柱组成，每个铜柱上等距离地垂直装配有6个齿轮，每个齿轮对应的字轮上都刻有数字0～9，不同位置的字轮代表十进制数的不同位，通过齿轮彼此间的咬合传动完成自动计算，计算精度达到6位小数，可用于计算数的平方、立方、对数和三角函数等值，如图1.7所示。这台差分机的创新之处：一是有三组字轮作为"寄存器"来存放计算中涉及的数据；二是可以按预先安排好的计算步骤进行一连串的计算，可以看作"程序自动控制"思想的萌芽。

之后,巴贝奇又开始了第二台差分机的研制,其目标是能计算具有 20 位有效数字的 6 次多项式的值。当时该项设计得到了英国议会与政府的资助,他还动用了自己继承的财产。由于当时机械加工技术难以达到设计精度,以及巴贝奇又开始了一个新的研究计划而失去了对差分机的研制兴趣等原因,巴贝奇的第二台差分机研制计划没有完成。

巴贝奇新的计划是研制分析机(analytical engine),参照穿孔卡片原理,巴贝奇在 1833 年设计出了分析机模型。

分析机的创新之处在于它包括了现代计算机所具有的如下 5 个基本组成部分:

(1) 输入装置:用穿孔卡片输入数据。

(2) 存储装置:巴贝奇称它为仓库(store)。该装置被设计为能存储 1000 个 50 位十进制数的容量,它既能存储运算数据,又能存储运算结果。

(3) 资料处理装置:巴贝奇称它为工厂(mill),用来完成加、减、乘、除运算,还能根据运算结果的符号改变计算的进程,用现代术语来说,就是实现了条件转移。

(4) 控制装置:使用指令进行控制,通过程序自动改变操作次序,指令是通过穿孔卡片顺序输入处理装置的。

(5) 输出装置:用穿孔卡片或打印机输出。

巴贝奇先进的设计思想超越了当时的技术水平。由于当时的机械加工技术还达不到所要求的精度,使得这台以齿轮为基本元件、以蒸汽机为动力的计算机一直到巴贝奇去世也没有完成。

英国著名诗人拜伦的女儿埃达·奥古斯塔·洛芙莱斯伯爵夫人(Ada Augusta Lovelace,1815—1852)是一位思维敏捷的数学家,她的母亲也是一位天赋很高的数学家。1842 年在剑桥大学帮助巴贝奇研制分析机时,她对分析机的浓厚兴趣和独到见解对巴贝奇是很大的鼓舞。分析机庞大且超前的设计方案遭到许多人的非议和反对,据说当时只有三个人是巴贝奇的支持者,其中一位就是埃达。

埃达意识到巴贝奇的理论设计是完全可行的,她支持这项工作,帮助改正其中的错误,并建议用二进制存储取代原设计的十进制存储。她指出分析机可以像雅卡尔织布机一样由穿孔卡片上的"程序"控制机器运行,并发现了进行程序设计(programming)的基本要素,还为某些计算开发了一些指令,例如可以重复使用某些穿孔卡片,按现代的术语来说这就是"循环程序"和"子程序"。埃达在她短暂生命的最后 10 年,全力以赴地投入到分析机的研制工作中,甚至在经费困难时不惜典当自己的珠宝来支持巴贝奇渡过难关。

由于埃达在程序设计上的开创性工作,因此被誉为世界上第一位程序员。1975 年 1 月,美国国防部(Department of Defence,DoD)提出开发一种通用高级语言的任务,并为此进行了国际范围的设计招标。1979 年 5 月确定了新设计的语言,并命名为 Ada,用于纪念埃达。

虽然巴贝奇没能亲自把设计方案变成现实,但新型差分机和分析机最终都得以研制成功。经过 16 年的努力,按照巴贝奇的设计方案,瑞典人乔治·舒尔茨(George Scheutz)和学机械工程的儿子在 1854 年建成了世界上第一台全操作性的差分机。在一次实验中,用 8 小时计算出了 31~1000 的对数值。1906 年,在巴贝奇的儿子小巴贝奇的监造下,分析机也得以问世,这台机器能够把圆周率 π 的值自动计算到小数点后第 29 位。

1.1.3 机电计算机

　　构成机电计算机的主要元件是继电器。由于继电器是一种集机械、电子元件于一体的器件,因此以继电器为主要元件的计算机称为机电计算机。

　　由于美国众议院的席位按人口比例在各州之间分配,各州向联邦政府缴纳的税收也和人口数有关,美国宪法规定每10年要进行一次全国人口普查。由于全部是人工统计,1880年的人口普查数据统计工作用了7年时间才完成。随着人口的不断增加,预计1890年的统计时间将会超过10年,这样的人口普查就没有意义了。美国人口普查部门希望能得到一台机器帮助提高统计效率。1886年,美国人口统计局的赫尔曼 · 霍勒瑞斯(Herman Hollerith,1860—1929)博士,借鉴了雅卡尔织布机的穿孔卡原理,用穿孔卡片存储数据,用电磁继电器代替一部分机械元件来控制穿孔卡片,研制出第一台机电穿孔卡系统——制表机(tabulating machine)。这台机器参与了1890年的美国人口普查工作,结果仅用了6周时间就得出了准确的人口总数(62 622 250人),完成全部的统计工作用了1年零7个月的时间。这次人口普查工作完成后,霍勒瑞斯于1896年创建了制表机公司(Tabulating Machine Company,TMC),1911年TMC公司与另外两家公司合并,成立了CTR公司。1924年,CTR公司改名为国际商业机器公司(International Business Machines Corporation,IBM公司),这就是长期占据大型计算机制造业霸主地位的IBM公司的由来。

　　第一位全部采用继电器元件来制造计算机的是德国工程师康拉德 · 祖斯(Konrad Zuse,1910—1995)。早在1934年,祖斯就致力于计算机的研制,他设计的第一台计算机Z-1于1938年完成,这是一台纯机械结构的机器,运算速度慢,可靠性也差。在Z-1完成之前,祖斯就已开始考虑Z-2的设计,计划采用继电器元件,由于受战争及经费的影响,Z-2的研制没有成功。1939年,在德国空气动力研究所的资助下,祖斯开始研制Z-3并于1941年研制成功,如图1.8所示,这是世界上第一台完全由程序控制的机电计算机。Z-3不仅全部采用继电器,同时采用了浮点记数法、二进制运算、带数字存储地址的指令格式等。这些设计思想虽然在祖斯之前已经提出,但祖斯第一次具体实现。

　　1936年,美国哈佛大学应用数学教授霍华德 · 艾肯(Howard Aiken,1900—1973)在读过巴贝奇和埃达关于分析机的设计笔记后,深受启发,提出用机电器件来实现分析机的想法,这就是"马克一号"(Mark-Ⅰ)机电计算机的设想。1944年,得到IBM公司资助的"马克一号"计算机研制成功并在哈佛大学投入运行,如图1.9所示。"马克一号"的另一个名称是"哈佛-IBM 自动序列控制计算机"(Harvard-IBM Automatic Sequence Controlled Calculator)。

图1.8　Z-3计算机

图1.9　"马克一号"计算机

"马克一号"长 15.5m,高 2.4m,由 75 万个零部件组成。它使用了大量的继电器作为开关元件,并且与巴贝奇一样用十进制计数齿轮组作为存储器,它还采用了穿孔纸带进行程序控制,它的计算速度是,每次加法用 0.3s,每次乘法用 6s,运行时噪声很大。尽管它的可靠性不够高,但仍然在哈佛大学使用了 15 年。"马克一号"只是部分采用了继电器,1945—1947 年,艾肯又领导研制成功一台全部使用继电器的计算机——"马克二号"(Mark-Ⅱ)。在计算机发展史上,"马克一号"和"马克二号"均占有一席之地,是机电计算机的代表机型。

1945 年,在"马克二号"的研制过程中,研制人员发现在一个失效的继电器中夹着一只压扁的小飞虫,他们小心地把它取出并贴在工作记录本上,在标本的下面注上了首次发现飞虫故障的实际情况。从此以后,"飞虫"(bug)就成为计算机硬件故障和软件缺陷的代名词,而调试(debugging)就成为排除故障的专业术语,常用的 debug 程序就是一种具有查错、排错功能的调试程序。

艾肯等人制造的机电计算机的主要部件是继电器,继电器比较慢的开关速度限制了运算速度的提高。制造继电器计算机是计算工具发展史上必要的科学尝试,为早期电子计算机的设计制造积累了经验,为电子计算机的发展奠定了理论和实践基础。

1.1.4　电子计算机

20 世纪是动荡的世纪,也是科学技术大发展的世纪。人类掌握了电子技术,分裂了原子,经历了两次世界大战。就是在第二次世界大战的隆隆炮声中,具有划时代意义的计算工具——电子计算机诞生了。当然,现在电子计算机的应用已远远超出了传统计算的范畴,已经广泛应用到人类生活的各个领域,特别是移动互联网、物联网、云计算、大数据、人工智能等新一代计算机技术的快速发展和广泛应用,极大地促进了人类智力解放的进程。

早在 20 世纪 30 年代后期,一些有远见的科学家已经看到了使用电子器件来大幅度提高计算机运算速度的可能性。最早探索研制电子计算机的是约翰·阿塔纳索夫(John V. Atanasoff,1903—1995)。

阿塔纳索夫是美国爱荷华州立学院(现已改为大学)的数学物理学教授。同当时多数计算机设计者一样,他也是由于在求解数学物理微分方程时遇到计算困难而对计算技术产生了兴趣。他从 1935 年开始探索运用数字电子技术进行计算工作的可能性,经过反复研究实验与冥思苦想,提出了电子数字计算机设计方案,并与当时还是在读研究生的克利福特·贝里(Clifford Berry,1918—1963)于 1942 年合作完成了研制工作,将其命名为 ABC(Atanasoff-Berry Computer),A、B 分别取两人名字的第一个字母,C 为 Computer(计算机)的第一个字母,由于所委托律师的疏忽弄丢了专利申请材料,专利申请工作没有完成。阿塔纳索夫的方案是计算机设计中采用电子技术的最早方案,1941 年 6 月,"埃尼阿克"(ENIAC)的设计者莫奇利曾到爱荷华州立学院的实验室参观了接近完成的 ABC,阿塔纳索夫向莫奇利详细介绍了 ABC 的研制过程,莫奇利阅读了阿塔纳索夫关于电子计算机的设计方案与图纸。

1946 年,美国宾夕法尼亚大学的约翰·莫奇利(John W. Mauchly,1907—1980)和约翰·埃克特(John P. Eckert,1919—1995)等人研制成功了电子数字计算机"埃尼阿克",并为此申请了发明专利。1947 年,莫奇利和埃克特从宾夕法尼亚大学辞职后成立了世界上第一家计算机商业公司——埃克特-莫奇利计算机公司(Eckert-Mauchly Computer

Corporation，EMCC）。1950 年，埃克特-莫奇利计算机公司被雷明顿-兰德（Remington-Rand）公司兼并。1955 年，雷明顿·兰德公司与斯佩里（Sperry）公司合并，成立斯佩里-兰德（Sperry-Rand）公司。这样，斯佩里-兰德公司就拥有了电子计算机"埃尼阿克"（ENIAC）的专利权。斯佩里-兰德公司要向其他计算机制造公司收取专利使用费，但一家名为霍尼韦尔（Honeywell）的计算机制造商拒绝支付专利使用费。

1967 年斯佩里-兰德公司与霍尼韦尔公司对簿公堂，斯佩里-兰德公司认为霍尼韦尔公司侵犯了自己所拥有的"埃尼阿克"专利权。霍尼韦尔公司认为斯佩里-兰德公司的"埃尼阿克"专利权是无效的，因为"埃尼阿克"的设计思路源于阿塔纳索夫设计的 ABC。

经过 135 次马拉松式的开庭审理，1973 年 10 月 19 日，美国明尼苏达州一家地方法院判决莫奇利和埃克特的"埃尼阿克"专利无效。判决理由："埃尼阿克"的研制利用了阿塔纳索夫发明 ABC 的构思。

在这场诉讼之前，人们一直认为"埃尼阿克"是世界上第一台电子计算机，法院的判决告诉人们，世界上第一台电子计算机是阿塔纳索夫发明的 ABC。

对于撤销"埃尼阿克"专利的判决，学术界和舆论界分歧很大，支持和反对的人都不少。更大的共识是，ABC 是第一台电子计算机，"埃尼阿克"是第一台通用电子计算机，也是第一台用于解决实际问题的电子计算机。在计算机领域，除了美国计算机学会设立的图灵奖外，还有一个重要奖项，就是美国电气与电子工程师学会计算机协会（IEEE-CS）设立的计算机先驱奖，阿塔纳索夫、莫奇利和埃克特都被授予了计算机先驱奖，肯定了三位科学家各自对最早探索研制电子计算机的贡献。

第二次世界大战中，美国宾夕法尼亚大学莫尔学院同阿伯丁弹道研究实验室共同负责为美国陆军每天提供 6 张火力表，这项任务非常困难和紧迫。因为每张火力表都要计算几百条弹道，而一个熟练的计算员计算一条飞行时间 60s 的弹道需要 20h，借助于大型微分分析仪也需 15min。战争一开始，阿伯丁弹道研究实验室就不断地对微分分析仪作技术上的改进和完善，同时聘用了二百多名计算员，即使这样，也很难满足军方的需要。当时，负责阿伯丁弹道研究实验室同莫尔学院联系的军方代表是年轻的赫尔曼·戈尔斯坦（Herman H. Goldstine，1913—2004）中尉，他入伍前在一所大学任数学助理教授。他的朋友莫奇利这时正好在莫尔学院任教。莫奇利在参观阿塔纳索夫的实验室一年后，1942 年 8 月撰写了一份题为《高速电子管计算装置的使用》的备忘录，它实际上成为第一台通用电子计算机"埃尼阿克"的初始设计方案。这一备忘录曾在莫奇利的一些同事中传看，特别是引起了研究生埃克特的浓厚兴趣，埃克特后来成为研制"埃尼阿克"的总工程师。莫奇利也多次对戈尔斯坦介绍自己关于电子计算机的设计方案，并得到了戈尔斯坦及其上级的大力支持。1943 年 4 月 2 日，莫尔学院向军方提交了一份为阿伯丁弹道研究实验室制造一台电子数字计算机的书面报告并很快获得批准。

1943 年 6 月 5 日，莫尔学院和军械部正式签订了研制计算机的合同，机器被命名为"电子数字积分和计算机"（Electronic Numerical Integrator and Computer，ENIAC，中文译作"埃尼阿克"）。

承担设计制造"埃尼阿克"的莫尔学院研制小组是一个年轻的团队。莫奇利是一位 36 岁的物理学家，他提出了电子计算机的总体设计方案。24 岁的埃克特是总工程师，负责解决一系列困难复杂的工程设计与实现问题。30 岁的戈尔斯坦中尉不仅能在数学上提供有益的建议,而且是研制工作有力的组织协调者。另两位主要成员是阿瑟·伯克斯(Arthur Burks,1915—2008)和哈利·赫斯基(Harry D. Huskey,1916—2017),当时分别是 28 岁和 27 岁。这 5 人都获得了 IEEE-CS 的计算机先驱奖。经过两年多的辛勤工作,1945 年底,这台标志人类计算工具历史性变革的巨型机器宣告研制成功,1946 年 2 月 15 日举行了正式的揭幕典礼,1947 年被运往阿伯丁弹道研究实验室。"埃尼阿克"起初是专门用于弹道计算,后来经过多次改进而成为能进行各种科学计算的通用计算机,用于天气预报、原子核能和风洞实验设计等。

如图 1.10 所示,"埃尼阿克"占地面积达 170m²;使用了大约 18 000 只电子管,1500 个继电器,70 000 只电阻,18 000 只电容;开始预算经费是 15 万美元,实际耗资近 49 万美元,重 30t;运算速度为 5000 次/秒加法,计算一条弹道只需 30s;耗电量很大,功率为 150kW,工作时,常常因为电子管烧坏而不得不停机检修。1955 年 10 月 2 日,"埃尼阿克"正式退休,实际运行了 80 223h。

图 1.10　电子计算机"埃尼阿克"

"埃尼阿克"的最大特点就是采用了电子器件和电子线路来执行算术运算、逻辑运算和存储数据。由于广泛采用了电子器件和电子线路,"埃尼阿克"的运算速度比已有的机电计算机快了约 1000 倍,这就使它能够胜任相当广泛的现代科学计算任务。

但是,就连"埃尼阿克"的研制者也感到,虽然"埃尼阿克"是第一台正式运行的通用电子数字计算机,但它的基本结构和机电计算机没有本质的差别。"埃尼阿克"显示了电子器件在提高运算速度上的可能性,却没有最大限度地发挥出电子技术的巨大潜力。"埃尼阿克"存在着一些明显的不足,首先,它的存储容量太小,最多只能存储 20 个字长为 10 位的十进制数;其次,它与后来的"存储程序"计算机不同,它的程序是"外插"型的,即用电路连接的方式来实现,执行程序前要进行复杂的电路连接,很不方便,为了完成几分钟或几小时的计算任务,准备工作就要用去几小时甚至一两天的时间。

虽有不足,但作为世界上第一台真正能运行和使用的大型通用电子数字计算机,"埃尼阿克"具有里程碑的地位,由此开启了计算机快速发展的新时代。

1.2　电子计算机的发展

自从第一台电子计算机(ABC)和第一台通用电子计算机(ENIAC)诞生以来,到现在虽然只有八十余年的时间,但计算机的发展速度是惊人的。目前,世界上运算速度最快的计算机是美国研制的"前沿"(Frontier)超级计算机,其运算速度超过 100 亿亿次/秒。在几十年的发展历程中，电子计算机从第一代发展到了第四代，其体系结构、元器件、运算速度、存储容量、外部设备、网络连接、软件功能和应用领域等都发生了巨大的变化。

微课视频

1.2.1 第一代计算机

第一代计算机(1946—1958)也称为电子管计算机，其主要特点如下：

(1) 用电子管代替机械齿轮和继电器作为基本元件，运算速度一般为几千次至几万次/秒，计算机的体积庞大，制造成本很高，可靠性较低。

(2) 采用二进制代替十进制，即所有指令与数据都用 0 和 1 组成的数字串表示。1952 年之前用机器语言编写程序，既枯燥、费时，又容易出错。1952 年出现了汇编语言，使编写程序变得相对容易一些。

(3) 程序可以存储，最初使用水银延迟线或静电存储管作内存，存储容量很小。后来使用了磁鼓和磁芯，存储容量有了大幅度提高。

(4) 输入输出装置主要用穿孔卡片，速度很慢。

(5) 在主要用于科学计算的同时，开始应用于数据处理领域。

在此期间，基本形成了计算机工业体系，计算机由科研样机转变为工业产品，IBM 公司开发出了系列计算机产品。

第一台批量生产的电子计算机是"通用自动计算机一号"(UNIVersal Automatic Computer-Ⅰ，UNIVAC-Ⅰ)，该机是在冯·诺依曼等人提出的 EDVAC 方案(也称为冯·诺依曼方案)的基础上，由埃克特-莫奇利计算机公司("埃尼阿克"的主要研制者埃克特和莫奇利离开宾夕法尼亚大学后成立的一家计算机公司)研制的。EDVAC 方案的技术要素主要包括三方面：①提出了"存储程序"的概念，程序和数据都存放在存储器中；②用二进制形式存储数据和程序；③明确规定计算机由运算器、控制器、存储器、输入设备和输出设备 5 个基本部分组成。按 EDVAC 方案制造的计算机称为冯·诺依曼计算机。

UNIVAC-Ⅰ使用了 3500 个电子管，使用水银延迟线作内存，使用磁带作外存，运算速度为 2000 次/秒加法、400 次/秒乘法。作为当时埃克特-莫奇利公司的科学家，程序语言的创始人格瑞丝·霍珀(Grace M. Hopper，1906—1992)先后为 UNIVAC-Ⅰ开发了 A-0 和 A-2 两个符号语言程序，她曾编写了第一个实际的编译程序。1950 年，埃克特-莫奇利公司被雷明顿-兰德(Remington-Rand)公司兼并，UNIVAC-Ⅰ由雷明顿-兰德公司生产了 20 台。1955 年，雷明顿·兰德公司与斯佩里(Sperry)公司合并，成立斯佩里-兰德公司(Sperry-Rand)，仍以生产计算机为主业。

比雷明顿-兰德公司(斯佩里-兰德公司)更具竞争力，在计算机领域发挥了更大、更持久作用的是 IBM 公司。在第一代计算机发展时期，IBM 公司开发出了系列计算机产品 IBM 701、IBM 702、IBM 704、IBM 705、IBM 650、IBM 709 等。

1952 年，IBM 公司研制的第一台大型机 IBM 701 问世(用于科学计算)，这台计算机字长 36 位，使用了 4000 个电子管和 12 000 个锗晶体二极管，定点加法运算速度为 1.2 万次/秒。采用静电存储管(威廉管)作内存，容量为 2048 字，采用磁鼓作外存(磁鼓是利用表面涂以磁性材料的高速旋转的鼓轮和读写磁头配合起来进行信息存储与读写的磁记录装置)，配备了磁带机、卡片输入输出机和打印机等外部设备。1954 年又推出第一台用于数据处理的大型机 IBM 702 和小型机 IBM 650。1955 年推出 IBM 701 的后继产品 IBM 704，1956 年推出

IBM 702 的后继产品 IBM 705,这两种机器使用了磁芯存储器,扩大了存储容量,提高了存取速度。IBM 704 还使用了浮点运算部件,提高了浮点运算速度,1957 年出现的高级语言 FORTRAN 首先用于 IBM 704 计算机。1958 年,IBM 704 的改进型 IBM 709 研制成功,而且实现了与 IBM 704 的程序兼容(原来运行在 704 计算机上的程序,不用修改可以直接在 709 机上运行),既扩充了功能,又能使用原有的程序。

兼容思想在计算机软硬件系统的升级换代上发挥了重要作用,既方便了用户使用,又保住了商家的销售市场。有些机型功能、性能都不错,就是因为兼容性不好,没有发展起来。

1.2.2　第二代计算机

第二代计算机(1959—1964)也称为晶体管计算机,其主要特点如下:

(1)用晶体管代替电子管作为计算机的基本元件。相对于电子管,晶体管具有体积小、速度快、成本低、可靠性高、使用寿命长、耗电省等一系列优点,用晶体管作元件,使计算机的体积缩小了,运算速度和可靠性提高了。

(2)普遍采用磁芯存储器作内存,采用磁盘与磁带作外存,使存储容量增大,存取速度加快,可靠性提高,为系统软件的开发和运行创造了条件,出现了监控程序,后来发展成操作系统。

(3)作为现代计算机体系结构的许多新技术相继出现,例如变址寄存器、浮点数据表示、间接寻址、中断、I/O(输入输出)处理机等。

(4)程序设计语言大发展,先是用汇编语言代替了机器语言,接着又出现了 FORTRAN、ALGOL 和 COBOL 等高级语言。高级语言的出现使程序编写工作变得更为简单和方便。

(5)应用范围进一步扩大,除了科学计算和数据处理外,开始进入实时过程控制领域。输入输出设备也有了很大发展。

晶体管是 1948 年由美国贝尔实验室(Bell Labs)的三位物理学家约翰·巴丁(John Bardeen,1908—1991)、沃尔特·豪泽·布拉顿(Walter H. Brattain,1902—1987)和威廉·肖克莱(William Shockley,1910—1989)发明的。由于这项影响深远的重大发明,他们共同获得了 1956 年度的诺贝尔物理学奖。贝尔实验室也因此成为晶体管计算机的发源地,1954 年贝尔实验室研制出第一台晶体管计算机 TRADIC,使用了 800 个晶体管。1955 年全晶体管计算机 UNIVAC-Ⅱ问世。

在这一时期,高级程序设计语言也快速发展。首先,IBM 公司的一个小组在约翰·巴科斯(John Backus,1924—2007)的领导下,1954 年开始设计第一个用于科学与工程计算的 FORTRAN 语言并于 1957 年推出第一个版本。1958 年 ALGOL 58 研制成功,1959 年以霍珀为首的一个委员会提出了 COBOL 语言并于 1960 年正式公布 COBOL 60。

第二代计算机的主流产品是 IBM 7000 系列。1960 年开始生产的大型科学计算用计算机 IBM 7090,实现了晶体管化,内存采用磁芯存储器,外存采用磁鼓和磁盘,比 IBM 709 快几十倍,并配置了 FORTRAN 和 COBOL 等高级语言。1960 年晶体管化的 7000 系列完全代替了电子管的 700 系列,如 IBM 7094-Ⅰ、IBM 7094-Ⅱ科学计算用大型计算机,IBM 7080 大型数据处理机,IBM 7074、IBM 7072 等中小型通用晶体管计算机,还开发出了小型数据处理晶体管计算机 IBM 1401。IBM 公司在科学计算大型机、数据处理大型机、中小型通用机上都开发出了系列产品,以满足不同用户的需要。

晶体管的发明为进一步提高计算机的运算速度带来了可能,美国、英国和日本的多家公司分别研制出了更高性能的计算机。其中最有影响的是 IBM 公司的 STRETCH 和 CDC 公司的 CDC 6600。

1961 年,IBM 公司完成了第一台流水线(pipeline)计算机 STRETCH(IBM 7030)的研制,中央处理器(CPU)既有执行定点操作和字符处理的串行运算器,又有执行快速浮点运算的并行运算器,采用最多可重叠执行 6 条指令的流水线控制方式。为提高速度,使用 NPN 和 PNP 高速漂移晶体管作元件,配置了字长为 72 位、存储容量为 16 384 字的磁芯存储器。为提高可靠性,采用了汉明(Richard. W. Hamming,1915—1998)纠错码。此外,还采用了多道程序技术,并且能使 CPU 与输入输出设备并行工作。STRETCH 计算机原计划达到 100 万次/秒浮点加法运算,实际达到了原计划的 50%～60%,在原子能、大气研究等领域完成了一些以前无法完成的计算任务。

1964 年,美国控制数据公司(Control Data Corporation,CDC)完成了早期超级计算机 CDC 6600 的研制。CDC 6600 的 CPU 有 10 个彼此独立的专用运算器,当执行一条指令时,可以有几个运算器同时工作,有 10 台外围处理机,可以并行执行输入输出操作。该机运算速度为 300 万次/秒,内存容量为 13 万字,字长 60 位,分为 32 个磁芯体交叉存取,采用功能分散方法来提高系统性能是 CDC 6600 的主要创新。1965 年,CDC 6600 开始批量生产,成为当时美国大型科学计算的主力计算机。

1960 年美国贝思勒荷姆钢厂成为第一家利用计算机处理订货、管理库存并进行实时生产过程控制的公司,1963 年《俄克拉荷马日报》成为第一份利用计算机编辑排版的报纸,1964 年美国航空公司建立了第一个实时订票系统,计算机应用的深度和广度进一步扩展。

1.2.3 第三代计算机

第三代计算机(1965—1970)也称为集成电路计算机,其主要特点如下:

(1)用集成电路取代了晶体管,最初是小规模集成电路,后来是大规模集成电路。集成电路芯片几乎永不失效,缺点是在抗损坏性方面比较脆弱。

(2)用半导体存储器取代了磁芯存储器,存储器也实现了集成化,存储容量大幅度提高,为建立存储体系与存储管理创造了条件。

(3)出现了微程序设计技术,设计了具有兼容性的体系结构,使计算机产品走向系列化、通用化和标准化。

(4)系统软件与应用软件都有很大发展,操作系统的功能有很大的提高和完善。为了提高软件开发的质量和效率,出现了结构化、模块化程序设计方法。

(5)为了满足中小企事业单位与政府部门计算机应用的需要,出现了成本较低的小型计算机。

集成电路(integrated circuit,IC)是使用半导体工艺或薄膜、厚膜工艺,将电路元件及相互之间的连线制作在半导体或绝缘基片上,形成具有一定功能的整体电路。集成电路与用晶体管等分离元件构成的电路相比,具有体积小、成本低、功耗小、可靠性高等优点。所以,基于集成电路的第三代计算机具有更小的体积、更快的运算速度和更高的可靠性。

第三代计算机的代表性产品是 IBM 360 系统。IBM 公司在 1961 年 12 月提出了"360

系统计划",1964 年 4 月 7 日 IBM 公司宣布 360 系统研制成功,1965 年 360 系统的各种型号陆续进入市场。1969 年推出的 IBM 360/85 首次采用微程序和高速缓存(cache)技术,内存容量为 100 万~400 万字节(1 字节由 8 个二进制位组成),运算速度为 200 万次/秒。

IBM 360 系统的主要特点如下:

(1) 通用化。克服了以前根据不同用途设计不同类型计算机的弱点,集科学计算、数据处理、实时控制等功能于一机。命名 360 的含义是指一个圆的 360°,表示全方位的应用服务。

(2) 系列化和标准化。360 系统的主要型号有 20 型、25 型、30 型小型机,40 型、44 型、50 型中型机;65 型、75 型、85 型大型机;91 型、95 型超级计算机。360 系统的型号虽多,但采取了标准化措施,统一的指令格式、数据格式、字符编码、I/O 接口、中断系统和人机对话方式等,从而保证了程序兼容,原来为低档机上编写的程序可以直接在高档机上运行,为用户使用计算机带来了很大的方便,当然也就促进了该类计算机的市场销售。

(3) 渐进性。既采用了新技术,又留有继续发展的余地。360 系统在处理机设计中采用了微程序技术,为系列机功能的扩充创造了条件。为使 I/O 操作进一步独立于 CPU,采用了通道技术。在可靠性、可用性、可维护性方面,对指令与数据进行奇偶校验,对存储进行 4 位编码的存储键保护。高档机型还采用了高速缓存、流水线控制、超长精度运算和冗余技术等。

(4) 方便性。360 系统配有操作系统、汇编语言和 FORTRAN、COBOL 等高级语言,使用比较方便。

在此期间,许多实力较小的公司则专注开发小型机,比较成功的是数据设备公司(Digital Equipment Corporation,DEC)。该公司 1959 年推出了它的第一台小型计算机 PDP-1,以后又推出了 PDP-5 和 PDP-8,这些机型成为商用小型机的优秀代表,它们是 12 位字长的机器,结构简单,售价低廉,很受一些中小单位的欢迎。进入 20 世纪 70 年代后,该公司又陆续开发了 PDP-11 系列、VAX-11 系列等 32 位小型机,成为小型机市场的头部企业。1968 年新建的 DG 公司(Data General Corporation)于 1969 年推出第一台 16 位小型诺瓦(Nova)机,以后陆续推出了三个系列的诺瓦机,这些机型在我国得到应用并对我国计算机的发展有过较大影响。

这一时期,在程序设计方面也有很大发展。1964 年,美国达特茅斯学院的凯梅尼(John G. Kemeny,1926—1992)和库尔茨(Thomas E. Kurtz,1928—)发明了 BASIC 语言。1968 年荷兰计算机科学家埃德斯加·迪杰斯特拉(Edsgar W. Dijkstra,1930—2002)发表了名为《goto 语句值得考虑的害处》的短文,指出调试修改程序的困难与包含的 goto 语句数成正比,如果取消 goto 语句,将会大幅度减少程序设计中的错误。从此,结构化程序设计思想逐步得到人们的广泛接受。

1.2.4　第四代计算机

第四代计算机(1971—)也称为超大规模集成电路计算机,其主要特点如下:

(1) 用微处理器或超大规模集成电路取代了普通集成电路。

(2) 计算机的存储容量进一步扩大,输入采用了光学字符识别(optical character recognition,OCR)、触摸屏、条形码、二维码及语音技术,光盘、U 盘、激光打印机、3D 打印机

得到应用,高级程序设计语言如Pascal、Ada、C、C++、C#、Java、Python等得到广泛使用。

(3)微型计算机诞生,并得到迅速发展和广泛普及,进入了亿万家庭和不同类型的单位,成为人们工作、学习、生活、娱乐的基本工具。超级计算机也有很大发展。

(4)数据通信、计算机网络、分布式处理有了很大的发展,计算机技术与通信技术的紧密结合——互联网、移动互联网、物联网把世界各地紧密地联系在一起,形成所谓的"地球村"。

(5)计算机应用朝着更深入、更广泛的方向发展,在多媒体技术、大数据技术、人工智能/机器人、信息检索、信息安全、数据库/数据仓库/数据挖掘、电子商务/电子政务等领域取得了丰硕的应用成果。

1970年IBM公司开始推出370系统取代360系统,它继承了360系统的体系结构,全面采用微程序设计,使操作系统的部分功能向微码级垂直迁移,在扩展功能和提高效率方面取得极大成功。370系统采用了半导体存储器并实现了虚拟存储,它还增强了数据通信和数据库能力,提高了输入输出设备的功能。370系统有135、145、155、158、165、168等型号,其中168为最高档机型,运算速度达到230万次/秒。

1977年IBM公司又推出3030系列,包括3031、3032、3033等型号,除继承了IBM 370体系结构与操作系统外,并大幅度扩充了内存和高速缓存的容量,缩短机器周期,加强流水线控制,进一步提高了性能。3033计算机运算速度达500万次/秒。

第四代计算机的主流产品是1979年IBM公司推出的4300系列、3080系列以及1985年推出的3090系列。它们都继承了370系统的体系结构,使功能得到进一步的加强,例如虚拟存储、数据库管理、网络管理、图像识别、语言处理等。1990年IBM公司推出了390系统,2000年推出全新设计的大型机IBM eServer z900,2003年推出IBM eServer z990,2004年推出IBM eServer z890,2012年后推出IBM zEnterprise EC12、IBM z13、IBM z14、IBM z15、IBM z16等系列大型计算机。

这一时期微型计算机、巨型计算机也得到了快速发展。

1971年诞生的微处理器(microprocessor)是将运算器和控制器集成在一起的大规模/超大规模集成电路(very large scale integration,VLSI)芯片,称为中央处理单元(central processing unit,CPU)、中央处理机或中央处理器。以微处理器为核心再加上存储器和接口芯片,便构成了微型计算机。虽然MITS和苹果等公司都先于IBM公司推出微型计算机,但1981年IBM公司推出的微型计算机IBM PC(personal computer,个人计算机)迅速成为微型计算机的主导机型,IBM PC还被美国著名的《时代》杂志评为1982年度风云"人物"。图1.11所示就是当时IBM PC的样式,这台机器的CPU为Intel 8088,主频为4.77MHz,主板上配有64KB内存,可扩展至640KB。微型计算机的型号与所选用的微处理器型号相关,后来市场上逐渐推出了286、386、486、奔腾、酷睿等系列微型计算机。与巨型计算机和大型计算机不同,微型计算机价格低廉,可以应用于大大小小的企事业单位和千家万户,其市场是巨大的。目前,个人计算机的供应商主要有联想公司、惠普公司、戴尔公司等。

图1.11 IBM PC

研制巨型计算机是为了满足国家安全、空间技术、天气预报、石油勘探等领域的高强度计算需要。20世纪70年代巨型计算机的代表是克雷

研究公司的"克雷一号"(Cray-1),该机有 12 个功能部件,可以同时进行加法和乘法等不同操作,每个功能部件又以流水线方式快速处理,向量运算速度达到 8000 万次/秒,1985 年推出的 Cray-2 浮点运算速度达到 8 亿次/秒。2008 年以来,世界上运算速度最快的计算机相关信息如表 1.1 所示。

表 1.1　世界上运算速度最快的计算机相关信息

产　　地	名　　字	运 算 速 度	排名第一时间
美国	"走鹃"(Roadrunner)	1.03 千万亿次/秒	2008 年 6 月
中国	"天河一号"(二期)	4.7 千万亿次/秒	2010 年 11 月
日本	"京"(K Computer)	1.13 亿亿次/秒	2011 年 6 月
美国	"红杉"(Sequoia)	2.01 亿亿次/秒	2012 年 6 月
中国	"天河二号"	5.49 亿亿次/秒	2013 年 6 月
中国	"神威·太湖之光"	12.5 亿亿次/秒	2016 年 6 月
美国	"顶点"(Summit)	20 亿亿次/秒	2018 年 6 月
日本	"富岳"(Fugaku)	53.7 亿亿次/秒	2020 年 6 月
美国	"前沿"(Frontier)	110.2 亿亿次/秒	2022 年 6 月

说明:世界超级计算机 500 强排行榜(The top 500—a respected list of the world's most powerful computers)从 1993 年开始,每年公布 2 次排名结果。

从 1971 年到现在都属于第四代计算机时期,这一长达五十余年的时期是计算机硬件、计算机软件、计算机网络的快速发展时期,特别是近些年移动互联网、物联网、云计算、大数据、人工智能等新一代计算机技术的快速发展和广泛深入应用极大地影响着经济建设、社会发展、科技进步及人们的日常生活,并深刻改变着人们的工作方式、学习方式、生活方式甚至思维方式,推动人类社会进入了数字化时代。

1.2.5　第五代计算机

从 20 世纪 80 年代开始,日本、美国等国家先后提出了研制第五代计算机的计划,其主要目标是打破以往计算机固有的体系结构,使计算机能够具有像人一样的思维、推理和判断能力,向智能化发展,实现接近人的思维方式。由于多种因素的制约,并没有实现预期的研究目标,因此目前的计算机仍属于第四代计算机。但这一时期在智能计算机领域完成了大量的基础性研究工作,促进了人工智能理论和智能机器人技术的发展。

1. 日本的 FGCS

1981 年,在日本举行了"第五代计算机"国际学术会议,计划为期 10 年(1982—1991)的"知识信息处理系统"开始研制。日本政府为了实现这一宏伟目标,筹资 1000 亿日元,并专门成立了"新一代计算机技术研究所"(ICOT)。

知识信息处理系统(knowledge information processing system,KIPS)就是人们通常所说的第五代计算机系统(fifth generation computer system,FGCS),又称智能计算机,由如下几个主要部分组成:

(1) 知识库、知识库机和知识库管理系统。

(2) 问题求解和推理机。

(3) 智能接口系统。

（4）应用系统。

第五代计算机系统预期达到的目标如下：

（1）用自然语言、图形、图像和文件进行输入输出。

（2）用自然语言进行对话方式的信息处理，为非专业人员使用计算机提供方便。

（3）能处理和保存知识，以供使用；配备各种知识数据库，起顾问作用。

（4）能够自学习和推理，帮助人类扩展自己的智能。

由此可知，第五代计算机与传统计算机的主要区别如下：

（1）处理的信息是知识，而不是数据。

（2）信息的传送是知识的传送，而不是字符串的传送。

（3）信息的处理是对问题的求解和推理，而不是按既定程序进行计算。

（4）信息的管理是对知识的获取和利用，而不是数据的收集、积累和检索。

2. 美国的 MCC

1982年2月日本宣布 FGCS 计划后，美国 CDC 立即发起并召开了成立联合风险研究机构的会议，同年8月组建了由十大公司联合支持的 MCC（Microelectronic and Computer Technology Corporation），研究确定了对未来计算机系统影响深远而且经济潜力最大的4个主要技术领域，即软件技术、VLSI/CAD、组装与互连、高级计算机体系结构，分别成立了4个研究部。

MCC 的高级计算机体系结构研究部是最有特色的一个部门，下设如下5个实验室：

（1）核心科学实验室，担负长期性的核心研究课题，为公司提供未来科学技术的窗口，其他4个则为相关领域。

（2）人工智能实验室，设计了一种新的综合知识表达语言，能模拟真实世界的知识，开发了专家系统开发环境，研制了一个大规模的知识库，包括百科全书与普通常识，具有半自动知识获取、模拟推理、自然语言理解、影像识别的综合智能系统的基础。

（3）人机接口实验室，长远目标是开发一个集成化的软件工具智能用户接口管理系统，用以设计制作各种人机接口。

（4）系统技术实验室，研究任务包括并行体系结构、高级并行语言的优化编译和分布式知识库与数据库的管理等。

（5）实验系统成套工具室，其任务是开发各种技术以便尽快研制出高性能计算机系统的实验原型机。

总之，MCC 认为新一代计算机系统将会拥有智能特性，带有知识表示与推理能力，可以模拟人的设计、分析、决策、计划以及其他智能活动并具有人机自然通信能力，可作为各种信息化企业的智能助手。

欧洲共同体也曾经制定了关于第五代计算机的对策与发展战略。

第五代计算机的研制目标是实现计算机的智能化，主要包括知识库、推理机和智能化的人机接口三个主要组成部分，知识库用于存放知识，推理机就是具有推理功能的程序，人机接口用于人操作使用计算机。要有丰富的多领域的知识、良好的推理能力和友好的人机接口，如可以通过语音输入要求，系统自动生成程序代码。现在看起来，这些目标都是非常超前的，虽然人工智能近几年有了很大发展，但到目前也没有实现当时的预期目标，即使实现了一些智能功能，也不是按当时设计的技术路径实现的，而是基于深度学习等学习算法实现的。

由于有两个关键问题没有解决,一是知识的获取与知识库的构建问题,二是高效的推理机制的实现问题,因此,第五代计算机的研制目标没有实现,现在使用的计算机仍属于第四代计算机。

1.2.6　量子计算机

提高电子计算机性能的一个主要途径,就是不断提高集成电路芯片的集成度(现在一个CPU 芯片上已能集成几十亿个、甚至上百亿个晶体管)。但是,受到芯片散热、器件工艺技术及制造成本等因素的制约,芯片集成度的持续提高将会遇到很大的困难,进而影响到计算机速度新的突破。

在人们继续开发新技术提高芯片集成度的同时,也在进行生物计算机、光计算机和量子计算机等非电子计算机的研究和探索。其中,量子计算机的研制有比较大的进展。

微课视频

量子计算机(quantum computer)是一种基于量子力学理论和量子器件进行数据存储和数据处理的计算机。量子器件是以量子效应为工作基础的器件。量子计算机被认为是最有应用前景的新一代计算机技术,在破解最复杂的密码系统、设计新材料、模拟气候变化以及实现人工智能等方面将会发挥重要作用。

近几年,量子计算机的研制不断取得新的进展,在 2019 年初举行的美国消费类电子产品展览(CES)大会上,IBM 公司推出了首个专为科学和商业用途设计的集成通用量子计算机 IBM Q System One,向量子计算机的商业化又前进了一步。

2019 年 10 月,谷歌公司宣布其设计的量子处理器 Sycamore 在 200s 内完成的任务,需要当时世界上最快的超级计算机运算 1 万年。

2020 年 12 月,中国科学技术大学成功构建 76 个光子的量子计算原型机"九章",当求解 5000 万个样本的高斯玻色取样问题时,"九章"只需 200s,而当时世界最快的超级计算机要用 6 亿年。

2022 年 8 月,百度正式对外发布其第一台产业级超导量子计算机——"乾始",其集量子硬件、量子软件、量子应用于一体,提供移动端、PC 端、云端等在内的全平台使用方式。

2023 年 3 月 27 日,日本理化学研究所研制的第一台日本国产、量子比特数为 64 的量子计算机投入使用,大学等机构的研究人员可线上使用这台量子计算机。

2024 年 1 月 6 日,由我国本源量子计算科技(合肥)股份有限公司自主研发的第三代超导量子计算机"本源悟空"上线,并向全球用户限时免费开放,接收全球量子计算任务。"本源悟空"搭载 72 位自主超导量子芯片"悟空芯",是目前我国最先进的可编程、可交付超导量子计算机。截至 2024 年 2 月 1 日上午 11 时,全球远程访问"本源悟空"已突破 100 万人次,共收到全球量子计算运算任务 155 285 条,已完成其中的 142 233 个运算任务。

虽然量子计算机的研发近些年取得了令人瞩目的进展,并在某些特定计算任务上取得了远超电子计算机的性能,但实现可容错通用量子计算、利用量子计算机解决通用的实际问题还有很长的路,还有许多难题需要研究解决。

1.2.7　计算机的发展趋势

人类的实践活动产生需求并具备了一定的技术条件,就有新型计算机产生。虽然计算机技术取得了非常巨大的进步,但随着人类社会的不断发展,科学技术的不断进步,人类实践活动的不断拓展,对计算机技术也在不断提出新的需求,计算机技术(包括硬件技术、软件技术、联网技术等)都还要继续发展,其发展趋势可以归纳为以下几方面。

1. 巨型化

这里的巨型化是指计算机运算速度特别快、存储容量特别大、功能特别强,当然体积也大、成本也高。巨型计算机(也称为超级计算机)的发展集中体现了计算机科学技术的发展水平,它可以推动多个学科的发展,可以解决一些特别复杂的高强度计算难题,如核武器模拟、中长期天气预报、地质勘探、人工智能等。

2. 微型化

微型化是指在保持计算机功能的前提下,使其体积越来越小,便于携带和移动使用。微型计算机已经形成了台式计算机、笔记本计算机、平板计算机和嵌入式计算机等多个系列,随着微处理器技术的发展,还要开发更微小的计算机,以满足人们更广泛的需要。

3. 网络化

社会中的各组成要素是相互联系、相互依存的,实现网络化,才能真正做到资源共享和协同工作,计算机才能在社会发展、经济建设及科技进步中发挥更大的作用,给人们的日常生活带来更大的便利。

4. 智能化

经过多年的发展,计算机处理过程化的计算工作、事务性工作已经达到了相当高的水平,是人力望尘莫及的。近几年,在计算机视觉、语音识别、机器翻译、人机对话等智能化工作方面,也取得了长足的进步。但总体来看,计算机还远远不如人脑,如何让计算机具有人脑的智能,模拟人的推理、联想、思维等功能,在更多应用场景和应用环节上代替人的脑力劳动,是计算机科学技术的一个重要发展方向。

1.3 计算机的分类

可以根据处理信号类型、用途、规模与性能等对计算机进行分类。

按所处理信号的不同,计算机可以分为数字计算机和模拟计算机。数字计算机处理的是以电压的高低等形式表示的离散的物理信号,该离散信号可以表示 0 和 1 组成的二进制数字,即数字计算机处理的是数字信号(0 和 1 组成的数字串)。数字计算机的计算精度高,抗干扰能力强。现在使用的计算机都是数字计算机。模拟计算机处理的是连续变化的模拟量,如电压、电流、温度等物理量的变化曲线。这种计算机精度低,抗干扰能力力差,应用面窄,19 世纪末到 20 世纪 30 年代,模拟计算机的研制曾活跃过一个时期,但最终还是被数字计算机所取代。

按用途的不同,计算机可以分为通用计算机和专用计算机。通用计算机的硬件系统是标准的,并具有较好的扩展性,可以运行多种解决不同领域问题的软件,现在使用的计算机大多是通用计算机。专用计算机的软硬件全部根据应用系统的要求配置,专门用于解决某个特定领域的问题,如工业控制计算机、自动售票机、飞船测控计算机等。

按规模与性能的不同,目前常用的计算机可以分为超级计算机、大型计算机、微型计算机、工作站、服务器和嵌入式计算机,这也是比较常见的一种分类方法。在这种分类方法中,曾经出现过中型计算机和小型计算机,随着微型计算机和服务器的出现与快速发展,这两类计算机已被高性能微型机和服务器代替。

1.3.1　超级计算机

超级计算机(supercomputer)也称巨型计算机,是一类速度超快、功能超强、体积超大、价格超高的超高性能计算机。超级计算特别强调运算能力的提高,主要为国家安全、空间技术、生物医药、海洋科学、油气勘探、气候气象、金融分析、工业设计、人工智能等高强度计算领域提供支持。

目前,世界上运算速度最快的计算机是由美国 Cray 公司和 AMD 公司合作研制、安装在橡树岭国家实验室的名为“前沿”(Frontier)的超级计算机,2023 年 5 月公布的实测浮点运算速度为 119.4 亿亿次/秒(比 2022 年有所提升),如图 1.12 所示。

图 1.12　超级计算机“前沿”

119.4 亿亿次/秒的运算速度是一个什么量级呢?假如一个人每秒可进行一次运算,那么“前沿”超级计算机在一秒内完成的运算量需要 80 亿人计算大约 4.5 年(联合国 2022 年 11 月宣布全世界人口已达 80 亿)。“前沿”共使用了 AMD 生产的 9408 个 CPU 和 37 632 个 GPU,存储容量达到 700PB,耗资 6 亿美元,从 2022 年 6 月到 2023 年 6 月连续三次名列国际 500 强超级计算机排行榜的第一名。

超级计算机的研制水平、生产能力和相应的软件开发能力以及应用水平,已成为衡量一个国家经济实力与科技水平的重要标志。国际上,研制超级计算机的公司主要有 IBM、HP(惠普)、Cray(克雷)、Dell(戴尔)、SGI(硅图)等公司,国内研制超级计算机的单位主要有国防科技大学、国家并行计算机工程技术研究中心、曙光信息产业有限公司等。

超级计算机每个机型一般只生产几台,安装在专门的超级计算中心(超算中心),为相关单位的重大项目提供服务。目前我国在天津、广州、深圳、长沙、济南、无锡、郑州、昆山、成都等地设有国家级超算中心。

1.3.2　大型计算机

大型计算机(large scale computer/mainframe)是一类高性能、大容量的通用计算机,具有很强的综合处理能力,有着标准化的体系结构和批量生产能力,在银行、税务、大型企业、大型工程设计和天气预报等领域得到广泛应用。IBM 360、IBM 4300、IBM 3090、IBM 390、IBM eServer z900、IBM eServer z890、IBM z15、IBM z16 等是大型计算机的代表机型。IBM z16(见图 1.13)是 IBM z 系列大型计算机的最新迭代版本,配备片上 AI 推理和量子安全技

图 1.13　大型计算机 IBM z16

术。通过大规模的实时 AI 推理和量子安全加密,以满足用户需要。

1.3.3　微型计算机

1981 年,IBM 公司基于 Intel 8088 微处理器推出具有划时代意义的 IBM PC,开启了微型计算机(microcomputer)快速发展的序幕,经过 40 多年的快速发展,微型计算机已拥有数亿用户。根据国际数据公司(IDC)发布的数据,2022 年全球微型计算机的销售总量为 2.92 亿台,联想、惠普和戴尔排名前三。

微型计算机主要包括台式计算机、笔记本计算机和平板计算机。

台式计算机(desktop computer)就是普通的微型机,一般要摆放在桌子(工作台)上使用,所以称为台式机。

笔记本计算机(notebook computer)更多的时候称为笔记本电脑或简称笔记本,是一种大小和稍大一点的纸质笔记本相当的计算机,特点是体积小、携带方便。在功能上,笔记本计算机和台式计算机没有什么区别,但笔记本计算机的主板、内存、外存、显示器、电源等各种部件要做得更小些,增加了生产成本,所以比同档次的台式计算机价格要高。

平板计算机(tablet personal computer)也称为平板电脑,是一种比笔记本计算机更小、更方便携带的个人计算机,以触摸屏作为基本的输入设备,用户可以通过内建的手写识别、屏幕上的软键盘和语音识别等方式进行输入操作。平板计算机分为 ARM 架构(代表产品是苹果 iPad 和安卓平板计算机)和 x86 架构(代表产品是 Surface Pro 和 Wbin Magic),x86架构平板计算机一般采用 Intel 处理器及 Windows 操作系统,具有完整的普通计算机及平板计算机功能。

需要说明的是,智能手机在一定程度上也可以看作微型计算机,特别是近几年推出的大屏幕智能手机,部分用户用其代替了笔记本计算机和平板计算机的使用。

1.3.4　工作站

工作站(workstation)可看作一种高档微型计算机,在微型计算机发展的早期,其性能还不是太强。工作站就是在微型计算机的基础上,配备有大屏幕显示器、大容量存储器和图形加速卡等,多用于计算机辅助设计和图形(图像)处理等,这些领域需要有大屏幕用于显示复杂的图形(图像),需要有比较强的图形处理能力适应三维图形(图像)计算的需要,需要有比较大的存储器存储更多的信息,图形和图像占用的存储空间是比较大的。

1.3.5　服务器

服务器(server)是指通过网络为客户端计算机提供各种服务的高性能计算机。服务器在网络操作系统的控制下,将与其相连的硬盘、光盘阵列、磁带、打印机等设备提供给网络上的客户机共享,也能为网络用户提供集中计算、信息发布及数据管理等服务。服务器的高性能主要体现在高速的运算能力、长时间的可靠运行、强大的外部数据吞吐能力等方面。在银行、电信等大型企业的核心系统中,使用大型计算机作服务器比较多。在更多的中小单位中使用高档 PC 作服务器,PC 服务器虽然在构成上与普通 PC 基本相同,有微处理器、硬盘、内存、系统总线等,但它们是针对具体的网络应用特别制定的,因而在处理能力、稳定性、可靠性、安全性、可扩展性、可管理性等方面明显优于普通 PC。

按功能分类,有数据库服务器、域名服务器、文件服务器、邮件服务器、互联网服务器和应用服务器等。在日常生活中,使用手边的计算机或手机,可以视频聊天、收发邮件,可以查询考试成绩、选择修读课程,可以网上购物、浏览新闻、观看视频等,在网络的后台都有相应的服务器在支持着对应的应用功能。

1.3.6 嵌入式计算机

嵌入式计算机系统(embedded computer system)简称嵌入式系统或嵌入式计算机。嵌入式计算机是以应用为中心,以计算机技术为基础,软硬件可裁剪的,适合应用系统对功能、可靠性、成本、体积、功耗等有严格要求的专用计算机系统。简单地说,它就是嵌入其他设备中并控制其工作的计算机系统,具有软件代码少、高度自动化、响应速度快等特点,特别适合于要求实时和多任务的环境。嵌入式系统主要由嵌入式处理器、相关支撑硬件、嵌入式操作系统及应用软件等部分组成。嵌入式计算机主要用于智能家电、工业控制、高科技控制等控制领域,空间站、宇宙飞船、火星探测器、无人机、自动驾驶汽车、智能洗衣机、扫地机器人等都用到嵌入式计算机。

1.4 计算机的特点

微课视频

相对于之前的计算工具,电子计算机主要有运算速度快、运算精度高、记忆能力强、判断能力好、按存储程序自动运行等特点,其中最本质的特点是在程序的控制下自动运行。

1. 运算速度快

电子计算机一诞生就显示了其在运算速度上的优势,第一台通用电子计算机("埃尼阿克")的运算速度是 5000 次/秒加法,虽然现在看起来非常慢,但在当时却是世界上运算速度最快的计算工具,而且比之前的机电计算机的运算速度提升了约 1000 倍。现在世界上最快的计算机的运算速度已超过 100 亿亿次/秒浮点运算。

在国防建设、石油勘探、航空航天、天气预报等领域,快速的超高性能计算机有着特殊重要的作用。

2. 运算精度高

现在 CPU 的字长达到了 64 位,这样就能使数值有很高的有效位数;还可以用多个字表示一个数,这样就可以使数值达到非常高的计算精度。我国古代著名数学家祖冲之计算出圆周率 π 的值为 3.141 592 6～3.141 592 7,这是当时非常了不起的成就。

英国数学家威廉·尚克斯(William Shanks,1812—1882)花费了 15 年的时间,才在 1873 年把圆周率 π 的值计算到小数点后 707 位,但后人经验证发现从第 528 位开始是错误的。1949 年,两位科学家使用"埃尼阿克"耗时 70h 将 π 的值计算到小数点后 2037 位,这是第一次使用计算机计算圆周率。2021 年,瑞士研究人员使用一台超级计算机,历时 108 天,将 π 的值计算到小数点后 62.8 万亿位。

在宇宙飞船测控、火星探测器飞控、导弹制导等应用场合,超高精度的计算是非常必要的,真可以说是"失之毫厘,差之千里"。

3. 记忆能力强

计算机中的存储器包括内存和外存,用于存储(记忆)信息。随着存储技术的不断发展,计算机的存储容量越来越大。目前,16GB 内存、1TB 外存的微型计算机是比较常见的,一本 1433 页的《计算机科学技术百科全书(第三版)》有近 300 万字,如果按纯文本方式存储,一个汉字占 2 字节的存储空间,1TB 的硬盘可以存储 16 万多部这样的大部头书籍,相当于一个中小型图书馆的藏书量。"深蓝"计算机中存储了近 100 年来的 60 万盘国际象棋高手的棋谱,"前沿"超级计算机的存储容量达到 700PB(1PB=1024TB)。

相对于人来说,计算机有着惊人的记忆力,其实计算机所表现出的智能,一种实现方式就是根据感知到的现场环境从存储(记忆)的众多方案中搜索好的方案。由于计算机记忆力十分强大,可以把尽可能多的方案存储起来,因此计算机所搜索出的应对方案一般是比较好的。仍需要进一步研究解决的问题是以什么样的结构来存储这巨量的应对方案(也可以称之为知识)及如何快速找到好的方案。

4. 判断能力好

现在的计算机系统(包括硬件和相应的软件系统)具有比较好的逻辑判断能力,能够完成一些智能性工作。如 AlphaGo 围棋程序在和国际围棋大师对弈时,就需要根据对手的走步,判断出其意图,然后给出自己的走步,化解对方的威胁,增加自己的优势,直至获胜。智能机器人在足球比赛场上,也要根据千变万化的比赛格局,在正确判断的基础上完成自己的跑动、接球、带球、传球、射门等动作。

5. 按存储程序自动运行

作为一种计算工具,电子计算机的最大特点就是自动运行,可以在无人操作控制的条件下,自动运行数小时、数天以至更长的时间。计算机自动运行的依据是什么?计算机自动运行的依据是程序(软件),是人们事先编写好并存储在计算机中的程序。控制器从存储器中逐一取出程序的指令,并指挥计算机其他组成部件按指令要求完成相应操作,根据程序规模与功能的不同,计算机自动运行时间也不尽相同。也就是说,一旦程序编写调试完成并开始执行,之后的计算机运行可以不再需要人的干预和控制,直至程序执行结束完成相应的任务。

1.5 计算机的应用领域

最初研制电子计算机的目的就是完成复杂的计算工作,这也是计算机名称的由来。但随着计算机技术的发展,特别是微型计算机、计算机网络、多媒体技术和人工智能技术的快速发展,计算机应用的深度和广度不断拓展,现在的计算机应用已经广泛深入地应用到人类生活的各个领域,可以归纳为 6 方面。

微课视频

1. 科学计算

科学计算也称为数值计算,科学计算的特点是计算强度非常大。这是计算机应用最早也是最成熟的应用领域。随着人们对客观世界认识的日益深化,越来越多的工作需要定量计算,数学模型和计算规模也越来越庞大。因此,在现代科学研究和工程设计中,计算机已成为必不可少的计算工具。大型工程设计(如三峡工程)、人造卫星运行轨道计算、石油勘探、核能利用、地震预报与监测和天气预报等都是高强度计算领域,也都是计算机用于科学计算的用武之地。天气预报越来越准确,而且还能为卫星发射等大型活动提供特定服务,都是得益于高性能计算机在科学计算领域的应用。

2. 信息处理

信息处理也称为数据处理。现代社会正在逐步进入信息化社会,各行各业积累了大量的数字化信息,这些数据和能源、物资一样,也是社会发展和经济建设的重要资源。如何有效、充分地利用数据资源就是信息处理要解决的问题。信息处理涉及的面很宽,政府部门及大大小小的企事业单位所用的计算机大部分用于信息处理。信息处理的特点是数据量很大、访问量很大,但所需数学运算相对简单,主要完成信息的输入、修改、删除、排序、查询、统计、分析和制表等工作,如铁路售票系统、医院管理系统、企业信息系统、财务管理系统、税务管理系统、人力资源管理系统和办公自动化系统等都属于信息处理的范畴。

3. 过程控制

过程控制又称实时控制,在太空探索、国防建设和工农业生产等方面有广泛的应用。例如,火星探测器的飞行、落地及自动拍照,宇宙飞船的飞行与返回;汽车自动装配生产线、数控机床;无人侦察机的飞行与返航,导弹的巡航飞行与目标锁定;农作物自动浇灌、自动喷洒农药、自动收割等。这些都是计算机过程控制的典型应用。

4. 计算机辅助系统

计算机帮助人们做的工作越来越多,出现了各种功能的计算机辅助系统,如计算机辅助设计(computer aided design,CAD)、计算机辅助制造(computer aided manufacturing,CAM)、计算机辅助测试(computer aided testing,CAT)、计算机集成制造系统(computer integrated manufacturing system,CIMS)、计算机辅助软件工程(computer aided software engineering,CASE)、计算机辅助教学(computer assisted instruction,CAI)等。计算机在各行各业中发挥着越来越重要的作用,极大地减轻了从业人员的工作强度,提高了工作效率和工作质量。

5. 人工智能

随着计算机应用的不断深入,人们对计算机的功能也提出了更高的要求,要求计算机完成一些智能性工作,具有类似于人的感知、判断、推理、决策等功能。近几年,随着深度学习和强化学习的应用,机器翻译、人脸识别、语音识别、无人驾驶汽车、智能问答等领域已有一批实用化产品出现。典型的应用示例有谷歌公司2016年研制成功的围棋程序AlphaGo、OpenAI公司2022年11月发布的聊天程序ChatGPT。

2016年AlphaGo以4∶1的总比分战胜围棋世界冠军、职业九段棋手李世石;2017年5月,在中国乌镇围棋峰会上,AlphaGo Master与排名世界第一的世界围棋冠军柯洁对战,以3∶0的总比分获胜。

ChatGPT是一种预先训练好的大型语言模型,它能够根据聊天内容的上下文与人进行类似于人与人之间的聊天交流。ChatGPT一类的人工智能系统还能完成撰写文稿、写诗、画画、编写程序代码、一键式生成PPT、视频编辑、图像识别、语言翻译、法律咨询、学习辅导、辅助医疗等任务。

6. 网络应用

更多人应用计算机还是上网。根据中国互联网络信息中心(CNNIC)的统计,截至2023年6月,我国网民规模达10.79亿人,互联网普及率达76.4%。网络应用主要包括即时通信、网络新闻、信息检索、网络视频、网络音乐、网络购物、网上支付、地图查询、网络游戏、网上银行、旅行预订、电子邮件、在线学习等。

　　微型计算机的快速发展使计算机进入了数以亿计的家庭和大大小小的单位,成为了可以随身携带的个人用品,以互联网、移动互联网为代表的网络技术的快速发展使计算机之间的相互通信与资源共享成为现实,多媒体技术的快速发展为人们提供了丰富多彩的网上资源。全世界数十亿人成为网民,网络应用成为一个最大众化的计算机应用领域。

　　其实,有时一项计算机应用涉及多个领域。例如,火星探测器的设计、测试、发射、飞行、登陆、拍照与图像回传是综合运用了科学计算、信息处理、过程控制、计算机辅助设计与测试、人工智能和计算机网络等功能。

1.6　中国计算机发展简史

微课视频

　　我国的计算机事业始于 1956 年。1956 年 4～6 月,时任国务院总理的周恩来亲自主持制定了《1956—1967 年科学技术发展远景规划纲要》,即人们通常所说的《十二年科学技术规划》,在规划中把计算技术、半导体、自动化和电子学并列为当时必须采取的四大紧急措施。计算技术规划组组长、我国最早倡导研究计算技术的著名数学家华罗庚(1910—1985)教授起草了发展电子计算机的措施。

　　20 世纪 40 年代后期,华罗庚在美国普林斯顿大学做研究工作时,与冯·诺依曼和戈尔斯坦相识,经常在一起讨论学术问题,对"埃尼阿克"等计算机有较多的了解。

　　1956 年 8 月,成立了以华罗庚为主任的中国科学院计算技术研究所筹备委员会,并组织了计算机设计、程序设计和计算机方法专业训练班,首次派出一批科技人员赴苏联实习和考察,引进了苏联当时的 M-3 小型计算机和 ВЭСМ 大型计算机。自此以后,我国计算机的研制、生产和使用逐渐广泛地开展起来,并且逐步形成了计算机工业体系。

　　1958 年 8 月 1 日,在参考苏联的 M-3 小型计算机图纸资料的基础上,我国第一台通用小型电子计算机——103 机研制成功,该机也称为"八一型"计算机,这台运算速度为 30 次/秒的电子管计算机填补了我国电子计算机的空白。增加了自行研制的磁芯存储器后,运算速度提高到 1800 次/秒。生产时定名为 DJS-1 型计算机。

　　1959 年 10 月 1 日,我国第一台大型通用电子计算机——104 机研制成功,运算速度为 10 000 次/秒,接近当时英国、日本计算机的性能指标。生产时定名为 DJS-2 型计算机。研制 104 机依据的是苏联 ВЭСМ 大型计算机的资料。

　　1960 年 5 月,我国第一台自行设计的通用电子计算机——107 机研制成功并交付中国科学技术大学使用,运算速度为 250 次/秒。

　　1964 年 4 月,我国第一台自行设计的大型通用电子计算机——119 机研制成功,浮点运算速度为 50 000 次/秒。119 机获得 1964 年全国工业新产品展览一等奖,承担了我国第一颗氢弹研制的计算任务等。

　　1965 年 4 月,我国第一台自行设计的晶体管计算机 441-B 通过国家鉴定,浮点运算速度为 12 000 次/秒。1965 年年末,又研制成功 441-B-Ⅱ型机。多台 441-B 系列计算机装备到全国各重点院校和科研院所,该系列计算机是我国 20 世纪 60～70 年代中期的主流应用机型之一。

　　1967 年 9 月,大型通用晶体管计算机——109 丙研制成功,浮点运算速度为 11.5 万次/秒。这台计算机工作了十五年,有效工作时间超过 10 万小时,为完成我国第一代核武器的研制和东方红卫星的发射做出了重要贡献，被誉为"功勋计算机"。

1972年正式交付使用的111计算机，采用小规模集成电路，是我国最早研制成功的第三代计算机之一，用于汉字信息处理实验。

1973年8月，我国第一台运算速度达100万次/秒的集成电路电子计算机——150机研制成功，它也是第一台配有多道程序和自行设计操作系统的计算机，标志着我国电子计算机技术大大前进了一步。在试运行期间，这台计算机用于完成复杂的工程设计、天气预报、地震资料处理等任务，均取得良好效果。

1975年，江南计算机技术研究所研制成功905乙机，这是我国第一台双处理器大型电子计算机，单处理器速度为200万次/秒，双处理器速度为350万次/秒。

1977年年底，我国第一台全国产化16位大规模集成电路微型计算机LS-77研制成功。

1983年11月，中国科学院计算机技术研究所等单位联合研制成功我国第一台大型向量机——757机，该机由一台向量处理机（主机）和一台外围机组成，16台主存储体交叉并行工作，向量运算的平均速度为1000万次/秒，标量运算平均速度为280万次/秒，向量机字长和指令字长均为64位。

1983年11月，国防科技大学研制成功我国第一台运算速度为1亿次/秒的向量超级计算机"银河-Ⅰ"，填补了我国超级计算机的空白，使我国跨进世界研制超级计算机的行列。1992年11月研制成功10亿次/秒并行超级计算机"银河-Ⅱ"。1997年6月研制成功"银河-Ⅲ"并行超级计算机，其峰值浮点运算速度达到130亿次/秒。

1985年，电子工业部计算机管理局研制成功与IBM-PC兼容的长城0520CH微型计算机，并组建了长城计算机公司，批量生产长城0520CH，这是国产商品化微型计算机的开始。

1993年10月，中国科学院计算所研制成功曙光一号智能化共享存储多处理机系统（简称"曙光一号"）。1995年5月研制成功"曙光1000"，实际运算速度达到15.8亿次/秒。1999年12月，曙光2000通用超级服务器系统（简称"曙光2000"）研制成功。2004年6月，"曙光4000A"研制成功，其浮点运算速度超过8.06万亿次/秒，在2004年6月公布的国际500强超级计算机排行榜中名列第十，这是我国的计算机第一次进入排行榜前十。2008年6月，超级计算机"曙光5000A"研制成功，其浮点运算峰值速度为233万亿次/秒，在2008年11月公布的世界500强超级计算机排行榜中，"曙光5000A"排名第十。从1993年开始，国际上每年分两次公布500强超级计算机排行榜。

2010年8月，国防科技大学研制成功"天河一号"超级计算机（二期系统），其峰值运算速度达到4700万亿次/秒，在2010年11月公布的世界500强超级计算机排行榜中，"天河一号"名列第一，这是我国的计算机第一次名列第一。

2013年5月，国防科技大学研制成功的"天河二号"超级计算机峰值运算速度达到5.49亿亿次/秒，持续运算速度达到3.39亿亿次/秒，在2013年6月至2015年11月公布的世界500强超级计算机排行榜中，"天河二号"连续6次名列第一。

"天河二号"超级计算机包含16 000个运算结点，每结点配备2颗12核心的Intel Xeon E5 CPU，3个57核心的Intel Xeon Phi运算协处理器。共计包含32 000颗Xeon E5主处理器和48 000个Xeon Phi协处理器，共312万个运算核心。

"天河二号"每结点拥有64GB内存，而每个Xeon Phi协处理器板载8GB内存，每结点共88GB内存，整台计算机的内存总计为1.408PB（1408万亿字节）。外存为12.4PB

（12 400 万亿字节）容量的硬盘阵列。配置的操作系统为具有自主知识产权的国产麒麟操作系统。

"天河二号"由 170 个机柜组成，包括 125 个计算机柜、8 个服务机柜、13 个通信机柜和 24 个存储机柜，占地面积 720m^2。每个计算机柜容纳 4 个机架，每个机架容纳 16 块主板，每个主板设置有两个运算结点。"天河二号"由 280 人历时两年多研制完成，耗资约 1 亿美元。

"天河二号"的系统存储总容量相当于 600 亿册、每册 10 万字的图书。假设每人每秒进行一次运算，"天河二号"运算一小时，相当于 13 亿人同时用计算器算上 1000 年。使用"天河二号"可以模拟到 5000 年前甚至更远的气候变化；传统手段研发新车一般要经过上百次碰撞实验，历时两年多才能完成，在利用"天河二号"进行模拟碰撞实验的基础上，只需 3～5 次实车碰撞实验，两个月即可完成。

目前，国内运算速度最快的计算机为国家并行计算机工程技术研究中心研制的"神威·太湖之光"超级计算机，如图 1.14 所示。"神威·太湖之光"安装了 40 960 个我国自主研发的"申威 26010"众核处理器，峰值运算速度为 12.5 亿亿次/秒，持续运算速度为 9.3 亿亿次/秒。2016 年 6 月至 2017 年 11 月，"神威·太湖之光"超级计算机连续 4 次名列世界 500 强超级计算机排行榜的榜首。在 2023 年 6 月最新公布的世界超级计算机 500 强榜单中，"神威·太湖之光"名列第七。

"神威·太湖之光"超级计算机应用于多个领域并发挥了重要作用。国家计算流体力学实验室使用"神威·太湖之光"对"天宫一号"空间实验舱返回路径的数值模拟，为其顺利返回提供精确预测；上海药物所使用"神威·太湖之光"开展药物筛选和疾病机理研究，2 周便完成了常规需要 10 个月的计算，大大加速了白血病、癌症、禽流感等方向的药物研发进度。2016 年 11 月，依托"神威·太湖之光"，我国科研人员完成的"全球大气非静力云分辨模拟""高分辨率海浪数值模拟""钛合金微结构演化相场模拟"3 项应用成果获得"戈登·贝尔奖"，该奖项是国际高性能计算应用领域的最高奖。

图 1.14 "神威·太湖之光"超级计算机

2000 年 10 月，中国科学院计算所开始进行龙芯系列高性能通用处理器的研制。2002 年 9 月，我国首枚具有自主知识产权的高性能通用 CPU 芯片"龙芯 1 号"通过鉴定，最高主频达到 266MHz，字长 32 位，定点和浮点最快运算速度均达到 2 亿次/秒。

2005 年 1 月，"龙芯 2 号"通过鉴定，主频达到 500MHz，字长 64 位，支持多媒体指令扩展，定点和双精度浮点运算速度均达到 10 亿次/秒，单精度浮点运算速度达到 20 亿次/秒。2006 年 9 月，增强型龙芯 2 号"龙芯 2E"通过鉴定，主频最高达到 1GHz，定点运算速度达到 20 亿次/秒，双精度浮点运算速度达到 40 亿次/秒，单精度浮点运算速度达到 80 亿次/秒。

2007 年 7 月,"龙芯 2F"流片成功。龙芯 2F 为龙芯第一款产品芯片。龙芯 2F 是一款低功耗、低成本、高性能的系统芯片。它采用 90nm 工艺,片内集成了龙芯 2 号 CPU 核、DDR2 内存控制器、PCI/PCIX 控制器、Local I/O 控制器等,集成晶体管 5100 万个。2009 年 9 月,4 核 CPU"龙芯 3A"流片成功。2012 年 10 月,8 核 CPU 龙芯 3B1500 流片成功。

2013 年 4 月,"龙芯 1C"芯片流片成功,可应用于指纹生物识别、物联传感等领域。

2014 年 3 月,"龙芯 1D"芯片的量产版本(LS1D4)完成流片封装。2014 年 4 月,龙芯公司推出了"龙芯 3B"6 核桌面解决方案。2015 年 8 月,发布"龙芯 3A2000"和"龙芯 3B2000"。

2017 年 4 月,龙芯中科技术有限公司(简称龙芯中科)在北京发布四款芯片、两款操作系统平台,其中包括实测主频达到 1.5GHz 以上的"龙芯 3A3000/3B3000"处理器、面向钻井应用的"龙芯 1H"耐高温芯片、面向网络安全及移动智能终端领域的双核处理器芯片"龙芯 2K1000"。在软件生态方面,龙芯中科发布了面向通用领域的龙芯 64 位社区版操作系统以及面向嵌入式领域的实时操作系统平台。

2017 年 10 月,"龙芯 7A1000"桥片完成样片功能测试,"龙芯 7A1000"是龙芯第一款专用处理器桥片,作为"龙芯 3 号"系列处理器的配套芯片组,面向桌面和服务器应用领域。

2018 年 3 月,龙芯中科发布"龙芯 3A3000＋7A"全国产化平台,采用龙芯最新一代 4 核处理器"龙芯 3A3000",搭载龙芯中科自主研制的高性能桥片 7A1000,实现了计算机平台主 CPU 芯片和桥片的全国产化。

2019 年 12 月,龙芯中科在北京发布自主研制的新一代通用处理器"龙芯 3A4000/3B4000"。通过设计优化提升性能,主频达到 1.8GHz～2.0GHz。

2021 年 9 月,龙芯中科正式发布"龙芯 3A5000"CPU 处理器。"龙芯 3A5000"CPU 是首款采用龙芯自主指令系统"龙架构"(LoongArch)的处理器芯片,其主频为 2.3GHz～2.5GHz,包含 4 个处理器核心。和"龙芯 3A4000"CPU 相比,"龙芯 3A5000"CPU 在保持引脚兼容的基础上,性能提升 50％以上,功耗降低 30％以上。

2023 年 4 月,龙芯中科发布新款高性能服务器 CPU"龙芯 3D5000",该 CPU 采用龙芯自主指令系统"龙架构"(LoongArch),可满足通用计算、大型数据中心、云计算中心的计算需求。

2023 年 11 月 28 日,"龙芯 3A6000"在北京正式发布。"龙芯 3A6000"是我国自主研发、自主可控的新一代通用处理器,是龙芯第四代微架构的首款产品,集成 4 个最新研发的高性能 64 位 LA664 处理器核,采用我国自主设计的指令系统和架构,可运行多种类的跨平台应用,满足多类大型复杂桌面应用场景。"龙芯 3A6000"CPU 如图 1.15 所示。

图 1.15　"龙芯 3A6000"CPU

1.7　小　结

计算工具在经历了算筹、算盘、计算尺、机械计算机和机电计算机的漫长历史后,在 20 世纪 40 年代取得里程碑式的突破,1942 年第一台电子计算机 ABC 问世,1946 年第一台通用电子计算机"埃尼阿克"诞生。之后，计算机不断升级换代：晶体管计算机、集成电路计算机、超大规模集成电路计算机，计算机的性能不断快速提高。"埃尼阿克"的运算速度为 5000 次/秒加法运算，而目前世界上运算速度最快的计算机是美国研制的名为"前沿"的超级计算机，其浮点运算速度超过 100 亿亿次/秒。

与此同时，计算机体系结构、存储器、程序设计语言、操作系统和数据库管理系统的研究与应用也都取得了巨大成就。微型计算机及互联网的出现与快速普及，极大地拓展了计算机应用的广度和深度，逐渐改变了人们的工作方式与生活方式。

按规模与性能的不同，计算机可以分为超级计算机、大型计算机、微型计算机、工作站、服务器和嵌入式计算机。计算机具有运算速度快、运算精度高、记忆能力强、判断能力好、按存储程序自动运行等特点。计算机的应用范围可以分为科学计算、信息处理、过程控制、计算机辅助系统、人工智能和网络应用等领域。

了解计算机的发展简史，从计算机发展的历史事件中学习成功的经验、吸取失败的教训，学习科学家们勇于创新、勇于探索、辛勤工作、锲而不舍的科学精神，学习业界精英们的经营理念和商战谋略，这不仅对于大学期间的学习，而且对于日后的实际工作也是非常有益的。

拓展阅读：IBM 公司与计算机

IBM 公司的前身是计算制表记录公司（Computing Tabulating Recording Company，CTR 公司）。1911 年，制表机公司（Tabulating Machine Company）、计算度量公司（Computing Company）和国际时间记录公司（International Time Recording Company）合并，成立了计算制表记录公司。其中的制表机公司的创始人就是 1886 年建造第一台机电式制表机的赫尔曼·霍勒瑞斯。霍勒瑞斯当时在美国人口统计局工作，发明了自动穿孔卡片制表机，1896 年霍勒瑞斯创办了自己的制表机公司，生产改进型的制表机。

计算制表记录公司有 1200 多人，是一个集秤磅、时钟、计算制表机于一体的经营多种业务的公司，公司成立不久就欠债近 400 万美元。为摆脱困境，公司于 1914 年聘请小有名气的现金出纳机推销商托马斯·沃森（Thomas J. Watson）为经理。沃森看中了霍勒瑞斯发明的制表机，认为这种机器只要经过改进，肯定会在快速发展的美国工商业中得到广泛应用，穿孔卡片的自动功能会对各大公司繁重的账目报表处理大有帮助。

1924 年，计算制表记录公司更名为国际商业机器公司（International Business Machines Corporation），即计算机领域人们非常熟悉的 IBM 公司。

沃森对公司的经营管理确实在行，他执掌的 IBM 公司果然给美国商界和产业界带来一场管理上的革命，这场革命的主角就是沃森慧眼相中的制表机，而制表机的主角又是打孔卡片。自第一次世界大战以来，打孔卡片就开始广为人知，美国军方用它来进行军备、医药等方面的数据管理，规范、简明、系统性好。接着又用于企业的管理，每个雇员或每一产品的各种信息，都可以按时分类，在一张张卡片上记录下来，自动制表机定期自动进行加、减、乘、除、累计存档，印成报表。自罗斯福新政后，企业需要向联邦政府提供大量的统计报表，处理这些报表，当时最好的方法就是使用制表机。

成百上千台 IBM 公司的制表机卖给政府部门，被称为 IBM 卡的打孔卡片融入人们的日常生活，上班要打卡，就医要打卡，就餐也要打卡。

在第二次世界大战中,IBM 公司生产的打孔卡片制表机在后勤系统和前线指挥系统受到广泛欢迎,成千上万的军官和士兵的军购要制成图表,轰炸机的命中率、伤亡和战俘等信息,巨大战争机器上的每一个细节,都可用 IBM 卡一一记录下来。当时每位应征入伍的人都有一张卡片,记录了详细的个人信息。IBM 公司在为战争提供有力支持的同时,自身也得以快速发展,公司销售额从 1940 年美国参战前的 4600 万美元,变为战后 1945 年的 1.4 亿美元,成为全美知名的大企业。

但是,打孔卡片制表机的成功,却使 IBM 公司没有及时跟上现代计算机的发展节奏。1935 年推出的 IBM 601 计算器,能在一秒内完成乘法运算。1936 年美国哈佛大学教授霍华德·艾肯基于巴贝奇的设计方案,用机电方法实现了分析机,这就是 Mark-I 机电计算机,在研制过程中,得到了 IBM 公司的资助。

1946 年 3 月,IBM 公司的执行副总裁查理·柯克和他的助理小托马斯·沃森(老托马斯·沃森的儿子)到宾夕法尼亚大学莫尔学院参观刚刚研制完成的"埃尼阿克",详细了解了这台机器的用途:为了提高火炮的射程和精度,必须计算弹道也即炮弹在每一个飞行瞬间的位置,这种计算量大得惊人,以前用手工计算,需要一天的时间,用计算分析仪,也得15min,而现在用"埃尼阿克"计算只要 30s。

虽然这次莫尔学院之行给小托马斯·沃森和查理·柯克留下了深刻的印象,但当时却没有意识到,这样一个庞大、昂贵、又不可靠的机器会成为商品(作为公司的经营者,他们要的不仅是先进的研究成果,更注重的是这样的成果能不能转化成商品,能否给公司带来实际的收益),而且会体积越来越小、功能越来越强、成本越来越低、使用越来越方便,直到有一天进入千家万户,无情地淘汰 IBM 公司引以为自豪的打孔卡片制表机。

1947 年,IBM 公司的一位老资格工程师提出一个研制计划,与埃克特-莫奇利公司竞争,制造一台磁带和穿孔卡片两用的计算机,预计投资 75 万美元,而通常穿孔卡片制表机只要 2 万美元,老沃森否决了这一计划。这使得 IBM 公司进入现代电子数字计算机领域的时间延后了 5 年。也就是说,在 1946—1950 年这一现代计算机的初创阶段,IBM 公司没有参与。这对于靠第一台机电计算机起家的 IBM 公司来说,不能不说是一个遗憾。实际上,包括老沃森在内的 IBM 公司的一些领导人一度认为只需要 25 台通用计算机就能满足全美的需要。好在沃森父子及时改变了看法,才使 IBM 公司凭借自己强大的财力和市场竞争力,后来居上并长期保持计算机制造业霸主地位,其设计理念和技术标准对计算机的发展起了决定性作用。

计算机技术在快速发展,IBM 公司的老用户对日益增多的卡片不断提出抱怨,促使沃森父子不得不重新审视计算机的开发问题。1951 年,IBM 公司决定开发商用电子计算机,聘请冯·诺依曼担任公司的科学顾问,1952 年 12 月,IBM 公司研制出第一台存储程序电子数字计算机——IBM 701。IBM 701 采用一地址、并行运算结构,字长 36 位,内存容量 2048字,配备有磁鼓、磁带机、卡片机等输入输出设备,使用了 4000 个电子管和 12 000 个锗晶体二极管,运算速度为 1.2 万次/秒定点加法运算。

从 IBM 701 开始,IBM 公司逐步占据了计算机制造业的霸主地位。

第一代电子管计算机主要有科学计算用计算机 IBM 701、IBM 704、IBM 709,数据处理用计算机 IBM 702、IBM 705、IBM 650 等。

第二代晶体管计算机的主流产品有科学计算用大型计算机 IBM 7090、IBM 7094-I 、

IBM 7094-Ⅱ,数据处理用大型计算机 IBM 7080,中小型通用晶体管计算机 IBM 7074、IBM 7072,小型数据处理用晶体管计算机 IBM 1401 等。

第三代计算机的代表性产品是 IBM 360 系列。该机型实现了计算机生产的通用化、系列化和标准化,主要产品还有 IBM 370 系列、IBM 3030 系列等,IBM 3030 系列中的 3033 计算机运算速度达到 500 万次/秒。

第四代计算机的主流产品是 1979 年 IBM 公司推出的 4300 系列、3080 系列以及 1985 年的 3090 系列。1982 年推出的 3084K 计算机,运算速度达 2500 万次/秒。1990 年之后,IBM 公司陆续推出 IBM 390 系列、IBM eServer z 系列、zEnterprise EC12 系列、IBM z13、IBM z14、IBM z15、IBM z16 大型计算机。2022 年 4 月推出的 IBM z16 把 AI 加速器集成在其芯片上,可进行大规模的实时 AI 推理,采用量子安全加密技术,客户可以对实时交易进行规模化分析,适用于信用卡、医疗健康和金融交易分析等应用场景。

多年来,IBM 公司一直在高性能计算机领域保持着竞争优势。1991 年,IBM 公司的"深思Ⅱ"(Deep ThoughtⅡ)计算机获得美国计算机学会举办的计算机国际象棋锦标赛冠军,1997 年 5 月,"深思"的换代产品——"深蓝"计算机战胜俄罗斯的国际象棋特级大师卡斯帕罗夫。2008 年 6 月,IBM 公司推出当时世界上最快的超级计算机"走鹃"(Roadrunner),运算速度超过 1000 万亿次/秒浮点运算。2012 年,IBM 公司研制出的超级计算机"红杉"(Sequoia),其峰值运算速度达到 2.01 亿亿次/秒。2018 年,IBM 公司研制出当时世界上速度最快的超级计算机"顶点"(Summit),其峰值运算速度达到 20 亿亿次/秒。2018 年 11 月公布的全球 10 台最高性能的超级计算机中,有 3 台是 IBM 公司研制的超级计算机。

近几年,IBM 公司积极参与人工智能技术的研发,2011 年 2 月,IBM 公司的"沃森"(Watson)系统在美国的一档智力竞猜电视节目中击败该节目历史上两位最成功的人类选手,Watson 所基于的自然语言处理和机器学习技术已经在时尚、金融、医疗、旅游、法律、教育、交通等领域得到应用。

IBM 公司在微型计算机领域也曾有不俗的表现,一度成为事实上的产品标准,其他厂商的微型计算机只有和 IBM 公司的微型计算机兼容才能销售出去,而也正是这些兼容厂商在激烈的竞争发展中分享了 PC 市场。2005 年 5 月 1 日,我国的联想集团以 17.5 亿美元正式完成对 IBM 公司全球 PC 业务的收购,至此 IBM 公司退出了 PC 市场,专注于服务器、大型计算机和巨型计算机市场以及云计算、人工智能、物联网、大数据分析和安全领域的服务与解决方案提供,2023 年营业收入 619 亿美元。

IBM 公司的成功得益于科学的市场经营战略,基于以往的市场营销经验,从一开始进入计算机领域就面向商业、面向产品、面向服务。IBM 公司是从穿孔卡片发展起来的,拥有一大批商业客户。当它转向生产计算机时就想到了这些宝贵的客户资源,着重研制商用计算机,把具有通用化、系列化、标准化和良好兼容性的计算机产品推销给老客户,不仅产品质量好,而且服务周到。IBM 公司信奉这样一个理念——聪明的客户并不是买最好的计算机,而是买最能解决问题的计算机。因此,尽管当时有些公司的计算机的性能比 IBM 公司的好,但还是 IBM 公司的产品更受欢迎。IBM 公司的工作人员,经常是身穿蓝色西服上门服务。在美国,人们常称 IBM 公司为"蓝色巨人",一方面反映了它的实力雄厚,另一方面代表了售后服务做得好。

习 题 1

一、填空题

1. 我国古代数学家祖冲之计算圆周率时用的工具是_____。

2. 我国历史上使用时间最长的计算工具是_____,该工具连同使用方法_____年被联合国教科文组织正式列入人类非物质文化遗产名录。

3. 物理学家帕斯卡和数学家莱布尼茨发明的计算机都属于_____计算机,前者能进行_____运算,后者能进行_____运算。

4. 1822年数学家巴贝奇研制成功的计算机称为_____。

5. 巴贝奇在1833年设计出了_____模型,该模型的创新之处在于它包括了现代计算机所具有的5个基本组成部分。

6. 霍勒瑞斯研制的_____,祖斯研制的_____,艾肯研制的_____和_____都属于_____计算机,所用主要器件是_____。

7. 国际商业机器公司的简称是_____。

8. 世界上第一台电子计算机的主要研制人是_____和_____,这台计算机的名字为_____。

9. 世界上第一台通用电子计算机诞生于_____年,英文名字缩写为_____,翻译成中文为_____,主要研制人是_____、_____、_____和_____。

10. 冯·诺依曼计算机的主要技术要素包括_____、_____和_____。

11. 从第一代到第四代电子计算机使用的主要器件分别为_____、_____、_____和_____。

12. 微型计算机在第_____代计算机时期出现。

13. 在探索研制非电子计算机的工作中,近几年得到较快发展的是_____。

14. 计算机的主要发展趋势包括_____、_____、_____和_____。

15. 根据规模与性能的不同,目前常用的计算机可以分为_____、_____、_____、_____和_____。

16. 计算机的主要特点包括_____、_____、_____、_____和_____。

17. 计算机的主要应用领域包括_____、_____、_____、_____、_____和_____。

18. 我国的计算机事业始于_____年。

19. 我国第一台自行设计的通用电子计算机——107机在_____年研制成。

20. 我国第一台自行设计的大型通用电子计算机——119机在_____年研制成功。

21. 被誉为"功勋计算机"的大型通用晶体管计算机——109丙在_____年研制成功。

22. 我国第一台运算速度为1亿次/秒的向量超级计算机"银河-Ⅰ"在_____年由国防科技大学研制成功,填补了我国超级计算机的空白。

23. 与IBM-PC兼容的国产长城0520CH微型计算机在_____年研制成功。

24. 2010年8月,国防科技大学研制成功"天河一号"超级计算机(二期系统),其峰值运算速度达到4700万亿次/秒,在2010年11月公布的世界500强超级计算机排行榜中,"天河一号"名列第一,这是我国的计算机第_____次名列第一。

25. 2013年5月,国防科技大学研制成功的"天河二号"超级计算机峰值运算速度达到5.49亿亿次/秒,持续运算速度达到3.39亿亿次/秒,在2013年6月至2015年11月公布的世界500强超级计算机排行榜中,"天河二号"连续_____次名列第一。

26. 2016年6月至2017年11月,由我国国家并行计算机工程技术研究中心研制的超级计算机_____连续_____次名列世界500强超级计算机排行榜的榜首,其峰值运算速度为_____。

27. 2019年12月,龙芯中科技术有限公司在北京发布自主研制的新一代通用处理器"龙芯3A4000/3B4000"。通过设计优化提升性能,主频达到_____。

二、简答题

1. 简述ENIAC之前计算工具的发展历程。
2. 对比说明四代计算机各自的特点。
3. 微型计算机是如何发展起来的? 微型计算机的快速发展有什么重要意义?
4. 简要说明第五代计算机的含义,如何评价第五代计算机的研究。
5. 简述计算机的发展趋势与分类。
6. 简述计算机的特点与应用领域。
7. 简述中国计算机的发展历程。

思 考 题 1

1. 如何理解微型计算机和计算机网络的出现与发展的重要意义?
2. 查阅有关文献或互联网,了解量子计算机的基本含义与发展现状。
3. 从互联网上查找算筹、算盘、计算尺、机械计算机、机电计算机及各代次有代表性计算机的图片,了解其样式和基本结构。
4. 如何理解第五代计算机和近几年人工智能发展的关系?
5. 学完本章内容,有什么体会和感想,对今后的学习和职业规划有什么想法?

课外阅读建议

陈意云、王行刚等编著的《计算机发展简史》、赵夬辉著的《激动人心——电脑史话》、李彦编著的《IT通史:计算机技术发展与计算机企业商战风云》三本书从作者各自不同的视角介绍了计算机的发展历史。从书的名字就可以看出,《计算机发展简史》叙述严谨、学术味较浓;《激动人心——电脑史话》配合一些故事和大量的图片,文笔生动形象,引人入胜;《IT通史:计算机技术发展与计算机企业商战风云》对计算机领域各主要公司的经营策略有更为翔实的介绍,信息量大。本章中涉及的计算机的诞生、发展及国外公司和科学家的介绍等内容的编写参考了这几本书的内容。

到2006年,中国计算机事业已有50年的历史,中国计算机学会组织编写的《中国计算机事业创建50周年大事》对中国计算机发展历史上的重要事件、机型和人物等有简要介绍,本章的中国计算机发展简史部分的编写参考了这本文集的内容。

由于篇幅的限制,本章中各部分内容只是做了非常简要和概括的介绍,作为补充阅读,有兴趣的读者可以阅读上述文献。

第2章

计算机专业知识体系

计算机专业是一个专业类,包括计算机科学与技术、软件工程、网络工程、信息安全、物联网工程等本科专业。作为计算机专业的学生,通过4年的学习,应学习哪些知识、具备什么样的能力和素质才能成为一名合格的大学毕业生,才能适应继续深造或从事专业工作的需要? 本章在这些方面作些介绍,使学生在大学生活的开始就知道构建一个什么样的知识体系及如何构建这个知识体系,并在此基础上培养能力、提高素质。

2.1　计算机专业学生应具备的能力和素质

为了适应数字时代经济社会发展对高素质人才的需要,各高等学校都及时地修订、完善人才培养方案和教学计划。虽然各学校根据自身的特点各有不同,但大体上都遵循了一个基本的思路:在落实立德树人根本任务的基础上,坚持传授知识、培养能力与提高素质协调发展,更加注重综合能力和综合素质培养。积极推进创新型、复合型、应用型人才培养,为经济社会高质量发展提供人才和智力支撑。

微课视频

2.1.1　专业认证对学生能力和素质的要求

计算机专业是工科专业,属于工程教育范畴。在国际上,最有影响的工程教育专业认证组织是《华盛顿协议》组织。1989年,由来自美国、英国、加拿大、爱尔兰、澳大利亚和新西兰6个国家的民间工程专业团体签署了《华盛顿协议》(Washington Accord,WA)。该协议是针对本科工程教育(一般为4年)进行专业认证的,只要通过其中一个成员的认证,就会得到其他签约成员的认可。2016年6月2日,我国成为《华盛顿协议》组织的正式成员。目前《华盛顿协议》组织有18个正式成员,除上述几个创始成员外,还包括后来加入的日本、俄罗斯、印度、韩国、新加坡等成员。

《华盛顿协议》组织制定有毕业要求框架,作为其成员制定实质等效毕业要求标准的参照点。各成员应参照《华盛顿协议》组织制定的毕业要求框架制定工程教育认证毕业要求,参与认证专业的毕业要求应覆盖标准毕业要求。2021年6月21日颁布了最新的毕业要求框架(第4版)。

我国近年来积极推进工程教育专业认证工作,由中国工程教育专业认证协会组织实施。2022年7月公布了最新版的《工程教育专业认证标准》,要求申请认证的专业必须具有公开的、符合学校定位的、适应社会经济发展需要的培养目标,应有明确、公开、可衡量的毕业要求,毕业要求应支撑培养目标的达成。毕业要求应完全覆盖以下内容:

(1) 工程知识:能够将数学、自然科学、工程基础和专业知识用于解决复杂工程问题;

(2) 问题分析：能够应用数学、自然科学和工程科学的基本原理，识别、表达，并通过文献研究分析复杂工程问题，以获得有效结论；

(3) 设计/开发解决方案：能够设计针对复杂工程问题的解决方案，设计满足特定需求的系统、单元(部件)或工艺流程，并能够在设计环节中体现创新意识，考虑社会、健康、安全、法律、文化以及环境等因素；

(4) 研究：能够基于科学原理并采用科学方法对复杂工程问题进行研究，包括设计实验、分析与解释数据，并通过信息综合得到合理有效的结论；

(5) 使用现代工具：能够针对复杂工程问题，开发、选择与使用恰当的技术、资源、现代工程工具和信息技术工具，包括对复杂工程问题的预测与模拟，并能够理解其局限性；

(6) 工程与社会：能够基于工程相关背景知识进行合理分析，评价专业工程实践和复杂工程问题解决方案对社会、健康、安全、法律以及文化的影响，并理解应承担的责任；

(7) 环境和可持续发展：能够理解和评价针对复杂工程问题的工程实践对环境、社会可持续发展的影响；

(8) 职业规范：具有人文社会科学素养、社会责任感，能够在工程实践中理解并遵守工程职业道德和规范，履行责任；

(9) 个人和团队：能够在多学科背景下的团队中承担个体、团队成员以及负责人的角色；

(10) 沟通：能够就复杂工程问题与业界同行及社会公众进行有效沟通和交流，包括撰写报告和设计文稿、陈述发言、清晰表达或回应指令，并具备一定的国际视野，能够在跨文化背景下进行沟通和交流；

(11) 项目管理：理解并掌握工程管理原理与经济决策方法，并能在多学科环境中应用；

(12) 终身学习：具有自主学习和终身学习的意识，有不断学习和适应发展的能力。

这12条毕业要求中，前5条主要是专业知识、专业能力方面的要求，后7条主要是与专业相关的综合能力、素质要求。学好专业知识、培养专业能力固然重要，只做到这些还不够，综合考虑对社会与环境的影响、严格遵守职业道德和规范、处理好个人和团队的关系、良好的沟通交流能力、必要的项目管理能力、终身学习意识与能力对于做好专业工作，特别是解决好复杂工程问题至关重要。

很多高等学校依据专业认证标准和学生毕业要求，修改完善了人才培养方案，调整了课程体系，改进了教学方法和考核方式。

2.1.2　教学质量标准对学生能力和素质的要求

为建立健全教育质量保障体系，提高人才培养质量，2018年1月教育部发布了《普通高等学校本科专业类教学质量国家标准》(以下简称《教学质量国家标准》)，这是我国发布的第一个高等教育教学质量国家标准。《教学质量国家标准》明确了包括计算机专业在内的92个本科专业类的培养目标和培养规格等内容。

《教学质量国家标准》对计算机专业培养目标的描述是：本专业培养具有良好的道德与修养，遵守法律法规，具有社会和环境意识，掌握数学与自然科学基础知识以及与计算系统相关的基本理论、基本知识、基本技能和基本方法，具备包括计算思维(computational thinking)在内的科学思维能力和设计计算解决方案、实现基于计算原理的系统的能力,能清晰表达,在团队中有效发挥作用,综合素质良好,能通过继续教育或其他的终身学习途径拓展自己的能力,了解和紧跟学科专业发展,在计算机系统研究、开发、部署与应用等相关领域具有就业竞争力的高素质专门技术人才。

高等学校的计算机专业主要是为我国的数字化建设培养高级人才,而数字化建设需要多种类型的人才,如研究型人才、工程型人才和应用型人才等。

研究型人才需要系统且扎实地掌握计算机科学基础理论知识、计算机软硬件系统知识及计算机应用知识,具备较强的创新能力和实践能力,将来主要在研究机构、高等学校及大型 IT(信息技术)公司的研发中心从事计算机基础理论与核心技术的创新性研究工作。

工程型人才需要系统地掌握计算机科学理论、计算机软硬件系统知识及计算机应用知识,具备较强的工程实践能力,将来主要在 IT 公司从事系统集成、网络设计、软件开发等工作,把计算机领域的基本理论和技术用于解决复杂工程问题。

应用型人才需要较好地掌握计算机科学基础理论知识、计算机软硬件系统知识及计算机应用知识,具备较强的实践能力和动手能力,将来主要在各种企事业单位从事所在单位的数字化建设工作,也包括大型信息系统及网络环境的日常维护工作。

相对来说,研究型人才更加强调基础理论知识的掌握和创新能力的培养,需要通过攻读硕士、博士学位进一步强化基础理论知识的掌握;工程型人才更加强调把计算机软硬件系统知识与技术应用于解决复杂工程问题,更加注重通过实际工作培养工程实践能力;应用型人才更加强调计算机应用知识的掌握和所在单位业务知识与管理模式的了解及组织协调能力的培养。当然,三者之间没有严格的界限,只是有所侧重而已,而且在一定条件下可以相互转变。

实践表明,不管哪种类型的人才,不管从事何种工作,一个人事业的成功只靠专业知识是远远不够的,还需要有远大的理想、宽广的胸怀、持之以恒的奋斗、良好的团队意识等。

自 2000 年我国设立国家最高科学技术奖以来(每年最多有两位科学家获奖),计算机领域有王选、吴文俊和金怡濂三位科学家获此殊荣。三位科学家所取得的成就都是几十年持之以恒、辛勤工作的结果。

王选院士在 1976—1993 年的 18 年中几乎放弃了所有的节假日,每天都是分上午、下午和晚上三段工作。他说,献身于科学技术就没有权利再像普通人那样,必然会失掉常人所享受到的不少乐趣,但也会得到常人享受不到的很多乐趣。科技成就是智慧和勤奋的结晶,没有长时期持之以恒的努力很难有大的作为。王选院士把他的成功首先归功于他领导的团队。他认为,善于看到别人,尤其是同事的长处,是具有良好的团队精神的基础。他在回顾所从事的三个重大科研项目的研究时,经常提起他的同事。他说,那种只想个人冒尖、不善与人合作的人很难取得大成绩。而在团队中往往更能够充分体现个人的价值,因而宽容、善于合作、具有团队精神的人取得成就的机会更大。

中国科学院数学研究所的一位研究员曾目睹,20 世纪 80 年代末的一个农历除夕晚上 8 点多钟,吴文俊院士还在计算机房上机。那时计算机尚未进入家庭,上机条件也是比较苦的,而年近古稀的吴文俊院士在大年三十晚上还在继续钻研课题。

印制电路板被称为巨型机研制中的“极限”工艺,为了达到自己提出的“零缺陷”要求,金怡濂院士就泡在噪声震耳、化学气味刺鼻的车间里,跟踪、观察全过程,和工作人员一起经常加班到深夜两三点钟。

　　锤炼品格、学习知识、创新思维、提升综合能力和综合素质是大学生四年大学生活的主要任务，也是日后继续深造学习和从事专业工作的重要基础。

2.2　计算机专业知识体系

微课视频

　　知识、能力、素质是相互联系、相互影响的，没有合理的知识体系支撑，就不可能有强能力和高素质，知识是能力和素质的基础，具备了较强的能力和较高的素质又可以更好、更快地获取知识、理解知识、应用知识、创造知识。《教学质量国家标准》对计算机专业类的各本科专业的培养目标和核心课程给出了明确说明。

2.2.1　计算机科学与技术专业知识体系

　　培养学生将基本原理和技术运用于计算机科学研究以及计算机系统设计、开发与应用等工作的能力。教学内容应包含数字电路、计算机系统结构、算法设计、程序设计语言、软件工程、并行分布计算、智能技术、计算机图形学、人机交互等知识领域的基本内容。

　　核心课程包括计算概论（计算机导论）、程序设计基础、集合论与数理逻辑、图论与组合数学、代数结构与初等数论、数据结构、操作系统、计算机组成原理、数字逻辑与数字电路、计算机网络、编译原理、数据库原理、算法设计与分析、人工智能、计算机图形学。

2.2.2　软件工程专业知识体系

　　培养学生将基本原理和技术运用于对复杂软件系统进行分析、设计、验证、确认、实现、应用和维护以及软件系统开发管理等工作的能力。教学内容应包含软件建模与分析、软件设计与体系结构、软件质量保证与测试、软件过程与管理等知识领域的基本内容。

　　核心课程包括程序设计基础、面向对象程序设计、软件工程导论、离散结构、数据结构与算法、工程经济学、团队激励与沟通、软件工程职业实践、计算机系统基础、操作系统、数据库概论、网络及其计算、人机交互的软件工程方法、软件工程综合实践、软件构造、软件设计与体系结构、软件质量保证与测试、软件需求分析、软件项目管理。

2.2.3　网络工程专业知识体系

　　培养学生将基本原理和技术运用于计算机网络系统规划、设计、开发、部署、运行、维护等工作的能力。教学内容应包含数字通信、计算机系统平台、网络系统开发与设计、软件安全、网络安全、网络管理等知识领域的基本内容。

　　核心课程包括离散数学、计算机原理、计算机程序设计、数据结构、操作系统、计算机网络、数据通信、互联网协议分析与设计、网络应用开发与系统集成、路由与交换技术、网络安全、网络管理、移动通信与无线网络、网络测试与评价。

2.2.4　信息安全专业知识体系

　　培养学生将基本原理和技术运用于信息安全科学研究、技术开发和应用服务等工作的能力。教学内容应包含信息科学基础、信息安全基础、密码学、网络安全、信息系统安全、信息内容安全等领域知识的基本内容。

核心课程包括信息安全导论、信息安全数学基础、模拟电路与逻辑、程序设计、数据结构与算法、计算机组成与系统结构、EDA 技术及应用、操作系统原理及安全、编译原理、信号与系统、通信原理、密码学、计算机网络、网络与通信安全、软件安全、逆向工程、可靠性技术、嵌入式系统安全、数据库原理及安全、取证技术、内容安全。

2.2.5　物联网工程专业知识体系

培养学生将基本原理和技术运用于物联网及其应用系统的规划、设计、开发、部署、运行、维护等工作的能力。教学内容应包含电路与电子技术、标识与感知、物联网通信、物联网数据处理、物联网控制、物联网信息安全、物联网工程设计与实施等领域知识的基本内容。

核心课程包括离散数学、程序设计、数据结构、计算机组成、计算机网络、操作系统、数据库系统、物联网通信技术、RFID 原理及应用、传感器原理及应用、物联网中间件设计、嵌入式系统与设计、物联网控制原理与技术。

通过学习专业课程，系统掌握本专业的基本知识和基本技能，构成一个比较完整的专业知识体系，学会用专业知识分析和解决实际问题。

2.2.6　主要课程内容介绍

1. 高等数学（advanced mathematics）

通过本课程的学习，使学生掌握高等数学的基本概念、基本理论和基本运算技能，具备学习其他后续课程所需要的高等数学知识，培养学生综合运用数学方法分析问题、解决问题的能力，培养学生的抽象概括能力、逻辑推理能力和空间想象能力。本课程主要包括函数与极限、导数与微分、微分中值定理、不定积分、定积分、空间解析几何与向量代数、多元函数微积分、重积分、曲线积分与曲面积分、无穷级数和微分方程等内容。

2. 线性代数（linear algebra）

通过本课程的学习，使学生掌握必要的代数基础及代数的逻辑推理思维方法，培养学生运用线性代数的知识解决实际问题的能力，培养学生逻辑思维能力和推理能力，为相关后续课程的学习打下良好的代数基础。本课程主要包括行列式、矩阵的基本运算、线性方程组、向量空间与线性变换、特征值与特征向量和二次型等内容。

3. 概率论与数理统计（probability theory and mathematical statistics）

通过本课程的学习，使学生掌握概率论与数理统计的基本概念和方法，学会处理随机现象的基本思想和方法，培养学生用概率统计知识解决实际问题的能力，培养学生的抽象思维和逻辑推理能力，为后续课程的学习打下必要的概率统计基础。本课程主要包括随机事件与概率、随机变量的分布及其数字特征、随机向量、抽样分布、统计估计、假设检验和回归分析等内容。

计算机专业类硕士研究生招生考试（初试）中，全国统考科目数学（一）（科目代码 301）的考试内容包括高等数学、线性代数和概率论与数理统计的内容，可见这三门课程在计算机专业知识体系中的重要地位。

4. 离散数学（discrete mathematics）

离散数学是以离散结构为主要研究对象且与计算机科学技术密切相关的一些现代数学

分支的总称。本课程主要包括命题逻辑、谓词逻辑、集合与关系、函数、代数结构、格与布尔代数和图论等内容，形式化的数学证明贯穿全课程。该课程是后续若干专业（基础）课程的先修课程。图论的概念用于计算机网络、操作系统和编译原理等课程，集合论用于软件工程和数据库原理及应用等课程，命题逻辑和谓词逻辑用于人工智能等课程。

5. 普通物理学（common physics）

物理学是研究物质的基本结构、相互作用和物质最基本、最普遍的运动形式及其相互转化规律的学科。通过本课程的学习，使学生系统地掌握物理学的基本原理和基本知识，培养学生利用物理学知识分析问题、解决问题的能力，也为电路分析、数字电路、模拟电路等后续课程的学习打下物理学知识基础。本课程主要包括力和运动、运动的守恒量和守恒定律、刚体和流体的运动、相对论基础、气体动理论、热力学基础、静止电荷的电场、恒定电流的磁场、电磁感应与电磁场理论、机械振动和电磁振荡、机械波和电磁波、光学、量子论和量子力学基础、激光固体的量子理论、原子核物理和粒子物理等内容。

6. 电路分析（circuit analysis）

通过本课程的学习，使学生掌握电路分析的基本概念、基本理论和基本方法，具有初步的分析、解决电路问题的能力，该课程是学习数字电路和模拟电路的先修课程。本课程主要包括电路模型及电路定律、电阻电路的等效变换、电阻电路的一般分析、电路定理、含有运算放大器的电阻电路、一阶电路和二阶电路、相量法、正弦稳态电路的分析和含有耦合电感的电路等内容。

7. 模拟电路（analog circuit）

通过本课程的学习，使学生掌握主要半导体器件的原理、特性及参数，基本放大电路的工作原理及分析方法，负反馈放大电路的原理及分析方法，集成运算放大器的原理及应用，低频半导体模拟电子线路的基本概念、基本原理和基本分析方法；具有初步分析、设计实际电子线路的能力，并为学习计算机组成原理等课程打下基础。本课程主要包括半导体器件、放大电路的基本原理、集成运算放大电路、放大电路中的反馈、模拟信号运算电路与信号处理电路、波形发生电路与功率放大电路和直流电源等内容。

8. 数字电路（digital circuit）

通过本课程的学习，使学生掌握数字电路的基础理论知识，理解基本数字逻辑电路的工作原理，掌握数字逻辑电路的基本分析和设计方法，具有应用数字逻辑电路知识初步解决数字逻辑问题的能力，为学习计算机组成原理、微机原理及应用、单片机原理等后续课程以及从事数字电子技术领域的工作打下扎实的基础。本课程主要包括代数基础、门电路、组合逻辑电路、触发器、时序逻辑电路、脉冲的产生与整形电路和数模与模数转换电路等内容。

电路是构成CPU、存储器等计算机硬件的基础，普通物理学、电路分析、模拟电路、数字电路等课程的学习，是深入理解计算机组成原理课程内容及CPU、存储器的工作原理的重要基础。

9. 计算机导论（introduction to computer science）

计算机导论是学习计算机知识的入门课程，是计算机专业完整知识体系的绪论。通过本课程的学习，可以使学生对计算机的发展历史、计算机专业的知识体系、计算机学科方法论及计算机专业人员应具备的业务素质和职业道德有一个基本的了解和掌握，这对于计算机专业学生4年的知识学习、能力提高、素质培养和日后的学术研究、技术开发、经营管理等工作具有十分重要的基础性和引导性作用。本课程主要包括计算机发展简史、计算机基础知识、计算机专业知识体系、操作系统与网络知识、程序设计知识、软件开发知识、计算机系统安全知识与职业道德、人工智能知识和计算机领域的典型问题等内容。

10. 高级语言程序设计(high level language programming)

计算机专业学生应具备的重要能力之一就是程序设计能力,通过本课程的学习,使学生在掌握一两种高级语言(Python、C 或 C++)的基本语法规则和基本的程序设计方法的基础上,提高编写程序和调试程序的能力,培养程序设计思维。本课程主要包括概述、运算符与表达式、变量的数据类型与存储类别、程序的基本结构、函数的定义和调用、复合数据类型、用户建立的数据类型、文件操作、异常处理、面向对象程序设计等内容。

11. 计算机组成原理(computer organization and architecture)

作为计算机专业的学生,不仅要能够熟练使用计算机,还要能够比较深入地理解计算机的基本组成和工作原理,这既是设计开发高质量计算机软硬件系统的需要,也是学习操作系统、计算机网络、计算机体系结构等后续课程的基础。通过本课程的学习,使学生掌握计算机系统的基本组成和结构的基础知识,尤其是各基本组成部件有机连接构成整机系统的方法,建立完整清晰的整机概念,培养学生对计算机硬件系统的分析、设计、开发、使用和维护的能力。本课程主要包括计算机系统的硬件结构、系统总线、存储器、输入输出系统、计算机的运算方法、指令系统、CPU 的功能与结构、控制单元的功能等内容。

12. 数据结构(data structure)

本课程主要介绍如何合理地组织和表示数据、如何有效地存储和处理数据、如何设计出高质量的算法以及如何对算法的优劣做出分析和评价,这些都是设计高质量程序必须要考虑的。通过本课程的学习,使学生深入理解各种常用数据结构的逻辑结构、存储结构及相关算法;全面掌握处理数据的理论和方法,培养学生选用合适的数据结构、设计高质量算法的能力;提高学生运用数据结构知识编写高质量程序的能力。本课程主要包括线性表、栈、队列、串、数组、树与二叉树、图与图的应用、查找与排序等内容。

13. 操作系统(operating system)

操作系统是管理计算机软硬件资源、控制程序运行、方便用户使用计算机的一种系统软件,为应用软件的开发与运行提供支持。由于有了高性能的操作系统,才使我们对计算机的使用和操作变得简单方便。通过本课程的学习,使学生掌握操作系统的功能和实现这些功能的基本原理、设计方法和实现技术,具有分析实际操作系统的能力。本课程主要包括操作系统概论、进程管理、线程机制、CPU 调度与死锁、存储管理、I/O 设备管理、文件系统、操作系统实例等内容。

14. 计算机网络(computer network)

微型计算机的出现和计算机网络技术的快速发展促进了计算机应用的广泛普及,网络已成为人们工作、学习、娱乐和日常生活的重要组成部分。构建网络环境、编写网络软件、维护网络安全是计算机专业毕业生的重要就业领域。通过本课程的学习,使学生对计算机网络的现状和发展趋势有一个全面的了解,深入理解和掌握计算机网络的体系结构、核心概念、基本原理、相关协议和关键技术。本课程主要包括数据通信基础、广域网、局域网、网络互联和 IP(网际协议)、IP 路由、网络应用、网络安全等内容。

计算机专业类硕士研究生招生考试(初试)中,计算机学科专业基础(科目代码 408)的考试内容包括计算机组成原理、数据结构、操作系统和计算机网络 4 门课程的内容。

15. 数据库原理及应用(principle and application of database)

对信息进行有效管理的信息系统(数据库应用系统)在大大小小的政府部门及企事业单位中发挥着重要作用,而设计开发信息系统的核心和基础就是数据库的建立。通过本课程的学习,使学生掌握建立数据库及开发数据库应用系统的基本原理和基本方法,具备建立数据库及开发数据库应用系统的能力。本课程主要包括数据模型、数据库系统结构、关系数据库、关系数据库标准语言 SQL、数据库安全性、数据库完整性、关系数据理论、数据库设计、数据库编程、关系查询处理和查询优化、数据库恢复技术、并发控制、数据库管理系统、数据库技术新发展等内容。

16. 软件工程(software engineering)

软件工程的含义就是用工程化方法来开发大型软件,以保证软件开发的效率和软件的质量。通过本课程的学习,使学生掌握软件工程的基本概念、基本原理和常用的软件开发方法,掌握软件开发过程中应遵循的流程、准则、标准和规范,了解软件工程的发展趋势。本课程主要包括软件工程概述、可行性分析、需求分析、概要设计、详细设计、系统实现、软件测试、系统维护、面向对象软件工程、软件项目管理等内容。

17. 编译原理(principle of compiler)

相对于机器语言和汇编语言,用高级语言编写程序简单方便,编写出的程序易于阅读、理解和修改,但高级语言源程序并不能直接在计算机上执行,需要将其翻译成等价的机器语言程序才能在计算机上执行,完成这种翻译工作的程序就是编译程序。通过本课程的学习,使学生掌握设计开发编译程序的基本原理、基本方法和主要技术。本课程主要包括文法和语言、词法分析、语法分析、语法制导翻译和中间代码生成、代码优化、符号表、目标程序运行时的存储组织、代码生成、编译程序的构造等内容。

18. 计算机体系结构(computer architecture)

计算机体系结构培养学生从总体结构、系统分析这一角度来研究和分析计算机系统的能力,帮助学生从功能的层次上建立整机的概念。通过本课程的学习,使学生掌握有关计算机体系结构的基本概念、基本原理、设计原则和量化分析方法,了解当前技术的最新进展和发展趋势。本课程主要包括计算机系统设计技术、指令系统、存储系统、输入输出系统、标量处理机、向量计算机、互连网络与消息传递机制、SIMD 计算机、多处理机、多处理机算法、计算机体系结构的新发展等内容。

19. 人工智能(artificial intelligence)

本课程介绍如何用计算机来模拟人类智能,即如何用计算机完成诸如判断、推理、证明、识别、感知、理解、设计、思考、规划、学习和问题求解等智能性工作。通过本课程的学习,使学生掌握人工智能的基本概念、基本原理和基本方法,激发学生对人工智能的兴趣,掌握人工智能求解方法的特点,会用知识表示方法、推理方法和机器学习方法等求解简单问题。本课程主要包括知识表示方法、搜索推理技术、神经计算、模糊计算、进化计算、专家系统、机器学习、自动规划、自然语言理解、智能机器人等内容。

20. 计算机图形学(computer graphics)

计算机图形学的主要研究内容就是如何在计算机中表示图形以及利用计算机进行图形的计算、处理和显示的相关原理与算法。本课程主要包括图形学概述、计算机图形学的构成、三维形体的创建、自由曲面的表示、三维形体在二维平面上的投影、三维形体的变形与移动及隐藏面的消去方法、计算机动画、科学计算可视化与虚拟现实简介等内容。

2.3　计算机专业实践教学体系

微课视频

在组成计算机专业知识体系的课程中,有多门课程除理论教学外,还有相应的实践教学。实践教学是计算机专业培养方案和教学计划的重要组成部分,实践教学与理论教学相辅相成,对于学生深入理解理论课程的内容、提高动手能力和综合运用所学知识分析解决实际问题的能力、培养创新意识和团队精神具有十分重要的作用,同时对于提高学生对实际工作的适应能力、提高学生的就业竞争力也十分重要。

实践教学对于提高教学质量具有重要作用。所谓高质量的教学,就是让学生能够真正理解教师所讲解的内容,并用所学到的知识去解决实际问题。计算机专业中大量的基本概念和基本原理需要经过实践过程才能真正理解,如计算机组成的基本原理、操作系统的基本原理、计算机网络的基本原理、编译系统的基本原理等,如果只是听教师的讲解和看书,没有相应的实践环节,是很难真正理解的。再如高级语言程序设计、数据结构、数据库原理及应用等课程,如果不实际编写、分析一定量的程序,也是很难提高程序设计能力、算法设计能力和系统开发能力的。

实践教学对于培养高素质人才具有重要作用。科学的教学指导思想应该是,坚持传授知识、培养能力和提高素质协调发展,更加注重能力培养,着力提高大学生的学习能力、实践能力和创新能力,全面推进素质教育。作为一个高素质的计算机专业大学毕业生,实践能力和创新能力是必不可少的,而这些能力的培养和提高更多的是通过科学的实践教学体系来完成的。

实践教学对于提高学生的就业竞争力和对工作的适应性具有重要作用。在现实的就业环境下,既具有扎实的基础理论知识,又具有较强的实际动手能力,能够尽快适应实际工作环境的毕业生更容易找到比较理想的工作单位和工作岗位,动手能力的培养、对实际工作的适应性、对理论知识的深入理解都需要高质量的实践教学的支持。

教师和学生都要充分认识到实践教学的重要性,教师要像对待理论教学一样,认真备课、认真准备教学环境,高质量完成实践教学任务;学生要像学习理论知识一样,认真完成各实践教学环节的学习任务。

要想充分发挥实践教学的重要作用,真正培养出基础理论知识扎实、具有较强的实践能力和创新能力的高素质人才,需要科学合理的实践教学体系支撑。一个完整的实践教学体系一般包括课程实验、课程设计、研发训练、毕业设计(论文)等层次的实践教学活动。《教学质量国家标准》中要求 4 年总的实验当量不少于 2 万行代码。

课程实验是与理论教学课程配合的实验课程,主要是以单元实验为主,辅以适当的综合实验,以本学科基础知识与基本原理的理解、验证和基本实验技能的训练为主要实验内容,与学科基础课程的理论知识体系共同构成本学科专业人才应具备的基础知识和基本能力。课程实验中的单元实验主要是为配合理论课程中某个知识点的理解而设计的实验项目,综合实验是为综合理解和运用理论课程中的多个知识点而设计的实验项目。

课程设计是独立于理论教学课程而单独设立的实验课程,以综合实验和设计实验为主,需要综合几门课程的知识来完成实验题目。如在软件工程课程设计中需要综合运用软件工程、高级语言程序设计及数据结构等课程的知识；在数据库课程设计中需要综合运用数据库、高级语言程序设计、软件工程等课程的知识；在操作系统课程设计中需要综合运用操作系统、高级语言程序设计、软件工程、数据结构等课程的知识；在计算机系统结构课程设计中需要综合运用计算机组成原理、微机原理及应用等课程的知识等。

　　研发训练是鼓励和支持学有余力的高年级本科生参与教师的研发项目或独立承担研发项目（在教师的指导下），鼓励和支持学生积极参加各种面向大学生的课外科技活动，如程序设计大赛、数学建模竞赛等。研发训练项目是一种研究性实验、探索性实验。研发训练能够提高学生的探究性学习能力，使学生尽早进入专业科研领域，接触学科前沿，了解本学科发展动态，形成合理的知识结构；为那些成绩优秀、学有余力的学生提供发挥潜能、发展个性、提高自身素质的有利条件；对于提高学生的实践能力和创新能力效果显著。

　　计算机专业的学生做毕业设计并撰写毕业论文是整个本科教学计划的重要组成部分。毕业设计对于培养和提高学生的实践能力、研发能力和创新能力，培养和提高学生综合运用所学专业知识独立分析问题解决问题的能力，培养学生严肃认真的工作态度和严谨务实的工作作风，培养学生的书面表达能力和口头表达能力，培养学生组织协调能力和团结协作精神，具有至关重要的作用，也是其他教学环节不能替代的。毕业设计是一个综合性的实践教学环节，不仅要在教师的指导下独立完成设计任务，还要查阅资料、撰写论文、参加答辩，是对学生综合能力和综合素质的训练。在毕业设计期间，根据具体情况，学生在求职单位或学校指定的实习基地完成毕业实习环节，在实际工作环境中培养学生的实践能力和适应实际工作的能力。

2.4　小　　结

　　上大学的目的是为4年之后走上工作岗位或进一步深造打下一个比较坚实的基础，这个基础包括锤炼品格、学习知识、提高能力和培养素质。作为计算机专业的学生，在努力学习专业知识的同时，还要选修一些人文、法律、管理、历史、艺术等方面的课程，拓宽知识面，增强社会适应能力和发展后劲。用4年的时间使自己成为品格优良、知识丰富、能力强、素质高的合格大学毕业生，为奉献祖国、服务人民、事业成功做好充分准备。

　　从专业知识和专业能力来讲，计算机专业的学生，在比较扎实地掌握计算机基本理论、基本知识及先进的软硬件开发环境的基础上，要具备较强的程序设计能力、较强的系统（包括软件系统和软硬件结合系统）开发及维护能力、较强的网络组建及维护能力，了解计算机领域的发展趋势。为此，进行专业基础课程、公共基础课程的学习，构建科学合理的专业知识体系是非常必要的，计算机专业是一个实践性很强的专业，在学习理论知识的同时，一定要重视实践知识的学习，注重理论知识与实践知识的融合，注重提高实践能力和创新能力。

拓展阅读：王选与激光照排

　　王选（1937—2006），祖籍江苏无锡，出生于上海市，1958年在北京大学数学力学系计算数学专业毕业后参加工作。曾任北京大学教授，中国科学院院士，中国工程院院士，2001年国家最高科学技术奖获得者。

　　20 世纪 70 年代以前的相当长的时间内，印刷领域广泛使用的是铅字印刷，这和北宋时期毕昇发明的活字印刷没有什么本质的区别，排字工人的工作量非常繁重，排版效率低，印刷质量差，如何利用先进的现代技术改革排版和印刷模式是需要研究解决的重大课题。1975 年，一个偶然的机会，王选听说了国家"汉字信息处理系统工程"研究项目，这个项目于 1974 年 8 月立项，通称"七四八工程"，其中的"汉字精密照排系统"引起了他的浓厚兴趣。如果将计算机技术引入印刷行业，无疑将在我国报业、出版印刷业等媒体传播领域引起一场深刻革命，更将对计算机信息技术在我国的普及应用起到推动作用。

　　当时日本流行的是光学机械式二代照排机，采用机械方式选字，体积大，功能差；欧美流行的是阴极射线管式三代照排机，对底片灵敏度要求很高，国产底片不容易过关；英国正在研制激光照排四代机，但还没有形成产品。当时国内从事汉字照排系统研究的单位，采用二代机或三代机的模拟存储方法，但由于与西文相比，汉字字形的信息量非常大（英文大小写一共才 52 个字母，而汉字最少也得使用近 7000 个才能满足最基本的印刷需要），难以解决存储和输出等技术难题。1976 年王选做出了一个大胆的科学决策：采取跨越式发展的技术路线，跨过第二代和第三代照排系统，直接研制第四代激光照排系统。

　　选择激光照排方案，需要解决汉字字形信息量太大的难题。王选在 1976 年决定使用"轮廓描述方法"描述汉字字形，为保证字形变大变小时的质量，还提出并实现了用"参数描述方法"控制字形变倍和变形时敏感部位的质量，而西方在大约 10 年后的 80 年代中期才开始采用类似技术。这些方法使字形信息量压缩约为原来的 1/500，达到当时世界最高水平。

　　把汉字字形信息压缩后存入计算机，还必须将其快速还原和输出。当时小型计算机运算速度很慢，如果用软件实现压缩信息的还原，一秒大约只能还原一个汉字。由于王选有多年的硬件实践经验，并懂得微程序，在 1979 年他提出了适合硬件实现的、失真最小的高速还原汉字字形算法，并编写微程序予以实现，使还原速度达到每秒 250 字。后来他又设计出一种加速字形复原的超大规模专用芯片，实现了高速和高保真的汉字字形复原和变倍、变形，使复原速度上升到每秒 710 字，达到当时汉字输出的世界最快速度。

　　在这些技术创新的基础上，1976—1993 年，王选先后主持设计并实现了六代汉字激光照排控制器，采用双极型微处理器与专用芯片相结合的技术，在计算能力和存储能力较低的计算机系统上完成了页面描述语言的解释处理，使我国的电子出版技术处于世界先进水平，共获得 8 项中国专利，1 项欧洲专利，他成为我国第一位欧洲专利获得者。

　　1991—1994 年，王选率领他的团队不断创新技术，又引发了我国报业和印刷业的三次技术跨越：一是跨过报纸的传真机传版作业方式，直接推广以页面描述语言为基础的远程传版新技术；二是跨过传统的电子分色机阶段，直接研制开放式彩色桌面出版系统；三是规划和组织研制新闻采编流程计算机管理系统，使报社实现网络化生产与管理。这些电子出版新技术的应用，推动和促进了整个印刷行业的技术和设备改造，书刊和新闻出版业呈现出空前的繁荣景象。

　　现在我们都在享受着王选的研究成果，图书、报纸和杂志上的精美图片和文字都是通过激光照排系统印刷上去的。为了纪念王选"自主创新，锲而不舍"的精神，2006 年 10 月，中国计算机学会的"创新奖"正式更名为"王选奖"，每年评选一次。

注：国家最高科学技术奖授予下列科学技术工作者：①在当代科学技术前沿取得重大突破或者在科学技术发展中有卓越建树的；②在科学技术创新、科学技术成果转化和高技术产业化中，创造巨大经济效益或者社会效益的。国家最高科学技术奖每年授予人数不超过2名。2000年开始评选国家最高科学技术奖。国家最高科学技术奖奖金设立之初为每人500万元，其中450万元由获奖者自主选题，用作科研经费，50万元属获奖者个人。

从2018年度获奖者开始，奖金调整为每人800万元，全部由获奖者个人支配。

习　题　2

一、填空题

1. 计算机专业是一个专业类，包括_____、_____、_____、_____、_____等本科专业。

2. 我国2022年公布的《工程教育专业认证标准》提出了12条学生毕业要求，这12条要求的关键字为：_____、_____、_____、_____、_____、_____、_____、_____、_____、_____、_____、_____。

3. 2018年1月教育部发布了《普通高等学校本科专业类教学质量国家标准》，该标准对计算机专业培养目标的描述是：本专业培养具有良好的道德与修养，遵守法律法规，具有社会和环境意识，掌握数学与自然科学基础知识以及与计算系统相关的_____、_____、_____和_____，具备包括_____在内的科学思维能力。

二、简答题

1. 结合自己所学专业，简述如何理解《工程教育专业认证标准》提出的12条毕业要求。

2. 如何理解实践教学环节对学好理论知识的作用？

思　考　题　2

1. 对于计算机专业教学体系，数学类课程的作用是什么？

2. 我国著名的计算机科学家王选、吴文俊和金怡濂的事迹带给我们什么启示？可自行查阅更多的关于三位科学家的介绍。

3. 如何处理好基本理论、基本知识学习和实践技能学习的相互关系？

4. 查阅有关文献，了解什么是计算思维，如何培养计算思维。

5. 大学生活与高中生活有什么主要区别？如何适应大学生活，自主处理好专业学习、课外活动、休闲娱乐等环节的时间安排？

## 第 3 章

计算机中的数据表示

计算机的功能就是进行数据处理(信息处理),目前的计算机不仅能处理数值型数据,还能处理非数值型数据,包括英文字符、汉字、图像、音频和视频等多种媒体数据。数据在计算机中的表示与存储是数据处理的基础。我们知道,所有数据在计算机内部都是以二进制形式存储的,那么现实中丰富多彩的多种媒体数据是如何转换为计算机中的二进制数据呢?本章对此进行介绍。

3.1 计算机中的进制

3.1.1 进位记数制

按进位的原则进行记数称为进位记数制,简称进制或数制。日常生活中,人们习惯于用十进制进行记数。但在计算机内部,为了便于数据的表示和计算,采用二进制记数方法。二进制数在计算机中易于表示(只有 0 和 1 两种形式)、存储和计算,但二进制数的一个缺点是表示一个数需要的二进制位数较多,给人们的阅读、书写、记忆等带来不便。例如,十进制数 $(2695)_{10}$,用二进制数表示则需要 12 位二进制数字 $(101010000111)_2$。为了便于人们阅读和书写,在编写程序时,经常使用十进制数,有时也用八进制数和十六进制数。

不同进制有不同的基数和位权。

1. 基数

每种进制中数码的个数称为该进制的基数。例如,二进制中只有两个数码(0 和 1),其基数为 2,计算时逢 2 进 1;十进制中有 10 个数码(0~9),其基数为 10,计算时逢 10 进 1。

2. 位权

在每种进制中,一个数码所处的位置不同,代表的数值大小也不同,称为具有不同的位权。例如,十进制数 9999,最左边的 9 代表 9 千,最右边的 9 代表 9 个。也就是说,该十进制数从右向左的位权依次是个(10^0)、十(10^1)、百(10^2)和千(10^3)。

在编写程序时,根据需要可以用二进制、十进制、八进制或十六进制来表示数据,但在计算机内部,只能以二进制形式表示和存储数据(包括程序代码也只能用二进制表示)。所以计算机在运行程序时,需要先把其他进制数据转换为二进制数据再进行处理,处理结果(二进制形式)在输出时再转换为其他进制,以方便用户阅读和使用。表 3.1 给出了常用进制的基数和所需要的数码,表 3.2 给出了常用进制的表示方法。从表 3.2 可以看出,十进制数 13 和二进制数 1101、八进制数 15、十六进制数 D 是等价的。

表3.1　常用进制的基数和数码

进　　制	基　　数	数　　码
二进制	2	0 1
八进制	8	0 1 2 3 4 5 6 7
十进制	10	0 1 2 3 4 5 6 7 8 9
十六进制	16	0 1 2 3 4 5 6 7 8 9 A B C D E F

注:因为只有10个数字符号(0~9),而十六进制需要16个数码,所以除0~9外,再选用A~F(也可以写为小写形式a~f)作为十六进制的数码。

表3.2　常用进制的表示方法

十 进 制 数	二 进 制 数	八 进 制 数	十六进制数
0	0	0	0
1	1	1	1
2	10	2	2
3	11	3	3
4	100	4	4
5	101	5	5
6	110	6	6
7	111	7	7
8	1000	10	8
9	1001	11	9
10	1010	12	A
11	1011	13	B
12	1100	14	C
13	1101	15	D
14	1110	16	E
15	1111	17	F
16	10000	20	10

3.1.2　不同进制数据的区分

为了便于区分各种进制的数据,常采用后缀或前缀法、角标法书写数据。

1. 后缀或前缀法

在数据后面或前面加写相应的英文字母作为标识,这种方式便于计算机识别。

B(binary)表示二进制数,二进制数101可写成101B。

O(octonary)表示八进制数,八进制数101可写成101O或101Q(由于字母O与数字0容易混淆,常用Q代替O)。

D(decimal)表示十进制数,十进制数101可写成101D(D可省略)。

H(hexadecimal)表示十六进制数,十六进制数101可写成101H。

2. 角标法

用圆括号把数据括起来,在括号外面加数字角标,这种方式便于人工阅读。

$(101)_2$表示二进制数101。

(101)₈ 表示八进制数 101。

(101)₁₀ 表示十进制数 101，十进制数可省略角标。

(101)₁₆ 表示十六进制数 101。

3.2　不同进制数据的相互转换

不同进制的数据可以按一定规则进行相互转换。

微课视频

3.2.1　二进制数与十进制数的相互转换

1. 二进制数转换为十进制数

二进制数转换为十进制数，按权展开相加即可。

【例 3.1】　把二进制数 $(1101101.10111)_2$ 转换为十进制数。

$$
\begin{aligned}
(1101101.10111)_2 &= 1\times2^0+0\times2^1+1\times2^2+1\times2^3+0\times2^4+1\times2^5+1\times2^6+\\
&\quad 1\times2^{-1}+0\times2^{-2}+1\times2^{-3}+1\times2^{-4}+1\times2^{-5}\\
&= 1+4+8+32+64+0.5+0.125+0.0625+0.03125\\
&= (109.71875)_{10}
\end{aligned}
$$

2. 十进制数转换为二进制数

十进制数转换为二进制数时对整数部分和小数部分分别转换，整数部分采用除 2 取余法，直至商为 0 止；小数部分采用乘 2 取整法，满足精度要求为止。

【例 3.2】　把十进制数 $(78.69)_{10}$ 转换为二进制数，小数部分保留 4 位。

先采用除 2 取余法把 78 转换为二进制数，算式如图 3.1 所示，结果为 1001110；再采用乘 2 取整法把 0.69 转换为二进制数，算式如图 3.2 所示，结果的近似值为 0.1011。得到转换结果为 $(78.69)_{10}\approx(1001110.1011)_2$。

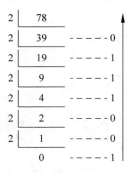

图 3.1　除 2 取余　　　　　　　图 3.2　乘 2 取整

说明：①用除 2 取余法对十进制整数进行转换时，先得到二进制数的低位，后得到高位；用乘 2 取整法对十进制小数进行转换时，先得到二进制数的高位，后得到低位。②一般来说，把一个带小数的十进制数转换为二进制数时，都是得到近似值，即一个实数在计算机内部存储的是二进制形式的近似值，所以当有实数参与运算时，结果也可能是一个近似值。

3.2.2　二进制数与十六进制数的相互转换

1. 二进制数转换为十六进制数

（1）计算方式：先采用按权展开相加的方法把二进制数转换为十进制数，再采用除16取余、乘16取整的方法把十进制数转换为十六进制数。

【例3.3】　把二进制数$(1101101.10111)_2$转换为十六进制数。

从例3.1可知，二进制数$(1101101.10111)_2$对应的十进制数是$(109.71875)_{10}$。

把109.71875转换为十六进制数时，整数部分和小数部分分别转换。把109转换为十六进制数时采用除16取余法，算式如图3.3所示，结果为$(109)_{10}=(6D)_{16}$；把0.71875转换为十六进制数时采用乘16取整法，算式如图3.4所示，结果为$(0.71875)_{10}=(0.B8)_{16}$。

合并后的转换结果为$(109.71875)_{10}=(6D.B8)_{16}$

```
                                    0.71875
                                  ×      16
16 | 109                          11.50000 —— B
16 |   6   —D ↑                   ×      16
        0  —6 |                   8.00000 —— 8  ↓
```

图3.3　除16取余　　　　　图3.4　乘16取整

（2）分组方式：二进制数转换为十六进制数时，以小数点为界，分别向左、向右分成4位一组，不够4位补0，分组后对应成十六进制数。

【例3.4】　把二进制数$(1101101.10111)_2$转换为十六进制数。

$$(1101101.10111)_2=(\underline{0110}\ \underline{1101}.\underline{1011}\ \underline{1000})_2$$
$$=(6D.B8)_{16}$$

2. 十六进制数转换为二进制数

（1）计算方式：先采用按权展开相加的方法将十六进制数转换为十进制数，再采用除2取余、乘2取整的方法将十进制数转换为二进制数。

【例3.5】　把十六进制数$(3AC.1E)_{16}$转换为二进制数。

$$由于(3AC.1E)_{16}=3\times16^2+10\times16^1+12\times16^0+1\times16^{-1}+14\times16^{-2}$$
$$=768+160+12+0.0625+0.0546875$$
$$=(940.1171875)_{10}$$

再采用除2取余、乘2取整法把$(940.1171875)_{10}$转换为二进制数，得到的结果为$(1110101100.0001111)_2$。

（2）分组方式：把十六进制数转换为二进制数时，每一个十六进制位展开成4个二进制位即可。

【例3.6】　把十六进制数$(3AC.1E)_{16}$转换为二进制数。

$$(3AC.1E)_{16}=(\underline{0011}\ \underline{1010}\ \underline{1100}.\underline{0001}\ \underline{1110})_2$$
$$=(1110101100.0001111)_2$$

说明：在进行进制转换时，计算方式比较适合编写程序实现，分组方式比较适合手工完成。

3.2.3　二进制数与八进制数的相互转换

1. 二进制数转换为八进制数

（1）计算方式：先采用按权展开的方法把二进制数转换为十进制数，再采用除 8 取余、乘 8 取整的方法把十进制数转换为八进制数，类似于把二进制数转换为十六进制数。

（2）分组方式：把二进制数转换为八进制数时，以小数点为界，分别向左、向右分成 3 位一组，不够 3 位补 0，分组后对应成八进制数。

【例 3.7】　把二进制数 $(1011001.10111)_2$ 转换为八进制数。

$$(1011001.10111)_2 = (\underline{001}\ \underline{011}\ \underline{001}.\underline{101}\ \underline{110})_2$$
$$= (131.56)_8$$

2. 八进制数转换为二进制数

（1）计算方式：先采用按权展开相加的方法将八进制数转换为十进制数，再采用除 2 取余、乘 2 取整的方法将十进制数转换为二进制数，类似于把十六进制数转换为二进制数。

（2）分组方式：八进制数转换为二进制数时，每一个八进制位展开成 3 个二进制位即可。

【例 3.8】　把八进制数 $(276.15)_8$ 转换为二进制数。

$$(276.15)_8 = (\underline{010}\ \underline{111}\ \underline{110}.\underline{001}\ \underline{101})_2$$
$$= (10111110.001101)_2$$

3.3　数值型数据的表示

对于无符号的整型数据，无论用何种进制书写，都可以按一定规则转换为二进制数存储在计算机内。任何符号在计算机内部也只能以二进制形式表示，包括带符号数中的正、负号及小数中的小数点都以二进制形式表示。在计算机内部将数值型数据（真值）全面、完整地表示成一个二进制数（机器数），需要考虑 4 个因素：机器数的符号、机器数的编码、机器数的表示范围和机器数中小数点的位置。

微课视频

3.3.1　机器数的符号

在计算机内部，任何数据（符号）都只能用二进制的两个数码 0 和 1 表示。带符号数的表示也是如此，除了用 0 和 1 组成的数字串来表示数值的绝对值大小外，其正、负号也必须用 0 和 1 表示。通常规定最高位为符号位，并用 0 表示正，用 1 表示负。在一个字长为 16 位的计算机中，数据的表示如图 3.5 所示。

图 3.5　带符号数据的表示

最高位 d_{15} 为符号位，$d_{14} \sim d_0$ 为数值位。这种把符号数字化并和数值位一起编码的方法，有效地解决了带符号数的表示及计算问题。

3.3.2　机器数的编码

在确定了最高位用于表示机器数的符号之后，机器数通常有原码、反码和补码三种不同的具体表示形式。

【例 3.9】　分别给出十进制数 +56 和 −56 的原码、反码和补码，假定字长为 16 位。

通过除 2 取余运算，得到无符号十进制数 56 的二进制形式为 111000。

+56 的原码表示为 0000000000111000（正数的原码最高位为 0，数值位补足 15 位）。

−56 的原码表示为 1000000000111000（负数的原码最高位为 1，数值位补足 15 位）。

+56 的反码表示为 0000000000111000（正数的反码与其原码相同）。

−56 的反码表示为 1111111111000111（负数的反码，在其原码的基础上，符号位不变，数值位按位取反）。

+56 的补码表示为 0000000000111000（正数的补码与其原码相同）。

−56 的补码表示为 1111111111001000（负数的补码，在其反码的末位加 1）。

在计算机内部，一般用补码表示带符号数，这样可以把减法运算转换为加法运算。

【例 3.10】　计算 $x = 86 - 25$ 的值。

$x = 86 - 25$ 可以转换为 $(x)_{补码} = (+86)_{补码} + (-25)_{补码}$ 进行计算，计算过程如下（假定字长为 8 位）：

86 的二进制形式为 1010110，+86 的补码表示为 $(+86)_{补码} = 01010110$；

25 的二进制形式为 11001，−25 的原码表示为 10011001，补码表示为 $(-25)_{补码} = 11100111$；

$(x)_{补码} = 01010110 + 11100111 = 00111101$，由于最高位为 0，因此 $(x)_{原码} = 00111101$，其对应的十进制真值为 61，即 $x = 61$，计算结果正确。

【例 3.11】　计算 $y = 32 - 57$ 的值。

$y = 32 - 57$ 可以转换为 $(y)_{补码} = (+32)_{补码} + (-57)_{补码}$ 进行计算，计算过程如下（假定字长为 8 位）：

32 的二进制形式为 100000，其补码表示为 $(+32)_{补码} = 00100000$；

57 的二进制形式为 111001，−57 的原码表示为 10111001、补码表示为 $(-57)_{补码} = 11000111$；

$(y)_{补码} = 00100000 + 11000111 = 11100111$，由于最高位为 1，因此 $(y)_{原码} = 10011001$（先对补码减 1，再对数值位按位取反），其对应的十进制真值为 −25，即 $y = -25$，计算结果正确。

从以上示例可以看出，用补码表示带符号数，可以把减法运算转换为加法运算。我们知道，乘法运算可以转换为加法运算，除法运算可以转换为减法运算，这样 CPU 中只有一个加法器即可完成加、减、乘、除四则运算，即补码表示可以简化计算机的 CPU 设计。

3.3.3　机器数的表示范围

机器数的表示范围由计算机的字长决定，即由 CPU 中的寄存器决定。如果使用的是 16 位的寄存器，则字长为 16 位，一个无符号整数的最小值是 $(0000000000000000)_2 = (0)_{10}$，最大值是 $(1111111111111111)_2 = (65535)_{10}$，机器数的范围为 0~65 535。也就是说，对于一个 16 位的寄存器，只能表示 0~65 535 的无符号整数。对于带符号整数，16 位寄存器的表示范围是 −32 768~+32 767。现在用的微型计算机一般是 64 位字长，其无符号整数的表

示范围是 $0 \sim 2^{64}-1$，带符号整数的表示范围是 $-2^{63} \sim +2^{63}-1$。对于一般的应用场景足够了。

3.3.4　机器数中小数点的位置

在计算机内部表示小数点比较困难，设计者把小数点的位置用隐含的方式表示。隐含的小数点位置可以是固定的，也可以是变动的，前者称为定点数，后者称为浮点数。

1. 定点数

在定点数中，小数点的位置一旦确定，就不再改变。定点数又分为定点整数和定点小数。

小数点的位置约定在最低位的右边，用来表示定点整数。小数点的位置约定在符号位（最高位）之后，用来表示小于 1 的定点小数。

【例 3.12】　假定计算机的字长为 16 位，用定点整数表示十进制数 387。

由于 387 的二进制形式为 $(110000011)_2$，因此其在计算机内部的表示形式如图 3.6 所示。

图 3.6　计算机内部的定点整数

【例 3.13】　假定计算机的字长为 16 位，用定点小数表示 0.625。

由于 0.625 的二进制形式为 $(0.101)_2$，因此其在计算机内部的表示形式如图 3.7 所示。

图 3.7　计算机内部的定点小数

2. 浮点数

如果要处理、存储的数据包括整数和小数，则难以用定点数表示。对此设计人员设计了浮点数的表示方式，即小数点位置不固定，是浮动的。

将十进制数 758.2、−75.82、0.07582、−0.007582 用指数形式表示，它们分别可以表示为 0.7582×10^3、-0.7582×10^2、0.7582×10^{-1}、-0.7582×10^{-2}。

可以看出，在原数据中无论小数点前后各有几位数，它们都可以用一个纯小数（称为尾数，有正负之分）与 10 的整数次幂（称为阶码，也有正负之分）的乘积形式来表示，这就是浮点数表示法。

同理，一个二进制数 N 也可以表示为 $N=\pm S \times 2^{\pm P}$ 的形式。其中，N、S、P 均为二进制数。S 称为 N 的尾数，即全部的有效数字（数值小于 1 的纯小数），S 前面的 ± 是尾数的符号；P 称为 N 的阶码（通常是整数），即指明小数点的实际位置，P 前面的 ± 是阶码的符号。

在计算机中一般浮点数的表示形式如图 3.8 所示。

在浮点数表示中，尾数的符号和阶码的符号各占一位，阶码是定点整数，阶码的位数决定了所表示的浮点数的范围，尾数是定点小数，尾数的位数决定了浮点数的精度。阶码和尾

阶符	阶码P	尾符	尾数S

图 3.8　浮点数的表示形式

数都可以用补码表示。在字长有限的情况下，浮点数表示方法能扩大数的表示范围。

【例 3.14】　如果计算机的字长为 8 位，一个字长内，如果用定点整数形式，带符号数的表示范围为－128～＋127（十进制数）。如果用浮点数形式，可以表示十进制数的＋1537 甚至更大的数。＋1537 写成浮点数形式如下：

$$+1537=(11000000001)_2 \approx 0.11 \times 2^{1011}$$

用一个 8 位字长表示，阶码数值位为 1011，符号位为 0，共 5 位；尾数为 11，符号位为 0，共 3 位。合起来就是 01011011B。

说明：①由于字长的限制，尾数的数值位只有 2 位，因此原本的尾数 0.11000000001，只能表示成 0.11，所以 01011011B 是十进制数＋1537 的近似表示。浮点数表示方法能扩大数的表示范围，但精度有所损失。合理确定尾数和阶码分别所占位数，既能扩大数的表示范围，又能保证一定的精度。②从上面的介绍可以看出，整数表示和浮点数表示在计算机内部的存储格式是不一样的，所以在程序设计语言里一般都要求，不同类型的数据是不能直接运算的，需要先转换为同一类型，再进行计算。

3.4　字符型数据的编码表示

计算机不仅能处理数值型数据，还能处理字符型数据，如英文字母、标点符号等。对于数值型数据，可以按照一定的转换规则将其转换为二进制数在计算机内部表示，但对于字符型数据，没有相应的转换规则可以使用。人们可以设计每个字符对应的二进制编码形式，但设计方案要科学、合理，才能得到业界广泛的认可和使用。当输入一个字符时，系统自动将输入的字符按规定的编码方式转换为相应的二进制形式存入计算机的存储单元中。在输出过程中，再由系统自动将二进制编码数据转换为用户可以识别的数据格式输出。

微课视频

常用的字符型数据编码方式主要有 ASCII 码、EBCDIC 码等，前者主要用于微型计算机，后者主要用于超级计算机和大型计算机。

3.4.1　ASCII 码

目前微型计算机中使用最广泛的字符编码是 ASCII 码，即美国信息交换标准码（American Standard Code for Information Interchange）。ASCII 码包括 32 个通用控制字符（最左边两列）、10 个十进制数码、52 个英文大小写字母和 34 个专用符号（标点符号等），共 128 个符号，故需要用 7 位二进制数进行编码。通常使用一个字节（8 个二进制位）表示一个字符的 ASCII 码，规定其最高位总是 0，后 7 位为实际的 ASCII 码。ASCII 码如表 3.3 所示。

表 3.3　7 位 ASCII 码编码表

$b_4b_3b_2b_1$	$b_7b_6b_5$							
	000	001	010	011	100	101	110	111
0000	NUL	DLE	SPACE	0	@	P	`	p

续表

$b_4b_3b_2b_1$	$b_7b_6b_5$							
	000	**001**	**010**	**011**	**100**	**101**	**110**	**111**
0001	SOH	DC1	!	1	A	Q	a	q
0010	STX	DC2	"	2	B	R	b	r
0011	ETX	DC3	♯	3	C	S	c	s
0100	EOT	DC4	$	4	D	T	d	t
0101	ENO	NAK	%	5	E	U	e	u
0110	ACK	SYN	&	6	F	V	f	v
0111	BEL	ETB	'	7	G	W	g	w
1000	BS	CAN	(	8	H	X	h	x
1001	HT	EM	)	9	I	Y	i	y
1010	LF	SUB	*	:	J	Z	j	z
1011	VT	ESC	+	;	K	[	k	{
1100	FF	FS	,	<	L	\	l	|
1101	CR	GS	−	=	M	}	m	}
1110	SO	RS	.	>	N	^	n	~
1111	SI	US	/	?	O	_	o	DEL

【例 3.15】 给出英文单词 Computer 的 ASCII 码。

查看表 3.3 可知，Computer 中各字符的二进制形式的 ASCII 码分别为 01000011、01101111、01101101、01110000、01110101、01110100、01100101、01110010，写成十六进制形式为 43 6F 6D 70 75 74 65 72，存储在计算机中占用 8 字节单元，即 1 个字符占用 1 字节单元。

3.4.2 EBCDIC 码

EBCDIC(extended binary coded decimal interchange code) 码是对 BCD 码的扩展，称为扩展 BCD 码。BCD(binary-coded decimal) 码又称"二-十进制编码"，用二进制编码形式表示十进制数。BCD 码的编码方法很多，有 8421 码、2421 码和 5211 码等。最常用的是 8421 码，其方法是用 4 位二进制数表示一位十进制数，自左至右每一位对应的位权分别是 8、4、2、1。4 位二进制数有 0000～1111 共 16 种状态，而十进制数只有 0～9 共 10 个数码，BCD 码只用 10 种状态: 0000～1001。8421 码如表 3.4 所示。由于 BCD 码中的 8421 码应用最广泛，因此一般说 BCD 码就是指 8421 码。

表 3.4 8421 码表

十 进 制 数	8421 码	十 进 制 数	8421 码
0	0000	8	1000
1	0001	9	1001
2	0010	10	0001 0000
3	0011	11	0001 0001
4	0100	12	0001 0010
5	0101	13	0001 0011
6	0110	14	0001 0100
7	0111	15	0001 0101

【例 3.16】 写出十进制数 7852 的 8421 BCD 码。

十进制数 7852 的 8421BCD 码为 0111100001010010B,实际存储时可以占用 4 字节,每字节的高 4 位补 0000,低 4 位存储一位十进制数的 BCD 码,7852 对应的 4 字节 BCD 码值为 00000111 00001000 00000101 00000010,即一位十进制数字占用一字节,称为非压缩 BCD 码;也可以用 2 字节存储,7852 对应的 2 字节 BCD 码值为 01111000 01010010,即两位十进制数字占用一字节,称为压缩 BCD 码。

IBM 公司于 1963—1964 年推出了 EBCDIC 码,除了原有的 10 个数字之外,又增加了一些特殊符号、大小写英文字母和某些控制字符的表示。所以,EBCDIC 码也是一种字符编码,如表 3.5 所示,主要用于大型计算机和超级计算机。

表 3.5　EBCDIC 码

高位	低位															
	0000	0001	0010	0011	0100	0101	0110	0111	1000	1001	1010	1011	1100	1101	1110	1111
0000	NUL	SCH	STX	ETX	PF	HT	LC	DEL		RLF	SMM	VT	FF	CR	SR	SI
0001	DLE	DC1	DC2	TM	RES	NL	BS	IL	CAN	EM	CC	CU1	IFS	IGS	IRS	IUS
0010	DS	SOS	FS		BYP	LF	ETB	ESC			SM	CU2		ENQ	ACK	BEL
0011			SYN		PN	RS	UC	EQT			GU3	DC4	NAK			SUB
0100	SP										[	。	<	(	+	!
0101	&										]	$	*	)	;	~
0110	—	/									|	,	%	_	>	?
0111	_										:	#	@	‘	=	"
1000		a	b	c	d	e	f	g	h	i						
1001		j	k	l	m	n	o	p	q	r						
1010		—	s	t	u	v	w	x	y	z						
1011																
1100	{	A	B	C	D	E	F	G	H	I						
1101	}	J	K	L	M	N	O	P	Q	R						
1110	\		S	T	U	V	W	X	Y	Z						
1111	0	1	2	3	4	5	6	7	8	9						

3.5　汉字的编码表示

汉字与英文字母类似,也没有可用的转换规则直接转换为二进制形式,也需要设计每个汉字对应的二进制编码,用于汉字在计算机中的表示与存储。汉字有一些与英文字母不同的特点,常用汉字的个数比较多,不能直接对应到键盘上(一个英文字母对应一个按键),所以还要设计汉字的输入编码,即每个汉字通过哪几个按键输入。输出汉字时,还需要汉字的

微课视频

字形码。即对于汉字来说,要设计用于输入汉字的输入码,用于存储汉字的机内码和用于输出汉字的字形码。

3.5.1 汉字输入码

在用计算机处理汉字时,首先遇到的问题是如何输入汉字。汉字输入码是指从键盘输入汉字时采用的编码,又称为外码,主要有数字码、拼音码和字形码等。

(1) 数字码。常用的数字码是国标区位码,用数字串代表一个汉字的输入码。区位码是将国家标准局公布的 6763 个常用汉字分为 94 个区,每个区再分为 94 位,实际上是把汉字和一些特殊符号组织在一个 94 行 94 列的矩阵中,每一行称为一个区,每一列称为一个位,共有 94 个区(区号为 01~94),每个区内有 94 个位(位号也为 01~94)。一个汉字所在的区号和位号组合在一起就构成了该汉字的区位码(4 位十进制数字)。例如,“机”字位于第 27 区 90 位,区位码为 2790。

(2) 拼音码。拼音码是以汉语拼音为基础的输入码,如搜狗拼音输入法、微软拼音输入法和 QQ 拼音输入法等。

(3) 字形码。字形码是根据汉字的形状形成的输入码。汉字个数虽多,但组成汉字的基本笔画和基本结构并不多。因此,把汉字拆分成基本笔画和基本结构,按笔画或基本结构的顺序依次输入,就能表示一个汉字。五笔字型编码是最有影响的一种字形码方法。

数字码的优点是每个汉字都有一个唯一的数字编码,不足是记忆量太大,一般人很难掌握。拼音码易于学习和掌握,凡熟悉汉语拼音的人,不需训练和记忆即可使用,但由于重码率高(好多字的拼音相同),难以实现盲打,导致打字速度不容易提高。字形码的拆字规则(把一个字拆成基本笔画或基本结构,再对应到键盘的按键上)较复杂,学习起来较为困难,但其重码率很低,一旦学会并熟练掌握,能够实现盲打,因而有比较快的输入速度。专业打字人员使用字形码(五笔字型)比较多,一般人使用拼音码比较多。

为了提高汉字输入速度,在上述方法的基础上,发展了词组输入、联想输入等多种快速输入方法。另外的输入方式是利用语音或图像识别技术实现语音输入和扫描输入,自动将文字输入计算机中。键盘输入、语音输入和扫描输入各有其特点及适用场景。

3.5.2 汉字机内码

汉字机内码是指计算机内部存储和处理汉字时所用的编码,要求它与 ASCII 码兼容但又不能相同,以便实现汉字与英文的混合存储与处理。输入码经过键盘被计算机接收后就由有汉字处理功能的操作系统的“输入码转换模块”转换为机内码。机内码主要有国标码、Unicode 编码等。

1. 国标码

1980 年我国公布了 GB 2312—1980《信息交换用汉字编码字符集·基本集》,简称国标码,规定每个汉字编码由 2 字节构成,定义了 6763 个常用汉字和 682 个图形符号。

为了进一步满足信息处理的需要,在国标码的基础上,2000 年 3 月我国又推出了 GB 18030—2000《信息技术信息交换用汉字编码字符集基本集的扩充》,共收录 27 533 个汉字。GB 18030—2000 采用变长多字节编码,每个汉字编码可以由 2 字节或 4 字节组成,完全支持 Unicode 编码,对 GB 2312—1980 完全向后兼容。

2005 年发布的 GB 18030—2005《信息技术中文编码字符集》以汉字为主并包含多种我国少数民族文字,收录汉字 70 244 多个,相对于 GB 18030—2000,增加了 4 万多个汉字。2022 年发布的 GB 18030—2022《信息技术中文编码字符集》收录汉字 87 887 个,又增加了 1.7 万多个汉字。

通常将国标码的每个字节的最高位置 1 作为汉字的机内码,国标码由 2 字节或 4 字节表示一个汉字。由于英文符号的 ASCII 码的最高位为 0,而汉字符号的机内码的每字节的最高位都为 1,因此易于区分出某个字节数据表示的是一个英文字符,还是汉字字符的组成部分。

2. Unicode 编码

随着互联网的快速发展,需要满足跨语言、跨平台进行文本转换和处理的要求,还要与 ASCII 码兼容,因此,在 1994 年由统一码联盟发布了 Unicode 1.0,到 2022 年的最新版本是 Unicode 15.0。Unicode 编码(统一码、万国码、单一码)试图为全世界每种语言中的每个字符设定统一并且唯一的二进制编码。Unicode 编码的优点是包括了世界上所有语言的字符,但也有其不足。我们知道,英文字母只用 1 字节表示就够了,但如果用定长方式表示,每个符号的 Unicode 编码需要用 4 字节表示,那么每个英文字母的 4 字节编码中的 3 字节都是 0,这对于存储空间来说是很大的浪费,文本文件的大小会因此大二三倍。

Unicode 编码在很长一段时间内无法推广,直到互联网的出现。为解决 Unicode 编码字符如何在网络上传输的问题,于是面向网络传输的多种通用字符集传输格式(UCS transfer format,UTF)标准出现了,UCS 是 universal character set(通用字符集)的缩写形式。UTF-8 是在互联网上使用最为广泛的一种 Unicode 编码的实现方式,它每次可以传输 8 个数据位。变长编码方式是 UTF-8 的最大特点,它使用 1~4 字节表示一个符号,根据不同的符号而变化字节长度。当字符在 ASCII 码的范围时,就用 1 字节表示,保留了 ASCII 字符 1 字节的编码作为它的一部分。UTF-8 的一个中文字符占用 3 字节。从 Unicode 编码到 UTF-8 并不是直接对应的,要经过一些算法和规则的转换。

3.5.3 汉字字形码

汉字字形码又称汉字字模,是指汉字信息的输出编码,用于汉字的显示或打印机输出。汉字字形码有两种主要表示方式:点阵方式和矢量方式。汉字在计算机内部是以机内码的形式存储和处理的,当需要显示或打印这些汉字时,必须通过字形码将其转换为人们能看懂且能表示为各种字形字体的图形格式,然后通过输出设备输出。

1. 点阵字形码

不论一个字的笔画多少,都可以用一组点阵表示。每个点对应二进制的一位,由 0 和 1 表示不同状态,如黑白颜色等。一种字形码的全部汉字编码就构成字模库,简称字库。根据输出字符要求的不同,每个字符点阵中点的个数也不同。点阵越大,点数越多,输出的字形也就越清晰美观,占用的存储空间也就越大。汉字字形有 16×16、24×24、32×32、48×48、128×128 点阵等,不同字体的汉字需要不同的字库。点阵字库存储在文字发生器或字模存储器中。字模点阵的信息量是很大的,所占存储空间也很大。以早期显示用的 16×16 点阵为例,每个汉字的字形编码要占用 32 字节。打印一般用 24×24 点阵形式,每个汉字就要占用 72 字节。对于 128×128 点阵形式,每个汉字就要占用 2048 字节,将导致整个字库占用大量的存储空间。图 3.9 所示是汉字"英"的点阵及对应编码。

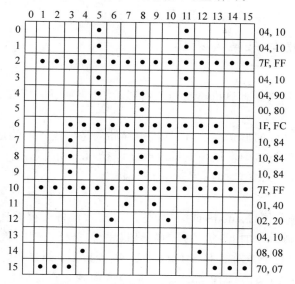

图 3.9 汉字"英"的点阵及对应编码

2. 矢量字形码

对于矢量方式的字形码,在计算机内存储的是一种用数学函数描述的曲线字库,采用了几何学中二次曲线及直线来描述字体的外形轮廓,含有字形构造、颜色填充、数字描述函数、流程条件控制、栅格处理控制、附加提示控制等指令。当要输出汉字时,通过计算机的计算,由汉字字形描述生成所需大小和形状的汉字。由于是用指令对字形进行描述,与分辨率无关,均以设备的分辨率输出,既可以屏幕显示,又可以打印输出,字符缩放时总是光滑的,不会有锯齿出现,因此可产生高质量的汉字输出。

点阵方式和矢量方式各有特点。前者编码、存储方式简单,无须转换直接输出,字号变大后显示或打印效果变差,出现锯齿笔画甚至模糊不清;后者输出时需要进行转换,输出过程复杂一些,但字号变大后不会降低显示或打印质量。点阵汉字和矢量汉字放大后的输出效果对比如图 3.10 所示。

(a) 点阵汉字　　　　(b) 矢量汉字

图 3.10 点阵汉字与矢量汉字放大后的输出效果对比

汉字通常通过输入码输入计算机内,再由汉字系统的输入管理模块通过查表或计算,将输入码(外码)转换为机内码存入计算机存储器中,对汉字的处理也是以机内码形式进行的。当存储在计算机内的汉字需要在屏幕上显示或在打印机上输出时,要借助汉字机内码在字模库中找出对应的字形码,在输出设备上将该汉字的图形信息显示或打印出来。

3.6 图像与声音数据的采集与表示

计算机能够存储和处理的信息,除了前面介绍的数值和文本(如英文字符、汉字等)外,还有图形、图像、音频、视频、动画等多媒体信息,而且随着计算机技术、网络技术的快速发展和应用的普及,生动形象、深受人们喜欢的音/视频信息越来越多。

微课视频

　　图像和声音都不能通过键盘输入计算机，而是通过信息采集设备(如数码相机、带摄像头的手机、录音笔、扫描仪等)变为二进制信息并存储的。

3.6.1　图像数据的采集与表示

1. 图形

　　图形(graphic)一般指用计算机绘制的几何形状，如直线、圆、圆弧、矩形、任意曲线和图表等，也称矢量图。

　　图形以矢量图形文件的形式存储，计算机中存储的是生成图形的指令，所以一般不需要对矢量图进行编码。计算机中常用的矢量图形文件有.3ds 文件(用于三维造型)、.dxf 文件(用于计算机辅助设计)、.wmf 文件(用于桌面出版)等。

2. 图像

　　图像(image)又称位图(bitmap)或图片，是指由输入设备捕捉的实际场景画面，或以数字化形式存储的任意画面，如用手机拍摄的数码照片、扫描仪扫描的图片等。手机摄像头或扫描仪把图像点阵化，每个点称为像素(pixel)。类似于汉字的点阵，不同的是分辨率更高一些，目前一般都在 1024×1024 像素以上，采集的值为像素点的颜色，对于彩色图像，一般用 24 位二进制数表示一个像素点的颜色值，一共可以表示 2^{24}(16 777 216)种不同的颜色，基本可以把人眼能识别的所有不同颜色表达出来，称为真彩色。BMP 格式的图像文件保存原始像素数据，即每个像素点的颜色值。对于一幅分辨率为 1024×1024 像素的真彩色图片，其 BMP 文件的大小为 3MB。JPG 格式为一种压缩格式。除 BMP、JPG 格式外，图像文件还有 GIF、PNG、PCX、TIF、TGA 等格式。

3. 视频

　　视频是视频图像(video)的简称，是一种活动影像，它与电影和电视原理是一样的，都是利用人眼的视觉暂留特征，将足够多的静态画面(frame，帧)连续播放，只要能够达到每秒 24 帧以上，人的眼睛就察觉不出画面之间的不连续性。视频文件在计算机中的存储格式有AVI、WMV、MPEG、ASF、RM、MOV 等。

　　视频文件存储的是视频所包含的所有图像的数据。

4. 动画

　　动画(animation)也是一种活动影像，最典型的是"卡通"片。动画也称为动漫，它与视频的不同在于视频一般是指对自然界真实影像的记录，如用摄像机拍摄下来的自然风光，而动画通常指人工制作出来的连续图像或图形所组合成的动态影像。动画文件存储的是动画所包含的所有("卡通")图像的数据。

3.6.2　声音数据的采集与表示

　　声音也称为音频(audio)，声音(声波)是通过空气传播的一种连续的波。声音有多种，如人说话、唱歌的声音，演奏乐器的声音，刮风、下雨、打雷的声音等。声音一般用一种模拟的连续波形表示，如图 3.11 所示。声波可以用振幅和频率两个参数来描述，振幅的大小反映了声音的强弱，用分贝(dB)表示；频率是指声音信号每秒变化的次数，频率的大小反映了音调的高低，用赫兹(Hz)表示。

　　对声音的数字化就是对声波采样和量化，即按一定的时间间隔对声波的振幅进行测量并转换为二进制数,如图 3.12 所示。

　　采样频率越高(采样时间间隔越小)、采样精度越高(表示振幅值的二进制位数越多),就越能真实地把声音记录下来(播放时质量高),当然,需要的存储容量也就越大。

　　例如,每秒采样 40 000 次,用 16 个二进制位表示采样值,可以把采样值量化为 65 536 个级别,采样一秒钟产生的数据为:40 000×16/8B=80 000B=78.125KB。

　　音频文件在计算机中的存储格式有 MP3、WAV、MIDI、WMA 等。

图 3.11　声音波形

图 3.12　声音的采样和量化

3.7　小　　　结

　　计算机能够处理数值、文本、图形、图像、视频、动画和音频等多种媒体信息,虽然展现的这些信息千姿百态、异彩纷呈,但所有信息在计算机内部都是以二进制数据形式存储的。

　　数值、文本、图形、图像、视频、动画和音频以不同的方式转换为二进制形式。数值按一定的规则转换为对应的二进制数,文本(如英文字符、汉字等)按设计好的编码规则得到对应的二进制数(如 ASCII 码、EBCDIC 码、汉字国标码、Unicode 编码等),图形对应的是生成图形的指令,图像和声音通过采集设备获取对应的二进制数,图像对应的是点阵数据,声音得到的是声波的量化数据。作为计算机专业的学生,明晰各种信息到二进制数据的转换与存储,了解数值的符号与小数点如何在计算机内部表示,对于深入理解计算机的工作原理、深入理解程序设计时的一些要求都是非常有益的。

拓展阅读:Intel 公司与 CPU

　　Intel(英特尔)公司成立于 1968 年,名字取自两个英文单词 Integrated(集成)和 Electronic(电子)的组合,当时公司只有 8 个人。罗伯特·诺伊斯(R. Noyce,1927—1990)、戈登·摩尔(G. Moore,1929—)和安迪·葛洛夫(A. Grove,1936—)是公司的主要创始人并领导公司在微处理器领域取得了辉煌的成就。信息技术(information technology,IT)领域著名的摩尔定律就是由摩尔提出的,定律的内容是"集成电路上可容纳的晶体管个数,约每隔 18 个月便会增加一倍,性能也将提升一倍"。

　　Intel 公司的早期产品主要是存储器,用半导体存储器取代了磁芯存储器,大大提高了存储容量和数据存取速度。1971 年,当时还处在早期发展阶段的 Intel 公司推出了世界上第一枚微处理器 4004,这是第一个用于计算器的 4 位微处理器。4004 含有 2300 个晶体管,现在看来功能有限，速度也不快。但是，辉煌成就就是从这开始的，从此以后，Intel 公司逐步占据微处理器市场的霸主地位。1972 年推出 8 位的 8008，1974 年推出比 8008 更先进的 8080。

1978 年，首次生产出名为 8086 的 16 位微处理器，同时生产了与之相配合的数字协处理器 8087，在 8087 指令集中增加了一些专门用于对数、指数和三角函数等数学计算的指令，以提高数学运算的速度。由于这些指令集应用于 8086 和 8087，因此人们也把这些指令集统一称为 x86 指令集。虽然以后 Intel 公司又陆续生产出第二代、第三代等若干代更先进和更快速的新型微处理器，但都兼容原来的 x86 指令，而且 Intel 公司在后续微处理器的命名上沿用了原先的 x86 序列，直到后来因商标注册问题，才放弃了继续使用阿拉伯数字命名的做法，新起名为"奔腾"（Pentium）。

1979 年，Intel 公司推出了 8088 芯片，属于准 16 位微处理器，内部数据总线是 16 位，外部数据总线是 8 位，内含 29 000 个晶体管，时钟频率为 4.77MHz，地址总线为 20 位，可使用 1MB 内存。

1981 年，8088 芯片首次用于 IBM PC 中，使微型计算机的发展进入了一个新的时代。也正是从 8088 开始，PC 的概念开始在全世界范围内流行起来。

1982 年，Intel 公司推出了新产品 80286 芯片，该芯片比 8086 和 8088 都有很大的改进，虽然它仍旧是 16 位结构，但是在 CPU 的内部含有 13.4 万个晶体管，时钟频率由最初的 6MHz 逐步提高到 20MHz。其内部和外部数据总线均为 16 位，地址总线为 24 位，寻址能力扩大到 16MB 内存。从 80286 开始，CPU 的工作方式也变成实模式和保护模式两种方式。

1985 年，Intel 公司推出了 80386 芯片，它是 80x86 系列中的第一款 32 位微处理器，而且制造工艺也有了很大的进步，80386 内部集成有 27.5 万个晶体管，时钟频率为 12.5MHz，后提高到 20MHz、25MHz、33MHz 几个档次。80386 的内部和外部数据总线都是 32 位，地址总线也是 32 位，可寻址高达 4GB 的内存。它除具有实模式和保护模式外，还增加了一种叫虚拟 86 的工作方式，可以通过同时模拟多个 8086 处理器来提供多任务处理能力。

1989 年，Intel 公司推出 80486 芯片，80486 是将 80386 和数字协处理器 80387 以及一个 8KB 的高速缓存（cache）集成在一个 CPU 芯片内，这种芯片集成了 120 万个晶体管。80486 的时钟频率从 25MHz 逐步提高到 33MHz、50MHz，并且在 80x86 系列中首次采用了精简指令集计算机（reduced instruction set computing，RISC）技术，可以在一个时钟周期内执行一条指令。它还采用了突发总线方式，大大提高了与内存的数据交换速度。由于这些改进，80486 的性能比带有 80387 数字协处理器的 80386 提高了 4 倍。

Intel 公司于 1993 年推出了全新一代的高性能处理器 80586。由于 CPU 市场的竞争越来越激烈，提出了商标注册问题，但美国法律不允许用阿拉伯数字注册商标，于是 Intel 公司用新的名字——Pentium 注册了商标。Pentium 中的 Pent 来自希腊语，意思是 5，ium 使芯片看起来像基本元素（确实是组成计算机系统的基本元素）。Intel 公司还给它起了一个非常好听的中文名字——"奔腾"。Pentium 内部集成的晶体管数量高达 310 万个，时钟频率由最初的 60MHz 和 66MHz，逐步提高到 200MHz。66MHz 的 Pentium 比 33MHz 的 80486 要快 3 倍多。

1995 年，Intel 公司推出了第 6 代 x86 系列 CPU——Pentium Pro。Pentium Pro 内部

集成有 550 万个晶体管,内部时钟频率为 133MHz,处理速度大约是 100MHz 的 Pentium 的 2 倍。Pentium Pro 的一级(片内)缓存为 8KB 指令和 8KB 数据。在 Pentium Pro 的一个封装中除 Pentium Pro 芯片外,还包括有一个 256KB 的二级缓存芯片。

1996 年,Intel 公司又推出了 Pentium 系列的改进版本——多能奔腾(Pentium MMX)。MMX 技术是 Intel 公司发明的一项多媒体增强指令集技术,为 CPU 增加了 57 条 MMX 指令,还将 CPU 芯片内的一级缓存由原来的 16KB 增加到 32KB(16KB 指令+16KB 数据),MMX CPU 比普通 CPU 在运行含有 MMX 指令的程序时,处理多媒体的能力提高了 60% 左右。

1997 年 5 月,Intel 公司又推出了 Pentium Ⅱ。Pentium Ⅱ 采用了与 Pentium Pro 相同的核心结构,但它加快了段寄存器写操作的速度,并增加了 MMX 指令集,以加快 16 位操作系统的执行速度。Pentium Ⅱ 比 Pentium Pro 多集成了 200 万个晶体管。

1998 年,Intel 公司推出了面向低端市场、性能价格比较高的赛扬处理器(Celeron CPU)。该处理器去掉了二级缓存,因而可以降低处理器的成本。

1998—1999 年,Intel 公司还推出一款比 Pentium Ⅱ 功能还要强大的至强处理器(Xeon CPU)。至强处理器的目标就是挑战高端的、基于 RISC 的工作站和服务器。赛扬处理器和至强处理器的推出就是要全方位占领微处理器市场,满足各种不同用户的需要。

Pentium Ⅲ 处理器是 Intel 公司的又一代产品,内部集成了 960 万个晶体管,拥有 32KB 一级缓存和 512KB 二级缓存,增加了能够增强音频、视频和三维图形效果的数据流单指令多数据扩展(streaming SIMD extensions,SSE)指令集,和 Pentium Ⅱ Xeon 一样,Intel 公司也推出了面向服务器和工作站系统的高性能 CPU——Pentium Ⅲ Xeon。最初发布的 Pentium Ⅲ 有 450MHz 和 500MHz 两种规格。

1999 年 10 月底,Intel 公司正式发布代号为 Coppermine 的新一代 Pentium Ⅲ 处理器,CPU 主频最高达到 733MHz。Coppermine 采用全新的核心设计,内置 256KB 与 CPU 主频同步运行的二级缓存,新一代的 Coppermine 处理器的集成度大为提高,它的核心集成了 2800 万个晶体管。CPU 芯片可以做得更小,从而使芯片面积更小,功耗大为减小,成本也得以降低。所以,该款 CPU 适用于笔记本计算机使用。

2000 年 11 月,Intel 公司推出了功能更为强大的 Pentium 4。Pentium 4 采用了 Intel 的 NetBurst 技术,与 Pentium Ⅲ 相比,Pentium 4 体系结构的流水线深度增加了一倍,达到了 20 级,集成了 4200 万个晶体管,时钟频率高达 1.4GHz 和 1.5GHz。改进的浮点运算功能使 Pentium 4 提供更加逼真的视频和三维图形,带来更加精彩的游戏和多媒体享受。算术逻辑单元以双倍的时钟速度运行,从而提高了总体运算速度。

2003 年,Intel 公司发布了专门用于移动运算的 Pentium M 处理器。Pentium M 处理器结合了 855 芯片组与 Intel PRO/Wireless 2100 网络联机技术,成为 Centrino(迅驰)移动运算技术的最重要组成部分。

2005 年,Intel 公司推出了双核心处理器 Pentium D 和 Pentium Extreme Edition,同时推出 945/955/965/975 芯片组来支持新推出的双核心处理器。

2006 年 7 月,Intel 公司发布了酷睿 2(Core 2 Duo),酷睿 2 是一个跨平台的构架体系,包括服务器版、桌面版、移动版三大领域。

2010 年 6 月,Intel 公司发布了 Core i3/i5/i7,Core i3/i5/i7 基于全新的 sandy bridge 微

架构,具有更低的功耗、更高的性能、更强的浮点运算与加密解密运算能力。2012年4月,Intel公司发布了ivy bridge(IVB)处理器。2013年6月,Haswell CPU问世。2017年5月,Intel公司发布了Core i9处理器,Core i9最多可包含18个内核,主要面向游戏和高性能需求。2023年,Intel公司推出了第13代Core i5、i7、i9 CPU,13代Core i5-13600KF CPU拥有14核心20线程,睿频最高可达5.1GHz,24MB的L3和20MB L2高速缓存。13代Core i7-13700KF CPU拥有16核心24线程,睿频最高可达5.4GHz,30MB的L3和24MB L2高速缓存。13代Core i9-13980HX CPU拥有24个内核,包括8个性能核和16个能效核,性能核的睿频可达5.6GHz,能效核的睿频可达4GHz。

在高性能的微处理器研发中使用了超线程技术和多核技术。超线程技术(hyper threading technology)就是利用特殊的硬件指令,把处理器内部的两个逻辑内核模拟成两个物理芯片,从而使单个处理器能够使用线程级的并行计算。多线程技术可以在支持多线程的操作系统和软件上,有效地增强处理器在多任务、多线程处理上的处理能力。对于单线程芯片来说,虽然也可以每秒处理成千上万条指令,但是在某一时刻,只能够对一条指令(单个线程)进行处理,而超线程技术则可以使处理器在某一时刻,同步并行处理更多指令和数据。多核技术指在一个处理器上集成多个运算核心,从而提高处理器的计算能力。

Intel公司除了传统的微处理器、芯片组、板卡市场外,近几年在向可穿戴设备、人工智能领域拓展,2023年营业收入为542亿美元。

习　题　3

一、填空题

1. 在计算机内部用_____进制存储程序和数据。

2. 对于十六进制,所用数码除了0~9外,还有_____。

3. 用后缀区分不同进制时,二、十、八、十六进制的后缀分别为_____、_____、_____、_____。

4. 把一个十进制数转换为二进制数,整数部分采用_____,小数部分采用_____。

5. 在计算机内部将数值型数据(真值)全面、完整地表示成一个二进制数(机器数),需要考虑4个因素:_____、_____、_____、_____。

6. 在计算机内部表示浮点数,包括4部分:_____、_____、_____、_____。

7. ASCII码共包括_____个符号。

8. ASCII码主要用于_____,EBCDIC码主要用于_____和_____。

9. 用计算机处理汉字,一般要考虑_____码、_____码、_____码的设计。

10. 汉字的字形码分为_____字形码、_____字形码。

11. 影响电子图片数据量大小的主要因素有_____和_____。

12. 影响采集声音数据量大小的主要因素有_____和_____。

二、计算题

1. 分别将下列数值转换为二进制数(小数点后保留4位)。

$(216.73)_{10}$　　　　$(7563.42)_8$　　　　$(1A4E.3B)_{16}$

2. 分别将下列二进制数转换为十进制数、八进制数和十六进制数。

$(101101111.10111)_2$ $(10110110.110111)_2$

3. 分别将下列十进制数转换为八进制数和十六进制数。

$(175.25)_{10}$ $(357)_{10}$

4. 字长为 8 位时,分别求 $(+62)_{10}$ 和 $(-62)_{10}$ 的原码、反码和补码。

5. 计算十进制数 37－59 的值,先把十进制数转换为二进制数,然后用补码计算,并体会补码的作用。

三、简答题

1. 简要说明汉字的输入码、机内码和输出码的作用。

2. 对比说明数值、英文字符、汉字、图像和声音是如何转换为二进制数据的。

思 考 题 3

1. 对比说明带符号整数和实数在计算机内部的不同存储格式。

2. 既要表示世界上所有的语言文字,又要尽可能少占用存储空间,Unicode 编码是如何处理这个关系的?

## 第 4 章

计算机硬件知识

一个完整的计算机系统由硬件子系统和软件子系统两大部分组成。计算机硬件子系统主要包括运算器、控制器、存储器、输入设备和输出设备。存储器又分为内存和外存。运算器和控制器合称中央处理器,中央处理器和内存合称主机。输入设备、输出设备和外存合称外部设备(简称外设)。也可以说一台计算机的硬件部分由主机和外设组成。在微型计算机中,各个组成部分通过主板和总线组织在一起,形成一个高效运行的计算机系统。

4.1 计算机的基本组成与工作原理

计算机是一种能够按照程序对数据进行自动处理的电子设备。这里所说的计算机是指存储程序式电子数字计算机,组成计算机硬件的主体是电子器件和电子线路,计算机存储和处理的是数字信息,存储在计算机中的程序通过控制器控制计算机的数据处理工作。按字面理解,计算机就是具有计算功能的机器,其实最初研制计算机的目的就是帮助人们完成复杂的计算任务,第一台电子计算机 ABC 为解方程而设计,第一台通用电子计算机"埃尼阿克"为计算弹道曲线而设计。当然,现在计算机的功能已远远超出传统计算的范畴,已经广泛应用于经济社会发展的各个领域,发挥着非常重要的作用。

4.1.1 计算机的基本组成

组成一台计算机的所有物理设备构成计算机硬件子系统。计算机硬件(hardware)是看得见摸得着的实体,是计算机工作的物质基础。

在分析"埃尼阿克"设计方案的基础上,1945 年 6 月,冯•诺依曼等人完成了《EDVAC报告初稿》(*First Draft of a Report on the EDVAC*),EDVAC 是"电子离散变量自动计算机"(Electronic Discrete Variable Automatic Computer)的英文缩写。报告给出了电子计算机逻辑设计的基本要素:①二进制,不仅数据用二进制表示和存储,组成程序的指令也用二进制表示和存储;②存储程序,程序及其要处理的数据存放在存储器中;③5 个基本组成部分,计算机由控制器、运算器、存储器、输入设备和输出设备 5 部分组成。人们把按这种设计方案制造的计算机称为冯•诺依曼型计算机,其基本组成如图 4.1 所示,图中实线为数据线,虚线为控制线和反馈线。现在使用的计算机虽然在功能、性能上发生了很大变化,但其基本要素没有大的变化,所以仍属于冯•诺依曼型计算机。

计算机各组成部分的主要功能分别如下:

运算器(arithmetic unit)用来完成算术运算和逻辑运算,算术运算包括加、减、乘、除四则运算和更复杂一些的三角函数运算、指数运算等,逻辑运算包括与、或、非、异或、左移、右

图 4.1　计算机组成结构

移等。

控制器(control unit)用来协调与控制程序和数据的输入、程序的执行以及运算结果的处理。控制器工作的依据是存储在存储器中的程序,即控制器是按程序代码的要求控制计算机各个部分协调一致地工作,完成程序规定的任务。

存储器(memory)用来存放程序及其要处理的数据,这里的存储器指内存。

输入设备(input device)用于将程序与数据输入计算机,常用输入设备有键盘、鼠标、触摸屏、扫描仪和 3D 扫描仪等。

输出设备(output device)用于将程序执行结果输出,常用输出设备有显示器、打印机、3D 打印机和绘图仪等。

4.1.2　计算机的基本工作原理

要让计算机完成某一任务,一般按如下步骤进行:

(1) 根据要完成任务的详细工作步骤(算法),编写出相应的程序。高级语言程序由若干语句组成,每条语句完成一个特定的基本功能,其实程序就是告诉计算机如何一步一步地完成所要完成的任务。

(2) 通过键盘等输入设备把编写的程序输入计算机的存储器中,用一种称为解释器或编译器的软件将由语句组成的高级语言程序翻译成由二进制指令组成的机器语言程序并存放在存储器中。存储器包括大量的存储单元,一个单元能存放 8 个二进制位数字,指令按顺序存放在若干存储单元中,一条指令根据其功能的不同,可能占用一个单元,也可能占用若干单元。

(3) 存储在存储器中的机器语言程序能够被计算机直接执行。执行机器语言程序时,控制器从存储器中读出程序的第一条指令,然后分析该指令的功能,即该指令要求计算机做什么。根据指令的功能要求,控制器指挥计算机的其他部件完成数据的输入、计算和输出等工作。

(4) 执行完一条指令,控制器读取下一条指令,按同样的方式分析指令的功能,指挥其他部件完成指令的功能。按这种取指令-分析指令-执行指令的方式把程序中所有的指令执行完,任务也就完成了。

以上只是对计算机工作原理和程序执行过程的一个非常概括的描述,随着本课程后面内容及后续课程的介绍,对计算机的工作原理会有逐步深入的理解。

4.2 中央处理器

4.2.1 中央处理器的基本组成

1. 中央处理器的组成与功能

中央处理器(central processing unit,CPU)也称中央处理单元,由运算器和控制器组成。更微观一点说,中央处理器还包括寄存器(register)。运算器负责完成算术运算和逻辑运算;寄存器用于临时保存参与运算的数据和运算后的结果;控制器负责从存储器读取指令,并对指令进行分析,然后按照指令的要求指挥各部件工作。

中央处理器是计算机内部对数据进行处理并对处理过程进行控制的部件,是组成计算机最核心的部件,相当于人的大脑。随着集成电路技术的不断发展,芯片集成度越来越高,CPU可以集成在一个半导体芯片上,这种具有中央处理器功能的超大规模集成电路芯片,称为微处理器(microprocessor)。微处理器就是芯片化的CPU,所以在多数场合二者具有相同的含义。微处理器不仅是微型计算机的核心部件,也广泛应用在智能手机、数码相机、智能洗衣机、汽车引擎控制装置和数控机床等数字化智能设备上。近些年,超级计算机、大型计算机等高端计算机系统也采用大量的通用高性能微处理器建造。

目前,微处理器的主要生产厂家有 Intel 公司、AMD 公司、IBM 公司等。图 4.2 所示为 Intel 公司的一款酷睿 i9 CPU。Intel 公司、AMD 公司的 CPU 芯片主要用于微型计算机和服务器的制造,IBM 公司的 CPU 芯片主要用于其自己制造的大型计算机。

图 4.2 酷睿 i9 CPU

2. 主要性能指标

评价 CPU 的性能要考虑多种指标,而且不同用途的计算机,其侧重面也不一样。下面介绍针对通用计算机的主要性能指标。

1) 兼容性

每种微处理器都有特定的指令集,指令集就是某款 CPU 能够识别的指令集合。适用于特定 CPU 的机器语言必须使用该 CPU 的指令集。由于各 CPU 都有特定的指令集,为某款 CPU 的计算机设计的程序在另一款 CPU 的计算机上可能无法运行。

CPU 制造商在推出新产品时,需要认真考虑兼容性问题。如果运行在旧款 CPU 上的程序不用修改就能直接在新款的 CPU 上运行,就称新款 CPU 向下兼容旧款 CPU。向下兼容有利于新型 CPU 及相应计算机的推广,人们一般不会购买无法运行已有程序的计算机。因此,如今的个人计算机所使用的 CPU 都是向下兼容的。

2) 字长

字长是指 CPU 一次能够处理数据的二进制位数,字长的大小直接反映计算机的数据处理能力,字长越长,一次可处理的二进制数据位数越多,运算速度就越快。例如,要完成两个 64 位二进制数据的加法运算,32 位的 CPU 需要做两次加法,而 16 位的 CPU 需要做 4 次加法,如果是目前常见的 64 位的 CPU,做一次加法就可以了。当然,字长越长,制作的技术难度就越大,成本也就越高。

　　3）主频

　　主频是指 CPU 的时钟频率(clock speed)，它决定了 CPU 每秒可以划分为多少个时钟周期，可以执行多少条指令。主频越高，CPU 的运算速度也就越快。需要说明的是，时钟频率并不等于 CPU 一秒执行的指令条数，因为一条指令的执行可能需要多个时钟周期。例如，如果一款 CPU 的主频为 3.5GHz，则一秒可以划分为 3.5×10^9 个时钟周期，如果执行一条指令平均需要 6 个时钟周期，则该 CPU 一秒可以执行约 0.6×10^9 条指令，即约 6 亿条指令。一秒完成的加法运算次数也大致如此。

　　对 CPU 的评价，在具有兼容性的前提下，主要是看其速度，而决定其速度的主要因素是字长和主频，主频越高、字长越长，速度就越快，成本也越高。除了字长和主频这两个主要指标外，CPU 的速度还受地址总线宽度、数据总线宽度和内部缓存等因素的影响。

4.2.2　中央处理器芯片的制作过程

　　在集成电路出现之前，制作 CPU 一般包括设计指令集、画出电路图、搭建电路等步骤。第一步设计出以二进制形式表示的机器语言指令集，第二步手工画出实现各指令功能的数字电路图，第三步按数字电路图手工搭建起实际的数字电路。制作 CPU 就是设计实现一个能执行机器语言指令的数字电路，早期使用电子管或晶体管搭建的 CPU 要占用几个机柜的空间。

　　随着集成电路的出现及集成度的快速提高，一个微处理器(CPU 芯片)可以集成几十亿甚至上百亿个晶体管，CPU 的制作工艺变得非常复杂和精细，其完整的制作过程包括几百道工序，需要借助多种最专业、最高端、最精细的工具与设备才能完成有关工序。可以把 CPU 芯片的制作过程分为设计与生产两个阶段。

　　1. CPU 的设计

　　CPU 的设计阶段主要包括 2 个步骤：设计指令集和画出电路图。

　　1）设计指令集

　　设计 CPU，首先要做的工作是设计指令集，即明确 CPU 能执行哪些指令，具备哪些功能。指令集中包括算术运算指令、逻辑运算指令、存取数据指令、比较指令、转移指令等。设计指令集可以使用硬件描述语言(hardware description languages，HDL)，Verilog HDL 和 VHDL 是最流行的两种硬件描述语言，都是在 20 世纪 80 年代中期开发出来的。Verilog HDL 以文本形式描述数字系统硬件的结构和行为，用它可以表示逻辑电路图、逻辑表达式，还可以表示数字逻辑系统所能完成的逻辑功能。

　　2）画出电路图

　　针对二进制形式的指令，画出相应的电路图，然后依据电路图制作出实际的电路，一条指令对应一部分电路。按照 Verilog HDL 代码画出数字电路设计图可以使用电子设计自动化(electronic design automation，EDA)软件，EDA 软件是一类对电路进行自动布局、布线、分析、验证的设计软件，只需要使用 Verilog HDL 代码描述数字电路的逻辑功能，剩下的工作就交给 EDA 软件来自动转换为晶体管的布局、自动排布晶体管之间的连接线路。EDA 软件还能完成时序分析、功耗分析、功能验证等工作。

　　2. CPU 的生产

　　CPU 的生产阶段主要包括 5 个步骤：熔沙成硅、切割硅锭、光刻蚀刻、切分晶圆和封装测试。

1) 熔沙成硅

对主要成分是二氧化硅的沙子进行熔炼、脱氧和净化等处理,得到可用于制造半导体的高纯度硅,其形状为圆柱形硅锭。随着熔炼工艺的不断改进,硅锭的直径从早期的 2in(50mm)逐步发展到近几年的 8in(200mm)和 12in(300mm)。

2) 切割硅锭

用切割工具对硅锭进行横向切割,得到称为晶圆的圆形硅片,并对切割出的晶圆进行抛光处理,使晶圆的表面非常平滑。

3) 光刻蚀刻

在晶圆的表面涂抹一层非常薄、非常均匀的光刻胶,然后使用光刻机按照 CPU 版图(电路图)在晶圆上进行光刻和蚀刻等处理,把相应的晶体管以及晶体管之间的连线等刻出来。多次重复该过程,可以形成多层的电路。

4) 切分晶圆

把晶圆切分成晶片。一片直径为 12in 的晶圆,其面积有几万平方毫米,可以切分出几百片晶片,每一片晶片就是一个 CPU 内核(die),包含一套完整的 CPU 电路。

5) 封装测试

把一片 CPU 晶片放到一个称为衬底或基片的绝缘底座上,底座下面是用于连接到主板的焊点,晶片上面再覆盖一个称为散热片的金属壳,就形成了一个单内核 CPU。封装后再进行最后的测试,通过测试的芯片就可以自用或出售了。

制作 CPU 芯片是一项很复杂的工作,对设计人员,对所用的设备和工具都有很高的要求。例如,在设计指令集时,要考虑 CPU 的内部架构设计和操作系统的设计;对提取出的硅的纯度要求很高,要达到 99.9999%,相当于平均每一百万个硅原子中最多只有一个杂质原子;晶圆的厚度只有 1mm 左右,要在其上完成多层的抛光、涂抹光刻胶、光刻、蚀刻等处理;晶体管的集成度非常高,1 平方毫米要集成上亿个晶体管;每一个工序都有极其精细、极其严格的质量要求。

4.3 存 储 器

存储器分为内存和外存,也分别称为主存储器(main memory)和辅助存储器(auxiliary memory),简称主存和辅存。内存用于存放要执行的程序和相应的数据,外存作为内存的后援设备,存放暂时不需要执行而将来要执行的程序和相应的数据。没有内存,程序就无法保存到内存中,因而也就无法执行;没有外存,输入的程序及相应的数据就不能长期保存(关机或断电后存放在内存中的数据会丢失),下次用到该程序及相应的数据还得重新输入。

目前主要采用半导体器件和磁性材料作为存储器的存储介质。一个双稳态半导体电路或磁性材料的一个磁化元都可以存储一个二进制位,称为一个存储位或一个存储元,由若干存储元组成一个存储单元,存储器就是由很多个存储单元组成的。每一个存储单元有一个编号,称为存储单元的地址。一个存储器中存储单元的个数称为该存储器的存储容量,存储容量越大,存储的数据就越多。

一个存储元存储一个二进制位(bit,简记为 b),一个存储单元一般存储 8 个二进制位,称为一字节(Byte,简记为 B),存储器的存储容量用字节数来表示。常用的存储容量的度量单位有千字节(KB)、兆字节(MB)、吉字节(GB)、太字节(TB)、拍字节(PB)、艾字节(EB)、泽字节(ZB)等。其中,1ZB=1024EB,1EB=1024PB,1PB=1024TB,1TB=1024GB,1GB=1024MB,1MB=1024KB,1KB=1024B,1B=8b。

4.3.1　内存

微课视频

作为计算机硬件子系统的重要组成部分,内存的设备形态有一个发展变化过程。最早的内存是以磁芯的形式排列在线路上的,每个磁芯与晶体管组成一个双稳态电路,用于存储一个二进制位,一位的存储器体积有玉米粒大小,其整体存储容量因体积影响受到很大限制。随着集成电路的出现和集成度的不断提高,出现了能够焊接在主板上的集成电路形态的内存芯片,大幅度提高了存储容量。随着 CPU 的发展和升级,对内存的性能提出了更高的要求,出现了内存条——将内存芯片焊接到事先设计好的印制电路板上,而在计算机主板上留有相应的内存插槽,可以方便地插拔和更换内存条,为灵活配置和扩充内存容量带来了方便。

计算机中常见的内存种类主要有随机存取存储器、只读存储器和高速缓存,但说到内存,更多是指随机存取存储器。

1. 随机存取存储器

随机存取是相对于顺序存取来说的,顺序存取指一种只能按存储位置顺序存储或读取数据的访问方式。例如,磁带中数据的存取就是按顺序方式进行的,如果需要读取磁带中间某个位置的数据,也得从磁带的开始位置读取,顺序读取出前面的数据后,才能读取到所需要的数据。很显然,以顺序方式存取数据的速度很慢。随机存取指可以根据地址直接存取任一单元中的数据,其存取速度要快得多。

随机存取存储器(random access memory,RAM)可分为静态随机存取存储器(static RAM,SRAM)和动态随机存取存储器(dynamic RAM,DRAM)。

在通电情况下,SRAM 中存储的数据不会丢失,所以不需要定时刷新,存取速度快。SRAM 的不足是集成度较低、体积比较大、成本比较高,主要用作存取速度快、但容量较小的高速缓存。DRAM 存储单元需要定时刷新,否则存储的数据就会丢失,存取速度比较慢,但集成度高、体积小、成本低,RAM 内存主要选用 DRAM。图 4.3 所示是一款 RAM 内存条。

图 4.3　RAM 内存条

随着计算机系统不断要求提高内存的存取速度,出现了同步动态随机存取存储器(synchronous DRAM,SDRAM),SDRAM 比标准动态存储器具有更快的数据存取速度。在此基础上出现了单倍数据速率 SDRAM(single data rate SDRAM SDR-SDRAM,简称 SDR)、双倍数据速率 SDRAM(double data rate SDRAM,DDR SDRAM,简称 DDR)、4 倍数据速率 SDRAM(quad data rate SDRAM QDR-SDRAM,简称 QDR)。SDR 在一个时钟周期内只传输一次数据,DDR 在一个时钟周期内传输两次数据,QDR 在一个时钟周期内传输 4 次数据。现在用得比较多的是 DDR 内存,DDR 内存经历了 DDR、DDR2、DDR3、DDR4、DDR5 的发展,存储容量越来越大,存取速度越来越快。

在通电的情况下，RAM 中的数据能够保持，关机或断电将导致 RAM 中的数据丢失。

2. 只读存储器

与既可以向其存入数据，也可以从中读出数据的 RAM 不同，早期的只读存储器(read only memory，ROM)中的数据一旦写入，只能读，不能改写。ROM 中的数据一般是在计算机出厂前由制造商写入的，在断电或关机后数据也不会丢失，主要用于存放与计算机开机相关的系统引导程序、开机自检程序和系统参数等。随着技术的进步及为了满足现实的需要，陆续出现了多种可由用户写入数据的 ROM。

向半导体只读存储器写入数据的过程称为对 ROM 编程。根据编程方式的不同，半导体 ROM 可以分为三类：可编程只读存储器(programmable ROM，PROM)，只允许写入数据一次，之后只能读，不能再写，如果写错，则该 PROM 报废；可擦可编程只读存储器(erasable programmable ROM，EPROM)，通过紫外线照射可以多次擦除和重写数据，但需用紫外光长时间照射才能擦除，使用很不方便；电可擦可编程只读存储器(electrically erasable programmable ROM，EEPROM)，通过高于普通电压的作用来擦除和重写数据，但集成度不高，价格较贵。于是人们又开发出一种新型的存储结构同 EPROM 相似的快闪存储器(flash memory)，简称闪存。快闪存储器不仅集成度高、功耗低、体积小，而且它还不需要特殊的高电压就可以快速擦除和重复编程，因而很快发展起来，得到广泛应用的 U 盘就是一种基于闪存技术的存储设备。

3. 高速缓存

随着集成电路和芯片技术的不断发展，CPU 的主频不断提高，其运算速度不断提升。内存由于容量大、寻址系统和数据存取电路复杂等原因，其数据存取速度大大低于 CPU 的运算速度，导致在计算机执行程序时，其 CPU 的很多时间是在等待内存单元的读写，严重影响了 CPU 性能的充分发挥，进而影响了计算机的总体性能。为了解决内存与 CPU 工作速度上的矛盾，设计人员在 CPU 和内存之间增设了一级存储容量不大、但存取速度很快的高速缓冲存储器，简称高速缓存或缓存(cache)。缓存中存放部分正在运行的指令和数据，当 CPU 需要读取新的指令和数据时，首先从缓存中查找，找到则直接执行；如果所需指令和数据不在缓存中，再到内存中读取，并同时写入缓存中。因此，采用缓存可以提高系统的运行速度。早期的缓存只有一级，分指令缓存和数据缓存，集成在 CPU 内部，后来出现了二级缓存和三级缓存，二级缓存和三级缓存一般不再分指令缓存和数据缓存，有集成在 CPU 内部的，也有集成在主板上的。缓存由存取速度快、成本高的静态存储器(SRAM)构成，缓存的容量早期在 KB 级，现在达到了 MB 级。

通过分析发现，程序的执行一般都具有局部特性(也称为局部性原理)，局部特性包括时间局部性和空间局部性。时间局部性指执行过某条指令或使用某个数据后，可能很快就会再次执行这条指令或再次使用这个数据；空间局部性指执行过某条指令或使用某个数据后，可能很快就会执行相邻的指令或使用相邻的数据。当需要把某些指令或数据调入缓存时，系统也会把相邻的指令或数据一起调入缓存中，由于程序执行具有局部特性，这些指令或数据短时间内被再次取出执行或使用的可能性很大，直接从缓存中读取将会大大提高读取速度，这样就会减少很多 CPU 的等待时间，从而提高了计算机系统的性能。

图 4.4 给出了 Intel 公司酷睿 i7 处理器的高速缓存层次结构。每个 CPU 芯片包含 4 个内核，每个内核有自己私有的一级指令缓存(L1 i-cache)和数据缓存(L1 d-cache)以及统

一的二级缓存(L2 cache),还有 4 个核心共享的三级缓存(L3 cache)。

图 4.4　酷睿 i7 处理器的高速缓存层次结构

4.3.2　外存

微课视频

由于计算机的内存(主要是指 RAM)具有易失性,必须将数据由内存传送到硬盘、U 盘之类的永久性存储设备才能长久保存,这类能长久保存数据的存储器称为辅助存储器(辅存)或外部存储器(外存),只要用户需要,它们可以长期地保存大量的数据。外存主要包括软盘、硬盘、固态硬盘、光盘和 U 盘等。

1. 软盘

软盘(floppy disk)是软磁盘的简称,现在已经很少用了,但通过对软盘的介绍可以更好地理解机械硬盘的存储结构。

1967 年,IBM 公司推出世界上第一张软盘,直径为 32in(1in=2.54cm)。4 年后又推出一种直径为 8in 的软盘,1976 年 5in(直径是 5.25in)软盘问世,1979 年日本索尼公司推出 3in(直径是 3.5in)软盘。

5in 和 3in 软盘在 20 世纪 80~90 年代曾得到广泛应用。按存储信息的面数可分为单面盘和双面盘,按存储密度可分为单密度盘、双密度盘和高密度盘。图 4.5 所示为 3in 软盘的外观。软盘的结构如图 4.6 所示,软盘由圆形的盘片和方形的保护套组成。盘片由塑料等软质材料做成,其表面涂覆一层用于存储信息的磁性材料,盘片被封装在保护套内。

软盘存储的数据是按一系列同心圆记录在盘片表面的,每一个同心圆称为一个磁道(track)。磁道从外向内依次编号为 0 道、1 道、2 道、……,每个磁道又划分为若干弧段,称为扇区(sector),扇区是软盘的基本存储单位,每个扇区的存储容量为 512B,扇区按 1、2、3、……的顺序编号。

软盘的存储容量=盘面数×每面磁道数×每磁道扇区数×每扇区字节数

曾经得到广泛应用的 3in 软盘,两面都能存储信息,每面有 80 个磁道,每个磁道分为 18个扇区,因此其存储容量为:2×80×18×512B=1.44MB。

相对于目前常用的存储容量为几十吉字节的 U 盘,软盘的存储容量是很小的。

软盘的使用要有软盘驱动器(floppy disk driver,FDD)的配合,计算机通过软盘驱动器够读写软盘上的数据。当软盘驱动器从软盘中读写数据时,软盘保护套被固定在软盘驱动器中,而封套内的盘片在电机的驱动下旋转以便磁头进行读写操作。

图 4.5　3in 软盘的外观

图 4.6　软盘的结构

软盘上还有一个写保护口,位于保护套边角的一个方孔处,当拨动滑块露出方孔时,软盘处于写保护状态,此时只能从软盘中读出数据,不能写入和删除数据,也不会遭受计算机病毒的侵袭。当拨动滑块遮住方孔时,软盘处于非写保护状态,此时既可读出数据又可写入数据,当然也可能传染上计算机病毒。

软盘和软盘驱动器是分离的(类似于光盘和光盘驱动器的关系),需要读写软盘上的数据时,把软盘插入软盘驱动器,读写完毕,可以把软盘取出带走。软盘是最早使用的移动存储介质,在计算机网络、移动硬盘和 U 盘没有普及的年代,在不同的计算机之间复制程序和数据文件主要用的是软盘。

2. 硬盘

硬盘(hard disk)是硬磁盘的简称,最早出现在 1956 年,由 IBM 公司研制成功,存储容量只有 5MB。1973 年,IBM 公司研制出第一块温彻斯特(Winchester)硬盘,简称温盘,存储容量达到 60MB,其主要特点是具有密封、固定并高速旋转的镀磁盘片,磁头沿盘片径向移动,磁头悬浮在高速转动的盘片上方,而不与盘片直接接触。

1988 年,法国物理学家阿尔贝·费尔(Albert Fert,1938—)和德国物理学家彼得·格林贝格尔(Peter A. Grünberg,1939—)各自独立发现了一个特殊现象:非常弱小的磁性变化就能导致磁性材料发生非常显著的电阻变化,这种现象称为巨磁阻(giant magneto-resistance,GMR)效应。

硬盘要向小体积、高密度方向发展,势必要求盘片上每一个被划分出来的独立区域越来越小,这就导致了每个独立区域所能记录的磁信号也越来越弱。利用巨磁阻效应,才能够制造出更加灵敏的数据读写磁头,将越来越弱的磁信号读出后因为电阻的巨大变化而转换为明显的电流变化,使得大容量的小硬盘成为可能。现在的机械硬盘体积虽小,容量却很大,完全得益于巨磁阻效应的发现。由于巨磁阻效应的发现,费尔和格林贝格尔共同获得 2007 年度诺贝尔物理学奖。

1991 年,IBM 公司生产的使用了 GMR 磁头的 3in 硬盘的存储容量首次达到了 1GB。2000 年,还是 IBM 公司,使用玻璃取代传统的铝作为盘片材料,这为硬盘带来更大的平滑性及更高的坚固性,玻璃材料在高转速时具有更高的稳定性,硬盘的存储容量达到 75GB。目前一块硬盘的存储容量已达到 TB 级。

硬盘与软盘主要有 3 方面的不同：①盘片的基质材料不同，软盘用塑料等软性材料作盘片基质，硬盘用铝、玻璃等硬质材料作盘片基质；②盘片数量不同，一张软盘中只有一个盘片，而一块硬盘中可包含多个盘片；③使用方式不同，软盘与软盘驱动器是分离的，而硬盘与硬盘驱动器是封装在一起的，所以日常所说的硬盘既包括硬盘片，又包括硬盘驱动器。图 4.7 所示为硬盘的外观和内部结构。

(a) 外观　　　　　　　(b) 内部结构

图 4.7　硬盘的外观和内部结构

一块硬盘有多个盘片，所有盘片按同心轴方式固定在同一轴上，每个盘片的两面都配有读写磁头，在磁头控制装置的统一控制下沿着盘片表面径向同步移动。每个硬盘片也与软盘片一样按磁道、扇区来组织数据的存储。由于硬盘有多个盘片，因此有多个记录信息的磁表面(记录面)，不同记录面的同一磁道称为柱面。

硬盘的存储容量＝磁头数×柱面数×每磁道扇区数×每扇区字节数

在硬盘的发展过程中，体积越来越小、容量越来越大，并出现了移动硬盘，即不用固定在机箱内部，可以通过 USB 等接口热插拔的小型硬盘，主要有 2.5in 和 3.5in 两种，存储容量从早期的 GB 级发展到现在的 TB 级(1TB＝1024GB)。

3. 固态硬盘

固态硬盘(solid state disk,SSD)简称固盘，是用固态电子存储芯片制成的硬盘。固态硬盘的存储介质分为两种：一种是采用快闪存储器(闪存)作为存储介质；另一种是采用动态随机存取存储器(DRAM)作为存储介质。基于闪存的固态硬盘是目前的主流产品，其内部主体是一块印制电路板(printed circuit board,PCB)，PCB 上最主要的部件是控制芯片、缓存芯片和闪存芯片阵列，部分低端固态硬盘没有缓存芯片。控制芯片的主要作用是合理调配数据在各个闪存芯片上的存储及对外接口，缓存芯片辅助控制芯片进行数据处理，闪存芯片阵列用于存储数据。

固态硬盘出现后，把前面介绍的有磁头及控制磁头移动的控制装置等机械部件的硬盘称为机械硬盘或普通硬盘，一般还是把机械硬盘简称为硬盘。相对于机械硬盘，固态硬盘的优点是读写速度快、防震动抗摔碰性能好、无噪声、更轻便，缺点是价格比较高、擦写次数有限制、损坏后数据难以恢复。

现在同时配置机械硬盘和固态硬盘的双硬盘台式机越来越多了，固态硬盘用于安装操作系统等系统软件和常用软件，保证计算机有比较快的启动和运行速度，机械硬盘用于存储文档、PPT、图片、视频、音乐、数据库等数据文件，保证有比较大的存储空间和可靠性。

目前常用的固态硬盘主要有 SATA 接口硬盘和 M.2 接口硬盘，SATA 接口的固态硬盘与机械硬盘在外形与大小上一致，如图 4.8 所示，但比机械硬盘的存取速度快，接口速度可以达到 6Gb/s；M.2 接口的固态硬盘如图 4.9 所示，比 SATA 接口的固态硬盘体积小、速度更快,最高可达到 32Gb/s,更适合用于笔记本计算机等移动设备中。

图 4.8　SATA 接口的固态硬盘　　　　图 4.9　M.2 接口的固态硬盘

4. 光盘

光盘中的数据是存储在其螺旋形的光道上,在光道上刻上能代表数字 0 或 1 的一些凹坑;读取数据时,用激光去照射旋转着的光盘片,从凹坑和非凹坑处得到的反射光的强弱是不同的,根据反射光强弱的差别就可以判断出不同位置存储的是 0 还是 1,从而得到 0、1 数字串。

常用光盘有 CD、VCD 和 DVD 等。

1) CD

CD(compact disc)有 3 种格式:只读光盘(CD-read only memory,CD-ROM),数据由制造商在生产时写入,用户只能读出,不能改变其内容;一次写入型光盘(CD-recordable,CD-R),出厂时是无内容的,可由用户写入内容一次;可重复写光盘(CD-rewriteable,CD-RW),可由用户多次写入内容。

常用 CD 的存储容量有 650MB 和 700MB 两种。

2) VCD

VCD 是视频 CD(video CD)的英文缩写,可存储约 70min 基于 MPEG-1 标准的影视节目。前面介绍的 CD 只能存放音乐,不能存放视频信息。VCD 的存储容量与 CD 相同。

MPEG(moving pictures experts group)标准是由动态图像专家组制定的用于视频信息和与其伴随的音频信息的压缩标准。其中,MPEG-1 用于 VCD 光盘,MPEG-2 用于 DVD 光盘,MPEG-4 用于网络传输,MPEG-7 用于支持多媒体信息的基于内容检索,MPEG-21 用于建立多媒体框架。

3) DVD

DVD 是数字视频光盘(digital video disk)的英文简称。随着 MPEG-2 标准的成熟,促使具有更高密度、更大容量的 DVD 的产生,DVD 大小和普通的 CD-ROM 完全一样。它采用与普通 CD 相类似的制作方法,但具有更密的数据轨道、更小的凹坑和较短波长的红激光激光器,大大增加了光盘的存储容量。DVD 定义了 4 种规格:单面单层、单面双层、双面单层和双面双层,容量分别是 4.7GB、8.5GB、9.4GB 和 17GB。

DVD 有 6 种格式:DVD-Video 用于存储和播放电影和其他可视娱乐节目;DVD-ROM 用于存储数据;DVD-R 可由用户写入一次数据;DVD-RAM 能随机存取并可以重写 100 000 次;DVD-RW 采用顺序存取方式并可以重写 1000 次;DVD-Audio 用于存储音频数据并且比标准 CD 具有更好的音质。

读写光盘要用到光盘驱动器(光驱),光驱分为只读光驱和读写光驱。只读光驱只能读取和播放光盘中存储的数据(音频视频也是一种数据),读写光驱既能把数据写入可写光盘,又能读取和播放光盘中存储的数据,读写光驱也称为光盘刻录机。

光盘一种低成本的移动存储介质,适合存储说明书、音乐、视频、电子图书、数据文件等。在光盘得到广泛应用的时期,光驱是台式计算机、笔记本计算机的标准配置。近几年,由于U盘的价格越来越低,人们使用光盘越来越少,台式计算机、笔记本计算机出厂时一般不再配置光驱。如果需要,可以单独购买外置光驱。

5. U盘

U盘是USB盘(USB flash disk)的简称,通过USB接口与计算机相连。USB是通用串行总线(universal serial bus)的英文缩写,是一个外部总线标准,用于规范个人计算机与外部设备的连接和通信,1994年底,由Intel、康柏、IBM、微软等多家公司联合提出,现在已经发展到3.0版本,成为目前个人计算机的标准扩展接口。USB接口具有传输速度快(USB 3.0达到5.0Gb/s,是USB 2.0的10倍)、使用方便、支持热插拔和连接灵活等优点,可以连接鼠标、键盘、打印机、扫描仪、移动硬盘、U盘、手机、数码相机、摄像头、外置软驱、外置光驱、USB网卡和调制解调器等几乎所有的外部设备。

U盘具有体积小、存储容量大和价格低等优点,是目前人们最常用的移动存储设备,存储容量从早期的几十兆字节到几百兆字节,发展到目前的几十吉字节。对于安装有目前常用的Windows操作系统或苹果操作系统的计算机,将U盘直接插到机箱前面板或后面板的USB接口上,系统就会自动识别,使用很方便。

U盘是一种基于闪存(flash memory)技术的移动存储设备,闪存用快可擦可编程只读存储器芯片(flash erasable programmable read only memory chip,Flash EPROM芯片)来存储数据。Flash EPROM芯片可分为主要用于程序存储和执行的NOR结构和主要用于数据存储的NAND结构,NOR闪存适用于手机和个人数字助理等,NAND闪存适用于制作各种闪存卡(flash card)和U盘等。

U盘与软盘、硬盘、光盘相比有如下优点:

(1) 在读写数据的过程中没有机械动作,其工作状态非常稳定,是一种不怕震动的存储设备。

(2) 其存储介质是基于集成电路的闪存芯片,随着集成度的不断提高,U盘的体积越来越小、存储容量越来越大、成本越来越低。

图4.10所示为一款普通U盘,图4.11所示为一款带写保护的U盘,带写保护的U盘的侧面有一个小滑块,拨动小滑块可以分别设置成写保护状态和可写入状态,通过设置写保护状态可使U盘免受计算机病毒的侵扰。

图4.10　普通U盘

图4.11　带写保护的U盘

衡量存储器性能的指标主要有存取速度、存储容量和单位价格,为计算机配置存储器就是在三者之间达到综合最优,达到较高的性价比。可以按照图4.12所示的结构配置存储系统,即存取速度快、单位价格高的存储器容量小一些,存取速度慢、单位价格低的存储器容量大一些。这样,既能保证较高效地完成程序执行和数据存储工作,又能有较低的成本。

图 4.12　存储器结构

4.4　输　入　设　备

微课视频

给计算机输入程序、数据和图片等要用输入设备,目前常用的输入设备有键盘、鼠标、触摸屏、扫描仪和 3D 扫描仪等。

1. 键盘

键盘(keyboard)是最常用、最主要的输入设备。通过键盘,可以向计算机输入字母、汉字、数字和标点符号等数据,也可以输入命令控制计算机的运行。

在 DOS 作为主流操作系统的时代,83 键键盘为主流产品。随着 Windows 取代 DOS 成为主流操作系统,83 键键盘被 101 键和 104 键盘取代。在 104 键键盘之后出现的是新兴多媒体键盘,在传统的键盘基础上增加了一些常用快捷键或音量调节装置,对于收发电子邮件、打开浏览器和启动多媒体播放器等都只需要按一个特殊按键即可,进一步简化了微型计算机的操作。

2. 鼠标

随着苹果 macOS、微软 Windows 等图形界面操作系统成为主流操作系统,鼠标(mouse,形状像一只老鼠而得名)也成为微型计算机的标配输入设备,鼠标的使用给人们操作各种图形界面软件带来了极大的方便,省却了记忆各种操作命令的烦扰。鼠标的发明人是美国著名计算机科学家道格拉斯·恩格尔巴特(Douglas Engelbart,1925—2013)。恩格尔巴特获得 1992 年度的 IEEE-CS 计算机先驱奖和 1997 年度的图灵奖。

常见的鼠标类型有机械鼠标和光电鼠标。机械鼠标内有一个实心橡皮球,当鼠标移动时,橡皮球滚动,通过相应装置将移动的信号传送给计算机。光电鼠标的内部有红外或激光发射、接收装置,它利用光的反射来确定鼠标的移动,是目前常用的一种鼠标。

鼠标上一般有两个按键,左键用作确定操作,右键用作弹出菜单等特殊功能。现在人们常用的滚轮鼠标是在原有两键鼠标的基础上增加了一个滚轮键,它拥有特殊的滑动和放大功能,手指轻轻滑动滚轮就可以使页面上下翻动,对于翻页比较多的操作非常方便。

鼠标通常使用串口、PS/2 接口、USB 接口、2.4GHz 无线或蓝牙与主机通信。目前 USB 接口鼠标和 2.4GHz 无线鼠标较为常见。

3. 触摸屏

触摸屏(touch screen)是一种用手指或笔触及屏幕上所显示的选项来完成指定操作的人机交互式输入设备。触摸屏由 3 部分组成:一是传感器,把手指或笔触及的位置检测出来；二是控制卡,触及信号经过模数转换器形成位置数据,经接口送入计算机;三是驱动程序,即相应的管理软件。触摸屏是平板计算机的主要输入设备,触摸屏还广泛应用于智能手机、笔记本计算机、智慧教室显示屏、自动售票机等设备上,极大地方便了用户操作。

4. 扫描仪

扫描仪(scanner)是一种将图像信息输入计算机的输入设备,它将图像分割成条或块,逐条或逐块依次扫描,利用光电转换元件把模拟信号(纸上图像)转换为数字信号(数字图像)并输入计算机。利用扫描仪可以输入图像和图片,也可以输入文字。例如,要输入一本书的内容,可以一页一页地扫描,形成图像信息,再通过合适的软件把每一个字切分、识别出来进行存储,和用键盘输入的效果是相同的,但速度要快很多,准确率也很高。

5. 3D 扫描仪

3D 扫描仪(3D scanner)也称三维扫描仪,是一种采集三维物体的形状与外观数据并输入计算机的设备。3D 扫描仪通过扫描的方式采集目标物体的几何形状与外观数据,外观数据包括物体表面的颜色、光照亮度等,并把采集到的数据用于进行三维重建计算,在计算机中建立起目标物体的三维数字模型。3D 扫描、3D 数字模型重建、3D 打印已逐步广泛应用于虚拟博物馆、电影制作、游戏创作、工业设计、智慧医疗等领域。

此外,还有数码相机、数码摄像头、语音识别器、光笔和游戏操纵杆等应用于不同场景的输入设备。

4.5 输 出 设 备

计算机处理信息的结果要输出,常用的输出设备有显示器、打印机、3D 打印机和绘图仪等。

微课视频

1. 显示器

显示器(display device)用来显示字符与图形图像信息,是计算机必配的输出设备。常用的显示器有 CRT 显示器和液晶显示器,早期台式计算机主要配置 CRT 显示器,液晶显示器刚出现时主要供笔记本计算机使用,但近几年台式计算机使用液晶显示器也越来越多,已经取代了 CRT 显示器。

CRT 显示器是一种使用阴极射线管(cathode ray tube,CRT)的显示器,其基本原理是使用电子枪发射高速电子,经过垂直和水平的偏转线圈控制高速电子的偏转角度,最后高速电子击打屏幕上的荧光物质使其发光,通过电压来调节电子束的功率,就会在屏幕上形成明暗不同的光点以显示各种图形和文字。彩色屏幕上的每一个像素点都由红、绿、蓝三种涂料组合而成,由三束电子束分别激活这三种颜色的荧光涂料,以不同强度的电子束调节三种颜色的明暗组合就可得到所需的颜色。

液晶显示器(liquid crystal display,LCD)是在两片平行的玻璃当中放置液态的晶体,两片玻璃中间有许多垂直和水平的细小电线,通过通电与否来控制杆状水晶分子改变方向,将光线折射出来产生画面。LCD 具有体积小、重量轻、省电、无闪烁和辐射小等优点。

显示器还有发光二极管(light emitting diode,LED)显示器和等离子体显示器(plasma display panel,PDP)等。

显示器要通过显示适配器(video adapter)才能与 CPU 相连,显示适配器是连接 CPU

与显示器的接口电路,一般做成插卡的形式,插接在主板的扩展槽上,所以人们习惯称其为显示卡或显卡(video card)。显卡的主要作用是把 CPU 向显示器发出的显示信号转换为显示器所需的信号。显卡分为集成显卡和独立显卡,集成显卡又分为集成在 CPU 封装内的显卡和集成在主板上的显卡,通常独立显卡具有比集成显卡更强大、快速的图形图像处理能力及并行计算能力,而且易于更新升级。

显卡主要由显示芯片、显示内存(显存)、RAMDAC 芯片和总线接口组成。显示芯片是显卡的核心部件,其主要功能是对要显示的图形、图像、视频信息进行计算处理和渲染。显示内存用来存放显示芯片处理后的数据,其容量和存取速度影响着显卡的整体性能,对显示器的分辨率及色彩的位数也有影响。RAMDAC 芯片将显示内存中的数字信号转换为能在显示器上显示的模拟信号,其转换速度影响着显卡的刷新频率和最大分辨率,DAC 是数模转换(digital to analog converter)的简称。总线接口是显卡与主板总线的通信接口,实现显示器与 CPU 的连接与通信,近几年使用较多的是外设部件互连(peripheral component interconnect,PCI)接口、PCI-Express(PCI-E)接口和图形加速端口(accelerate graphical port,AGP)接口。

早期显卡的作用比较简单,主要功能是把数字信息转换为能够在显示器上显示的模拟信号。随着 3D 图形图像成为重要的显示内容,能够高效处理图形图像(特别是 3D 图形图像)的图形处理器(graphic processing unit,GPU)成为显示芯片的主流选择。GPU 的使用使图形图像处理减少了对 CPU 的依赖,提高了图形图像处理速度和显示效果。GPU 的计算部件是专门针对图形图像和视频处理等高强度并行浮点运算而设计的,而人工智能模型的训练也需要大量的并行浮点运算,因此,近几年 GPU 卡在人工智能模型训练上得到了广泛应用,有效提高了模型的训练速度。

目前,显示芯片主要由英伟达(NVIDIA)和 AMD 两大公司制造,再由华硕、技嘉、微星等公司使用这些显示芯片生产出独立显卡或集成有显卡的主板。Intel 公司生产集成有显卡的 CPU,把 CPU 核和显示芯片封装在一个 CPU 芯片内。

2. 打印机

打印机(printer)也是一种常用的输出设备,用于将计算机处理结果(编辑好的文档、执行程序得到的计算结果等)打印在纸上。利用打印机不仅可以打印文字,也可以打印图形和图像。打印机按工作方式可分为击打式打印机和非击打式打印机。目前常用的打印机有针式打印机、激光打印机和喷墨打印机,其中针式打印机属于击打式打印机,激光打印机和喷墨打印机属于非击打式打印机。

针式打印机也称点阵式打印机,打印头上有若干精密的打印针,打印时相应的打印针撞击色带(在打印纸上留下细小的色点痕迹)来完成打印工作,常用的是 24 针打印机。针式打印机的优点是价格低、打印成本低;缺点是打印速度慢、打印质量低、噪声大。针式打印机曾经在办公领域流行过好长一段时间,随着激光打印机价格的不断降低,逐渐被其替代。现在在银行、宾馆、药店等需要多联票据打印的地方还在使用。

喷墨打印机的打印头上有许多小喷嘴,使用液体墨水,精细的小喷嘴将墨水喷到纸面上形成字符或图像等要打印的内容。喷墨打印机的优点是价格便宜、打印精度较高、噪声低;缺点是墨水消耗量大、打印速度慢。彩色喷墨打印机比较适合于打印量不大的家庭与办公场所使用。

激光打印机采用激光和电子放电技术,通过静电潜像,再用碳粉使潜像变成粉像,加热后碳粉固定,最后印出内容。激光打印机的优点是打印精度高、噪声低、打印速度快。随着其价格的不断降低,激光打印机已成为办公与家庭用的主流打印机。

选择打印机可以从打印分辨率、打印速度、打印纸最大尺寸和价格等方面综合考虑。

3. 3D 打印机

3D 打印其实是一种快速成形技术,以三维(3D)数字模型文件为基础,运用塑料、树脂、陶瓷、金属等可黏合材料,通过逐层打印黏合材料的方式来构造物体。

有些 3D 打印机在成形的区域喷洒一层液态黏合剂,然后再喷洒一层均匀的原料粉末,粉末遇到黏合剂会迅速固化黏结,这样在一层液态黏合剂一层粉末的交替下,实物被逐渐打印成形;有些 3D 打印机使用激光烧结技术,按形状先喷洒一层粉末,然后通过激光高温烧结后,再喷洒一层粉末,再通过激光高温烧结,层层累加,打印出实物;有些 3D 打印机使用熔积成型技术,在喷头内熔化原料,然后逐层挤出,原料挤出后凝固成型;还有些 3D 打印机使用光固化技术,用光束照射液态感光性树脂使其固化成型。

基于 3D 打印技术,完成 3D 打印工作的设备称为 3D 打印机(3D printer)或三维打印机。最早的 3D 打印机出现在 20 世纪 80 年代,近几年得到广泛关注和快速发展。从长远来看,3D 打印将会冲击基于车床、钻头、冲压机、制模机等工具的传统制造业;但从目前看,由于受到打印材料、打印性能、打印成本和打印速度等因素的制约,主要还是用于产品模型、设计样品、玩具、装饰品、个性化用品等的打印,还难以规模化打印实用产品。

3D 打印机可以和 3D 扫描仪配合使用,对于一个实物,先用 3D 扫描仪扫描生成三维数字模型,然后用 3D 打印机打印出来。

4. 绘图仪

绘图仪(plotter)是一种能在纸张、薄膜和胶片等记录介质上绘出计算机生成的各种图形或图像的设备。绘图仪的种类很多,按结构和工作原理可以分为滚筒式和平台式两大类。绘图仪除了必要的硬件设备之外,还必须配备丰富的绘图软件。只有软件与硬件结合起来,才能实现自动绘图。现代的绘图仪已具有智能化的功能,它自身带有 CPU,可以使用绘图命令,具有直线和字符演算处理以及自检测等功能。

4.6　主　　板

微课视频

从前面的介绍可知,组成一台微型计算机需要 CPU、内存、硬盘、键盘、鼠标、显示器和打印机等各种部件和设备,这些部件需要以适当的方式连接起来,彼此之间高效通信、协调工作。研制人员以主板和总线的方式把这些部件组织在一起,通过主板上的插槽和接口,将各种部件连接在一起,通过总线来实现各部件(设备)之间的相互通信。这种方式有利于计算机结构和计算机组装的标准化,有利于提高性能、降低成本。

主板(mainboard)也称为系统板或母板,是微型计算机最基本的也是最重要的部件之一,是其他部件组装和工作的基础。主板的主要功能有两个:一是提供插接 CPU、内存条和各种功能卡的插槽,部分主板甚至将一些功能卡(如显卡和声卡等)集成在主板上;二是为各种常用外部设备,如键盘、鼠标、显示器、打印机、扫描仪、硬盘和 U 盘等提供与 CPU 连接的通用接口。主板采用了开放式结构,主板上大都有多个扩展插槽,供外部设备的控制卡

（适配器）插接。通过更换这些插卡，可以对微型计算机的相应子系统进行局部升级，使制造商和用户在配置组装计算机时有更大的灵活性。主板的类型和档次决定着整个微型计算机系统的类型和档次，主板的性能影响着整个微型计算机系统的性能。

主板由芯片、扩展槽和对外接口三个主要部分组成。

1. 芯片部分

芯片组：芯片组是主板的核心，由北桥芯片和南桥芯片组成。北桥芯片主要负责 CPU 与内存、显卡等高速部件之间的数据传输。随着设计的不断改进优化和集成电路集成度的不断提高，北桥芯片的功能逐步被移入 CPU 内部，目前有的主板已经没有北桥芯片了。南桥芯片主要负责 CPU 与硬盘、U 盘、集成网卡等低速设备之间的数据传输。芯片组中的芯片焊接在主板上，不像 CPU 和内存条等通过插槽可进行简单的升级替换。

RAID 控制芯片：相当于一块 RAID 卡的作用，可支持多个硬盘组成各种 RAID 模式。RAID 是独立冗余磁盘阵列（redundant array of independent disk）的英文缩写，使用冗余磁盘阵列技术的目的是把多台小容量的硬盘组合成一台大容量的硬盘，以降低大批量数据存储的成本，同时也希望采用冗余信息的方式，使得磁盘失效时能够有效保护数据不受损失，具有一定的数据保护功能，并且能适当地提高数据传输速度。

BIOS 芯片：BIOS 是基本输入输出系统（basic input/output system）的英文缩写，BIOS 芯片保存着计算机系统中的基本输入输出程序、系统设置信息、自检程序和系统启动自举程序等。现在主板的 BIOS 还具有电源管理、CPU 参数调整、系统监控和计算机病毒防护等功能。BIOS 为计算机提供最基本、最直接的硬件控制功能。

早期的 BIOS 通常采用 PROM 芯片，用户不能改写其中的数据，即不能更新 BIOS 中的程序版本。随着技术的发展，主板上的 BIOS 芯片逐渐采用了电可擦可编程只读存储器（EEPROM）和快闪只读存储器（Flash ROM）。由于新型只读存储器可以擦除，因此可以更新 BIOS 的内容，升级比较方便，但也成为主板上唯一可被计算机病毒攻击的芯片，CIH 病毒就是专门攻击 BIOS 的，BIOS 中的程序一旦被破坏，主板将不能工作，需要由制造商或专门的维修人员重新写入正确的 BIOS 程序。

CMOS 芯片：CMOS 是互补金属氧化物半导体（complementary metal oxide semiconductor）的英文缩写，CMOS 芯片是可读可写的，用来存放 BIOS 中一些可由用户设定和修改的参数，如计算机是从硬盘启动还是从光盘启动、芯片组工作特性、能源管理参数、管理员密码等。开机时，CMOS 由系统电源供电，关机时靠主板上的电池供电。在电池正常工作的前提下，即使关机，CMOS 中的数据也不会丢失。如果电池没电了，CMOS 中保存的参数会恢复到某个初始状态，可能导致系统将不能正常启动，需要对其重新设置。设置方法是系统启动时按设置键（通常是 Delete 键）进入 CMOS 参数设置窗口，在窗口内可对相关参数进行重新设置。

2. 扩展槽部分

目前，主板上的扩展槽一般可以分为 CPU 插座、内存插槽、总线扩展插槽等。

CPU 插座：CPU 芯片通过 CPU 插座连接到主板上，不同类型的 CPU 需要有与之对应的 CPU 插座。目前常见 CPU 的接口是针脚式或触点式接口。

内存插槽：通过该插槽可以更换或增加内存条，以扩充内存容量，但要注意内存条与插槽的匹配以及新内存条与原有内存条的匹配。

总线扩展插槽：通过总线扩展插槽可以插接多种标准板卡，如显卡、视频采集卡、声卡和网卡等。目前的主板上主要有 PCI 扩展槽和 PCI-E 扩展槽，插接进扩展槽的板卡实现了与 CPU 的连接，成为计算机系统的组成部分。

3. 对外接口部分

接口主要用于输入输出设备(外设)和主机的连接，主机和外设是不能直接通过总线连接的，因为外设都是一些机电、磁性或光学设备等，而构成主机的 CPU 和内存是电子设备(数字电路)。与 CPU 和内存相比，外设的工作速度要慢得多、处理的信号格式也可能不同，因此需要有某种机制来缓解这种差异，外设是通过一种被称为输入输出控制器或接口的部件连接到总线的。

接口一般由两部分组成：硬件电路和相应的设备驱动程序。例如，要把一台打印机连接到计算机上打印文档，一是要把打印机的数据线插接到计算机的相应接口(可以是 USB 接口)，二是运行与打印机品牌、型号对应的设备驱动程序，之后打印机才能正常工作。当然，目前有些外设的驱动程序是自动加载运行的，如 U 盘，插接到计算机的 USB 口后，就会自动加载运行相应的设备驱动程序。

SATA 接口：用于插接机械硬盘和固态硬盘。SATA(serial advanced technology attachment，串行高级技术附件)接口是一种基于行业标准的串行硬件驱动器接口，主要用作硬盘接口，SATA 接口的机械硬盘和固态硬盘都可插接，相对于之前的集成设备电路(integrated device electronics，IDE)接口，提高了硬盘的读写速度。

COM 接口(串口)：用于连接串行接口鼠标和外置调制解调器(modem)等设备。早期台式机多使用串行接口鼠标。

PS/2 接口：用于连接具有 PS/2 接口的键盘和鼠标。

LPT 接口(并口)：一般用来连接打印机或扫描仪。

音频接口：分为 SPEAKER、MIC、LINE IN/OUT 等不同类型，分别用于连接音箱/耳机、麦克风、线路输入输出设备，进行声音的播放与录制。

USB 接口：具有传输速度快(USB 3.0 达到 5.0Gb/s)、使用方便、支持热插拔和连接灵活等优点，可以连接鼠标、键盘、打印机、扫描仪、摄像头、U 盘、手机、数码相机、移动硬盘和 USB 网卡等几乎所有的外部设备，是目前使用最多的一种接口。

M.2 接口：一种新型接口，可以兼容 SATA、PCI-E、USB 等多种协议，目前常见的接入设备是固态硬盘和无线网卡。

4.7　总　　线

计算机系统中各部件之间、主机与外设之间都需要传输数据，如果都分别用一组线路直接连接，那么连线将会错综复杂，连接成本高、数据传输效率低。为了简化和标准化系统结构，常用一组连线，配以适当的接口电路，实现部件之间以及主机和外设的连接及数据传输，这组多个部件或设备共享的数据传输线称为总线。采用总线结构便于部件和设备的扩充，使用统一的总线标准，不同设备间的互连更容易实现。

所谓总线(bus)是指将数据从一个或多个源部件传输到一个或多个目的部件的一组传输线，是计算机中传输数据的公共通道。

运算器、控制器和寄存器构成 CPU,CPU 和内存构成主机,再给主机配上键盘、鼠标、硬盘、显示器等外设就构成一台完整的计算机,CPU 与各种外设连接要通过相应的接口进行,如键盘接口、硬盘接口、显示器接口等。总线一般有内部总线、系统总线和外部总线之分。内部总线指芯片内部连接各元件的总线,如 CPU 芯片内部连接运算器和控制器的总线;系统总线指连接 CPU、内存和各种输入输出接口的总线;外部总线则是指外设接口和外部设备之间的连接总线。

由于 CPU、内存和各种外设接口都在主板上,因此系统总线就是主板上的板级总线。根据传输数据的不同,系统总线分为数据总线、地址总线和控制总线。

数据总线(data bus,DB):用于 CPU 与内存、CPU 与外设接口之间传输数据。目前,微型计算机中常用的数据总线有 PCI 总线和 PCI-E 总线。

PCI 总线定义了 32 位数据总线(能同时传输 32 位二进制数),可扩展为 64 位,典型工作频率是 33.33MHz。标准的 32 位 PCI 总线的传输带宽为 133MB/s,64 位 PCI 总线的传输带宽可达 266MB/s。PCI 总线属于并行传输方式,即使用多条信号线同时并行传输多位数据。现在,PCI 总线已经发展到 PCI-E 总线,这是一种高速串行总线。为了进一步提升带宽,PCI-E 总线还支持多通道数据传输模式,PCI-E 总线有 ×1、×2、×4、×8、×12、×16 和 ×32 等多种多通道方式,能够成倍地增加传输带宽。目前主流显卡多使用 PCI-E 4.0×8 接口,接口的单向传输速率高达 128Gb/s。

地址总线(address bus,AB):从内存单元或外设端口中读出数据或写入数据,首先要知道内存单元或外设端口的地址,地址总线就是用来传输这些地址信息的。地址总线的宽度决定了 CPU 能访问的内存空间大小,若某款 CPU 有 36 根地址线,则最多能访问 64GB 的内存空间($2^{36}=64G$)。

控制总线(control bus,CB):用于传输控制信息,进而控制对内存和外部设备的访问。

至此,对计算机硬件的各组成部分作了一个简要介绍。需要说明的是,组成计算机硬件子系统的各部件产品都有不同的品牌、档次和型号,而且其制造技术也是在不断发展和变化的。例如,CPU 有 Intel CPU、AMD CPU、IBM CPU 之分;对于 Intel CPU,又可分为用于台式计算机和笔记本计算机的酷睿(Core)系列、用于服务器的志强(Xeon)系列等。对于酷睿系列,又分为酷睿 i3、i5、i7、i9 等系列,酷睿 i9 再分为 i9-7980XE、i9-11900H、i9-12900KF、i9-13980HX 等型号,其中的 i9-13980HX 具有 24 核、32 线程和最高达到 5.8GHz 的主频。所以,以上内容是对计算机硬件基本构成的概括性介绍,要想了解某个部件(设备)的详情和最新技术变化,还需查阅相关书籍或网站。

选购计算机,可以直接购买品牌机,或购买部件自己组装。直接购买品牌台式计算机或笔记本计算机时,根据自己的需要,只要在品牌、主要性能指标(CPU 型号、内存容量、机械硬盘容量、固态硬盘容量等)和价格之间做出一个综合比较就可以决定购买哪一款了。如果是组装台式计算机,就要认真选择主板、CPU、内存条、机械硬盘、固态硬盘、键盘、显示器、鼠标、电源和机箱等,如果需要还要选择打印机、扫描仪等。不仅要考虑各部件的性能、型号,还要注意各部件在性能、型号和接口上的匹配,如 CPU 引脚和 CPU 插座是否匹配、内存条和内存插槽是否匹配、显卡和显卡插槽是否匹配等,否则在使用时容易出现启动故障、达不到预期性能、运行不稳定等情形。当然,初次购买计算机时,最好是在有经验人员的指导下进行。

实际上,当需要配置一台计算机时,只有硬件是不够的,还需要有相应的软件,才能让计算机运行起来,才能充分发挥硬件的作用。一般在购买计算机时,商家会预装一些常用的软件,如操作系统、字处理软件、电子表格软件等。更多的软件,则要根据使用计算机时的实际需要自行安装。

4.8　计算机系统结构的发展

在计算机的发展过程中,计算机的性能快速提升。1946 年研制成功的占地 $170m^2$ 的第一台通用电子计算机"埃尼阿克"的运算速度只有 5000 次/秒加法。现在的笔记本计算机都能达到数亿次/秒以上的运算速度,超级计算机的运算速度更是超过了 100 亿亿次/秒。计算机性能的快速提升主要得益于两方面:一是计算机制造技术的不断发展,例如,现在一个不到 $1cm^2$ 的芯片能集成数十亿、甚至超百亿个晶体管,一块 3in 硬盘能达到 TB 级的存储容量;二是计算机系统结构的不断创新优化,例如,精简指令集(RISC)、流水线、多核处理器、并行计算机、多级缓存等新思路的提出与实现。

4.8.1　CISC 与 RISC

CISC 与 RISC 是设计 CPU 时采用的两种不同的架构和技术思路。

微课视频

CISC 是复杂指令集计算机(complex instruction set computer)的英文缩写。设计 CPU 时都要首先为其设计一组实现多种功能的机器语言指令,称为指令集。指令集中指令越多,编写机器语言程序就越容易,解决实际问题的能力就越强。CISC 体系结构的指令集中有大量的指令,包括一些实现复杂任务的指令(如求开方值的指令),每一项简单或复杂的任务都有一条对应的指令。所以,在 CISC 结构的计算机上编写程序比较容易。但复杂的指令集使得 CPU 的电路设计也非常复杂,因为指令集中的每一条指令的功能都需要设计硬件电路来实现。

RISC 是精简指令集计算机(reduced instruction set computer)的英文缩写。20 世纪 70 年代,约翰·科克(John Cocke,1925—2002)在研究了 IBM 370 系统(一种 CISC 结构的计算机)后发现,编写程序时,指令集中经常用到的指令大约占 20%,用这些指令编写的程序代码占程序代码总量的约 80%,而其余大约 80% 的指令不常用到,约占程序代码总量的 20%。由此,科克提出了 RISC 体系结构,其要点就是简化指令集,指令集中只保留最常用的那些实现基本操作的简单指令,这样就能简化 CPU 的电路设计。在 RISC 结构的计算机上,简单功能直接由指令集中的指令实现,复杂功能则由多条简单指令组合成微程序实现。而且,由于 RISC 结构 CPU 的每条指令的执行时间相同,指令的执行便于组织成流水线方式,CPU 具有较快的处理速度,而且功耗低。

早期计算机所用 CPU 都采用 CISC 结构。由于 RISC 结构具有速度快、功耗低的优势,Intel 公司在 20 世纪 80 年代也曾研制过 RISC 结构的 CPU,但由于失去了和先前 CPU 的兼容性,市场效果并不好,因此 Intel 公司到目前推出的 CPU 都是 CISC 结构,其主要考虑是满足用户对兼容性的需求,使得之前的软件能够在新款 CPU 上运行,这对很多计算机用户来说是非常重要的,而且 Intel 公司在研发新款 CPU 上投入了大量的人力和财力,使得新款 CPU 的性能不断提升,保住了计算机用 CPU 市场的优势地位。AMD 公司的定位就是生产和 Intel 公司的 CPU 兼容的产品,所以其生产的 CPU 也是 CISC 结构的。ARM 公司的 CPU 是 RISC 结构。

　　目前,CISC 结构的 CPU 主要用在服务器、台式计算机和笔记本计算机上,RISC 结构的 CPU 主要用于智能手机和平板计算机中。约翰·科克由于在提出 RISC 结构和在优化编译器设计上的贡献获得 1987 年度图灵奖。约翰·亨尼西(John Hennessy,1953—)、大卫·帕特森(David Patterson,1947—)开创了一种系统的、定量的方法来设计和评价计算机体系结构,并对 RISC 微处理器行业产生了持久的影响,获得 2017 年度图灵奖。

　　在 CPU 的指令集中,一些功能复杂的指令被分解为一组相对简单的指令,这些简单指令称为微指令(microinstruction)。一组微指令构成一个微程序(microprogram),微程序由 CPU 设计人员编写并存储在只读性质的微码存储器中,当执行到复杂指令时,就从微码存储器中读出对应的微程序执行,程序员可见的复杂指令称为宏指令(macroinstruction)。引入微指令和微程序的好处是将机器指令与相关的电路设计分离,只针对基本的操作指令设计电路,而一条机器指令对应的是一个微程序,可以更灵活地进行指令的设计与修改,而不用修改电路设计。

　　在不断的技术演化过程中,CISC 和 RISC 互相借鉴了对方的优点,CISC 结构使用了微程序,RISC 结构采用了 CISC 的部分指令。

4.8.2　流水线技术

微课视频

　　计算机执行一条指令一般包括三个步骤：取指令、分析指令和执行指令。在早期的计算机系统结构中,多以串行方式执行指令,即完成一条指令的"取指令、分析指令和执行指令",再进行下一条指令的"取指令、分析指令和执行指令",指令执行过程如图 4.13 所示,如果每条指令的执行需要时间 T,则执行 n 条指令就需要 $n \times T$ 的时间。由于取指令、分析指令和执行指令分别由 CPU 中的不同部件(电路模块)完成,在一条指令的执行期间,虽然 CPU 作为整体没有闲着,但其中的部件(如取指令部件)是时而工作时而空闲的,因此这种指令执行方式的效率并不高。

图 4.13　串行执行指令

　　如果能够让指令并行执行,即在同一时刻或同一时间间隔内完成两个或两个以上的指令,那么前面 n 条指令的执行时间一定会小于 $n \times T$。

　　流水线技术的设计灵感来自现代工业生产流水线,即把计算机中各个功能部件要完成的操作分解成若干"操作步骤"来处理。一条指令分成取指令、分析指令和执行指令 3 个串行执行的步骤,如图 4.14 所示。

图 4.14　单条指令执行过程

　　如果把一条指令的各个步骤与后一条指令的各个步骤安排成适当的重叠执行方式,这样就形成了如图 4.15 所示的流水线,从图 4.15 中可以看出,每一个部件完成当前指令的任务后,不会空闲等待,而是立即进入下一条指令的处理过程。原本每条指令需要 $3t$ 的时间完成从取指令到分析指令、执行指令的过程,采用流水线后,3 条指令的执行只需要 $5t$ 的时间即可完成,相对于串行执行 3 条指令所需的 $9t$,减少了 $4t$。流水线方式执行指令所需时间明显少于串行执行方式。

图 4.15 流水线执行过程

目前有多种设计流水线的方式,例如,可以设计指令级、功能部件级、处理器级的流水线。图 4.15 就是一种指令级的流水线,指令级的流水线也有多种方式可选,可以把一条指令的执行分为取指令、分析指令、执行指令和结果回写 4 个阶段后再设计流水线。

4.8.3 并行处理技术

微课视频

并行处理指同时进行处理。例如,小明和小亮同时分别计算一批数的平方值,小明负责计算 $101\sim150$ 的平方值,小亮负责计算 $151\sim200$ 的平方值,这就属于并行处理或并行计算。并行处理以增加资源的方式提高处理效率,小明和小亮各负责 50 个数的平方值的计算,比全部的 100 个数由一个人计算,效率要高;如果同时安排 4 个人计算,每人计算 25 个数,效率会更高。

早期的计算机都只有一个单核的 CPU,采用串行处理方式工作,相当于一个人一个数一个数地计算,效率(性能)比较低。一段时期内,提高计算机的性能主要靠提高单核 CPU 的性能,虽然通过改进 CPU 的架构设计和提高主频可以提高 CPU 的性能,但提升的速度越来越慢,而且由大功耗引起的散热问题也难以解决。设计人员基于"人多力量大"的思路,逐步采用一种更有效的并行处理方式来提高计算机的性能。多核计算机、多处理器计算机、多计算机(机群系统)都是并行处理的具体实现形式。

1. 多核计算机

多核计算机所用处理器为多核处理器,多核处理器指在一个 CPU 芯片内包含多个内核(包括运算器、控制器等)。计算机运行时,CPU 内的多个内核可同时完成计算等工作,提高了计算和其他处理工作的速度。多核处理器主要分原生多核和封装多核。原生多核最早由 AMD 公司提出,每个内核都是完全独立的,都拥有自己的外部总线,不会造成相互之间的冲突,即使在高负载情形下,每个内核的性能也不会有大的变化。但原生多核处理器的设计、制造比较复杂。首款原生多核 CPU 由 AMD 公司在 2005 年推出。封装多核是把多个内核直接封装在一起,多个内核共享三级缓存和外部总线,计算机运行时存在冲突的可能性较大,综合性能不如原生内核高,但易于设计和制造,成本较低,在多核处理器发展的初期,封装多核发展得更快一些。

2023 年 1 月 Intel 公司推出了第十三代酷睿处理器——酷睿 i9-13980HX,这款 CPU

拥有 24 个内核，包括 8 个性能核和 16 个能效核。性能核的睿频可达 5.6GHz，能效核的睿频可达 4GHz。性能核（也称大核）注重性能的提升，能耗较高；能效核（也称小核）性能稍弱，但能耗低。性能核与能效核的配合在性能与能耗之间取得较优的综合效果。睿频是一种根据负载动态调整的工作频率，在工作负载较轻的情况下自动提高频率以提升处理性能，最高可以达到 CPU 的最大睿频。而主频指 CPU 芯片上的时钟频率，是固定不变的。

2. 多处理器计算机

多处理器计算机指包含多个处理器的计算机系统，也称为并行计算机。多处理器计算机运行时，多个处理器可同时工作，分别承担某项处理任务的一部分，可有效提升计算机系统的性能。多处理器计算机可分为并行向量计算机、大规模并行处理机、对称式共享存储器多处理机、分布式共享存储多处理机等。

1）并行向量计算机

向量是一种常见的数据形式，一个向量可以包含很多元素，特别适合并行处理和流水线处理（同时处理不同分量数据）。并行向量计算机（parallel vector processor，PVP）简称向量机，其中的处理器设计有专门的向量表示和向量处理指令，而且一台向量机可以包含多个向量处理器。美国 Cray 公司推出的多个机型、NEC 公司的 SX-X44、我国国防科技大学研制成功的"银河 I""银河 II"都是向量机。1991 年公布推出的 Cray C-90 向量机由 16 个处理器构成，每个处理器设置 2 条向量流水线，峰值运算速度达到 160 亿次浮点运算/秒。向量计算机在 20 世纪 80～90 年代是超级计算机的主流机型。

2）大规模并行处理机

从 20 世纪 90 年代开始，大规模并行处理机（massively parallel processor，MPP）逐渐显示出代替和超越向量机的趋势。MPP 的特点包括：处理结点使用商用微处理器，每结点可包括多个微处理器；可扩展性好，可扩展到成百上千个微处理器；采用分布式非共享的存储器，各结点有自己的地址空间；采用专门设计和定制的高性能互连网络连接各结点，采用消息传递的通信机制。IBM 公司的 IBM SP2、Intel 公司的 ASCI Red、我国的"曙光 1000"等都是 MPP 计算机。其中，1996 年推出的 ASCI Red 在超级计算机发展史上首次突破万亿次/秒的运算速度。2000 年前后，MPP 是超级计算机的主流机型。

3）对称式共享存储器多处理机

对称式共享存储器多处理机（symmetric shared-memory multi-processor，SMP）包含的处理器个数较少（一般不超过几十个），多个处理器通过系统总线或交叉开关共享单一的集中式存储器。IBM R50、SGI Power Challenge、我国的"曙光一号"等都是 SMP 计算机。其中，SGI Power Challenge 配备 8 个处理器，峰值运算速度达到 28.8 亿次浮点运算/秒。

4）分布式共享存储多处理机

分布式共享存储多处理机（distributed shared-memory multi-processor，DSM）可以构建规模较大的多处理机系统。由于处理器较多，只能采取为各处理器分别配置存储器的方式，不能采用集中式存储器方式，否则处理器访问存储器的速度将会影响整个计算机系统的性能。越来越多的中小规模的多处理机系统采用这种分布式存储器结构。斯坦福大学的DASH、SGI-Cray 的 Origin 2000 等是 DSM 的代表机型。

3. 机群系统

机群（cluster）系统起源于 20 世纪 90 年代中后期。机群系统（简称机群）是由多个同构或异构的独立计算机通过高性能网络连接在一起的高性能并行计算机系统。构成机群系统的每台计算机都有自己的存储器、输入输出设备和操作系统,它们在机群操作系统的控制下协同完成特定的并行计算任务。机群虽然由多台计算机构成,但对用户和应用来说是一个单一的系统,它可以提供低价高效的高性能环境和快速可靠的服务。

1997 年 6 月,国际 500 强超级计算机排行榜中只有一台机群计算机。到 2004 年 6 月,排行榜中的机群计算机已超过 50%,达到 298 台;到 2013 年 6 月,更是达到 417 台,占比 83.4%。机群已成为近些年构建超级计算机的主要结构。

美国加州大学伯克利分校的 NOW、日本 NEC 公司的 LAMP、我国的"天河二号"等都是代表性机群。近些年的排名世界第一的超级计算机大多是机群。

无论是计算机制造技术,还是计算机系统结构,都还会不断地向前发展和创新,以推动计算机性能的继续不断提升。其实,各类型之间有时也没有严格的界限,例如 IBM SP2 计算机有人将其分类为 MPP,也有人将其分类为机群。

4.9 小　　结

一个完整的计算机系统由硬件和软件两大部分组成。硬件包括中央处理器、存储器、输入设备和输出设备。中央处理器(CPU)包括运算器、控制器和寄存器。CPU 是计算机的核心部件,主要评价指标有兼容性、字长和主频等。存储器包括内存、外存和高速缓存,多级高速缓存的配置,有效提高了 CPU 的利用率,进而提升了计算机的整体性能。输入设备和输出设备也在不断发展,3D 扫描仪和 3D 打印机的出现推动计算机应用深入发展。主板和总线的使用,既提高了计算机的整体性能,又使计算机的生产标准化、模块化,有助于降低计算机的成本。

在不断提高单个 CPU 芯片集成度的基础上,计算机体系结构也在不断改进、优化,出现了 RISC(精简指令集计算机)、多核 CPU、流水线、并行处理等多种新技术,大幅度提高了计算机的运算速度。

拓展阅读:冯·诺依曼与冯·诺依曼计算机

1944 年夏的一天,美国弹道试验场所在地阿伯丁火车站,"埃尼阿克"(ENIAC)研制组的戈尔斯坦看到冯·诺依曼正在等车,戈尔斯坦以前听过冯·诺依曼教授的学术报告,但一直无缘直接交往。机会难得,戈尔斯坦主动上前自我介绍,当戈尔斯坦讲到正在研制的电子计算机时,平易近人的数学大师顿时严肃起来。据戈尔斯坦回忆,此后的谈话好像博士学位答辩。显然,ENIAC 深深地打动了具有敏锐科学洞察力的冯·诺依曼教授,几天之后,他就专程到宾夕法尼亚大学莫尔学院考察正在研制中的 ENIAC,并参加了为改进 ENIAC 而举行的一系列学术会议。

这次偶然的车站相遇,对计算机的发展具有决定性的作用,既确定了现代计算机的基本逻辑结构,又奠定了冯·诺依曼在计算机发展史上的重要地位。

冯·诺依曼（John von Neumann，1903—1957）出生于匈牙利布达佩斯，中学时期他受到特殊、严格的数学训练，19 岁时就发表了有影响的数学论文，在校期间他学习拉丁语和希腊语且卓见成效，这对锻炼他的记忆力非常有帮助，他掌握的 7 种语言成为从事科学研究强有力的工具。后来又游学于著名的柏林大学、洪堡大学和普林斯顿大学，成为德国大数学家戴维·希尔伯特（David Hilbert，1862—1943）的得意门生。1933 年，他被聘为美国普林斯顿大学高等研究院的终身教授，成为著名物理学家爱因斯坦（Albert Einstein，1879—1955）最年轻的同事。冯·诺依曼才华横溢，在数学、应用数学、物理学、博弈论和数值分析等领域都有杰出的贡献。他的数学功底为进行计算机的逻辑设计奠定了坚实的基础。戴维·希尔伯特于 1900 年 8 月 8 日在巴黎召开的第二届国际数学家大会上，提出了 20 世纪数学家应当努力解决的 23 个数学问题，对这些问题的研究有力地推动了 20 世纪数学的发展，并产生了深远的影响。我们熟知的和我国著名数学家陈景润名字联系在一起的哥德巴赫猜想也是其中的问题之一。

当冯·诺依曼从戈尔斯坦那里听说他们正在制造电子计算机时，他正参加第一颗原子弹的研制工作，遇到原子核裂变反应过程的大量计算的困难，这涉及数十亿次初等算术运算和初等逻辑运算。为此，曾有成百名计算员一天到晚用计算器计算，然而，结果还是不能满足需要。这使他马上意识到研制电子计算机的重要意义，决定参与到这一工作中来。

ENIAC 并不是存储程序式的，程序要通过外接线路输入，非常不方便。1944 年 8 月到 1945 年 6 月，在莫尔学院定期举行会议，针对 ENIAC 遇到的问题，提出各种研究报告。冯·诺依曼与莫尔学院研制小组积极合作，经过 10 个月的紧张工作，提出了一个全新的存储程序通用电子计算机方案——离散变量自动电子计算机（electronic discrete variable automatic computer，EDVAC）。人们通常称它为冯·诺依曼机，时至今日，所用的计算机都没有突破冯·诺依曼机的基本结构。EDVAC 方案的讨论过程与 ENIAC 的研制是同时进行的，再改动 ENIAC 的结构已来不及了，所以 ENIAC 仍是外插程序式计算机。

1945 年 6 月 30 日，莫尔学院发布了长达 101 页的 EDVAC 方案，这是冯·诺依曼和莫尔学院研制小组的专家们集体的研究成果，冯·诺依曼因其非凡的分析、综合能力及深厚的数理基础知识，在 EDVAC 的总体结构和逻辑设计中起到了关键的作用。

EDVAC 方案明确规定了计算机有 5 个基本组成部分：用于完成算术运算和逻辑运算的运算器，基于程序指令控制计算机各部分协调工作的控制器，用来存放程序和数据的存储器，把程序和数据输入到存储器的输入装置，以显示、打印等方式输出计算结果的输出装置。相对于 ENIAC，EDVAC 方案有两个重大改进：一是用二进制代替了十进制，便于电子元件表示数据，简化了运算器的设计，提高了运算速度；二是提出了"存储程序"的概念，程序和数据都存放在存储器中，实现了基于程序的计算机自动执行，实现了程序执行中的"条件转移"。

1945 年底，ENIAC 刚刚完成，设计组就因发明权的争执而解体，影响了 EDVAC 的研制进度。世界上第一台存储程序式计算机是英国剑桥大学研制的电子延迟存储自动计算机（electronic delay storage automatic calculator，EDSAC），使用水银延迟线作为存储器，1949 年投入运行，EDSAC 的主要研制者莫里斯·威尔克斯（Maurice V. Wilkes，1913—2010）因此获得第二届图灵奖。而 EDVAC 直到 1952 年才研制完成。

习　题　4

一、填空题

1. 冯·诺依曼计算机的 3 个基本要素是_____、_____和_____。

2. CPU 主要包括_____、_____和_____。

3. 评价 CPU 性能的主要指标包括_____、_____和_____。

4. CPU 的制作过程可以分为设计和生产 2 个阶段,设计阶段主要包括_____和_____ 2 个步骤,生产阶段包括_____、_____、_____、_____、_____ 5 个步骤。

5. 1024GB＝1_____,1MB＝1024_____。

6. 说到内存,DDR 的含义是_____。

7. 内存一般包括_____、_____、_____。

8. 写出 3 种常用的外存设备:_____、_____、_____。

9. 硬盘容量的计算公式是_____。

10. 基于闪存的固态硬盘的主要部件是_____、_____、_____。

11. 写出 3 种常用的输入设备:_____、_____、_____。

12. 写出 3 种常用的输出设备:_____、_____、_____。

13. 主板主要包括 3 个组成部分:_____、_____、_____。

14. 系统总线分为_____、_____、_____。

二、名词解释

计算机、中央处理器、主频、字长、内存、外存、高速缓存、GPU、主板、总线、数据总线、地址总线、控制总线、CISC、RISC。

三、简答题

1. 简述冯·诺依曼计算机的基本组成及工作原理。

2. 对比说明内存和外存的不同特点与不同作用。

3. 简述高速缓存的工作原理。

4. 对比说明机械硬盘和固态硬盘的异同。

5. 简述流水线技术在提高计算机性能方面的作用。

6. 简述并行处理技术在提高计算机性能方面的作用。

思　考　题　4

1. 冯·诺依曼体系结构有什么缺点? 能给出新的体系结构吗?

2. 自行查阅相关文献,说明磁盘、光盘和 U 盘三种存储介质的工作原理的区别。

3. 打开主机箱,对照主板上的组成部件理解书中关于主板和总线的介绍。

第 5 章

操作系统知识

一个完整的计算机硬件系统包括 CPU、内存、硬盘、键盘、鼠标、显示器、打印机、网络接口等部件和设备。如果每位使用者或应用程序员都需要了解硬件系统的细节,将会使计算机的使用和程序编写变得很困难。操作系统的出现和功能不断完善,给人们使用计算机和编写应用程序带来了很大的方便。有了计算机硬件系统后,首先需要安装的计算机软件就是操作系统,操作系统是最靠近硬件的一种系统软件,是所有其他软件开发和运行的基础。在操作系统的支持下,开发了大量的使用简单、功能强大的软件系统,使一般用户能够方便地使用计算机进行网上购物、线上办公、网上聊天、收发电子邮件、参加视频会议等。

5.1 操作系统的形成与发展

在计算机的发展进程中,计算机的性能越来越高,使用越来越方便。虽然计算机性能提高的物质基础是计算机硬件技术的快速发展,但操作系统的发展保证了硬件性能的充分发挥。早期的计算机只有计算机专业人员才能使用,而现在的计算机已广泛普及,进入上亿家庭,操作系统的出现与不断发展起了非常重要的作用。包括操作系统在内的计算机软硬件技术的快速发展,使计算机的功能越来越强大,使用越来越方便。

5.1.1 操作系统概念

微课视频

1. 计算机系统

计算机是一种能够按照程序对数据进行自动处理的电子设备。计算机系统的基本层次结构如图 5.1 所示。计算机系统由硬件和软件组成,软件又分为系统软件和应用软件。直

图 5.1　计算机系统的基本层次结构

接面向用户、能够解决实际问题的软件是应用软件,功能各异的应用软件帮助人们完成各种实际工作,在人们的日常工作与生活中发挥了十分重要的作用,是计算机应用的最终体现。系统软件为应用软件的开发与运行提供支持。在系统软件中,最重要的是操作系统,操作系统是其他系统软件和应用软件有效运行的基础。

2. 操作系统

操作系统是最靠近硬件的软件,有没有高性能是由计算机硬件决定的,能否把高性能发挥出来,操作系统起着决定性的作用。从微型计算机到超级计算机都必须在其硬件平台上加载相应的操作系统之后,才能构成一个可以协调运转的计算机系统。只有在操作系统的指挥控制下,各种计算机资源才能得到合理分配与高效使用;也只有在操作系统的支持下,其他系统软件和各种应用软件才能开发和运行。如果操作系统的功能不强,计算机硬件、其他系统软件和应用软件的功能很难充分体现。

操作系统(operating system,OS)可定义为:有效地组织和管理计算机系统中的硬件和软件资源,合理地组织计算机工作流程、控制程序的执行,提供多种服务功能及友好界面,方便用户使用计算机的系统软件。简单地说,操作系统就是管理计算机资源、控制程序执行、提供多种服务、方便用户使用。

操作系统有多种类型,不同类型的操作系统其侧重的目标有所不同,但共同的一般性目标主要有有效性、方便性、可扩充性、开放性、可靠性和可移植性等。对用户来说,其中的方便性和有效性是最主要的。对于超级计算机、大型计算机和服务器,由于价格昂贵,使用的人少且多为专业人员,比较强调有效性。微型计算机出现后,计算机使用者越来越多,而且多为非专业人员,方便性成为操作系统关注的重点。Windows 系列操作系统之所以广受欢迎,一个重要因素就是其学习和使用的方便性。

(1)有效性。在未配置操作系统的计算机系统中,中央处理器等资源会经常处于空闲状态而得不到充分利用;存储器中存放的数据由于无序而浪费了存储空间。配置了高性能操作系统后,可使中央处理器等部件由于减少等待时间而得到更为有效的利用,使存储器中存放的数据有序而节省存储空间。此外,操作系统还可以通过合理地组织计算机的工作流程,进一步改善系统的资源利用率及提高系统的输入输出效率。

(2)方便性。没有操作系统,就只能通过控制台输入控制命令。以这种方式操作使用计算机是让人非常头疼的一件事情,只适用于专业人员。有了操作系统,特别是有了像 Windows 这类功能强大、界面友好的操作系统,使使用计算机变得非常容易和方便,通过鼠标和键盘就能实现很多功能。

5.1.2　操作系统的形成

计算机硬件技术的发展目标是提高计算机的性能,主要指标就是运算速度。早期主要是提高单处理器的性能,20 世纪 70 年代后出现了多核 CPU 和多处理器系统,通过多个处理器的合作来提高计算机的整体性能。操作系统的主要目标是提高处理器的利用率,使计算机的硬件特性能够充分发挥出来。1956 年出现了第一个操作系统 GM-NAA I/O,该系统是鲍勃·帕特里克(Bob Patrick)在美国通用汽车的系统监督(system monitor)程序的基础上,为美国通用汽车和北美航空公司在 IBM 704 计算机上设计的基本输入输出系统,可以成批地处理作业,在一个作业结束之后,它会自动执行新的作业。

1. 人工操作

1956 年之前的计算机没有操作系统,专业人员用汇编语言或机器语言编写程序,程序员或操作员用手工方式直接控制和使用计算机硬件系统,用穿孔机将编写好的程序及相应的数据穿孔在纸带/卡片上,通过纸带/卡片机输入计算机。然后启动计算机执行程序,通过控制台上的开关、按钮和指示灯来操作和控制程序的执行,程序执行完并取走计算结果后,下一个用户才可以使用该计算机。

人工操作方式有两个主要缺点:

(1) 用户独占整个计算机。一台计算机的全部资源由一个用户独占使用。

(2) CPU 利用率偏低。当用户装卸纸带/卡片、纸带/卡片机运行、打印输出结果时,CPU 处于空闲状态。

相对于 CPU 的运行速度,手工操作和纸带/卡片机、打印机等外设的速度是很慢的,使得高速的 CPU 绝大部分时间在等待慢速的手工操作和外设运行,计算机资源得不到有效利用。要知道这一时期都是价格昂贵的大型计算机。

2. 批处理操作系统

批处理操作系统指操作员将用户提供的若干作业以"成批"的方式,同时交给计算机系统。作业(job)指用户在一次数据处理中要求计算机所做的全部工作的总和,由用户程序、数据和作业说明书组成。作业曾经是早期操作系统的一个重要概念,现代操作系统中已经很少使用这个概念。批处理操作系统分为单道批处理操作系统和多道批处理操作系统。

1) 单道批处理操作系统

操作员把接收到的一批用户作业存放在外存,由操作系统自动地一次调用一个作业进入内存运行。这种处理方法减少了人工操作的干预时间,提高了 CPU 的利用率。但是一个作业在运行时,若提出输入或输出请求,那么 CPU 就必须等待输入或输出的完成,这就意味着 CPU 仍可能长时间空闲。这就是早期的单道批处理操作系统的工作模式,虽然减少了等待人工操作的时间,但仍需要等待输入或输出操作时间。

单道批处理操作系统的代表是 FMS(FORTRAN monitor system,FORTRAN 监控系统)和 IBM 公司为 IBM 7094 计算机配置的 IBM SYS 操作系统。

2) 多道批处理操作系统

多道批处理操作系统改进了单道批处理操作系统的不足。从外存中把多个作业同时调入内存,当某个作业需要输入或输出时,CPU 为该作业启动相应的输入或输出操作后就转去执行内存中的下一个作业。这样,第二个作业的执行与第一个作业的输入或输出并行工作,从而进一步减少 CPU 的等待时间。但多道批处理操作系统仍有其不足,用户不能干预作业的执行,即使发现错误也不能及时改正,即没有人机交互。

用于 IBM 4300 系列大型计算机的 IBM DOS/VS 和 IBM DOS/VES 操作系统是多道批处理操作系统的代表。

把一批作业放入外存(当时主要用的是磁带)可以有脱机方式和联机方式。脱机方式是指事先将描述作业的纸带/卡片装入纸带/卡片输入机,在一台外围机(价格较低、功能较弱的计算机)的控制下把纸带/卡片上的作业输入到磁带上。当 CPU 需要这些作业时,再从磁带调入内存。类似地,当 CPU 需要输出时,可由 CPU 直接把数据从内存送到磁带上,然后在另一台外围机的控制下,将磁带上的结果送到相应的输出设备输出。由于作业的输入输出都是在外围机的控制下完成的,或者说它们是在脱离主机的情况下进行的,故称为脱机输入输出方式。与此对应,在主机的直接控制下进行输入输出的方式称为联机输入输出方式。

脱机输入输出方式的主要优点如下。

(1) 减少了主机 CPU 的空闲时间。装卸纸带/卡片、作业从低速的纸带/卡片机送到高速的磁带上(当时磁带的存取速度远高于纸带/卡片的存取速度),都是在脱机情况下进行的,不占用主机时间,从而有效地减少了主机 CPU 的空闲时间。

(2) 提高了输入输出速度。当主机在运行中需要输入或输出数据时,是直接通过高速的磁带机进行,节省了输入输出时间,进一步减少了主机 CPU 的空闲时间。

总之,脱机方式有效地提高了主机 CPU 的利用率。

3. 分时操作系统

所谓分时,就是把计算机的硬件资源(主要是 CPU)在时间上加以分割,形成一个个微小的时间段,每个微小时间段称为一个时间片,每个用户(程序)依次使用一个时间片,从而可以将 CPU 的工作时间轮流地提供给多个用户使用。一台计算机可以连接多个控制台或终端,从而使多个用户通过这些控制台或终端共享一台计算机。由于时间片非常小(一般为几十毫秒),用户感觉不到有其他用户在和自己共享计算机,就如同自己的专用计算机一样。同时每个用户可以通过控制台或终端控制自己程序的运行,具有人机交互功能,这就克服了批处理系统的不足。需要说明的是,根据计算机的性能高低,对连接终端的个数是有一定限制的,超出这个限制,用户会感觉计算机的速度很慢。

1961 年,美国麻省理工学院开发出第一个分时操作系统 CTSS,运行在 IBM 709 和 IBM 7094 大型计算机上,更有名的分时操作系统是麻省理工学院、贝尔实验室和通用电气公司共同开发的 MULTICS。

4. 实时操作系统

实时系统是一种能在限定时间内对外部事件做出响应和处理的计算机系统,可以分为实时控制系统和实时信息系统。

实时控制系统是以计算机为中心的过程控制系统,如自动化生产线控制系统、无人侦察机控制系统等。实时控制系统属于硬实时任务,系统必须满足对限定时间的要求,否则会产生"失之毫厘,差之千里"的严重后果。实时信息系统通常是指实时信息处理系统,如航空订票系统、信息检索系统等。实时信息系统属于软实时任务,系统对限定时间的要求并不十分严格,偶尔的超时也不会产生严重后果。

能够满足实时系统要求的操作系统称为实时操作系统,实时系统的最重要特性就是及时(响应)性和可靠性。当然,一个计算机系统的实时性既依赖于实时操作系统,又和计算机的硬件性能密切相关。

现在的嵌入式操作系统都是实时操作系统,如 VxWorks、QNX、Windows CE 等。

5. 通用操作系统

同时具有分时、实时和批处理功能的操作系统称作通用操作系统。显然,通用操作系统规模更为庞大,结构更为复杂,功能也更为强大。开发通用操作系统的目的是为用户提供多模式的服务,同时进一步提高系统资源的利用效率。

在通用操作系统中,可能同时存在 3 类任务:实时任务、分时任务和批处理任务。这 3

类任务通常按照其急迫程度加以分组：实时任务级别最高，分时任务次之，批处理任务级别最低。当有实时请求时，系统优先处理；当没有实时任务时，系统为分时用户服务；仅当既无实时任务又无分时任务时，系统才执行批处理任务。在智能手机上，手机操作系统为电话、微信语音和视频播放设置了从高到低的优先级，看视频时如果有微信语音进来，系统停止播放视频，优先处理微信语音，接听微信语音时，如果又有电话打进来，停止微信语音，优先处理电话。

　　UNIX 的早期版本就是当时通用操作系统的典型代表，现在常用的操作系统 Windows、UNIX 和 Linux 都属于通用操作系统。

5.1.3　操作系统的发展

微课视频

　　操作系统的发展已有近 70 年的历史。经过 20 世纪 60～70 年代的大发展，到 80 年代已趋于成熟。但随着超大规模集成电路的发展和计算机体系结构的变化，操作系统也在不断发展和完善，先后出现了微机操作系统、多处理器操作系统、网络操作系统、分布式操作系统和嵌入式操作系统等。

1. 微机操作系统

　　配置在微机上的操作系统称为微机操作系统。最早出现的微机操作系统是使用在 8 位微机上的 CP/M。一般把微机操作系统分为单用户单任务操作系统、单用户多任务操作系统和多用户多任务操作系统。

　　单用户单任务的含义是，只允许一个用户使用计算机，且只允许该用户运行一个程序。这是一种最简单的微机操作系统，主要配置在早期的 8 位微机和 16 位微机上。代表性的单用户单任务操作系统是 CP/M 和 MS-DOS。

　　单用户多任务的含义是，只允许一个用户使用计算机，但允许该用户提交多个程序并发执行，即可以同时完成多个任务，从而有效地改善系统的性能。目前，在微机上配置的操作系统大多数是单用户多任务操作系统，其中代表性的是 Windows 10/11，用户可以一边调试执行程序一边听音乐，还可以同时收发电子邮件。

　　多用户多任务的含义是，允许多个用户通过各自的终端，使用同一台主机，共享主机系统中的各类资源，而每个用户又可以提交几个程序，使它们并发执行，从而进一步提高资源利用率和增加系统吞吐量。本来多用户多任务操作系统一般是用于大型计算机的，随着微型计算机性能的不断提高，在高档微机上也可以安装多用户多任务操作系统。其中，代表性的是微机版的 UNIX 和 Linux、Windows 10 等操作系统。把微机用作服务器连接多个客户机。

2. 多处理器操作系统

　　从计算机的发展历史可以看出，提高计算机硬件性能的主要途径有两个：一是提高单个处理器的运算速度；二是改进计算机系统的体系结构。早期的计算机系统基本上都是单处理器系统，重点在于提高单个处理器的运算速度及相关器件的性能。20 世纪 70 年代出现了多核处理器和多处理器系统（multi-processor system，MPS），试图通过改进计算机体系结构来提高系统性能。近年来推出的超级计算机和大型计算机，大多采用多处理器结构，高档微机使用多核处理器。

　　根据多个处理器之间耦合的紧密程度，可把 MPS 分为两类：紧耦合 MPS 和松耦合

MPS。紧耦合 MPS 是指多个处理器通过高速线路互连,共享内存、外存和外设,多处理器系统一般是指紧耦合 MPS;松耦合 MPS 是指每个处理器有各自的内存、外存和外设,实际上是构成了一台独立的计算机,多台计算机通过通信线路互连,松耦合 MPS 也可以称为多计算机系统或计算机网络。

为多处理器系统配置的操作系统称为多处理器操作系统,主要有两种模式:

(1)非对称模式,又称为主从模式。在非对称模式中,把处理器分为主处理器和从处理器两类。主处理器只有一个,其上安装有操作系统,用于管理整个系统的资源,并负责为各从处理器分配任务及协调从处理器的运行。从处理器可有多个,它们执行预先规定的任务及由主处理器所分配的任务。主从式操作系统易于实现,但资源利用率比较低。

(2)对称模式。在对称模式中,所有处理器的地位都是相同的。在每个处理器上运行一个相同的备份操作系统,用它来管理本地资源和控制进程的运行以及各处理器之间的通信。对称模式操作系统资源利用率和整体性能比较高,但实现起来比较复杂。

代表性的多处理器操作系统有 SUN 公司的 Solaris、AT&T 公司的 UNIX System V4.0 MP 版本、DG 公司的 DG/UX 等。

3. 网络操作系统

计算机网络可以定义为自主计算机的互连集合。自主计算机是指一台独立的计算机,互连是表示计算机之间能够实现相互通信和资源共享。计算机网络是在计算机技术和通信技术快速发展与相互结合的基础上发展起来的。

运行在计算机网络环境上的网络操作系统应具有如下 4 方面的功能。

(1)网络通信。这是网络最基本的功能,其任务是在源主机和目标主机之间实现无差错的数据传输。为此,应有的主要功能包括建立和拆除通信链路、传输控制、差错控制、流量控制和路由选择等。

(2)资源管理。对网络中可共享的软硬件资源实施有效的管理,协调和控制各用户对共享资源的使用,保证数据的安全性和一致性。常用的共享资源有硬盘、打印机、软件和数据文件等。

(3)网络服务。这是在网络通信和资源管理的基础上,为了方便用户而直接向用户提供的多种有效服务,主要有电子邮件、文件传输、网络新闻、信息检索、即时通信和电子商务等服务。

(4)网络管理。网络管理最基本的任务是安全管理,通过存取控制技术来确保存取数据的安全性,通过容错技术来保证系统出现故障时数据的安全性,通过反病毒技术、入侵检测技术和防火墙技术等来确保计算机系统免受非法攻击。此外,还应对网络性能进行监测,对使用情况进行统计分析,以便为网络性能优化和网络维护等提供必要的信息。

常见的网络操作系统有 Windows Server、网络版的 UNIX 和 Linux 等。

4. 分布式操作系统

在分布式概念提出之前的计算机系统中,其处理和控制功能都高度地集中在一台主机上,所有的任务都由主机处理,这样的系统称为集中式处理系统。

在分布式处理系统中,系统的处理和控制功能分散在系统的各个处理单元上。系统中的所有任务也可动态地被分配到各个处理单元上去,使它们并行执行,实现分布处理。分布式处理系统最基本的特征是处理上的分布性,而分布处理的实质是资源、功能、任务和控制都是分布的。所谓分布式处理系统（distributed processing system），指由多个分散的处理单元经互连网络的连接而形成的系统，简称分布式系统。其中，每个处理单元既具有高度的自治性，又与其他处理单元相互协同，能在系统范围内实现资源管理，动态地分配任务，并能并行地运行分布式程序。在分布式系统中，如果每个处理单元都是计算机，则可称为分布式计算机系统，它通常就是计算机网络。分布式系统一般是指其处理单元只是由处理器和局部存储器组成。

在分布式系统上配置的操作系统，称为分布式操作系统。

代表性的分布式操作系统有荷兰自由大学的 Amoeba、法国 INRIA 学会的 Chorus、国产 Laxcus 等。

5. 嵌入式操作系统

嵌入式操作系统指运行在嵌入式计算机中的操作系统，嵌入式计算机及其操作系统与相关设备有机地结合成一体。嵌入式计算机广泛应用于网络通信、国防安全、航空航天、智能家电、无人驾驶等多个领域，如火星探测器、扫地机器人、无人机等。与一般操作系统相比，嵌入式操作系统具有微型化、可定制、实时性好、可靠性高和易移植等特点。嵌入式操作系统也是实时操作系统。

常用的嵌入式操作系统有嵌入式 Linux、VxWorks 和 QNX 等。

5.2　操作系统的特征

虽然不同类型的操作系统各有其特点，但一般都具有并发性、共享性、虚拟性和异步性等共同的基本特征。

1. 并发性

并发（concurrence）指两个或多个事件在同一时间段内发生，而并行指两个或多个事件在同一时刻发生。并发和并行是有区别的，在多处理器系统中，可以有多个进程并行执行，一个处理器执行一个进程。在单处理器系统中，多个进程是不可能并行执行的，但可以并发执行，即多个进程在一段时间内同时运行，但在每一时刻，只能有一个进程在运行，多个并发的进程在交替地使用处理器运行，操作系统负责这些进程之间的执行切换。什么是进程呢？简单地说，进程指程序的一次执行过程。

并发性改进了在一段时间内一个进程对 CPU 的独占，可以让多个进程交替地使用 CPU，从而有效提高系统资源的利用率，提高系统的处理能力，但也使系统管理变得复杂，操作系统要具备高效控制和管理各种并发活动的能力。

2. 共享性

共享（sharing）指系统中的资源可供多个并发执行的进程共同使用。共享可以提高系统资源的利用率，为每个进程分别提供其所需的所有资源是非常浪费的，也没这个必要。

并发性和共享性是操作系统的两个最基本的特征，它们互为存在条件。一方面，资源共享是以进程的并发执行为条件的，若系统不允许进程并发执行，也就不存在资源共享问题；另一方面，若操作系统不能对资源共享实施有效管理，则必将影响到进程正确地并发执行，甚至根本无法并发执行。

3. 虚拟性

操作系统中的虚拟（virtual）指通过某种技术把一个物理实体变成若干逻辑上的对应物。物理实体是实际存在的，对应物是虚的，是用户感觉到的。例如，在分时系统中，虽然只有一个 CPU，但每个终端用户都认为有一个 CPU 在专门为自己服务，即利用分时技术可以把物理上的一个 CPU 虚拟为逻辑上的多个 CPU，逻辑上的 CPU 称为虚拟处理器。类似地，也可以把一台物理输入输出设备虚拟为多台逻辑上的输入输出设备（虚拟设备），把一条物理信道虚拟为多条逻辑信道（虚拟信道）。在操作系统中，虚拟主要是通过分时使用的方式实现的。

4. 异步性

在多道程序环境下，允许多个进程并发执行，但由于资源及控制方式等因素的限制，进程的执行并非一次性地连续执行完，通常是以"断断续续"的方式进行的。内存中的每个进程在何时执行、何时暂停、以怎样的速度向前推进、每个进程总共需要多长时间才能完成，都是不可预知的。先进入内存的进程不一定先完成，而后进入内存的进程也不一定后完成，即进程是以异步（asynchronism）方式运行的。操作系统要严格保证，只要运行环境相同，多次运行同一进程，都应获得完全相同的结果。

5.3　操作系统的功能

微课视频

操作系统的作用是管理计算机资源、方便用户使用计算机。由于计算机的资源主要包括处理器（CPU）、存储器（内存）、输入输出设备、外存（以文件形式存储软件和数据）、网络设备等，因此操作系统的主要功能包括处理器管理功能、存储器管理功能、设备管理功能、文件管理功能和网络与通信管理功能。此外，为了方便用户通过操作系统使用计算机，还需向用户提供一个使用方便的用户接口。

5.3.1　处理器管理功能

处理器管理的主要任务是对中央处理器进行分配，对其运行进行有效的控制和管理，最大限度地提高处理器的利用率，减少其空闲时间。在多道程序环境下，处理器的分配和运行都是以进程为基本单位的，因而处理器管理也可称为进程管理。进程（process）指程序的一次执行过程。进程是操作系统中最基本、最重要的一个概念，是在多道程序系统出现后，为描述程序运行的动态特性而引入的概念。进程是一个动态概念，其静态实体需要一种数据结构来表示，描述程序运行中的状态。

在多道程序环境下，处理器在多个进程之间切换，一个进程的执行可能是断断续续的，经历多次的执行、等待交替才能完成整个进程的执行，进程由执行变为等待，再由等待变为执行，接着上次执行的断点继续执行，断点处的状态信息要保存，需要有合适的数据结构。在多道程序环境中，允许有多个进程并发执行，就可能出现一个程序被多次调用而参与到并发执行中，一个程序对应多个进程，需要保存每个进程的状态信息，也需要合适的数据结构。

处理器管理要保证处理器在多个进程间进行有效的切换，既保证各进程执行的正确，又保证处理器具有比较高的利用率。处理器管理主要包括进程控制、进程同步、进程通信和处理器调度 4 方面。

1. 进程控制

在多道程序环境下,要使程序运行,必须先为它创建一个或几个进程,并为之分配必要的资源(如处理器、内存等)。当进程运行结束时,要立即撤销该进程,以便及时回收该进程所占用的各类资源。进程控制的主要任务是为程序创建进程,撤销已结束的进程,以及控制进程在运行过程中的状态转换。进程有3个状态:运行状态、就绪状态和等待状态。运行状态是进程占用处理器运行的状态;就绪状态是进程具备运行条件,只要分配给处理器就能运行的状态;等待状态是进程不具备运行条件,正在等待某个事件完成的状态。

2. 进程同步

一般来说,相互无关的多个进程是以异步方式运行的,并以人们不可预知的速度向前推进。有时多个进程也存在一定的制约关系,如多个进程共享同一独占型资源或多个进程协作完成同一项任务,为了保证这些相互有关的进程能够正确地执行,系统中必须设置进程同步机制。进程同步的主要任务是对存在制约关系的多个进程的运行进行协调,主要有同步和互斥两种协调方式。

(1) 进程同步方式。多个进程协作完成同一项任务,进程之间在执行次序上有制约关系,应有同步机制对这些进程的执行加以协调,保证按正确的先后次序进行。

(2) 进程互斥方式。多个进程在对独占型资源进行共享访问时,按照一定的策略逐次使用资源,如先来先服务、短者优先等策略。互斥也可以看作一种特殊的同步方式,是对进程访问资源顺序的一种协调。

实现进程互斥常用加锁机制,进程P1获得独占型资源R的使用权,就对资源R加锁,此时进程P2也想使用资源R,必须等待,直到P1使用完并释放R。这种加锁机制也有副作用,有时会导致死锁或饥饿现象,死锁(deadlock)指一组分别占有一定资源的进程相互等待其他进程的资源而永远也得不到,导致各进程都无法执行。饥饿(starvation)指由于资源分配策略不当等原因,使某一进程永远也得不到所需资源而导致无法执行。所以,操作系统在引入加锁机制的同时,还要有相应的解决死锁或饥饿问题的有效方法,完全避免死锁或饥饿是很困难的,只能是尽可能减少死锁或饥饿的发生。

3. 进程通信

在多道程序环境下,可由系统建立多个进程,这些进程相互合作去完成一共同任务,在这些相互合作的进程之间,往往需要交换信息。例如,有3个相互合作的进程,它们分别是输入进程、计算进程和打印进程。输入进程负责输入数据并传送给计算进程,计算进程对输入数据进行计算,并把计算结果传送给打印进程,由打印进程把结果打印出来。进程通信的任务是实现相互合作进程之间的信息交换,如输入进程把输入的数据传送给计算进程,计算进程把计算结果传送给打印进程。

当相互合作的进程处于同一计算机系统时,通常采用直接通信方式。由源进程利用发送命令的方式直接将消息挂到目标进程的消息队列上,以后由目标进程利用接收命令从其消息队列中取出消息。

当相互合作的进程处于不同的计算机系统中时,常采用间接通信方式,由源进程利用发送命令将消息送入一个存放消息的中间实体中,之后由目标进程利用接收命令从中间实体中取走消息。该中间实体通常称为邮箱,相应的通信系统称为电子邮件系统。

4. 处理器调度

处理器调度的主要任务是为并发执行的多个进程分配处理器,分为 3 级:高级调度、中级调度和低级调度。

高级调度也称为作业调度。作业调度的基本任务是从存放在外存中的后备作业队列中,按照一定的算法选择若干作业调入内存准备执行。

中级调度也称为交换调度。根据进程的当前状态决定外存和内存的进程交换,当内存容量不足时,把暂不执行的进程从内存调至外存(这种作用的外存称为虚拟内存),将需要执行的进程调入内存。这种方式可以提高内存资源的利用率。

低级调度也称为进程调度。进程调度的任务则是从进程的就绪队列中,按照一定的算法选出一个进程,把处理器分配给它,并为它设置运行环境,使该进程进入运行状态。

作业调度是多道批处理系统的重要功能,现代操作系统中不再有作业调度,只有交换调度和进程调度。

进程作为资源分配和并发调度的基本单位,提高了 CPU 等系统资源的利用率。但由于系统的地址空间和资源有限,限制了系统中所允许的并发进程的个数。同时,并发进程之间的执行切换也消耗了比较多的处理器时间。为进一步提高并发程度和减少进程切换的时间消耗,20 世纪 80 年代中期提出了线程的概念,线程(thread)指进程内部一个可独立执行的实体。在一个进程中可以创建多个线程,实现多个线程的并发执行,即一个进程的多个部分可以并发执行,进一步提高了 CPU 的利用率,减少了进程切换次数及时间消耗。

5.3.2　存储器管理功能

存储器管理的主要任务是管理内存资源,为并发进程的执行提供内存空间;提高内存空间的利用率,并能从逻辑上扩充内存空间以适应大进程和更多进程并发执行的需要。存储器管理应具有内存分配、内存保护、地址映射和内存扩充等功能。

1. 内存分配

内存分配的主要任务是为需要执行的进程分配适当的内存空间,及时回收执行完的进程所释放的内存空间;尽量减少不可用的内存空间,提高内存空间的利用率。

2. 内存保护

内存保护的主要任务是确保并发执行的每个进程都在自己的内存空间中执行,互不干扰,防止一个进程访问其他进程的内存空间进而影响那个进程的正常执行。特别是不允许用户进程访问操作系统所占用的内存区域,否则可能造成整个系统的瘫痪。

为了确保每个进程只在自己的内存区内执行,操作系统要有内存保护机制。一种比较简单的方法是使用两个寄存器,分别存放一个进程占用内存空间的上界和下界。对进程中每条指令所访问的内存地址进行检查,如果超出了所分配的内存空间范围,便停止该进程的执行。

3. 地址映射

高级语言源程序经编译和连接后形成可装入内存的机器语言程序,这时程序中第一条指令的地址是从 0 开始的,后面的指令依次编址,由这些指令在程序中的地址所构成的地址范围称为地址空间,其中的地址称为逻辑地址或相对地址。由内存中的若干存储单元所构成的地址范围称为内存空间,其中的地址称为物理地址。

在进程并发执行的环境下,地址空间中的逻辑地址和内存空间中的物理地址是不一致的,地址映射功能是将地址空间中的逻辑地址转换为内存空间中的物理地址,即实现逻辑地址到物理地址的变换,这样才能保证每个进程都分配到合适的内存空间并正确执行。

4. 内存扩充

虽然随着计算机硬件技术的快速发展,计算机的内存容量也相应地有了大幅度提高,但计算机要完成任务的规模也在逐渐增大,内存容量满足不了用户(解决大规模问题)需要的可能性一直存在。内存扩充的任务是借助于虚拟存储技术(把一部分外存虚拟成内存使用)从逻辑上扩充内存容量,而不是真正增加物理内存的容量。这种虚拟存储技术在不增加硬件成本的前提下,扩充了逻辑内存,能够执行更大的进程或使更多的进程能并发执行,提高了系统性能。

这实际上是改变了初始的进程执行模式:要执行的进程及相应的数据需要全部调入内存才能执行。现在的模式是,先调入部分指令和数据就能启动进程执行,在执行过程中,根据需要逐步把后续指令和数据调入内存,同时把暂时不需要的已经执行过的指令和数据调至特定的外存区域。这样就能在不增加物理内存容量的前提下,执行更大的进程或使更多的进程并发执行。与内存配合的特定外存区域称为逻辑内存或虚拟内存。

5.3.3 设备管理功能

为方便使用计算机,计算机要配备键盘、鼠标、显示器、打印机等输入输出设备。设备管理的主要任务是响应用户提出的输入输出请求,为其分配相应的输入输出设备;提高 CPU 和输入输出设备的使用效率,提高输入输出速度;方便用户使用输入输出设备。为有效完成上述任务,设备管理应具有缓冲区管理、设备分配、设备驱动调度、设备独立性和虚拟设备等功能。

1. 缓冲区管理

缓冲区管理的基本任务是管理好各种类型的缓冲区。缓冲区指内存中的一块特定存储区域或设备本身自有的存储空间,用以缓和 CPU 和输入输出设备速度不匹配的矛盾,目的是提高 CPU 和输入输出设备的利用率。例如,需要打印输出时,可以把打印内容放入缓冲区,供打印机取出打印,此时 CPU 可以继续执行其他任务,避免了高速的 CPU 等待低速的打印机打印,实际上是 CPU 在和打印机并行工作。

2. 设备分配

设备分配的基本任务是根据用户的输入输出请求,为之分配相应的输入输出设备。

为了实现设备的有效分配,系统中应设置设备控制表等数据结构,记录设备的标识符、类型、地址和状态等信息,用以表示该设备的唯一标识、是否空闲等,作为设备分配的依据。设备使用完后,系统要及时回收以便其他用户使用。

3. 设备驱动调度

设备驱动调度的基本任务是把用户提交的输入输出请求转换为实际的输入输出操作,完成用户的输入输出请求。由 CPU 向设备控制器发出输入输出指令,启动输入输出设备完成指定的输入输出操作,并能接收由设备控制器发来的中断请求,给予及时的响应和相应的处理。设备驱动调度通过设备驱动程序来完成,设备驱动程序与硬件密切相关,其中部分代码可能需要用汇编语言编写。

4. 设备独立性

设备独立性指应用程序独立于具体的物理设备,与实际使用的物理设备无关。设备独立性不仅能提高用户程序的适应性,使程序不局限于某个具体的物理设备,而且易于实现输入输出的重定向,易于应对输入输出设备故障。

5. 虚拟设备

虚拟设备指通过某种方法(如分时方法)把一台独占型物理设备改造成能供多个用户共享使用的逻辑设备,这种逻辑设备称为虚拟设备。虚拟设备技术能够有效提高设备的利用率,使每个共享使用设备的用户都感觉自己在独自使用该设备。

5.3.4　文件管理功能

要执行一个程序,需要将这个程序送入内存;要编辑修改一个数据文件(如一个 Word 文档),需要把这个文件送入内存。暂时不需要执行的程序或不用的文件要存放在硬盘等外存上,以备需要时直接调入内存。文件(file)是存放在计算机外存上的相关数据的集合。操作系统要具备文件管理功能,对存放在外存上的大量文件(程序也是一种文件)进行有效的管理,以方便用户操作使用这些文件,并保证文件内容的安全。在规定文件命名规则、按层次组织文件的基础上,文件管理应具有文件存储空间管理、目录管理、文件的读写管理以及文件的安全保护等功能。

1. 文件命名

同一外存上可能有很多文件,为了便于对文件的识别和管理,要给每个文件规定一个唯一的文件名。例如,班主任老师把所带班级每个学生的基本情况和联系方式输入计算机中,保存在自己的 U 盘上,起一个名字:“学生基本情况与联系方式”,这样就生成了一个学生联系方式文件,需要时就可以在计算机上打开这个文件,查看某个学生的基本情况或联系方式。

严格说来,一个规范的文件名包括主文件名和扩展名两部分,格式如下:

<主文件名>[.扩展名]

一个文件可以有扩展名,也可以没有扩展名(用方括号表示),但必须要有主文件名(用尖括号表示),如果有扩展名,要用点(.)与主文件名分开。

主文件名代表文件的特点,由用户根据文件内容命名,主文件名最好能反映代表的文件内容,做到见名知义,便于对文件的查找和管理。特别是管理的文件很多时尤显重要,如我们撰写的实验报告,主文件名分别命名为操作系统实验报告、数据结构实验报告和 Python 语言实验报告等,以后找起来就非常方便,看到名字就知道内容了。如果分别命名为 T11、T12 和 T13 等,找起来就比较麻烦,需要逐一打开这些文件查看内容,才能找到需要的那个文件。

扩展名代表文件属于哪一类,一般使用计算机系统已经规定好的一些名字,在使用一些软件系统建立文件时使用系统默认的扩展名即可,用户不必自己命名扩展名。表 5.1 列举了一些常用的文件扩展名。

表 5.1　常用的文件扩展名

扩 展 名	文 件 类 型
doc/docx	Microsoft Word 文档文件
xls/xlsx	Microsoft Excel 电子表格文件
ppt/pptx	Microsoft PowerPoint 演示文稿文件
pdf	Adobe 文档文件
c	C 语言程序源文件
cpp	C++程序源文件
py	Python 程序源文件
exe	可执行程序文件
bmp	位图格式图片文件
jpg	JPEG 格式图片文件
gif	GIF 格式图片文件
wav	Microsoft Windows 声音文件
avi	Microsoft Windows 视频文件
mpg	MPEG 格式视频文件
zip	ZIP 格式压缩文件
rar	RAR 格式压缩文件

对于需要用户自己命名的主文件名部分，原来的 DOS 平台限制比较多，现在的 Windows 平台限制就少多了，汉字、英文字母和除 /、\、：、*、?、"、"、<、>、| 之外的其他符号都可以使用。

当文件比较多时，需要建立文件夹（子目录），把不同性质的文件分门别类地存放在不同的文件夹中，在加上文件命名时遵循见名知义的原则，会大大提高文件管理的效率，提高工作效率。需要注意的是，在同一个文件夹中，不允许有文件名完全相同的文件（主文件名和扩展文件名都相同），否则新文件的建立会覆盖旧文件，导致旧文件内容的丢失。

2. 按层次组织文件

外存的容量一般是比较大的，可以存放成千上万个文件，这么多的文件如果没有一个好的组织结构，会导致文件管理效率低下，如在上万个 Word 文档中找出"2023 年工作计划"文件并不是一件很容易的事情。如果记得住文件名，还可以用文件搜索的方式；如果连文件名都没有记住，就是一件很困难的事情了。

按层次组织文件，会大大提高文件管理效率，特别是文件查找效率。

【例 5.1】　张教授既承担教学工作，又承担科研工作。教学工作包括本科生教学工作和研究生教学工作，还要指导本科生和研究生提交的论文。科研工作包括科研项目和学术论文，论文有待发表论文和已发表论文。几年下来，光是 Word 文档就会积累下成百上千个，采用层次结构，会帮助张教授有效管理这些文件，提高工作效率。

在 Windows 系统中，可以通过逐层建立文件夹，并把不同文件放入不同文件夹的方式来实现文件的层次化管理，张教授可以建立的层次文件夹如图 5.2 所示。

Windows 等图形用户界面操作系统都包含有文件管理器之类的实用工具，文件管理器能够帮助用户容易地在各文件夹之间进行文件的移动、复制、重命名和删除等操作。

3. 文件存储空间管理

建立一个新的文件时，系统要为其分配相应的存储空间；删除一个文件时，系统要及时

图 5.2　文件的层次结构

收回其所占用的空间。为了实现对文件存储空间的管理,系统应设置相应的数据结构,用于记录存储空间的使用情况,作为为新建文件分配存储空间的依据。为了提高存储空间的利用率和空间分配效率,对存储空间的分配通常是采用非连续分配方式,并以块为基本分配单位,块的大小通常为 512B～4KB,甚至更大。一个文件的内容可能存放在多段物理存储区域中,系统要有一种良好的机制把它们从逻辑上连接起来。

4. 目录管理

一个文件夹对应外存中的一块存储区域,文件夹中的文件内容就存放在这块区域中,这块存储区域分成两个部分:目录区和数据区。目录区用于存放文件的目录项,每个文件有一个目录项,包含文件名、文件属性、文件大小、建立或修改日期、文件在外存上的开始位置等信息。数据区用于存放文件的实际内容。目录管理的主要任务是为每个文件建立目录项,并对由目录项组成的目录区进行管理,能有效提高文件操作效率。例如,只检索目录区就能知道某个特定的文件是否存在。删除一个文件只在该文件的目录项上做一个标记,告诉文件管理器该文件所占用的存储空间(包括目录区和内容区)可以被其他文件使用了。如果文件刚删除,还没有写入新的文件或还没有占用删除文件所使用的区域,这个被删除的文件是可以恢复的,用有关工具软件把删除标记改过来即可。

5. 文件的读写管理

文件的读写管理就是根据用户的请求,从文件中读出数据或将数据写入文件。在进行文件读(写)时,首先根据用户给出的文件名,去查看文件目录区,找到该文件在外存中的开始存放位置;然后,对文件进行相应的读(写)操作。文件读写也称为文件存取。

6. 文件的安全保护

为了防止文件内容被非法读取和篡改，保证文件的安全，文件系统需要提供有效的安全保护机制。一般采取多级安全控制措施：一是系统级控制，没有合法账号和密码的用户不能进入计算机系统，自然也就无法访问系统中的文件；二是用户级控制，对有合法账号和密码的用户分配适当的文件存取权限，使其只能访问有访问权限的文件；三是文件级控制，通过设置文件属性（如只读）、密码保护、文件加密等措施来进一步限制用户对文件的存取。

文件管理功能由操作系统中的文件系统提供。Windows 文件系统主要有文件分配表（file allocation table，FAT）和新技术文件系统（new technology file system，NTFS）两种格式。在 Windows 9x 中，FAT16 支持的硬盘分区最大为 2GB；在 Windows 2000、Windows XP 中，FAT32 支持的硬盘分区最大为 32GB，但单个文件大小不能超过 4GB。NTFS 兼顾了磁盘空间的使用和访问效率，单个文件大小可以超过 4GB，硬盘分区可达到 2TB，在文件和文件夹权限设置、文件加密、设置磁盘配额和文件压缩等方面具有更好的性能。为解决 FAT32 不支持 4GB 以上文件的限制，引入扩展 FAT 文件系统（extended FAT，exFAT），exFAT 只适用于闪存等移动存储设备。

5.3.5　网络与通信管理功能

随着计算机网络的快速发展与普及，操作系统要具备网络与通信管理功能，以保证网络功能的正常、高效实现，主要包括资源管理、通信管理和网络管理等。

资源管理要保证网络资源的共享，管理用户对资源的访问，保证信息资源的安全性和完整性。通信管理就是通过通信软件，按照通信协议的规定，完成网络上计算机之间的信息传送。网络管理就是保证网络的安全、高效运行，并对出现的网络故障有合适的应对技术，包括故障管理、安全管理、性能管理、日志管理和配置管理等。

5.3.6　用户接口

为了方便用户使用操作系统，操作系统应向用户提供一个友好的接口。该接口通常是以命令或系统调用的形式供用户使用，前者提供给用户在直接操作时使用，后者则提供给用户在编程时使用。在 Windows 等操作系统中，又向用户提供了图形用户接口。

1. 命令接口

为了便于用户直接或间接地控制自己的程序，操作系统向用户提供了命令接口。用户可通过该接口向计算机发出命令以实现相应的功能。该接口又可进一步分为联机用户接口和脱机用户接口。

（1）联机用户接口。由一组键盘操作命令及对应的命令解释程序所组成。当用户在终端（键盘）或控制台上输入一条命令后，系统便立即转入命令解释程序，对该命令进行解释并执行该命令。在完成指定功能后，控制权又返回到终端或控制台上，等待用户输入下一条命令。DOS 操作系统提供的就是联机用户接口。

（2）脱机用户接口。该接口是为批处理作业的用户提供的，也称为批处理用户接口。它由一组作业控制语言组成。批处理作业的用户不能直接与自己的作业交互作用，只能委托系统代替用户对作业进行控制和干预。早期使用的批处理操作系统提供脱机用户接口。

2. 程序接口

程序接口是为用户程序访问系统资源而设置的,是用户程序取得操作系统服务的唯一途径。现在的操作系统都提供程序接口,如 DOS 操作系统是以系统功能调用的方式提供程序接口的,为用户提供的常用子程序有 80 多个,可以在编写汇编语言程序时直接调用。Windows 操作系统是以应用程序编程接口(application programming interface,API)的方式提供程序接口的,WIN API 提供了大量的具有各种功能的函数,直接调用这些函数就能编写出各种界面友好、功能强大的应用程序。例如,用 Python 语言编写程序时,通过第三方库 pywin32 可以调用 WIN API 函数,实现相关功能。

3. 图形用户接口

虽然用户可以通过联机用户接口来取得操作系统的服务,并控制自己的应用程序运行,但要求用户能熟记各种命令的名字和格式,并严格按照规定的格式输入命令,这既不方便又费时间。于是,图形用户接口应运而生。

图形用户接口(graphical user interface,GUI)采用了图形化的操作界面,用非常容易识别的各种图标将系统的各项功能、各种应用程序和文件直观、逼真地表示出来。可通过鼠标、菜单和对话框来完成对各种应用程序和文件的操作。此时用户已完全不必像使用命令接口那样去记住命令名及格式,使用鼠标就能实现很多功能。用户被从烦琐且单调的操作中解放出来,能够为更多的非专业人员使用。Windows、macOS 等操作系统因提供方便用户使用的图形用户接口而得到广泛应用。

5.4　操作系统的启动过程

目前的 Windows 操作系统启动过程主要有两种模式:一种是基于基本输入输出系统(basic input output system,BIOS)的传统启动模式;另一种是基于统一可扩展固件接口(unified extensible firmware interface,UEFI)的新型启动模式。提出统一可扩展固件接口的主要目的是提供一组在操作系统启动之前在所有平台上一致的、正确的启动服务,被看作BIOS 的代替者。从 Windows 8 开始支持 UEFI 启动模式。UEFI 启动模式具有更高的开机速度和运行性能以及更好的兼容性和可扩展性,操作配置也更为简单方便。

下面以 Windows 10 为例,分别说明 BIOS 模式和 UEFI 模式的计算机启动过程。

5.4.1　BIOS 模式启动过程

计算机接通电源后,可在屏幕显示"按 DEL 键进入 SETUP 界面"时按下 Del 键(有的是F2 键)进行操作系统启动设置。通过改变存储在互补金属氧化物半导体(complementary metal oxide semiconductor,CMOS)中的系统启动参数设置,可更改系统的日期和时间、CPU 和内存频率、风扇转速、启动顺序等内容。

计算机的启动首先是从执行 BIOS 中自检程序开始的(BIOS 存储在 ROM 中,ROM 中主要存储的是自检程序和引导程序),这时可以看到计算机面板上的指示灯依次闪烁。自检顺序为:先进行 CPU、内存等关键部件的诊断测试,接着识别并检查显卡、硬盘等外部设备。自检通过后,BIOS 引导程序开始执行,寻找磁盘上的主引导记录(master boot record,MBR)。MBR 位于硬盘的 0 柱面、0 磁头、1 扇区(称为主引导扇区),大小与普通扇区一样占用512字节,MBR中存储着计算机的磁盘分区表与主磁盘引导程序。其主要功能是当磁盘启动后,将系统控制权转交给硬盘分区表中的某个操作系统。然后MBR开始读取扇区内的硬盘分区表(disk partition table,DPT),并找到活动分区(Windows 10往往在安装系统时会建立一个100MB的活动分区)中的分区引导记录(partition boot record,PBR),然后把控制权交给PBR。PBR搜索活动分区中的启动管理器BOOTMGR,并将控制权交给BOOTMGR。

BOOTMGR寻找活动分区中boot文件夹下的BCD文件(启动配置参数),如当主分区位于C盘时,BCD文件默认位于C:\boot路径下。找到BCD后,BOOTMGR首先从BCD中读取BOOTMGR菜单的语言版本信息,然后再调用相应语言的启动菜单,之后在显示器上显示多操作系统选择画面(如果存在多个操作系统且系统设置的等待时间不为0,那么屏幕上就会显示多个操作系统的选择界面)。如果只有Windows 10系统,那么将直接进入Windows 10系统,不显示选择界面。接着,BOOTMGR就会读取Windows 10系统所在盘中的Windows\System32\winload.exe文件,并且将控制权交给winload.exe。

winload.exe加载Windows 10内核、硬件、服务等,然后加载个人设置、桌面等信息,从而完成整个Windows 10系统的启动。

5.4.2 UEFI模式启动过程

在传统BIOS模式下启动系统时需要进行硬件自检、寻找主引导分区、读取硬盘分区表、寻找活动分区、寻找活动分区中的分区引导记录,再启动BOOTMGR、执行BCD的过程。

UEFI模式相对于BIOS启动的一大特点在于其不必进行硬件自检,直接查找EFI系统分区(EFI system partition,ESP)。ESP中主要存储UEFI模式下系统的启动引导程序。BIOS启动过程中分区表存于MBR扇区之中,在UEFI模式下,出于兼容BIOS模式的考虑,通常让硬盘从第2个扇区开始存放GUID分区表(GUID partition table,GPT),第一个扇区仍存储MBR。BIOS模式下启动过程中需要查找主分区、寻找活动分区的分区引导记录,在UEFI模式下,可直接在ESP分区中找到后续启动过程所需要的文件,首先找到并执行ESP分区下的EFI/Microsoft/Boot/bootmgfw.efi。bootmgfw.efi会找到同一相对路径下的BCD文件,与BIOS模式中相似,从BCD文件中读取语言版本信息,然后调用相应语言的启动菜单,之后在显示器上显示多操作系统选择画面,待选择系统进入后读取\Windows\System32文件夹下的winload.efi,加载内核启动系统。而上述过程中的.efi文件中调用的即是可扩展固件接口,而上面提到的.efi文件即为可以直接在UEFI下运行的程序。

5.5 操作系统实例

最初的计算机没有操作系统,人们通过各种按钮和开关来直接控制计算机运行,自第一个操作系统出现到现在,经过近70年的发展,推出了众多的操作系统,为使用各种计算机提供了非常大的方便。下面对几个著名的操作系统进行简要介绍。

5.5.1　CP/M 操作系统

最早的操作系统是出现在 1956 年的 GM-NAA I/O。微型计算机的第一个操作系统则是诞生于 1974 年的控制程序/监控程序(control program/monitor,CP/M)。

CP/M 是加里·基尔达尔(Gary Kildall,1942—1994)领导的 Digital Research 公司为 8 位微型计算机开发的操作系统,它能够进行文件管理,具有磁盘驱动功能,可以控制磁盘的读写、显示器的显示以及打印机的打印输出,它是当时操作系统的标准。CP/M 曾经有多个版本,如运行在 Intel 8080 CPU 上的 CP/M-80、运行在 8088/8086 CPU 上的 CP/M-86、运行在 Motorola 68000 CPU 上的 CP/M-68K 等。

5.5.2　DOS 操作系统

1981 年,IBM 公司首次推出了 IBM-PC,该机上安装了微软公司开发的 MS-DOS 操作系统。该操作系统在 CP/M 的基础上进行了较大的扩充,增加了许多内部和外部命令,使该操作系统具有较强的功能及性能优良的文件系统。又因为它是配置在 IBM-PC 上的,随着该机型及其兼容机的畅销,MS-DOS 操作系统也就成了事实上的 16 位微机单用户单任务操作系统的标准。

微软-磁盘操作系统(Microsoft-disk operating system,MS-DOS)最早的版本是 1981 年 8 月推出的 1.0 版,一直发展到 1995 年的 7.0 版。在 1990 年微软推出 Windows 3.0 之前,DOS 一直占据微机操作系统的霸主地位,在和 Windows 抗争了几年之后,从 1995 年推出的 Windows 95 开始,DOS 逐步退出了操作系统市场。

早期的 DOS 是不支持汉字处理的,为了能在微型计算机上处理汉字,1983 年我国电子工业部第六研究所推出了基于 MS-DOS 的汉字磁盘操作系统 CC-DOS,以后又推出了若干版本。

5.5.3　Windows 操作系统

微软公司从 1983 年开始研发 Windows 操作系统,当时的目的是在 DOS 的基础上增加一个多任务的图形用户界面。1985 年和 1987 年分别推出了 Windows 1.0 和 Windows 2.0,但并没有得到用户的广泛认可,Windows 的流行是从 3.0 版开始的。

1990 年由微软公司推出的 Windows 3.0,以其易学易用、友好的图形用户界面,并能支持多任务和虚拟内存的优点,得以很快地流行开来,开始逐步占领微型计算机操作系统市场。Windows 95 在 1995 年 8 月正式发布,这是第一个不要求使用者先安装 MS-DOS 的 Windows 版本。从此 Windows 9x 便取代 Windows 3.x 以及 MS-DOS 操作系统,成为个人计算机的主流操作系统。

Windows 家族的另一个重要分支是 Windows NT,它是一种面向高端微型计算机的操作系统,与支持个人应用的 Windows 9x 有根本的区别,采用客户机/服务器与层次式结合的模型,支持多进程并发,有较强的内置网络功能和较高的系统安全性,主要运行在小型计算机和服务器上。

Windows 2000 是在 Windows NT 5.0 的基础上修改和扩充而成的,分为 Windows 2000 Professional 和 Windows 2000 Sever 两种版本,前者是面向普通用户的,后者则是面

向网络服务器的,能够充分发挥32位微型计算机的硬件性能,使其在处理速度、存储能力、多任务和网络计算支持等方面具有小型计算机的性能。

2001年3月,微软公司正式宣布把个人用版本Windows 98、Windows ME和商用版本Windows 2000合二为一,推出新的版本Windows XP(eXPerience)。2003年3月推出的Windows Server 2003是广泛应用于服务器的操作系统。

之后陆续推出了Windows Vista、Windows 7、Windows 8、Windows 10、Windows 11和Windows Server 2008、Windows Server 2012、Windows Server 2016、Windows Server 2018、Windows Server 2019、Windows Server 2022等版本。

自DOS退出操作系统市场后,Windows成为人们使用最多的微机操作系统。根据Statcounter 2021年7月的统计,全球桌面操作系统领域中,Windows各版本的市场占有率合计为74.79%,位居第二名的是苹果公司的macOS,其市占率为16.16%。

5.5.4 macOS操作系统

macOS是一种运行于苹果Macintosh系列计算机上的操作系统,它也是首个在商用领域成功运用图形用户界面的操作系统。2014年发布的版本是OS X 10.10 Yosemite版,采用了扁平化的设计风格,增加了大量的新特性,针对跨设备跨平台无缝切换的需求,提供了全新的Handoff(可实现在不同设备中持续同一工作)、iCloud Drive(云盘)等功能,大大提高了在mac、iOS多设备之间使用的连续性。2023年6月6日,苹果公司在2023苹果全球开发者大会上推出macOS 13.5版本(macOS Sonoma),该版本新增功能:支持桌面端的小部件,允许用户自定义壁纸作为屏保;为mac设备引入了Game Mode,该模式适用于所有mac平台上的游戏;进一步改进了视频会议效果,可以在会议中使用增强现实(AR)特效。

5.5.5 UNIX操作系统

UNIX操作系统是一种典型的多用户多任务型操作系统,是一个能在微型计算机、工作站、大型计算机等各种机型上使用的操作系统。

UNIX操作系统起源于美国电报电话公司(AT&T)贝尔实验室在1969年开发的一种分时操作系统,最早的工作集中在文件管理和进程控制上。1970年将该系统移植到了小型计算机PDP-11上,吸收了分时操作系统MULTICS的技术精华,定名为UNIX。1971年11月3日,UNIX第1版(UNIX-V1)正式诞生。1973年C语言出现后,用C语言改写的UNIX具有非常好的可读性和可移植性,为其推广普及奠定了基础。20世纪70年代中后期,UNIX源代码的免费获取引起了大学和公司的兴趣,更多人的参与为UNIX的改进、完善和普及起了重要作用,最著名的是加州大学伯克利分校的BSD版本。从1977年开始,各公司陆续推出了多种UNIX的商业化版本,如SUN公司的SUN-OS和Solaris、微软公司的XENIX、DEC公司的ULTRIX、IBM公司的AIX、HP公司的HP/UX以及AT&T公司的UNIX System Ⅲ、UNIX System Ⅴ、UNIX SVR 4.0和UNIX SVR 4.2等。众多UNIX版本的出现,促进了UNIX的快速发展和应用普及,但也出现互不兼容的问题,针对此问题制定了一些UNIX开发标准,促进了UNIX的标准化。

进入20世纪90年代后,由于多处理器系统和计算机网络技术的发展,UNIX也在适应这一发展趋势,UNIX开始支持多处理器系统和计算机网络,配置了图形用户界面,安全性也得到进一步加强。

5.5.6　Linux 操作系统

Linux 是芬兰赫尔辛基大学的一个大学生莱纳斯·托瓦兹（Linus Torvolds）在 1991 年编写的一个操作系统内核，现在托瓦兹已成为芬兰著名的计算机科学家。托瓦兹在学习操作系统课程时自己编写了一个操作系统原型（这就是最早的 Linux），并把这个原型系统放在互联网上，允许自由下载，许多人对这个系统进行了改进、扩充和完善，他们上传的代码和评论对 Linux 的发展做出了重要贡献。于是，Linux 从最初的一个人的作品变成了在互联网上由无数志同道合的程序员们共同参与的一场软件开发活动。Linux 遵从国际上相关组织制定的 UNIX 标准 POSIX。它的结构、功能以及界面都与经典的 UNIX 并无两样。然而 Linux 的源代码完全是独立编写的，与 UNIX 源代码无任何关联。Linux 继承了 UNIX 的全部优点，而且还增加了一条其他操作系统不曾具备的优点，即 Linux 源代码全部开放，并能在网上自由下载。

现在，Linux 操作系统是一种得到广泛应用的多用户多任务操作系统，许多计算机公司如 IBM、Intel、Oracle、SUN 等都大力支持 Linux，各种常用软件纷纷移植到 Linux 平台上。Linux 和 Windows、UNIX 一起成为操作系统市场的主流产品。

5.5.7　VxWorks 操作系统

VxWorks 是嵌入式操作系统的优秀代表，是美国 Wind River 公司的产品。VxWorks 支持各种工业标准，包括 POSIX、ANSI-C 和 TCP/IP。VxWorks 的核心是一个高效率的微内核，支持各种实时功能，包括快速多任务处理、中断支持、抢占式和轮转式调度。微内核设计减轻了系统负载，并可快速响应外部事件。

2011 年 11 月 26 日发射并于 2012 年 8 月 6 日着陆（历经 8 个半月，在太空飞行 5.69 亿千米）的"好奇号"（Curiosity）火星探测器上使用的就是 VxWorks 操作系统。VxWorks 负责火星探测器的全部飞行控制，包括飞行纠正、载体自旋和降落时的高度控制等，还负责数据收集和与地球上控制中心的通信工作。

VxWorks 广泛应用于网络通信、医疗设备、消费电子品、交通运输、工业控制、航空航天和多媒体设备等领域。

5.6　小　　结

计算机之所以能够进入千家万户，逐渐成为人们学习、工作和娱乐的基本工具，主要得益于三方面：一是微型计算机的出现和快速发展，使计算机的成本快速下降；二是操作系统功能的不断完善和强大，使计算机的操作使用越来越简单方便；三是互联网的快速发展和网络服务的不断丰富，网络应用给人们带来了很大的方便。

作为最重要的系统软件，操作系统对于充分利用计算机资源、保证程序的高效正确执行、方便用户使用具有重要作用。操作系统在发展过程中，追求的一个主要目标是不断提高 CPU 等设备的利用率，以此来提升计算机的整体性能。操作系统的特征包括并发性、共享性、虚拟性和异步性。操作系统具体包括处理器管理、存储器管理、文件管理、设备管理和网络管理等功能，并提供良好的用户接口。目前常用的通用操作系统有 Windows、macOS、UNIX、Linux 和 VxWorks 等。

拓展阅读：比尔·盖茨与微软公司

1955 年 10 月 28 日，比尔·盖茨(Bill Gates)出生于美国西北部华盛顿州的西雅图，自小酷爱数学和计算机。保罗·艾伦(Paul Alan,1953—)是他最好的中学校友，两人经常在学校的一台 PDP-8 小型计算机上玩三连棋的游戏。

1972 年的一个夏天，他们从一本《电子学》杂志上得知 Intel 公司推出一种叫 8008 的微处理器芯片。两人不久就使用该芯片组装出一台机器，可以分析城市内交通监视器上的信息。1973 年比尔·盖茨考入哈佛大学，保罗·艾伦则在波士顿一家叫"甜井"的计算机公司找到一份编写程序的工作，两人经常在一起探讨计算机的事情。1974 年春天，当《电子学》杂志宣布 Intel 公司推出比 8008 芯片更快的 8080 芯片时，比尔和保罗预见到类似 PDP-8 的小型计算机的末日快到了。他们看到了新芯片背后适应性强、成本低的个人计算机的发展前景。

1975 年 1 月的《大众电子学》杂志封面上 Altair 8080 微型计算机的图片深深地吸引了保罗·艾伦和比尔·盖茨。这台世界上最早的微型计算机，标志着计算机新时代的开端，这是一台基于 8080 微处理器的微型计算机。还在哈佛上学的盖茨看到了商机，他要给 Altair 开发 BASIC 语言，盖茨和艾伦在哈佛大学计算机中心奋战了 8 周，为 8080 配上 BASIC 语言，此前从未有人为微型计算机编过 BASIC 程序，艾伦亲赴 Altair 8080 的生产厂商 MITS 进行演示。这年春天，艾伦进入 MITS，担任软件部主管。学完大学二年级课程，盖茨也进入 MITS 工作。

微软(Microsoft)公司诞生于 1975 年，但当时微软公司与 MITS 公司之间的关系十分模糊，可以说微软公司"寄生"于 MITS 之上。1975 年 7 月下旬，他们与 MITS 签署了协议，为期 10 年，允许 MITS 公司在全世界范围内使用和转让 BASIC 及源代码。根据协议，盖茨他们最多可获利 18 万美元。借助 Altair 的风行，BASIC 语言也推广开来，同时，微软公司又赢得了另外两个大客户。盖茨和艾伦开始将更多的精力放在自己的公司上。正是 MITS，确定了盖茨和艾伦作为程序员的地位，跻身这个新兴行业。借助于 MITS 公司，积累了微软公司发展的第一批资金，同时他们目睹并参与了 MITS 公司从设计到生产、从宣传到销售服务的全过程，培养了市场意识。

艾伦离开 MITS 公司后不久的 1977 年元旦，盖茨退学了。

1980 年，IBM 公司准备进军 PC 市场，由 IBM 公司研制硬件系统，由微软公司开发一套方便用户使用 PC 的操作系统。1981 年 6 月，MS-DOS 的开发工作基本完成，8 月，IBM PC 问世，这台个人计算机主频是 4.77MHz，CPU 是 Intel 公司的 8088 芯片，内存为 64KB，操作系统就是微软的 MS-DOS。DOS 是磁盘操作系统(disk operation system)的简称，在 1981 年到 1995 年间占据 PC 操作系统的统治地位，版本从 1.x 发展到 7.x。

1985 年 6 月，微软公司和 IBM 公司达成协议，联合开发 OS/2 操作系统。根据协议，IBM 公司在自己的计算机上可免费安装，而允许微软公司向其他计算机厂商收取 OS/2 的使用费。当时 IBM 公司在 PC 市场拥有绝对优势,兼容机份额极低,之后兼容机市场却逐步扩大,到 1989 年兼容机占据了市场 80% 的份额。微软公司在操作系统的许可费上,短短几年就赢利 20 亿美元。

相对于以前的操作系统,DOS 取得了很大的成功,但在使用过程中也逐渐暴露出其功能比较弱、安全性低、使用不方便的缺点,作为单用户单任务型操作系统,几乎没有安全性措施,使用者需要记忆大量的英文单词式的命令。微软公司从 1981 年就开始开发后来称之为 Windows 的操作系统。希望它能够成为基于 Intel x86 微处理芯片计算机上的标准图形用户接口操作系统。在 1985 年和 1987 年分别推出 Windows 1.0 版和 Windows 2.0 版。但是,由于当时硬件水平和 DOS 操作系统的风行,这两个版本并没有得到用户的广泛认可。此后,微软公司对 Windows 的内存管理、图形界面做了重大改进,使图形界面更加美观并支持虚拟内存。1990 年 5 月推出的 Windows 3.0 开始得到人们的认可。

一年之后推出的 Windows 3.1 对 Windows 3.0 作了一些改进,引入一种可缩放的 TrueType 字体技术,改进了系统的性能;还引入了一种新设计的文件管理程序,改进了系统的可靠性。Windows 3.0 和 Windows 3.1 都必须运行于 MS-DOS 操作系统之上。

几年的应用实践使用户逐渐熟悉和青睐于 Windows,可以与 DOS 分离了,1995 年微软公司推出新一代操作系统 Windows 95,它可以独立运行而无须 DOS 支持。Windows 95 是操作系统发展史上一个非常重要的版本,它对 Windows 3.1 版作了许多重大改进,包括更加优秀的、面向对象的图形用户界面,单击就能完成大部分操作,极大地方便了用户的学习和使用;全 32 位的高性能的抢先式多任务和多线程;内置的对 Internet 的支持;更加高级的多媒体支持,可以直接写屏并能很好地支持游戏;即插即用,简化用户配置硬件操作,并避免了硬件上的冲突;32 位线性寻址的内存管理和良好的向下兼容性等。

目前,微软公司的主要产品如下。

操作系统 Windows 系列:Windows 7、Windows 8、Windows 10、Windows 11、Windows Server 2016、Windows Server 2019、Windows Server 2022。

数据库管理系统 MS SQL Server:一种可用于网络环境的大型数据库管理系统,新版本还具备一定的数据仓库和数据挖掘功能。

办公软件 Office 系列:文字处理软件(Word)、电子表格软件(Excel)、桌面数据库(Access)、幻灯片制作软件(PowerPoint)、个人邮件管理软件(Outlook)、网页制作软件(FrontPage)等。

网页浏览器 Internet Explorer(IE)、Edge:IE 是 Windows 95 开始微软各版本 Windows 的默认浏览器,从 Windows 10 开始,自带浏览器改为 Edge。

Microsoft Azure 微软云计算:为全球客户提供多种计算、数据服务、应用服务及网络服务,帮助个人开发者、初创公司、企业机构快速开发、部署、管理应用程序。

媒体播放器 Windows Media Player:用于播放音频和视频。

开发工具包 Visual Studio:包括 Visual Basic、Visual C++、Visual C♯ 等,目前已发布用于.NET 环境的编程工具 Visual Studio.NET。

在线服务 MSN(Microsoft Network):主要用于即时通信(网上聊天等)。

近几年,微软公司在向人工智能领域拓展,在认知服务、自然语言处理、语音识别、聊天机器人、智能化办公软件都有平台或产品推出。正在把 ChatGPT 技术逐步融入 Windows

11（包括 Edge）、Office 365 等软件中，使用户有更好的 AI 体验。2023 年 2 月，微软推出由 ChatGPT 支持的最新版本人工智能搜索引擎 Bing（必应）和 Edge 浏览器。

微软 2023 财年的营业收入为 2119.15 亿美元，与 2022 财年相比增长 7％，2023 财年的运营利润为 885.23 亿美元，与 2022 财年相比增长 6％。

习　题　5

一、填空题

1. 在通用操作系统中，可能同时存在 3 类任务：_____任务、_____任务和_____任务，_____任务的优先级最高，_____任务的优先级最低。

2. 多处理器操作系统，主要有两种模式：_____模式和_____模式。

3. 网络操作系统应具有 4 方面的功能：_____、_____、_____、_____。

4. 操作系统的特征包括_____、_____、_____、_____。

5. 处理器管理功能包括_____、_____、_____、_____。

6. 存储器管理功能包括_____、_____、_____、_____。

7. 设备管理功能包括_____、_____、_____、_____。

8. 文件管理功能包括_____、_____、_____、_____。

9. 一个规范的文件名包括两部分：_____和_____。

10. 写出 5 种常用文件的扩展名：_____、_____、_____、_____、_____。

11. 操作系统的接口包括_____、_____、_____。

12. Windows 10 有两种启动模式：_____模式和_____模式。

二、名词解释

操作系统、单用户单任务操作系统、单用户多任务操作系统、多用户多任务操作系统、GUI、API、虚拟内存、虚拟设备、进程、线程。

三、简答题

1. 简述操作系统的特征。

2. 简述操作系统的主要功能。

3. 对比说明几种目前常用的操作系统。

思　考　题 5

1. 对比说明网络操作系统、多处理器操作系统和分布式操作系统的概念。

2. 在操作系统的发展历程中，主要是在解决什么问题？是如何解决的？

## 第 6 章

程序设计知识

要想让计算机完成某项工作,需要编写相应的程序。良好的程序设计能力是计算机专业人员的基本能力。虽然在现代程序开发环境的支持下,非计算机专业人员也能编写程序甚至能编写比较复杂的程序,但总体来看,功能强大的复杂程序(软件)仍然是由计算机专业人员开发或以计算机专业人员为主进行开发的,程序设计知识的掌握和程序设计能力、程序设计思维的培养是计算机专业学生重要的学习任务。

6.1   程序设计语言

程序设计语言是一种人与计算机之间进行交流、让计算机理解人的意图并按照人的意图完成工作的符号系统。针对要完成任务的工作步骤,基于某种程序设计语言编写出程序,提交给计算机执行,从而完成该项任务。

程序设计语言经历了机器语言、汇编语言和高级语言三个阶段。机器语言和汇编语言都称为低级语言。程序设计语言表现为一组基本指令或语句以及把基本指令或语句组织成程序的语法规则。指令或语句是让计算机完成某项功能的命令,在机器语言或汇编语言中,把这样的命令称为指令(instruction);在高级语言中,把这样的命令称为语句(sentence)。高级语言的一条语句一般相当于几条机器语言或汇编语言指令的功能。高级语言分为早期高级语言、结构化程序设计语言和面向对象程序设计语言。

微课视频

6.1.1   机器语言

1952 年之前,人们只能使用机器语言来编写程序。机器语言(machine language)是由二进制编码指令构成的语言,是一种依附于机器硬件的语言。

每种处理器(CPU)都有自己专用的机器指令集合,这些指令能够被计算机直接执行。由于指令的个数有限,因此处理器的设计者列出所有的指令,给每个指令指定一个二进制编号,用来表示这些指令。每条机器语言指令只能完成一个非常简单的任务,即使是求两个数的和这样的简单工作,也需要 4 条机器语言指令。

一条机器语言指令由两部分组成:操作码和操作数。操作码用于说明指令的功能;操作数用于说明参与操作的数据或数据所在的寄存器编号或数据所在内存单元的地址。操作码和操作数都是以二进制的形式表示的。

【例 6.1】   机器语言程序示例。

程序功能:把两个内存单元中的数据相加,并将结果存入另外一个单元。

程序代码如下:

```
0001010101101100   ;把地址为 01101100 的内存单元中的数据装入 0101 号寄存器
0001011001101101   ;把地址为 01101101 的内存单元中的数据装入 0110 号寄存器
0101000001010110   ;把 0101 和 0110 号寄存器中的数据相加,结果存入 0000 号寄存器
0011000001101110   ;把 0000 号寄存器中的数据存入地址为 01101110 的内存单元中
```

注:对于指令0001010101101100,其中的前 4 位 0001 为操作码,表示进行数据传送操作;紧跟的 4 位 0101 是第一个操作数,是一个寄存器的编号,再后面的 8 位 01101100 为第二个机器数,是一个内存单元的地址。

用机器语言编写程序,编程人员必须要记住每条指令对应的二进制编码是什么,编写出来的程序就是由 0 和 1 组成的数字串。这样就存在几方面的困难:指令难以准确记忆、程序代码容易写错、程序难以理解和修改。

如果有机会,真应该体验一下用机器语言编写程序的过程,这样就能体会到今天的高级语言为编写程序带来了多么大的方便。

6.1.2 汇编语言

1952 年,出现了汇编语言。汇编语言(assembly language)是由助记符指令构成的语言,也是一种依附于机器硬件的语言。

在汇编语言中,使用助记符来表示指令的操作码(如用 mov 表示数据传送操作,用 add 表示加法操作等),使用存储单元或寄存器的名字表示操作数。这样,相对于机器语言,记忆汇编语言的指令就容易多了,编写出的程序也比较容易理解。

【例 6.2】 汇编语言源程序示例。

程序功能:把两个内存单元中的数据相加,并将结果存入另外一个单元。

程序代码如下:

```
mov ax,da1   ;把 da1 单元中的数据存入 ax 寄存器
add ax,da2   ;把 ax 中的数据与 da2 单元中的数据相加,结果再存回 ax 寄存器
mov da3,ax   ;把 ax 中的数据存入 da3 单元中
```

和机器语言程序比较,汇编语言源程序实现的功能相同,但指令容易记忆,程序容易编写和理解,而且 3 条汇编语言指令完成了 4 条机器语言指令的功能。

实际上,计算机只能直接执行由机器语言编写的程序。用汇编语言编写的程序称为汇编语言源程序,其需要首先翻译成机器语言程序(称为目标程序),才能被计算机执行,完成这种翻译工作的程序称为汇编程序或汇编器(assembler)。

相对于机器语言,汇编语言有一定的优势,但仍存在许多不足,助记符对一般人来说仍是比较难以记忆的,而且需要编程人员对计算机的硬件结构有比较深入的了解。

6.1.3 早期高级语言

机器语言中的指令用二进制编码表示,汇编语言中的指令用英文助记符表示。高级语言(high level language)中的语句用英文和数学公式表示,更容易被编程人员理解和掌握。

【例 6.3】 高级语言源程序示例。

程序功能:把两个内存单元中的数据相加,并将结果存入另外一个单元。

程序代码如下:

```
z = x + y        #把内存单元 x 中的数据与 y 中的数据相加,结果存入 z 单元
```

从这个简单的例子可以看出,用高级语言编写程序,既简单又容易理解。

使用高级语言编写出的程序称为高级语言源程序,也需要先翻译成目标程序,才能被计算机理解和执行。这种翻译程序有两种工作模式:编译程序模式和解释程序模式。编译程序先把高级语言的源程序翻译成目标程序,然后执行目标程序;解释程序并不需要把高级语言的源程序翻译成目标程序,而是翻译一条语句执行一条语句。

由于机器语言实在难以学习和理解,因此一般不直接用机器语言编写程序。相对于高级语言,汇编语言也有难以学习和理解的不足,但汇编语言靠近机器硬件,能够充分利用计算机硬件的特性,所以编写出的程序效率较高(占用主存少、执行速度快),对效率要求较高的规模不大的程序(如外设驱动程序、计算机控制程序等)仍然可用汇编语言编写。但更多的规模比较大的程序还是用高级语言来编写或者是用高级语言和汇编语言混合编程。

第一个实用高级语言是美国 IBM 公司的约翰·巴克斯(John W. Backus,1924—2007)等于 1957 年研发成功的 FORTRAN 语言。几十年来,人们提出了几千种设计方案,能实现的也有几十种。我们只对得到广泛应用的主要高级语言作简要介绍。

1. FORTRAN 语言

FORTRAN 是公式翻译器(formula translator)的英文缩写。FORTRAN 语言用于数学公式的表达和科学计算,1957 年 FORTRAN 的第一个版本研发成功,其编译程序由 25 000 行机器语言指令组成。以后又陆续推出多个版本,包括结构化程序设计语言版本和面向对象的程序设计语言版本。

目前,作为优秀的科学计算语言,FORTRAN 在计算密集的分子生物学、高能物理学、大气物理学、地质学和气象学(天气预报)等领域仍然得到广泛的应用。

2. ALGOL 语言

ALGOL 是算法语言(algorithm language)的英文缩写。ALGOL 也是用于科学计算,其最早版本是 1958 年出现的 ALGOL 58,后续版本有 ALGOL 60 和 ALGOL 68,这两个版本曾经在我国得到广泛的学习和使用,其后继语言 Pascal 出现后,ALGOL 逐渐被淘汰。

3. COBOL 语言

COBOL 是面向商业的通用语言(common business oriented language)的英文缩写。COBOL 用于企业管理和事务处理,以一种接近于英语书面语言的形式来描述数据特性和数据处理过程。1960 年 4 月正式公布第一个 COBOL 文本,后续推出多个版本。现在,在银行等行业仍有 COBOL 程序在大型计算机上运行。

4. BASIC 语言

BASIC 是初学者通用符号指令码(beginner's all purpose symbolic instruction code)的英文缩写。BASIC 语言的研发者认为,FORTRAN、ALGOL 和 COBOL 都是面向计算机专业人员的,为使各专业的大学生都能较快地掌握一种编程语言,研发了 BASIC 语言。

1964 年 BASIC 第 1 版发布。BASIC 确实简单、易学,一经推出,很快流行起来。BASIC 语言在我国也得到广泛流行。谭浩强教授编写的《BASIC 语言》一书,销售量超过 1000 万册,从一个侧面说明了 BASIC 语言在当时的流行程度。

6.1.4　结构化程序设计语言

20 世纪 50～60 年代，由于受计算机硬件性能（运算速度慢、内存容量小）、编程语言、应用领域等的限制，编写的程序一般都比较小，编程人员更关注的是程序功能的实现和编程技巧，在实现功能的前提下，尽可能少占用内存空间并具有较高的运行效率。

到了 20 世纪 60 年代末，随着计算机硬件水平的提高和应用的深入，需要编写规模较大的程序，如操作系统、数据库管理系统、较大规模的应用程序等。实践表明，沿用过去编写小程序的方法编写中大规模的程序是不行的，往往导致编写出的程序可靠性差、错误多且难以发现和修改。为此，人们开始重新审视程序设计中的一些基本问题，如程序的基本组成部分是什么、如何保证程序的正确性、程序设计方法如何规范等。

1969 年，埃德斯加·迪杰斯特拉提出了结构化程序设计（structured programming，SP）的概念，强调从程序结构和风格上来研究程序设计，注重程序结构的清晰性，注重程序的可理解性和可修改性。经过几年的探索和实践，结构化程序设计方法的应用确实取得了成效，遵循结构化程序设计方法编写出来的程序，不仅结构良好，容易理解和阅读，而且容易发现和改正错误。

好的程序设计方法要有相应的程序设计语言支持，1971 年，尼克莱斯·沃思研发了第一个结构化程序设计语言 Pascal，后来出现的 C 语言也属于结构化程序设计语言。

1. Pascal 语言

Pascal 是一种通用的高级语言，是在 ALGOL 的基础上发展起来的，以法国著名科学家帕斯卡（Blaise Pascal）的名字命名，这位物理学家、数学家在 1642 年曾经发明了齿轮式、能进行加减运算的机械式计算机，著名的帕斯卡定律就是他发现的。

Pascal 的第一个版本出现在 1971 年，20 世纪 70～90 年代，Pascal 语言有很大的影响。

2. C 语言

C 语言的前身是 ALGOL 60。ALGOL 60 离硬件比较远，不适合用来编写操作系统等系统软件。1963 年，英国剑桥大学在 ALGOL 60 的基础上添加了硬件处理功能，推出了 CPL（combined programming language）。但 CPL 规模较大，难以实现。1967 年推出了简化版的CPL（basic CPL，BCPL）。1970 年美国贝尔实验室以 BCPL 为基础，设计出更简单且更接近硬件的 B（取 BCPL 的第一个字母）语言。但 B 语言过于简单，功能有限。1972—1973 年，贝尔实验室在 B 语言的基础上设计出了 C（取 BCPL 的第二个字母）语言。C 语言既保持了 BCPL 和 B 语言精练、接近硬件的优点，又弥补了它们过于简单、无数据类型的不足。

1973 年后，贝尔实验室将 1969 年用汇编语言编写的 UNIX 操作系统用 C 语言进行改写，C 语言代码占 90% 以上，只对最关键部分保留汇编语言代码，这样就使得 UNIX 操作系统向其他机器移植变得简单。1975 年，UNIX 第 6 版公布后，C 语言的优点引起人们的关注，随着 UNIX 的日益广泛使用，C 语言也迅速得以推广和广泛应用，成为最优秀的程序设计语言之一。

6.1.5　面向对象程序设计语言

几十年的程序设计实践表明，结构化程序设计方法在一定程度上保证了编写较大规模程序的质量，但随着时间的推移，也逐渐暴露了其本身存在的不足，大规模程序的质量仍然难以保证。为了适应程序设计的新需要,20 世纪 80 年代,在程序设计中各种概念和方法积累的基础上,人们提出了面向对象的程序设计(object oriented programming,OOP)方法。

面向对象的方法不再将问题分解为过程,而是将问题分解为对象,对象将自己的属性和方法封装成一个整体,供编程人员使用,对象之间的相互作用则通过消息传递来实现。使用面向对象的程序设计方法,可以使人们对复杂系统的认识过程与程序设计过程尽可能一致,能够更好地保证大程序的质量。

像结构化程序设计方法要有结构化程序设计语言支持一样,面向对象的程序设计方法也要有面向对象的程序设计语言支持。

1. Simula 67 语言

Simula 67 发布于 1967 年,被公认为是面向对象语言的鼻祖。Simula 67 的基础是 ALGOL 60,Simula 67 具有类和对象的概念。20 世纪 80 年代美国施乐帕罗奥多研究中心 (Xerox Palo Alto Research Center)推出了 Smalltalk,它完整地体现并进一步丰富了面向对象的概念。但由于当时人们已经接受并广泛应用结构化程序设计方法,一时还难以完全接受面向对象的程序设计思想,这类纯面向对象语言没有能够广泛流行起来。

2. C++ 语言

C++ 语言由贝尔实验室的本贾尼·斯特劳斯特卢普(Bjarne Stroustrup,1950—)在 20 世纪 80 年代初设计并实现的,它是以 C 语言为基础的支持数据抽象和面向对象思想的通用程序设计语言。C++ 是 C 语言的扩充,比 Smalltalk 等面向对象语言具有更好的性能,再加上 C 语言的普及基础,C++ 得到广泛应用。

3. Java 语言

Java 语言是由 Sun Microsystems 公司于 1995 年 5 月推出的一个支持网络计算的面向对象程序设计语言。Java 语言吸收了 Smalltalk 语言和 C++ 语言的优点,并增加了并发程序设计、网络通信和多媒体数据控制等特性,也是目前得到广泛应用的一种面向对象程序设计语言。

4. C# 语言

C# 语言是微软公司发布的一种面向对象的、运行于. NET Framework 之上的高级程序设计语言。C# 在语法规则与系统结构上与 Java 有着很多的相似之处,例如它包括了单继承机制、界面以及与 Java 几乎相同的语法,是微软公司基于. NET 网络框架进行系统开发的主角。

5. Python 语言

Python 是一种完全面向对象的、解释型的程序设计语言,1991 年发布了第一个公开版本。由于 Python 语言易学易用以及有大量的内置库和第三方库可用,使得它成为一种广受欢迎、得到广泛应用的程序设计语言。本书以 Python 为例简要介绍编程知识,详细介绍可查阅袁方、肖胜刚、齐鸿志编写的《Python 语言程序设计》(第 2 版)一书。

6.2　Python 语言程序设计

6.2.1　Python 语言的特点

相对于 C、C++ 等其他程序设计语言,Python 语言主要有两个特点:一是易学易用;二是库函数丰富,有大量的内置库和第三方库的函数可用。

1. 易学易用

Python 语言的语法很多来自于 C 语言，但比 C 语言更为简洁。相对于其他常用的程序设计语言，Python 可以用更少的代码实现相同的功能，也更容易学习、掌握和使用，使编程人员更多地关注数据处理逻辑，而不是语法细节。当然，易学易用是相对的，要想真正学会用 Python 语言编写程序也需要付出一番努力，特别是对于初学编程者。

2. 库函数丰富

Python 解释器提供了几百个内置库，此外世界各地的程序员通过开源社区贡献了十几万个第三方库（库也可以称为模块），几乎覆盖了计算机应用的各个领域，编写 Python 程序可以大量使用已有的内置库和第三方库中的函数。在一定程度上说，使用 Python 语言编写程序，是基于大量的现成函数（代码）来组装程序的，大大减少了编程人员自己编写代码的工作量，简化了编程工作，提高了编程效率，也提高了代码质量。

近几年，人工智能（AI）得到快速发展和广泛应用。由于有大量的 AI 库可用和具备强大的数据处理能力，因此 Python 已成为人工智能领域的首选编程语言。

以上这两个主要特点，使得 Python 语言得到了广泛的学习和使用。

6.2.2　Python 解释器的安装

学习编程首先要搭建一个编程环境，搭建 Python 编程环境主要是安装 Python 解释器，有了 Python 解释器的支持，才能执行 Python 程序和语句，才能验证我们编写的程序是否正确以及执行效率如何。

Python 解释器可以在 Python 官方网站下载后安装。以 Python 3.10.8 的安装为例，Python 解释器的安装过程一般包含如下三个主要步骤：

（1）下载安装包。安装 Python 解释器，首先需要做的就是从官方网站下载 Python 安装包，在浏览器的地址栏输入网址（http://www.python.org/downloads/），进入如图 6.1 所示的 Python 官方网站主界面。

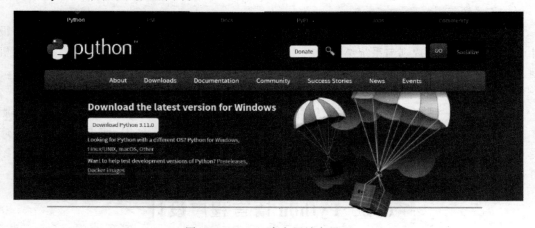

图 6.1　Python 官方网站主界面

如果所用计算机安装的是 Windows 操作系统，单击"Looking for Python with a different OS? Python for Windows,Linux/UNIX,macOS,Other"中的"Windows"选项（使用其他操作系统可选择对应的选项），进入面向 Windows 的 Python 版本列表，如果所用计

算机为 64 位计算机,从中找到 Python 3.10.8 - Oct. 11,2022 下面的"Download Windows installer(64-bit)"选项并单击,下载安装包文件,如图 6.2 所示。

图 6.2　Python 3.10.8 版本选项

（2）安装 Python 解释器。双击已下载的 Python 安装包文件(python-3.10.8-amd64.exe),单击 Install Now 选项后进入安装过程,如图 6.3 所示。为了后续操作方便,请选择"Add python.exe to PATH"复选框。

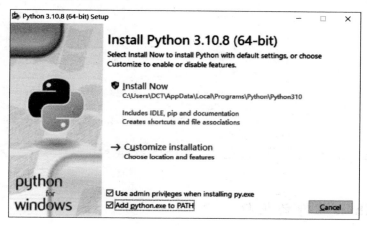

图 6.3　Python 安装起始对话框

（3）安装成功。安装过程结束后,出现如图 6.4 所示的界面及安装成功提示信息"Setup was successful",单击 Close 按钮完成 Python 解释器的安装。

图 6.4　Python 安装结束对话框

安装完成后,可以从 Windows"开始"菜单的"所有程序"(应用)中找到 Python 3.10 程序组,其中的 IDLE 即为 Python GUI(Python 图形用户界面),这就是 Python 解释器自带的集成开发学习环境(integrated development and learning environment,IDLE)。打开该集成开发环境,界面上的">>>"为 IDLE 的操作提示符,在其后面可输入并执行 Python 表达式或语句。例如,输入表达式 25 * 36 并按 Enter 键,则会显示计算结果 900;输入语句 print("Python Language")并按 Enter 键,则会显示字符串 Python Language,如图 6.5 所示。

```
IDLE Shell 3.10.8                                    —   □   ×
File  Edit  Shell  Debug  Options  Window  Help
      Python 3.10.8 (tags/v3.10.8:aaaf517, Oct 11 2022, 16:50:30) [MSC v.1933 64 bit (
      AMD64)] on win32
      Type "help", "copyright", "credits" or "license()" for more information.
>>>
>>>  25*36
      900
>>>
>>>  print("Python Language")
      Python Language
>>>  |

                                                          Ln: 9  Col: 0
```

图 6.5　Python IDLE 界面

6.2.3　Python 程序的执行

安装好 Python 解释器后,执行 Python 程序有两种方式:命令行方式和程序文件方式。

1. 命令行方式

命令行方式是一种人机交互方式,用户输入一条 Python 语句或一个 Python 表达式(以 Enter 键结束),计算机就执行语句或计算表达式的结果,并即时输出执行结果。IDLE 实际上是一个 Python 的外壳(shell),它提供了交互式的命令执行方式,可以在提示符">>>"后面输入想要执行的语句或表达式,按 Enter 键(在后文用↙表示)后可以立即显示执行结果。

如果输入:

```
>>> print("Hello World.")
```

其中的 print()是 Python 语言提供的输出函数,其功能是显示输出表达式的值,这条语句的功能是在屏幕上输出如下字符串:

```
Hello World.
```

如果输入:

```
>>> 311 ** (1/3)
```

这个表达式是计算 311 的立方根,输出结果如下:

```
6.775168952273312
```

命令行方式简单方便,可用于实现简单的功能和学习编程时验证与确认语句、表达式、函数等的语法格式与功能,但不适合解决复杂问题,只有编写程序才能更好地体现出 Python 作为编程语言的优势。

2. 程序文件方式

程序文件方式是一种批量执行语句的方式,用户把若干 Python 语句写入一个程序文件中,然后执行程序文件。一般情形下,把多条语句组织成一个程序文件,然后再执行程序文件,达到解决实际问题的目的。

在如图 6.5 所示的 IDLE 界面中,选择菜单 File→New File(新建文件),打开程序编辑窗口,可以输入若干语句,组成一个 Python 源程序,如图 6.6 所示。

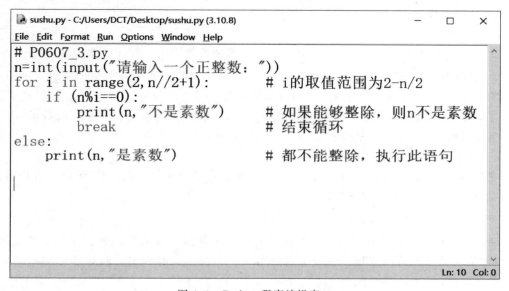

图 6.6　Python 程序编辑窗口

选择菜单 File→Save(存盘),对于新建文件,在给定文件名并指定存储位置后,将程序存盘,Python 源程序文件的默认扩展名是 py;对于已经存在的文件,按现有存储位置和文件名存盘。

选择菜单 File→Save As(另存为),对于已经存在的文件,可以改变文件名和存储位置,按重新给定的文件名和存储位置存盘;对于新建文件,在给定文件名并指定存储位置后存盘。

选择菜单 File→Open(打开文件),可以打开一个已经存在的 Python 源程序文件,用于编辑修改和调试执行。

对于新建文件或打开的已有文件,可以选择菜单 Run→Run Module(执行模块)或者按 F5 快捷键(笔记本计算机为 Fn+F5 组合键)执行程序,将在一个标记为 Python Shell 的窗口中显示执行结果。

其他菜单项的使用,可参看 Python 网站相关文档。

6.2.4　Python 的基础语法

1. Python 标识符

标识符由字符集中的字符按照一定的规则构成。Python 语言的变量、函数、文件等各

微课视频

种实体的名字都需要用标识符来表示。Python 语言规定：标识符是由字母、数字和下画线三种字符构成的，且第一个字符必须是字母或下画线的字符序列。

定义标识符时要注意如下几点：

（1）必须以字母或下画线作为开始符号，数字不能作为开始符号，但以下画线开始的标识符一般都有特定含义，所以尽量不用以下画线开始的自定义标识符。

（2）标识符中只能出现字母、数字和下画线，不能出现其他符号。

（3）同一字母的大写和小写被认为是两个不同的字符。

（4）关键字有特定的含义，不能用作用户自定义标识符使用。

（5）尽可能做到见名知义，增加程序的可理解性。

2. 常量与变量

1）常量

常量是指在整个程序的执行过程中其值不能被改变的量，也就是所说的常数。在用 Python 语言编写程序时，常量可以直接使用，常量的类型是由常量值本身决定的。例如，12 是整型常量、34.56 是浮点型常量、'a' 和 "Python" 是字符串常量等。

在 Python 语言中，常量主要包括两大类：数值常量和字符串常量。常用的数值常量为整型常量和浮点型常量，即整数和实数。字符串常量就是字符串。

2）变量

变量是指在程序的执行过程中其值可以被改变的量。变量要先定义（赋值），后使用。

变量定义就是给变量赋值，格式如下：

变量名 1，变量名 2，…，变量名 n = 表达式 1，表达式 2，…，表达式 n

功能：为各变量在内存中分配相应的内存单元并赋以相应的值。分别计算出各表达式的值，并依次赋给左边的变量。各变量名分别是一个自定义标识符。在程序中变量用来存放初始值、中间结果或最终结果。

下面定义了三个整型变量和两个浮点型变量：

```
>>> i = 10                          # 定义一个整型变量
>>> num, total = 1, 0               # 定义两个整型变量
>>> length, width = 23.6, 12.8      # 定义两个浮点型变量
```

变量的类型由其所赋值的类型决定，随着赋值的改变，其类型也相应改变。

示例：

```
>>> x = 10                          # 为变量 x 赋以整型值
>>> x = 12.5                        # 为变量 x 赋以新的浮点型值
```

说明：

（1）由井字号（#）开始至行末的内容为注释，用于说明语句或程序的功能，便于人们阅读理解程序或语句，不影响程序的执行。

（2）变量名是自定义标识符的一种，当然要遵守标识符的命名规则。除此之外，为增加程序的可读性，一般约定变量名全部用小写字母，多个单词之间用下画线连接或者将非第一个单词的第一个字母大写。本书中，变量名选用多个单词之间用下画线连接的方式，如 total_weight。

微课视频

6.2.5　Python 的基本数据类型

程序的功能是处理数据,不同类型的数据有不同的存储格式和处理规则。所以,在程序中首先要明确待处理数据的类型,才能使数据得以正确存储和处理。

Python 提供了如多种数据类型,包括整型、浮点型、布尔型和字符串型等基本数据类型,以这些基本类型为基础,还有列表、元组、字典、集合等组合数据类型。此处先介绍几种基本数据类型,列表和字典在 6.4 节结合数据结构介绍。

1. 整型

整型就是整数类型。Python 语言中整数的取值范围很大,理论上没有限制,实际取值受限于所用计算机的内存容量,对于一般应用场景的计算足够用了。

示例:

```
>>> 987654321987654321 * 123456789123456789
121932631356500531347203169112635269          #两个整数相乘的运算结果
```

2. 浮点型

浮点型就是实数类型,表示带有小数的数值(由于小数点的位置是浮动的,也称为浮点数)。Python 语言要求所有浮点数都必须带有小数,便于和整数区别,如 6 是整数,6.0 是浮点数。虽然 6 和 6.0 值相同,但两者在计算机内部的存储方式和计算处理方式是不一样的。

示例:

```
>>> 3 + 2                    #两个整数相加
5                            #结果为整数
>>> 3.0 + 2                  #浮点数加整数
5.0                          #结果为浮点数
>>> 5.1 + 6.3                #浮点数加浮点数
11.399999999999999          #结果为浮点数,近似值
```

说明:由于浮点数在计算机内部的存储一般是近似值(十进制数转换为二进制数时,小数部分一般转换为近似值),因此浮点数的计算结果一般也是近似值。浮点数的取值范围和精度受不同计算机系统的限制而有所不同,但满足我们日常工作与学习的计算需要是不成问题的。具体内容可参看 3.3 节的介绍。

3. 布尔型

布尔型也称为逻辑型,用于表示逻辑数据。Python 语言中,逻辑数据只有两个值:False(假)和 True(真)。需要注意的是,两个逻辑值的首字母大写,其他字母小写。FALSE、false、TRUE、true 等书写方式都不是正确的 Python 逻辑值。

示例:

```
>>> a = True                 #给变量赋予逻辑值 True
>>> b = False                #给变量赋予逻辑值 False
>>> print(a,b)               #输出逻辑变量的值
True False
```

4. 字符串型

1) 字符串定义

字符串型数据用于表示字符序列,字符串常量是由一对引号括起来的字符序列。

Python 语言有三种形式的字符串：

- 一对单引号括起来的字符序列，如'Python'、'程序设计'；
- 一对双引号括起来的字符序列，如"Python"、"程序设计"；
- 一对三引号括起来的字符序列，如'''Python'''、'''程序设计'''。

关于字符串的几点解释如下：

（1）单引号或双引号括起来的字符串只能书写在一行内，三引号括起来的字符串可以书写多行。

（2）单引号括起来的字符串中可以出现双引号，双引号括起来的字符串中可以出现单引号，三引号括起来的字符串中可以出现单引号和双引号。

示例：

```
>>> print('为什么要学习"计算机导论"课程')
为什么要学习"计算机导论"课程
>>> print('''学习'程序设计'是培养"计算思维"的有效方式''')
学习'程序设计'是培养"计算思维"的有效方式
```

（3）字符串有两个特例：一个是单字符字符串，可称为字符；另一个是不包含任何字符的字符串，称为空字符串。

示例：

```
str1 = 'A'                              #只包含单个字符 A 的字符串
str2 = "B"                             #只包含单个字符 B 的字符串
str3 = " "                             #只包含单个空格的字符串
str4 = ""                              #不包含任何字符的字符串
```

空格字符串和空字符串是不同的字符串，前者包含一个或多个空格，字符串长度不为0，后者不包含任何字符，字符串长度为0。

（4）由三引号括起来的字符序列，如果出现在赋值语句中或 print()函数内，当作字符串处理；如果直接出现在程序中，当作程序注释。

2）转义字符

Python 语言中，以 Unicode 编码存储字符串，字符串中的单个英文字符和中文字符（包括单个汉字）都被看作一个字符。Unicode 编码表中，除了一般的中英文字符外，还有多个控制字符，如果用到这些控制符，只能写成编码值的形式。如 09、0A(十六进制数)分别表示水平制表符、换行符等。

直接书写编码值的方式需要记忆编码值，也容易写错。为此，Python 语言给出了一种转义符的表示形式，以反斜杠(\)开始的符号不再是原来的意义，而是转换为新的含义。如 \n 代表换行符，\t 代表水平制表符等。

示例：

```
>>> print("Python\n 程序设计")           #使用转义符\n
Python
程序设计                                 #输出 Python 后换行
>>> print("Python\t 程序设计")           #使用转义符\t
Python    程序设计                       #控制\t 后面字符的输出位置
>>> print(""程序设计"成绩单")            #报错，双引号中不能嵌套双引号
>>> print("\"程序设计\"成绩单")          #正确，使用转义符
"程序设计"成绩单                         #输出结果
```

3）字符串的访问

对于字符串,除了可以整体使用外,还有两种常用的访问方式:索引和切片。

（1）索引访问。

索引访问方式也称为单字符访问方式,语法格式如下:

字符串变量名[索引值]

功能:从字符串中取出与索引值对应的一个字符。字符串中每个字符都对应一个索引值,有两种索引值设置方式:正向递增方式(从 0 开始)和逆向递减方式(从 -1 开始)。

示例:

```
>>> str1 = "ABC 计算机"                    # 对应的索引值如图 6.7 所示
>>> ch1 = str1[2]                         # 值为"C"
>>> ch2 = str1[4]                         # 值为"算"
>>> ch3 = str1[ - 1]                      # 值为"机"
```

图 6.7　字符串"ABC 计算机"对应的索引值

说明:

① 正向索引的开始值为 0(不是 1),逆向索引的开始值为 -1。

② 对于单个符号,不管是英文字符、数字字符,还是汉字(也可称为汉字字符),都按一个字符对应索引值。

（2）切片访问。

切片访问方式也称为子串访问方式,语法格式如下:

字符串变量名[i:j:k]

功能:从字符串中取出多个字符。其中,i 为开始位置,j 为结束位置(但取出的字符中不包括 j 位置上的字符,是截止到 j-1 位置上的字符),k 为步长。参数 i、j、k 都可以省略。在步长 k 的值为正数时,省略 i,其默认值为 0;省略 j,其默认值为正向最后一个字符的索引值加 1。在步长 k 的值为负数时,省略 i,其默认值为 -1;省略 j,其默认值为逆向最后一个字符的索引值减 1。省略 k,其默认值为 1。省略 k 时,其前面的冒号可以省略(当然也可以不省略),省略 i 或 j(或 i 和 j 都省略)时,二者之间的冒号不能省略。

示例:

```
>>> str1 = "ABC 计算机"
>>> str1[3:5]                             # 值为'计算'
>>> str1[3: - 1:2]                        # 值为'计'
>>> str1[:3]                              # 值为'ABC'
>>> str1[3:]                              # 值为'计算机'
```

4）字符串运算符

Python 中可以进行字符串的连接、比较以及判断子串等运算,运算符及功能如表 6.1所示。

表 6.1　字符串运算符及功能

运　算　符	示例与功能描述
+ * in not in <,<=,>,>=,==,!=	str1+str2：连接字符串 str1 和 str2 str1 * n 或 n * str1：字符串 str1 自身连接 n-1 次 str1 in str2：如果 str1 是 str2 的子串,则返回 True,否则返回 False str1 not in str2：如果 str1 不是 str2 的子串,则返回 True,否则返回 False str1<str2：如果 str1 小于 str2,则返回 True,否则返回 False str1==str2：如果 str1 和 str2 相等,则返回 True,否则返回 False 其他比较运算类似

注：str1 和 str2 可以是字符串变量名或字符串常量。

5）字符串运算函数

常用的字符串运算函数如表 6.2 所示。

表 6.2　常用的字符串运算函数

函　数　名	示例与功能描述
len(字符串) str(数值) chr(编码值) ord(字符)	len(str1)：返回字符串 str1 的长度,即字符串中字符的个数 str(x)：返回数值 x 对应的字符串,可以带正负号 chr(n)：返回整数 n 对应的字符,n 是一个编码值 ord(c)：返回字符 c 对应的编码值

注：表中的编码值是指 Unicode 编码值。

示例：

```
>>> len("Python 程序设计")        # 结果为10,英文字母和汉字都按 1 个字符计算
>>> str( - 67.5)                # 结果为字符串" - 67.5"
>>> chr(65)                     # 结果为字符"A"
>>> ord("A")                    # 结果为整数 65
```

6.2.6　Python 的类型转换

编写程序时,经常会遇到不同类型数据之间的混合运算。有些不同类型数据之间的运算是允许的,例如整型数据和浮点数据的运算,但因为不同类型数据的存储格式是不一样的,所以要先进行相应的类型转换之后,才能进行运算。这种类型转换有两种方式：一是自动类型转换,也称隐式类型转换,不需要编程人员书写相关要求,由 Python 解释器自动进行；二是强制类型转换,也称显式类型转换,需要由编程人员在程序中明确写出类型转换要求。

如果自动类型转换不符合特定计算的需要,可由编程人员在编写程序时强行把某种类型转换为另一种指定的类型,称为强制类型转换。

强制类型转换通过如下两个函数实现：

```
int(x)
float(x)
```

int(x)函数的功能是把 x 的值转换为整型数据,x 为浮点数或全部由数字组成的字符串,可以带正负号。

float(x)函数的功能是把 x 的值转换为浮点型数据,x 为整数或由数字与最多一个小数点组成的字符串,可以带正负号。

例如,int(3.75)+12 的结果类型为 int,其值为 15,因为强制类型转换 int(3.75)把浮点数 3.75 转换为整数 3(去掉小数部分,不是四舍五入);而 3.75+12 的结果类型为 float,其值为 15.75,因为用的是自动类型转换。

对于类型转换,还有一个功能更强大的 eval()函数。把由纯数字组成的字符串(可由正负号开始)转换为整型,把由数字和 1 个小数点组合成的字符串(可由正负号开始)转换为浮点型数据,还可以使用 eval()函数。

从类型转换的角度看,一个 eval()函数的功能相当于 int()和 float()两个函数的功能。不仅如此,eval()函数还有更多、更灵活的功能。

eval()函数的语法格式如下:

eval(字符串)

功能:将字符串的内容,即去掉界定符(引号)之后的表达式看作一个 Python 表达式,并计算出表达式的值作为函数的结果。字符串以单引号、双引号、三引号形式书写都可以。

示例:

```
>>> eval('3.14 * 5 * 5')                    #单引号字符串
78.5
>>> eval("'Python 程序设计'")                #把双引号中的内容看作一个字符串
'Python 程序设计'
>>> a, b = 3, 5
>>> eval("a * 6 + b")                        #带变量的表达式,变量要先定义
23
```

eval()函数给表达式的计算带来了方便,如下语句相当于一个计算器,可以计算出用户输入的算术表达式的结果值:

```
>>> print(eval(input("表达式 = ")))
表达式 = 3.14 * 5 * 5 ✓                      #输入表达式 3.14 * 5 * 5
78.5                                         #计算后的结果值
>>> print(eval(input("表达式 = ")))
表达式 = (78 + 82 + 96)//3 ✓                 #输入表达式(78 + 82 + 96)//3,可以带括号
85                                           #计算后的结果值
```

6.2.7　顺序结构程序设计

微课视频

1. 赋值语句

赋值语句的语法格式如下:

变量名 1,变量名 2,…,变量名 n = 表达式 1,表达式 2,…,表达式 n

功能:先计算出各表达式的值,然后依次赋给赋值运算符(=)左边的变量。一个赋值语句可以只给一个变量赋值,也可以同时给多个变量赋值。

对于一些先进行运算再赋值的操作,Python 语言还提供了 7 个常用的复合赋值运算符:+=、-=、*=、/=、%=、//=、**=,这 7 个复合赋值运算符由算术运算符与赋值运算符组合而成,用于先进行算术运算再赋值。使用复合赋值运算符使程序代码更为简洁、更符合现代编程风格。其中,/为除法运算符(结果为浮点数),//为整除运算符(结果为整

数),％为求余数运算符,＊＊为幂运算符。

示例:

```
a += 1                    # 等价于 a = a + 1
i //= 6                   # 等价于 i = i//6
j **= 3                   # 等价于 j = j ** 3
```

说明:赋值运算符(=)虽然用的是数学中的等号,但其作用不同于数学中的等号,它不是相等的含义。对于 x＝x＋1,从数学意义上讲是不成立的;而在 Python 语言中,它是合法的赋值语句,其功能是取出变量 x 中的值加 1 后,再将运算结果存回到变量 x 中去。

2. 用 input()函数输入数据

使用 input()函数输入数据的语法格式如下:

```
变量 = input("提示信息")
```

功能:从键盘输入数据并赋给变量,Python 解释器把用户的输入看作字符串。

示例:

```
name = input("请输入姓名:")
age = input("请输入年龄:")
```

执行到这样的语句,等待用户输入,用户根据提示信息输入相应的姓名和年龄值,如小明和 19,Python 解释器都将其看作字符串,即 name 的值为"小明",age 的值为"19",如果需要,可以用 int(age)的方式把字符串转换为整数值。

3. 用 print()函数输出数据

使用 print()函数输出数据的语法格式如下:

```
print(表达式 1,表达式 2,…,表达式 n)
```

功能:依次输出 n 个表达式的值,表达式的值可以是整数、实数和字符串,也可以是一个动作控制符,如"\n"表示换行等。其中的表达式可以有一个,也可以有多个,多个表达式之间用逗号(,)分开,如果没有任何表达式,print()函数的功能是实现一个换行动作。

结构化程序设计方法强调程序结构的清晰性,结构化程序由 3 种基本结构组成,分别是顺序结构、分支结构和循环结构。

顺序结构是最简单的一种程序结构。在顺序结构程序中,程序的执行是按照语句块出现的先后次序顺序执行的,并且每个语句块都会被执行到。

【例 6.4】 通过键盘输入直角三角形的两个直角边边长,计算斜边边长并输出。

分析:对于直角三角形,三个边长的关系符合勾股定理,即斜边边长等于两个直角边边长的平方和再开平方。

```
# P0604.py
len1 = eval(input("请输入一个直角边边长:"))
len2 = eval(input("请再输入一个直角边边长:"))
len3 = (len1 * len1 + len2 * len2) ** (1/2)        # ** 是幂运算符
print("斜边边长 = ",len3)
```

这是一个典型的顺序结构程序,程序执行时,按书写顺序依次执行程序中的每一条语句。

6.2.8　分支结构程序设计

分支结构又称选择结构。在分支结构中,要根据逻辑条件的成立与否,分别选择执行不同的语句块,实现不同的功能。分支结构是通过分支语句来实现的,Python 语言中分支语句包括 if 语句、if-else 语句等。

微课视频

1. if 语句

if 语句用来实现单分支选择,语法格式为:

```
if 表达式:
    语句块
```

if 分支结构如图 6.8 所示。if 语句的执行过程是,先计算表达式的值,若值为 True (真),则执行 if 子句(表达式后面的语句块),然后执行 if 结构后面的语句;否则,跳过 if 子句,直接执行 if 结构后面的语句。

示例:

```
if score < 60:
    m += 1                          # 如果成绩不及格,则 m 的值加 1
n += 1                              # 不管成绩是否及格,n 的值都要加 1
```

如果是对一门课程的若干考试成绩进行上述操作(多次执行上面的程序段),其功能是统计参加考试的总人数(n 的值)和不及格人数(m 的值)。

2. if-else 语句

if-else 语句用来实现双分支选择,即 if-else 语句可以根据条件的真(True)或假(False),执行不同的语句块。

if-else 语句的语法格式为:

```
if 表达式:
    语句块 1
else:
    语句块 2
```

其中,语句块 1 称为 if 子句,语句块 2 称为 else 子句。

if-else 分支结构如图 6.9 所示。if-else 语句的执行过程是,先计算表达式的值,若结果为 True,则执行 if 子句(语句块 1),否则执行 else 子句(语句块 2)。

图 6.8　if 分支结构　　　　　　图 6.9　if-else 分支结构

示例:

```
if score < 60:
```

```
    m += 1                                    # 如果成绩不及格,则 m 的值加 1
else:
    n += 1                                    # 如果成绩及格,则 n 的值加 1
```

如果是对一门课程的若干考试成绩进行上述操作（多次执行上面的程序段），其功能是统计不及格人数（m 的值）和及格人数（n 的值）。

6.2.9　循环结构程序设计

微课视频

完成重复性的工作要用到循环结构,循环结构程序通过循环语句来实现,Python 语言中有 2 种循环语句：for 循环语句和 while 循环语句。

1. for 循环语句

for 循环语句的语法格式为：

```
for 循环变量 in 遍历结构:
    语句块
```

for 循环结构如图 6.10 所示。for 循环语句的执行过程是,循环变量从遍历结构中取值,如果能从遍历结构中取到值,就执行循环体语句块,然后返回遍历结构取值,如果能取到值,再次执行循环体语句块,直至遍历结构中的数据取完为止。遍历结构是指包含多个数据元素的复合数据。

【例 6.5】　从键盘输入若干以正整数表示的考试成绩,计算总成绩和平均成绩并输出。

分析：这是一个重复累加的问题,从键盘上输入一个成绩值,进行一次累加,再输入一个成绩值,再进行一次累加,……,直至成绩值全部输入并累加完毕。这里循环继续的条件是成绩值未累加完,而每次重复的工作为输入数据、进行累加。设 score 为接收键盘输入的成绩值并参与累加的变量；total_ score 为存放累加和的变量,简称累加变量；i 为循环控制变量,用于控制循环的次数。

图 6.10　for 循环结构

```
# P0605.py
n = int(input("成绩个数 n = "))              # 输入成绩个数
total_score = 0                              # 累加变量清 0
for i in range(1,n + 1):                     # i 的取值为 1~n,即循环次数为 n
    score = int(input("请输入一个成绩值:"))   # 通过键盘输入一个成绩值
    total_score += score                     # 累加求和
average_score = total_score//n               # 计算平均成绩
print("总成绩 = ",total_score)               # 输出总成绩
print("平均成绩 = ",average_score)           # 输出平均成绩
```

为了调试程序时输入数据简单快捷,一开始可以为 n 输入值 5,程序调试正确后,可以用于计算班内某门课程的成绩,也可以用于计算自己已学课程的成绩,为变量 n 输入实际的成绩个数就可以了。

关于 for 语句中的 range() 函数说明如下：

此处的循环变量 i 在 range(1,n+1) 范围内取值,取值为 1~n（不包括 n+1）,所以循环

体语句块执行 n 次。range()函数的一般格式如下：

```
range(start,end,step)
```

其功能是生成若干整数值，初始数值为 start，结束数值为 end−1 或 end+1（注意，不包括 end），步长为 step。当步长 step 为正数时，结束数值为 end−1；当步长 step 为负数时，结束数值为 end+1。其中，start 和 step 都可以省略，省略时默认值分别为 0 和 1。

示例：

```
range(0,10,1)                    #生成的值为 0~9
range(10)                        #生成的值为 0~9,默认初值为 0,步长为 1
range(1,10)                      #生成的值为 1~9,默认步长为 1
range(1,11,2)                    #生成的值为 1、3、5、7、9,即 1~10 的奇数
range(10,0,−1)                   #生成的值为 10~1,步长可以为负数
```

2. while 循环语句

while 循环语句的语法格式为：

```
while 表达式:
    语句块
```

while 循环结构如图 6.11 所示。while 循环语句的执行过程是，先计算表达式的值，若表达式的值为真（True），则执行循环体语句块；然后计算表达式的值，若结果仍为真（True），再次执行循环体语句块；如此继续下去，直至表达式的值变为假（False），则结束 while 循环语句的执行。

图 6.11　while 循环结构

【例 6.6】　从键盘上输入若干以正整数表示的考试成绩，计算总成绩和平均成绩并输出。与前面示例不同的是，不知道成绩的个数，用输入−1 作为结束。

　　分析：该问题是一个条件控制的循环，知道循环结束条件，不知道循环次数，此时更适合用 while 循环语句实现。

```
#P0606.py
total_score = 0                              #累加变量初值赋 0
num = 0                                      #给计数变量赋初值为 0
score = int(input("请输入一个成绩值: "))       #输入一个成绩值
while score!= −1:                            #判断是否满足循环结束条件
    num += 1                                 #成绩个数加 1
    total_score += score                     #对成绩进行累加
    score = int(input("请输入一个成绩值: "))   #再次输入成绩值
average_score = total_score//num             #计算平均成绩
print("总成绩 = ",total_score)
print("平均成绩 = ",average_score)
```

　　说明：从上面的示例可以看出，对于已知循环次数的循环程序，用 for 语句实现比较简单；对于不知道循环次数但知道结束条件的循环程序，用 while 语句实现更为合适。

3. 带 else 的循环语句

前面介绍的是循环语句 for 和 while 的基本结构，在 Python 语言中，for 语句和 while 语句都有带 else 的扩展形式，语法格式分别如下：

```
for 循环变量 in 遍历结构:
```

```
    语句块 1
else:
    语句块 2

while 表达式:
    语句块 1
else:
    语句块 2
```

其共同点是，当循环语句正常结束时，执行 else 对应的语句块；当循环语句提前结束时，不执行 else 对应的语句块。带 else 的循环语句一般要和下面介绍的 break 语句配合使用。

4. break 语句

break 语句的语法格式如下：

```
break
```

break 语句主要用于循环结构中，其功能是提前结束整个循环，转去执行循环结构后面的语句。

5. continue 语句

continue 语句的语法格式如下：

```
continue
```

continue 语句用于循环结构中，其功能是提前结束本次循环，转回到循环的开始判断是否执行下一次循环。

【例 6.7】 从键盘上输入一个大于 1 的正整数，判断其是否为素数。

问题分析：判断一个数 n 是否为素数，就是用 n 逐一除以 2～n/2 的所有整数，如果都不能整除，则确定 n 为素数；如果至少有一个能够整除，则确定 n 不是素数。

```
#P0607_1.py
n = int(input("请输入一个正整数："))
b = True                          #设定一个标记值
for i in range(2,n//2 + 1):       #i 的取值范围为 2～n//2,//为整除运算符
    if (n % i == 0):
        b = False                 #如果能够整除，则把 b 的值改为 False
if b == True:                     #循环结束后，如果 b 的值仍为 True,说明都不能整除
    print(n,"是素数")
else:
    print(n,"不是素数")
```

说明：

（1）Python 与其他语言最大的区别是，构成 Python 程序的代码行必须严格按照缩进的格式规则来书写，Python 是通过缩进来识别语句之间的层次关系的，具有相同缩进量的一组语句称为一个语句块。代码的缩进可以通过制表符 Tab 键或空格键实现，缩进量可多可少，一般设置为 4 个空格。如果把上述程序改为如下缩进格式，程序功能将有什么变化？自己思考并上机查看输入数值分别为 4、17、25 时的运行结果。

```
#P0607_2.py
n = int(input("请输入一个正整数:"))
b = True                          #设定一个标记值
```

```
for i in range(2,n//2 + 1):          #i 的取值范围为 2～n/2
    if (n % i == 0):
        b = False
    if b == True:
        print(n,"是素数")
    else:
        print(n,"不是素数")
```

（2）程序 P0607_1.py 是有改进空间的：①只要有一个数能够整除 n，就可以判断 n 不是素数，用 break 语句结束循环；②使用带 else 的 for 语句，程序更为简洁。程序改写如下：

```
#P0607_3.py
n = int(input("请输入一个正整数:"))
for i in range(2,n//2 + 1):          #i 的取值范围为 2～n/2
    if (n % i == 0):
        print(n,"不是素数")          # 如果能够整除，则 n 不是素数
        break                        # 结束循环
else:
    print(n,"是素数")                # 都不能整除，执行此语句
```

6.2.10　Python 程序实例

【例 6.8】　从键盘输入一个字符串，把字符串中的数字字符分离出来并组成一个整数，再乘以数字字符的个数后输出，如果输入"a23TY78hy"，则输出数值 9512(2378 乘以 4)。

问题分析：该程序的关键点是从字符串中截取出各位数字字符并组合成一个整数，需要用到字符串比较、类型转换等操作。

```
#P0608.py
str1 = input("请输入字符串 = ")
cnt = 0
str2 = ""
for ch in str1:
    if ch > = "0" and ch < = "9":
        str2 += ch
        cnt += 1
num = int(str2) * cnt
print(num)
```

说明：Python 中有 3 个逻辑运算符可用，包括逻辑与（and）、逻辑或（or）和逻辑非（not），逻辑运算的结果是一个逻辑值：True 或 False。

【例 6.9】　找出 100～999 中的所有水仙花数。所谓水仙花数是指该数的各位数字的立方和等于该数本身，如 $153 = 1^3 + 5^3 + 3^3$。

分析：对于 100～999 范围内的每个数，先分解出该数的个位、十位和百位数值，然后计算并判断个位、十位和百位的立方和是否等于该数本身，如果相等则是要找的水仙花数，予以输出，否则继续判断下一个数，直至 100～999 范围内的所有数判断完。

```
#P0609.py
for n in range(100,1000):              #n 的取值范围为 100～999
    one = n % 10                       # 分解出个位数
    ten = (n//10) % 10                 # 分解出十位数
    hun = n//100                       # 分解出百位数
    if (one ** 3 + ten ** 3 + hun ** 3 == n): # 判断是否为水仙花数
        print(n,"是一个水仙花数")
```

【例 6.10】 下面的两个程序分别画出圆形螺旋线和正方形螺旋线，如图 6.12 所示。需要说明的是，正方形图不是将若干正方形套在一起，而是用一条线画出来的。

```
# P0610_1.py
import turtle                         # 引入具有画图功能的标准库 turtle
turtle.setheading(180)               # 设定画笔的初始方向(180 度为向左)
for fd in range(600):                # 画笔移动次数,每圈移动 60 次,共画 10 圈
    turtle.pencolor("red")           # 设定画笔颜色为红色
    turtle.pensize(2)                # 设定画笔的粗细值
    turtle.forward(fd/30)            # 沿当前方向让画笔移动 fd/30 个像素距离
    turtle.right(6)                  # 让画笔右转 6 度
```

```
# P0610_2.py
import turtle                                  # 引入具有画图功能的标准库 turtle
turtle.setheading(180)                        # 设定画笔的初始方向(180 度为向左)
colors = ["red","black","blue","green"]       # 列表中存放 4 个颜色值
for fd in range(60):                          # 画笔移动次数
    turtle.pencolor(colors[fd % 4])           # 用列表元素值动态设定画笔颜色值
    turtle.pensize(2)                         # 设定画笔的粗细值
    turtle.forward(fd * 5 + 6)                # 让画笔移动 fd * 5 + 6 个像素距离
    turtle.right(90)                          # 让画笔右转 90 度
```

图 6.12　螺旋线

说明：由于该程序用到了 Python 的标准库 turtle 中的函数，在程序中要有引入标准库的语句 import turtle。

微课视频

6.3　算法与程序设计

6.3.1　算法的作用

用计算机解决问题的过程，可以分成以下几个主要阶段：

（1）分析问题、设计算法。认真分析要解决的问题及要实现的功能，给出解决问题的明确步骤，即设计出针对要解决问题的算法。

（2）选定语言、编写程序。根据问题的性质，选定一种合适的程序设计语言（及相应的开发环境），依据算法编写源程序。

（3）执行程序。对编写出的源程序进行编译或解释，程序中如果没有语法错误，则会完成编译或解释并执行程序；如果程序中存在语法错误，则编译器或解释器会给出提示信息，包括错误的位置及错误的性质等，可根据提示信息找到错误并且改正。

（4）程序调试。没有语法错误，并不能说明程序完全无错，可能还存在语义（逻辑）错误。程序通过编译或解释后，要选用一些有代表性的数据对程序进行测试，经过一定的测试，如果没有发现错误，程序就可以交付使用了。如果在测试中发现错误，就要分析错误的性质，如果是算法设计有问题，就应重新分析问题、修改算法或重新设计算法；如果是程序编写有问题，就设法在程序中找到错误所在并且改正（程序排错），对于较大规模的程序，程序排错是一项困难的工作，既需要经验，又需要一定的方法和工具支持。

初学编程者感觉难点在于语言基本要素和语法规则的掌握，而实际上编写高质量、高性能程序的难点是良好的算法设计，相对于算法设计，编写程序是比较简单的。

【例 6.11】　从键盘输入 40 个数，找出其中的最大值并输出。

分析：求解这个问题，比较简单的思路是，通过键盘输入 40 个数并分别存入 40 个变量 a1、a2、a3、……、a40 中，之后首先找出变量 a1、a2 中的较大者存入 maxi，然后把变量 maxi 的值依次与变量 a3、a4、a40 中的值比较，如果 maxi 中的值小，则替换 maxi 的值，最后保留在 maxi 中的值就是 40 个数中的最大值。

```
# P0611_1.py
a1 = eval(input("a1 = "))
a2 = eval(input("a2 = "))
a3 = eval(input("a3 = "))
…
a40 = eval(input("a40 = "))
if a1 >= a2:
    maxi = a1          # 把 a1 和 a2 中的较大值(a1 的值)存入 maxi
else:
    maxi = a2          # 把 a1 和 a2 中的较大值(a2 的值)存入 maxi
if maxi < a3:          # 如果 maxi 的值小于 a3 的值,则将 a3 值存入 maxi,否则 maxi 的值不变
    maxi = a3
…
if maxi < a40:         # 如果 maxi 的值小于 a40 的值,则将 a40 的值存入 maxi,否则 maxi 的值不变
    maxi = a40
print("最大值 = ",maxi)
```

如果把程序代码完整写出来（必须完整写出程序代码才能上机执行），一共会有 121 行代码。这才有 40 个数据，如果是 400 个数据、4000 个数据，更多的数据呢？很显然，用这种思路编写程序不是一个好方法，即这种找最大值的算法不好。

对于找若干数据中的最大值，除了上述方法，还可以给出多种方法。

再给出一种思路：假定第 1 个数就是最大值，存入 maxi 变量；然后第 2 个数和 maxi 中的值进行比较，如果第 2 个数大，则用其替换掉 maxi 中的值，否则保持 maxi 中的值不变；这样第 3 个数，第 4 个数，……，第 40 个数，一直比较下去，maxi 中总是保存比较过的数的最大值。

```
# P0611_2.py
```

```
maxi = eval(input("请输入第一个数："))          ＃假定第一个数为最大值
for i in range(2,41):                        ＃循环处理第 2～40 个数
    data = eval(input("请再输入一个数："))       ＃再输入一个数
    if data > maxi:                          ＃如果新输入的数大于 maxi 中的值
        maxi = data                          ＃用新输入的数替换掉 maxi 中的值
print("最大值 = ",maxi)
```

这个程序只有 6 行代码,而且,即使有 400 个数据、4000 个数据,或更多的数据,用这 6 行代码同样能够把其中的最大值找出来。从这个简单的例子可以看出,好的算法对于高效率编写高质量程序是多么的重要。实际上,包括人脸识别、机器翻译、智能问答等人工智能应用在内的很多应用,我们看到的是在计算机或手机上运行的程序(软件),而程序(软件)的背后是高水平、精巧的算法设计。

6.3.2 算法的特性

1. 算法的定义

现实生活中,做任何事情都需要经过一定的步骤才能完成。例如,小到叠一个纸飞机,大到生产一辆汽车,都必须按照一定的步骤进行。

算法(algorithm)就是为解决一个问题而采取的方法和步骤。

程序(program)是指为让计算机完成特定的任务而设计的指令序列或语句序列,一般认为机器语言程序或汇编语言源程序由指令序列构成,而高级语言源程序由语句序列构成。程序设计(programming)是用来沟通算法与计算机的桥梁;程序是程序设计人员编写的、计算机能够理解并执行的指令序列或语句序列,是解决问题的算法在计算机中的具体实现。

2. 算法的特性

算法反映解决问题的步骤,不同的问题需要用不同的算法来解决,同一问题也可能有不同的解决方法。算法具有如下特性:

(1) 有穷性。一个算法必须总是在执行有限个操作步骤和可以接受的时间内完成其执行过程。即对于一个算法,要求其在时间和空间上均是有穷的。这里的有穷不是数学上的有穷,而是指算法对应的程序在执行时间和存储空间的开销上都是应用场景可以接受的、合理的。

(2) 确定性。算法中的每一步都必须有明确的含义,不允许存在二义性。

(3) 可行性。算法中描述的每一步操作都应该能有效地执行,并最终得到确定的结果。

(4) 输入及输出。一个算法应该有零个或多个输入数据,有一个或多个输出数据。执行算法的目的是求解,而"解"就是输出,因此没有输出的算法是没有意义的。

6.3.3 算法的评价标准

用计算机解决问题的关键是算法的设计,对于同一个问题,可以设计出不同的算法,如何评价算法的优劣是算法分析、比较和选择的基础。目前,可以从正确性、时间复杂度、空间复杂度和可理解性 4 方面对算法进行评价。

1. 算法的正确性

算法的正确性是指算法能够正确地求解所要解决的问题。就目前的研究来看,要想通过理论方式证明一个算法的正确性是非常复杂和困难的,一般采用测试的方法,基于算法编

写程序,然后对程序进行测试。针对所要解决的问题,选定一些有代表性的输入数据,经程序执行后,查看输出结果是否和预期结果一致,如果不一致,则说明程序中存在错误,应予以查找并改正。经过一定范围的测试和程序修改,不再发现新的错误,程序可以交付使用,在使用过程中仍有可能发现错误,再继续修改,这时的修改称为程序维护。

【例 6.12】　从键盘输入两个自然数并分别赋值给 n1 和 n2(n1<n2),输出 n1～n2 的所有偶数。

```
# P0612.py
n1 = int(input("n1 = "))
n2 = int(input("n2 = "))
for i in range(n1,n2):
    if i % 2 == 0:
        print(i)
```

测试此程序时,如果给 n1、n2 分别输入 1 和 9,则会输出 4 个偶数:2、4、6、8,结果是正确的,如果据此就认定程序正确,是不行的。实际上,如果给 n1、n2 分别输入 1 和 10,输出结果仍然是 4 个偶数:2、4、6、8,这个结果是不正确的,原因在于 range(n1,n2)中的 n2 应为 n2+1,因为 range(n1,n2+1)的取值范围才是 n1～n2,而 range(n1,n2)的取值范围是 n1～n2−1,显然不符合题目要求。

从这个简单的例子可以看出,测试一个程序能否实现预期的功能,要多选一些有代表性的输入数据进行测试。详细介绍可参看软件工程或软件测试相关书籍。

2. 算法的时间复杂度

算法的时间复杂度是指依据算法编写出程序后,在计算机上运行时所耗费的时间度量。一个程序在计算机上运行的时间取决于程序运行时输入的数据量、对源程序编译所需要的时间、执行每条语句所需要的时间以及语句重复执行的次数。其中,最重要的是语句重复执行的次数。通常,把整个程序中语句的重复执行次数之和作为该程序的时间复杂度,记为 $T(n)$,其中 n 为问题的规模。对于一个从线性表中查找某个数据的算法,n 为线性表的长度,即线性表中数据的个数。

算法的时间复杂度 $T(n)$ 实际上是表示当问题的规模 n 充分大时,该程序运行时间的一个数量级,用 O 表示。比较两个算法的时间复杂度时,不是比较两个算法对应程序的具体执行时间,这涉及编程语言、编程水平、计算机速度等多种因素,而是比较两个算法相对于问题规模 n 所耗费时间的数量级。

【例 6.13】　百钱买百鸡问题。百钱买百鸡问题出自于《张丘建算经》,张丘建是我国南北朝时期北魏数学家,《张丘建算经》成书于公元 466—485 年,是我国古代数学史上的杰作。书中对百钱买百鸡问题的描述是:"今有鸡翁一,值钱五;鸡母一,值钱三;鸡雏三,值钱一。凡百钱买鸡百只,问鸡翁、母、雏各几何?"张丘建在书中给出了该问题的三组解。这实际上是一个不定方程问题,两个方程中包括三个未知量。

分析:百钱买百鸡问题现在可以描述为:公鸡 5 元钱 1 只,母鸡 3 元钱 1 只,小鸡 1 元钱 3 只,如果用 100 元钱买 100 只鸡,公鸡、母鸡、小鸡各多少只?编写程序求解百钱买百鸡问题,可以用枚举法,列出所有可能的公鸡数、母鸡数和小鸡数的组合,然后从中找出符合条件的组合。假定可能的公鸡、母鸡和小鸡数分别为 cock、hen、chick,由于题目的限定条件是每种鸡至少买 1 只,一共买 100 只,所以 cock、hen、chick 的取值范围都为 1～100,可以写出一个三重循环的程序。

```
#P0613_1.py
for cock in range(1,101):
    for hen in range(1,101):
        for chick in range(1,101):
            if (cock * 5 + hen * 3 + chick/3 == 100 and cock + hen + chick == 100):
                print("公鸡数 = ",cock,"母鸡数 = ",hen,"小鸡数 = ",chick)
```

学编程之前见到过这个问题吗？你是如何得到答案的？

其实这个程序的思路很简单，就是逐一验证各种可能的组合，把符合要求的组合输出。这个程序总的循环次数是 100 万次（即 $100 \times 100 \times 100$ 次），即需要验证 100 万种可能的组合，时间复杂度为 $O(n^3)$，如果是人工验证，时间消耗很大。因为现在计算机的运算速度很快，所以通过运行程序，很快就能得到结果。

可以对这个程序进行一些优化，减少验证次数。直接从题目的限定条件看，公鸡最多可以买 100 只，但因为公鸡的价格为 5 元一只，所以实际上公鸡最多可以买 20 只，同样母鸡最多可以买 33 只，而且程序可以改写成二重循环的形式，时间复杂度变为 $O(n^2)$，降低了一个数量级。

```
#P0613_2.py
for cock in range(1,21):
    for hen in range(1,34):
        if cock * 5 + hen * 3 + (100 - cock - hen)/3 == 100:
            print("公鸡数 = ",cock,"母鸡数 = ",hen,"小鸡数 = ",100 - cock - hen)
```

此时总循环次数降为 660 次，大大减少了循环次数，自然也就大幅度减少了程序执行时的时间开销。

通过该例可以看出，好的算法设计可以降低算法的时间复杂度，提高程序的执行效率。

3. 算法的空间复杂度

算法的空间复杂度是指依据算法编写出程序后，在计算机上运行时所需内存空间大小的度量，也是和问题规模 n 有关的度量。

4. 算法的可理解性

算法主要是为了人们的阅读与交流，可理解性好的算法有利于人们的正确理解，有利于程序员据此编写出正确的、易于理解的程序。

为增强程序的可理解性，要注重培养良好的编程风格。

对于编写较大规模的程序，在实现功能的基础上，强调的是清晰第一，编写的程序要易于理解，易于找到程序中存在的错误，易于改正错误。良好的程序风格主要包括如下几方面：

（1）标识符的命名在符合命名规则的基础上要风格统一、见名知义。

（2）一般一行写一条语句，一条长语句可以写在多行上，但尽量不要把多条语句写在一行上。

（3）采用缩进格式，即同一层次的语句要对齐，低层次的语句要缩进若干字符，这既是某些语言（如 Python 语言）的语法要求，又能够比较清楚地表达出程序的结构，增加程序的可读性。

（4）适当书写注释信息，注释是对程序、程序段或语句所做的说明，有助于阅读者对程序的理解。

6.4 数据结构与程序设计

在计算机发展的早期,编写程序的目的是完成对数值数据的计算。随着计算机技术的不断发展和应用范围的拓展,数据处理成为计算机的一个重要应用领域,此时的数据包括数值数据,也包括非数值数据(如字符串、图像等),处理既可以是算术运算,又可以是插入、删除、查找和排序等操作。

程序要处理的数据需要存储在内存单元中,从前面的介绍可知,整个内存空间是由连续编址的一个个内存单元组成的,就是说,多么复杂的数据也只能存放在这样的一个空间内,这是数据存储的物理结构。编程人员直接面对这种存储方式,对于一些简单的运算是可行的,实际上在机器语言和汇编语言编程阶段,程序员就是直接使用这种物理存储结构。这种方式下数据处理能力有限、编程复杂,对于矩阵、家族关系表、交通运输网这样的数据就会增加编程人员的编程难度和工作量。能否找到一种机制,使得数据的内部存储结构(物理结构)是线性连续的,而其逻辑结构更符合人们习惯的方式,编写程序时面对的是逻辑结构(数据的一种抽象表示),程序执行时,由支持相应结构的编译程序自动把逻辑结构映射成物理结构,从而简化程序的编写,减轻编程人员的工作量?这就是数据结构要解决的主要问题之一。

6.4.1 概念和术语

微课视频

数据(data)是信息的载体,它能够被计算机识别、存储和加工处理。计算机科学中,所谓数据就是计算机加工处理的对象,它可以是数值数据,也可以是非数值数据,如图像、声音、文本等。

数据项(data item)是数据不可分割的最小单位,数据项有名和值之分,数据项名是数据项的标识,用变量定义,而数据项值是它的一个可能取值。年龄就是一个数据项,在Python 语言中可以定义为变量 age,其取值可以是 19、20、21 等。

数据元素(data element)是数据的基本单位,具有完整、确定的实际意义。在不同的条件下,数据元素又可称为元素、站点、顶点、记录等。数据元素一般由若干数据项组成。学生的基本情况就是一个数据元素,由学号、姓名、性别、年龄等数据项组成。

数据对象(data object)或称数据元素类,是具有相同性质的数据元素的集合,是数据的一个子集。在某个具体问题中,数据元素都具有相同的性质,属于同一数据对象,数据元素是数据元素类的一个实例。对于一个学生管理系统来说,某大学所有学生的基本情况就是数据,所有本科生的基本情况、所有硕士研究生的基本情况可以看作不同的数据对象。

数据结构(data structure)指互相之间存在着一种或多种关系的数据元素的集合。在任何问题中,数据元素都不是孤立的,它们之间存在着这样或那样的关系(联系),这种数据元素之间的关系称为结构。

根据数据元素间关系的不同特性,通常分成如下三类基本结构。

(1) 线性结构(linear structure)。数据元素之间存在着一对一的关系,如线性表、栈、队列和数组等。按学号排列的学生数据可以看作一个线性表,每个学生有一个且只有一个前驱(第一个学生除外),每个学生有一个且只有一个后继(最后一个学生除外)。

（2）树形结构（tree structure）。数据元素之间存在着一对多的关系，如树、二叉树和森林等。一个单位的工作人员之间的关系就可以表示成一棵树，每个人只有一个直接领导（单位的最高领导除外），有多个直接下属（最基层的工作人员除外）。

（3）图状结构（graph structure）。数据元素之间存在着多对多的关系，图状结构也称网状结构，如无向图和有向图等。铁路交通图是一种典型的图状结构，任意两个城市之间可能存在多条路径连通。

数据结构包括数据的逻辑结构和数据的物理结构。数据的逻辑结构可以看作从具体问题抽象出来的数学模型，描述的是数据元素之间的逻辑关系。数据在计算机中的表示称为数据的物理结构或存储结构，它研究数据结构在计算机中的实现方法，包括数据结构中元素的表示及元素间关系的表示。

数据的存储结构可采用顺序存储或链式存储的方法。

顺序存储方法是把逻辑上相邻的元素存储在物理位置也相邻的存储单元中，由此得到的存储表示称为顺序存储结构。顺序存储结构常借助于程序设计语言中的数组或列表等来实现。

链式存储方法对逻辑上相邻的元素不要求其物理位置相邻，元素间的逻辑关系通过附设的指针字段来表示，由此得到的存储表示称为链式存储结构。链式存储结构通常借助于程序设计语言中的指针来实现。

本书借助于 Python 语言的列表介绍线性结构的存储及应用，对于树形结构和网状结构只作简要说明，体会一下数据结构对程序设计的作用，详细内容可以在"数据结构"课程中学习。

6.4.2 线性结构

微课视频

线性结构是最常用、最简单的数据结构，包括线性表、队列、栈等，C 语言中的数组、Python 语言中的列表和元组都是线性结构。线性表、队列、栈可以用数组或列表来实现，本节以 Python 语言中的列表为例介绍线性结构的使用。

列表（list）是包含 0 个或多个数据的有序序列，其中的每个数据称为元素，列表的元素个数（列表长度）和元素内容都是可以改变的。使用列表，能够灵活方便地对批量数据进行组织和处理。

1. 创建列表

创建列表的语法格式如下：

列表名 = [值 1, 值 2, 值 3, …, 值 n]

功能：把一组值放在一对方括号内组织成列表值并赋给一个列表变量。列表值可以有 0 个、1 个或多个，如果有多个列表值，值与值之间用逗号分隔。

示例：

```
>>> lst1 = [78,62,93,85,68]
>>> lst2 = ["2023001","张三","男",19,"金融学"]
>>> lst3 = [36]
>>> lst4 = []
```

也可以通过 list() 函数创建列表，例如：

```
>>> lst6 = list(range(1,6))                # 等价于 lst6 = [1,2,3,4,5]
>>> lst7 = list("Python 程序")             # 等价于 lst7 = [ 'P','y','t','h','o','n','程','序']
```

2. 访问列表

列表创建后,就可以访问使用。对列表的访问,除了可以整体赋值外,常用的方式是访问其中的元素,语法格式如下:

```
列表名[索引值]
```

列表是序列类型,其中的元素按所在的位置顺序都有一个唯一的索引值(序号),通过这个索引值可以访问到指定的元素。Python 为列表元素设置了两套索引:正向索引和逆向索引。正向索引取值为 0、1、2、……,分别对应第 1 个、第 2 个、第 3 个元素等;逆向索引取值为 −1、−2、−3、……,分别对应倒数第 1 个、倒数第 2 个、倒数第 3 个元素等。需要注意的是,正向索引值从 0 开始递增,逆向索引值从 −1 开始递减。

对于 lst2＝["2023001","张三","男",19,"金融学"],Python 为其设定的索引值如图 6.13 所示。

lst2[0]与 lst2[−5]的值相同,为字符串"2023001"。

lst2[3]与 lst2[−2]的值相同,为整数 19。

lst2[−1]与 lst2[4]的值相同,为字符串"金融学"。

0	1	2	3	4
"2023001"	"张三"	"男"	19	"金融学"
−5	−4	−3	−2	−1

图 6.13　列表的索引值

如果列表中不存在与给定索引值对应的元素,系统给出相应的错误提示信息。

3. 更新列表

列表创建后,其中的元素值是可以修改的,除此之外,还可以向列表中增加元素和删除列表中的已有元素,即列表的长度也是可以改变的。

增加列表元素的语法格式如下:

```
列表名.append(新增元素值)
```

或

```
列表名.insert(索引值,新增元素值)
```

其中,append()函数用于在列表的末尾追加元素,insert()函数用于在列表的指定位置插入元素。如果有多个元素需要插入列表,则可以先用 append()函数追加到列表的末尾,再进行排序,这样能节省时间。

示例:

```
>>> lst1 = [2,3,5,9,11]        # 创建列表,初值为[2,3,5,9,11]
>>> lst1.append(13)            # 在列表的尾部追加数值13,列表值变为[2,3,5,9,11,13]
>>> lst1.insert(3,7)           # 在指定位置插入数值7,列表值变为[2,3,5,7,9,11,13]
```

删除列表元素的语法格式如下:

```
列表名.remove(元素值)
```

或

del 列表名[索引值]

其中,remove()函数用于从列表中删除指定的值,若有多个值和指定值相同,则只删除第一个。del 格式用于删除和指定索引值对应的列表元素值。

示例:

```
>>> lst1.remove(11)              ♯删除列表中的值 11
>>> del lst1[2]                  ♯删除列表中索引值为 2 的元素(索引值从 0 开始)
```

修改列表元素值的语法格式如下:

列表名[索引值] = 新元素值

通过赋值语句的形式,用新元素值替换指定位置的现有元素值。

示例:

```
>>> lst2 = ["2023001","小明","男",19,"数学"]♯创建列表
>>> lst2[1] = "张小明"               ♯修改索引值为 1 的元素值
>>> lst2                             ♯显示修改后的列表值
['2023001', '张小明', '男', 19, '数学']
>>> lst2[-1:] = ["金融学","二班"]      ♯修改最后一个元素值
>>> lst2                             ♯显示修改后的列表值
['2023001','张小明','男',19,'金融学','二班']
>>> lst2[1:3] = ["张明"]              ♯修改索引值为 1 和 2 的元素值
>>> lst2                             ♯显示修改后的列表值
['2023001', '张明', 19, '金融学', '二班']
```

说明:

(1) 对于已创建列表,既可以修改某个指定索引值对应的元素值,又可以修改指定索引值范围内的若干元素值。如果给定的新值个数少于指定范围内的元素值个数(如 lst2[1:3]=["张明"]),则相当于删除元素值;如果给定的新值个数多于指定范围内的元素值个数(如 lst2[-1:]=["金融学","二班"]),则相当于增加元素值。

(2) lst2[i:j]指列表中的第 i~j-1 个元素,不包括第 j 个元素,正向索引值从 0 开始递增,逆向索引值从-1 开始递减。如果省略 i,则默认从 0 开始;如果省略 j,则默认到最后一个元素结束,包括最后一个元素。

对于批量数据处理,列表有着强大灵活的功能,列表的常用操作见表 6.3,有些操作通过运算符实现,有些操作通过 Python 内置函数实现。

表 6.3　常用列表操作

操作符(运算符或函数名)	示例与功能描述
+	lst1+lst2:连接两个列表
*	lst * n 或 n * lst:将列表自身连接 n-1 次
in	x in lst:如果 x 是 lst 的元素,则返回 True,否则返回 False
not in	x not in lst:如果 x 不是 lst 的元素,则返回 True,否则返回 False
[]	lst[i]:定位列表中索引值为 i 的元素
[::]	lst[i:j:k]:切片操作,返回列表中索引值从 i 开始,到 j 结束(不包括 j),步长为 k 的若干元素组成的列表。省略 i 时默认从 0 开始;省略 j 时默认到最后一个元素结束,包括最后一个元素;省略 k 时默认步长值为 1,此时可同时省略 k 前面的冒号

续表

操作符（运算符或函数名）	示例与功能描述
len（列表名） max（列表名） min（列表名）	len(lst)：返回列表 lst 的长度，即列表 lst 中的元素个数 max(lst)：返回列表 lst 中的最大元素 min(lst)：返回列表 lst 中的最小元素
sorted（列 表 名，reverse ＝ False/True）	sorted(lst)：返回一个对 lst 列表排好序的新列表，列表 lst 中元素的顺序不变。当第 2 个参数取值为 False 时可省略，此时按升序排列；取值为 True 时按降序排列，不可省略
reversed（列表名）	reversed(lst)：返回一个对列表 lst 进行逆序操作后的迭代器，需要用 list(reversed(lst)) 形式转换为列表
sum（列表名）	sum(lst)：如果列表中都是数值型元素，则返回累加和

注：表中 lst、lst1、lst2 都是已存在列表的名字。

【例 6.14】　统计一批数据中奇数的个数。

问题分析：把一批数据存入一个列表变量，通过逐一访问列表中的值，统计出奇数的个数。

```
#P0614.py
data_lst = [78,81,92,67,93]        #创建数据列表
num = 0                            #计数器清 0
for i in range(0,5):               #遍历列表中每一个数据
    if data_lst[i] % 2 == 1:       #统计奇数的个数
        num += 1
print("num = ",num)                #输出结果
```

【例 6.15】　输出杨辉三角前 n 行的数据，n 的值由用户输入。

杨辉，我国南宋时期数学家。在他 1261 年所著的《详解九章算法》一书中，辑录了如图 6.14(a)所示的三角形数表，并说明此表引自北宋数学家贾宪的著作（约 1050 年著述），杨辉三角也被称为贾宪三角，贾宪曾用其进行开方计算。杨辉三角形数据有很多重要特性，如 $(a+b)^n$ 的展开式中的各项系数依次对应杨辉三角的第 $n+1$ 行中的每一个数据。杨辉三角（贾宪三角）是中国数学史上的一个伟大成就。

分析：6 行的杨辉三角形数据如图 6.14(a)所示，为了便于描述，给出如图 6.14(b)的形式。从图 6.14(b)可以看出，每行包含的数据个数是不一样，但各行数据的共同特点是，第 1 列和最后一列的值全为 1，从第 3 行开始，其他位置的值等于其左上方位置值和正上方位置值之和（如第 6 行第 3 列的值等于第 5 行第 2 列的值加上第 5 行第 3 列的值）。可以把整个杨辉三角形的数据存入一个列表（yanghui_lst），其中的每个元素（代表三角形中每行的数据）也是一个列表（row_lst）。在程序中，第 1、2 行的数据直接赋值，从第 3 行开始，逐个生成数据存入行列表 row_lst，再将行列表作为元素值存入三角形列表 yanghui_lst。

图 6.14　杨辉三角形数据（6 行）

```
# P0615.py
yanghui_list = [[1],[1,1]]                               # 创建三角形列表,并设定前两行的值
n = int(input("n = "))                                   # 输入要输出的杨辉三角形的行数
for i in range(2,n):                                     # 生成第3行至第n行的值
    row_list = []                                        # 创建新的一行,初始值为空
    row_list.append(1)                                   # 将第1列的值设为1
    for k in range(1,i):                                 # 添加本行中第2列至第i列的值
        row_list.append(yanghui_list[i-1][k-1] + yanghui_list[i-1][k])
    row_list.append(1)                                   # 将最后一列的值设为1
    yanghui_list.append(row_list)                        # 把一行数据作为元素追加到三角形列表
for i in range(n):                                       # 用二重循环输出三角形列表的值
    for k in range(i+1):
        print(yanghui_list[i][k],end = "\t")
    print("\n")
```

说明：如果一个列表中的元素也是列表,其实表示的是二维表或二维数组。在 Python 语言中,可以用元素为列表的列表表示其他高级语言中的二维数组。对于如图 6.15 所示的二维表数据,可以定义为如下列表：

data_lst = [[1,2,3,4],[5,6,7,8],[9,10,11,12]]

data_lst[0][0]表示第1行第1列数据(其值为1)、data_lst[2][3]表示第3行第4列数据(其值为12)。

```
1   2   3   4
5   6   7   8
9   10  11  12
```
图 6.15 二维表数据

微课视频

6.4.3 树形结构

线性结构的特点是逻辑结构简单,易于进行查找、插入和删除等操作,主要用于对具有单一的前驱和后继的数据关系进行描述,而现实环境中数据元素之间的关系也有很多是非线性的,如人类社会的族谱、各种社会机构的组织形式等具有明显的层次关系,用非线性的树形结构描述更为合适。

1. 树

树(tree)是 $n(n \geq 0)$ 个结点的有限集合。当 $n=0$ 时,称为空树。在一棵非空树 T 中：

(1) 有且仅有一个特定的结点称为树的根结点；

(2) 当 $n>1$ 时,除根结点之外的其余结点被分成 $m(m \geq 1)$ 个互不相交的集合 T_1, $T_2,\cdots,T_m$,其中每一个集合 $T_i(1 \leq i \leq m)$ 本身又是一棵树,并且称为根结点的子树。

在树中,一个结点可以看作一个数据元素。图 6.16 是一棵具有 11 个结点的树,根结点为 A。

如果一棵树中结点的各子树从左到右是有次序的,即若交换了某结点各子树的相对位置,则构成不同的树,称这棵树为有序树；反之,则称为无序树。零棵或有限棵不相交的树的集合称为森林(forest)。任何一棵树,删去根结点就变成了森林。图 6.17 所示是由图 6.16 的树去掉根结点后形成的森林。

结点所拥有的子树的个数称为该结点的度,度为 0 的结点称为叶结点,度不为 0 的结点称为分支结点。一棵树的结点除叶结点外,其余的都是分支结点。树中一个结点的子树的根结点称为这个结点的孩子(子结点),这个结点称为它的子结点的父结点,具有同一个父结点的子结点互称为兄弟结点。

图 6.16　树　　　　　　　　　图 6.17　森林

如果一棵树的一串结点 $n_1, n_2, \cdots, n_k$ 有关系：结点 n_i 是 n_{i+1} 的父结点（$1 \leqslant i < k$），就把 $n_1, n_2, \cdots, n_k$ 称为一条由 $n_1 \sim n_k$ 的路径。这条路径的长度是 $k-1$。在树中，如果有一条路径从结点 M 到结点 N，那么 M 就称为 N 的祖先，而 N 称为 M 的子孙。

规定树的根结点的层数为 1，其余结点的层数等于它的父结点的层数加 1。树中所有结点的最大层数称为树的深度，树中各结点度的最大值称为该树的度。

2. 二叉树

1）二叉树的概念

二叉树（binary tree）是有限个结点的集合，该集合或为空或由一个称为根的结点及两个不相交的、被分别称为左子树和右子树的二叉树组成。当集合为空时，称该二叉树为空二叉树。

二叉树是有序的，即使树中结点只有一棵子树，也要区分它是左子树还是右子树。因此二叉树具有 5 种基本形态：空二叉树、只有根结点的二叉树、只有根结点及其左子树的二叉树、只有根结点及其右子树的二叉树、左右子树都有的二叉树，如图 6.18 所示。

（a）　　　　（b）　　　　（c）　　　　（d）　　　　（e）

图 6.18　二叉树的 5 种基本形态

在二叉树中，左子树的根称为左孩子，右子树的根称为右孩子。如果所有分支结点都存在左子树和右子树，并且所有叶子结点都在同一层上，这样的一棵二叉树称为满二叉树。

一棵深度为 k 的有 n 个结点的二叉树，对树中的结点按从上至下、从左到右的顺序进行编号，如果编号为 i（$1 \leqslant i \leqslant n$）的结点与满二叉树中编号为 i 的结点在二叉树中的位置相同，则称这棵二叉树为完全二叉树。完全二叉树的特点：叶子结点只能出现在最下层和次最下层，且最下层的叶子结点集中在树的左部。显然，一棵满二叉树必定是一棵完全二叉树，而完全二叉树未必是满二叉树。

图 6.19 是一棵满二叉树，当然也是完全二叉树；图 6.20 是完全二叉树，但不是满二叉树；图 6.21 不是完全二叉树，当然也就不是满二叉树。

图6.19　满二叉树

图6.20　完全二叉树

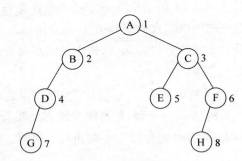

图6.21　非完全二叉树

2) 二叉树的主要性质

性质1: 一棵非空二叉树的第$i(i \geqslant 1)$层上最多有2^{i-1}个结点。

性质2: 一棵深度为k的二叉树中,最多具有2^k-1个结点。

性质3: 具有n个结点的完全二叉树的深度k为$[\operatorname{lb}n]+1$。

Python语言中可以用列表或字典来表示树和二叉树。

3. 字典

一批数据存入列表,查找或读取、修改某个数据元素时,需要给出该数据元素的索引值,数据量比较大时,记住数据元素的索引值不是一件容易的事情。如果能够按照某个关键字的值(学号、身份证号等)查找或读取批量数据中的信息,则对数据的操作更为简单方便。以字典方式组织数据就可以实现按关键字查找和读取、修改信息。

1) 创建字典

创建字典的语法格式如下:

字典名 = {键1:值1,键2:值2,键3:值3,…,键n:值n}

功能: 字典也是由若干元素组成的,由一对大括号括起来,每个元素是一个"键:值"对的形式,"键:值"对之间用逗号分开。如果有多个"键"相同的"键:值"对,只保留最后一个。

示例:

```
>>> dic1 = {"数学":78,"语文":82,"英语":67,"计算机":91}    #课程名与成绩
>>> dic2 = {"小明":"数学","小花":"英语","小莲":"金融"}    #学生姓名与专业
>>> dic3 = {}                                          #创建一个空字典
```

2）访问字典

和列表不同，字典是一个无序序列，其中的元素没有对应的索引值，元素的存储顺序（以及对应的显示顺序）可能与创建字典时的书写顺序不一致。对字典的访问是根据"键"来找对应的"值"，语法格式如下：

字典名[键]

示例：

```
>>> score = dic1["计算机"]                         #获取"计算机"课程的考试成绩
>>> specialty = dic2["小莲"]                        #获取"小莲"的所学专业
```

可对字典进行操作的函数和方法如表 6.4 所示。

表 6.4　字典操作函数和方法

函数/方法	示例与功能描述
字典名.keys()	dic.key()：返回指定字典的所有"键"
字典名.values()	dic.values()：返回指定字典的所有"值"
字典名.items()	dic.items()：返回指定字典的所有"键:值"对
字典名.get(键,默认值)	dic.get(key,default)：若存在与 key 相同的"键"，则返回相应的"值"，否则返回 default
字典名.pop(键,默认值)	dic.pop(key,default)：若存在与 key 相同的"键"，则返回相应的"值"，同时删除"键:值"对，否则返回 default
字典名.popitem()	dic.popitem()：随机从字典中取出一个"键:值"对，以元组（键,值）形式返回，该"键:值"对从字典中删除
字典名.clear()	dic.clear()：删除指定字典的所有"键:值"对，变为空字典
del 字典名[键]	del dic[key]：删除字典中"键"为 key 的"键:值"对
键 in 字典名	key in dic：若存在与 key 相同的"键"，则返回 True，否则返回 False

注：dic 是已存在字典的名字。

3）更新字典

使用赋值语句可以增加元素或修改现有元素的值，语法格式如下：

字典名[键] = 值

如果在字典中没有找到指定的"键"，则在字典中增加一个"键:值"对，如果找到，则用指定的"值"替换现有"值"。该语句既能增加元素，又能修改元素值。使用此功能要仔细，否则，本来要进行修改操作，由于键没写对，实际是完成了增加元素的功能。

示例：

```
>>> dic1 = {"数学":78,"语文":82,"英语":67,"计算机":91}
>>> dic1["英语"] = 76                                #修改"英语"成绩为 76
>>> dic1
{'语文': 82, '英语': 76, '计算机': 91, '数学': 78}
>>> dic1["法语"] = 76                                #如果修改时把"英语"误写为"法语"
>>> dic1                                             #则等同于增加了一个元素("法语":76)
{'法语': 76, '语文': 82, '英语': 67, '计算机': 91, '数学': 78}
```

还可以使用 update() 函数进行字典的合并，语法格式如下：

字典名 1.update(字典名 2)

如果两个字典的"键"没有相同的，则把字典2的"键：值"对添加到字典1中（实现两个字典的合并）；如果有相同的，用字典2中的"值"修改字典1中相同"键"的对应"值"。

示例：

```
>>> dic1 = {"数学":78,"语文":82,"英语":67,"计算机":91}
>>> dic2 = {"英语":76,"物理":86}
>>> dic1.update(dict2)
>>> dic1
{'语文': 82, '英语': 76, '数学': 78, '物理': 86, '计算机': 91}
```

删除元素与删除字典的语法格式如下：

```
del 字典名[键]
```

如果在字典中找到指定的"键"，则删除"键"和对应的"值"，如果没有找到指定的"键"，则会报错。如果只有字典名，则删除整个字典。

还可以使用 pop() 函数删除字典元素，语法格式如下：

```
字典名.pop(键,值)
```

如果字典中存在指定的"键"，则返回对应的值，同时删除该"键：值"对；如果指定的"键"不存在，返回函数中给出的"值"。例如：

```
>>> dic1 = {"数学":78,"语文":82,"英语":67,"计算机":91}
>>> dic1.pop("数学":60)          #由于存在"数学"，则函数返回值为78,删除键值对"数学":78
>>> dic1.pop("化学":60)          #由于不存在"化学"，则函数返回值为60
```

【例 6.16】 基于字典实现学生信息管理。

问题分析：可以把学生信息组织成一个字典，以学号为键，其他信息为值，但这个值又是一个字典，在这种数据组织方式下，可以方便地实现查找、统计、修改等功能。如下程序实现了按输入查找某个专业的学生信息的功能。

```
#P0616.py
students = {
    "2023001":{ "姓名":"小明","性别":"男","年龄":18,"专业":"数学" },
    "2023002":{ "姓名":"小花","性别":"女","年龄":19,"专业":"英语" },
    "2023006":{ "姓名":"小莲","性别":"女","年龄":18,"专业":"数学" },
    "2023009":{ "姓名":"小亮","性别":"男","年龄":20,"专业":"化学" }
}
specialty = input("请输入要查找的专业:")
for stu_number,stu_info in students.items():
    if stu_info["专业"] == specialty:          #查找指定专业的所有学生
        print(stu_number,end = " ")
        print(stu_info["姓名"],stu_info["性别"],stu_info["年龄"],stu_info["专业"])
```

采用字典方式存储数据的优点：如果字典的结构有所变化，增加或减少了键值对，程序仍能执行并得到正确结果。

4. 二叉树的存储

1）顺序存储结构

二叉树的顺序存储，是用一组连续的存储单元（数组或列表）存放二叉树中的结点。一般是按照二叉树结点从上至下、从左到右的顺序存储。这样结点在存储位置上的前驱、后继关系并不一定是它们在逻辑上的邻接关系（如父子结点关系），只有通过一些方法能够确定某结点在逻辑上的前驱结点(如父结点)和后继结点(如子结点),这种存储才有意义。因此,依据二叉树的性质,完全二叉树和满二叉树采用顺序存储比较合适,树中结点的序号可以唯一地反映出结点之间的逻辑关系,这样既能够最大可能地节省存储空间,又可以利用列表元素的索引值确定结点在二叉树中的位置以及结点之间的关系。图 6.20 所示的完全二叉树的顺序存储如图 6.22 所示。对于列表索引值为 i 的结点,其父结点的列表索引值为 $(i+1)/2-1$,其左右子结点的列表索引值分别为 $2i+1$ 和 $2i+2$。也就是说,用列表来存储完全二叉树和满二叉树,是很容易找到每个结点的父结点和子结点的。

图 6.22　完全二叉树的顺序存储示意图

2) 链式存储结构

对于一般的二叉树,如果仍按从上至下和从左到右的顺序将树中的结点顺序存储在列表中,则列表元素索引值之间的关系不能够反映二叉树中结点之间的逻辑关系,只有增添一些并不存在的空结点,使之成为一棵完全二叉树的形式,再用列表顺序存储。这种方式对于需增加许多空结点才能将一棵二叉树改造成为一棵完全二叉树的存储,会造成存储空间的大量浪费。此时可以采用链式存储结构。二叉树的链式存储结构是指用链表来表示一棵二叉树。链表中每个结点由三个域组成,除了数据域外,还有两个指针域,分别用来给出该结点的左子结点和右子结点所在的链结点的存储地址。结点的存储结构为:

其中,data 域存放结点的数据信息;lchild 与 rchild 域分别存放指向左子结点和右子结点的指针,当左子结点或右子结点不存在时,相应指针域值为空(用符号 ∧ 或 null 表示)。链式存储结构比较适合存储一般二叉树。

图 6.23 给出了图 6.21 所示二叉树的链式存储。

图 6.23　二叉树的链式存储

用于表示图 6.23 的字典定义如下:

```
tree_dic = { 'A':('B','C'),
        'B':('D','none'),'C':('E','F'),
        'D':('none','G'),'E':'leaf','F':('H','none'),
        'G':'leaf','H': 'leaf' }
```

说明：①'B'：('D','none')表示 B 结点的左子结点为 D、右子结点为空(none)，'H'：'leaf'表示结点 H 为叶结点；②这样一行描述一层结点的方式，结构清晰，易于理解，不这样写也可以，只要语法正确即可。

【例 6.17】 某单位 A 有如图 6.24 所示的内部机构设置，编写程序实现某部门上下级部门的查找。

分析：在 Python 中用字典嵌套的方式定义图 6.24 所示的内部机构设置。

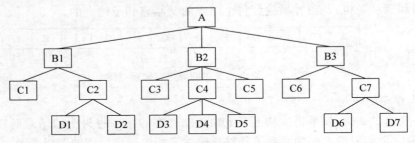

图 6.24 某单位内部机构设置

```
#P0617.py
#把内部机构设置图定义为字典
unit_dic = {'A':{'B1':{'C1':'','C2':{'D1':'','D2':''}},
            'B2':{'C3':'','C4':{'D3':'','D4':'','D5':''},'C5':''},
            'B3':{'C6':'','C7':{'D6':'','D7':''}}}}
superior = []                          #上层结点列表,初值为空
subordinate = []                       #下层结点列表,初值为空
#定义函数,用于在字典 dic 中查找结点 node 的上、下层结点
def get_superior(dic,node,sup = None):
    global superior                    #声明为全局列表变量
    global subordinate                 #声明为全局列表变量
    for key,item in dic.items():       #从字典 dic 中取出一个元素
        sup1 = key                     #保存键值
        if key == node:                #如果键值等于 node 的值
            if isinstance(item,dict):  #判断 item 是否为字典
                for i in item:
                    subordinate.append(i)
            else:
                subordinate.append(item)
            superior.append(sup)
        elif item == node:
            superior,append(sup1)
        elif isinstance(item,dict):
            get_superior(item,node,sup1)
#主程序
get_superior(unit_dic,node = 'C4')     #查找 C4 的上层结点和下层结点
print('上层结点:',superior)
print('下层结点:',subordinate)
```

执行程序,输出结果如下：

```
上层结点: ['B2']
下层结点: ['D3', 'D4', 'D5']
```

可见实现了预期的功能,正确地找到了结点 C4 的上层结点和下层结点。使用 Python

编写程序时,把树形结构定义为字典,简化了对树形结构的处理。

6.4.4　图状结构

图(graph)是一种比树形结构更复杂的非线性结构。在树形结构中,数据元素间具有明显的层次关系,每一层上的数据元素只能和上一层中的至多一个数据元素相关,但可能和下一层的多个数据元素相关。在图状结构中,任意两个数据元素之间都可能相关,即数据元素之间的邻接关系可以是任意的。因此,图状结构被用于描述各种复杂的数据对象,如铁路交通图、通信网络结构、人与人之间的社会关系等。离散数学是计算机科学的重要数学基础,而图论是离散数学的重要组成部分。

1. 图的定义和术语

图是由非空的顶点集合和一个描述顶点之间关系——边(弧)的集合组成的,其形式化定义为:$G=(V,E)$;其中 $V=\{v_i \mid v_i \in \text{dataobject}\}$;$E=\{(v_i,v_j) \mid v_i,v_j \in V \wedge P(v_i,v_j)\}$。$G$ 表示一个图,V 是图 G 中顶点的集合,顶点集合构成数据对象(dataobject),顶点就代表数据元素,E 是图 G 中边的集合,集合 E 中 $P(v_i,v_j)$ 表示顶点 v_i 和顶点 v_j 之间有一条直接连线,即偶对 (v_i,v_j) 表示图中的一条边。图 6.25 给出了一个图的示例,在该图中,集合 $V=\{v_1,v_2,v_3,v_4,v_5\}$;集合 $E=\{(v_1,v_2),(v_1,v_4),(v_2,v_3),(v_2,v_5),(v_3,v_4),(v_3,v_5),(v_4,v_5)\}$。

在一个图中,如果任意两个顶点构成的偶对 $(v_i,v_j) \in E$ 是无序的,即顶点之间的连线是没有方向的,称该图为无向图。如图 6.25 所示,G_1 是一个无向图。在一个图中,如果任意两个顶点构成的偶对 $(v_i,v_j) \in E$ 是有序的,即顶点之间的连线是有方向的,称该图为有向图,如图 6.26 所示,G_2 是一个有向图。

图 6.25　无向图 G_1

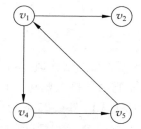

图 6.26　有向图 G_2

在无向图中,顶点之间的连线称为边,用顶点的无序偶对 (v_i,v_j) 来表示。在有向图中,顶点之间的连线称为弧,用顶点的有序偶对 $<v_i,v_j>$ 来表示。

在一个无向图中,如果任意两个顶点都有一条边直接连接,称该图为无向完全图。在一个有向图中,如果任意两个顶点之间都有方向互为相反的两条弧相连接,称该图为有向完全图。

顶点 v 的度是指连接该顶点的边数,通常记为 $TD(v)$。在有向图中,要区别顶点的入度与出度的概念。顶点 v 的入度指以该顶点为终点的弧的数目,记为 $ID(v)$;顶点 v 的出度指以该顶点为始点的弧的数目,记为 $OD(v)$;有 $TD(v)=ID(v)+OD(v)$。

在无向图中,顶点 v_p 到顶点 v_q 之间的路径(path)是指顶点序列 $v_p,v_{i1},v_{i2},\cdots,v_{im},v_q$。其中,$(v_p,v_{i1}),(v_{i1},v_{i2}),\cdots,(v_{im},v_q)$ 分别为图中的边。路径上边的数目称为路径长

度。有向图中的路径定义与此类似。

若一条路径的始点和终点是同一个顶点,则该路径为回路或者环;若路径中的顶点不重复出现,则该路径称为简单路径。

2. 图的存储结构

1) 邻接矩阵

邻接矩阵存储结构,就是用一维数组存储图中顶点的信息,用矩阵表示图中各顶点之间的邻接关系。假设图 $G=(V,E)$ 有 n 个顶点,即 $V=\{v_0,v_1,\cdots,v_{n-1}\}$,则表示 G 中各顶点相邻关系为一个 $n\times n$ 的矩阵,矩阵的元素为:

$$A[i][j]=\begin{cases} 1 & 若(v_i,v_j)或<v_i,v_j>是图\ G\ 的边或弧 \\ 0 & 若(v_i,v_j)或<v_i,v_j>不是图\ G\ 的边或弧 \end{cases}$$

图 6.25 的邻接矩阵表示如图 6.27 所示。

2) 邻接表

用邻接矩阵存储图中各顶点之间的关系,有时矩阵非常的稀疏(矩阵中 1 的个数非常少,0 的个数很多),从而浪费存储空间,此时可以用邻接表存储结构。邻接表是图的一种顺序存储与链式存储结合的存储方法。邻接表表示法类似于树的链表表示法,对于图 G 中的每个顶点 v_i,将所有邻接于 v_i 的顶点 v_j 连成一个单链表,这个单链表就称为顶点 v_i 的邻接表,再将所有顶点的邻接表表头放到数组中,就构成了图的邻接表。在邻接表表示中有两种结点结构,如图 6.28 所示。

图 6.27　无向图 G_1 的邻接矩阵　　　　图 6.28　邻接表的结点结构

一种是顶点表的结点结构,它由顶点域和指向第一条邻接边的指针域构成;另一种是边表的结点结构,它由邻接点域和指向下一条邻接边的指针域构成。

图 6.29 给出了无向图 6.25 对应的邻接表表示。

图 6.29　无向图 G_1 的邻接表存储示意图

与图 6.27 对应的列表定义如下:

g_lst1 = [[0,1,0,1,0],[1,0,1,0,1],[0,1,0,1,1],[1,0,1,0,1],[0,1,1,1,0]]

与图 6.29 对应的列表定义如下:

g_lst2 = [['v1','v2','v4'],['v2','v3','v5'],['v3','v4','v5'],['v4','v5']]

微课视频

6.5　编译原理与程序设计

用 C、C++或 Python 等高级语言编写程序,相对于早期人们用机器语言编写程序简单、方便得多。但是,计算机并不能直接执行用高级语言编写的源程序,需要翻译成功能等价的机器语言程序才能执行。编译原理就是介绍如何把高级语言源程序翻译成机器语言程序的,学习这方面的知识,既能掌握把高级语言源程序翻译成机器语言程序的基本原理和基本方法,又有助于对高级语言程序设计的深层次理解,提高程序设计能力,培养程序设计思维。

6.5.1　编译程序概述

相对于机器语言,高级语言的优点是简单易学,编写程序和调试修改程序都比较方便,适合于编写规模大、功能复杂的程序。但是,用高级语言编写的源程序需要首先翻译成机器语言程序,计算机才能执行。这种翻译工作如果是手工方式完成,则效率非常低而且容易出现翻译错误,很难满足实际需要,完成这种翻译工作的程序称为翻译程序。把高级语言源程序翻译成等价的机器语言程序的翻译程序称为编译程序(compiler)。编译程序也称为编译器。

现在的编译程序不仅具有翻译的功能,还有帮助程序员调试修改程序的功能,如指出程序中错误的位置及性质。常说的安装 C 语言程序是安装 C 语言编译程序(编译器)或叫编译环境,在这个环境下编写的程序叫源程序(source program)。

在计算机上执行一个高级语言源程序一般要分为两步:一是通过编译程序把源程序翻译成机器语言程序,也叫目标程序(object program);二是执行目标程序。

高级语言源程序的处理也可以采用另一种方式,并不把源程序翻译成机器语言程序然后执行该机器语言程序,而是采用边翻译边执行的解释执行方式。这种方式下的翻译程序称为解释程序,也叫解释器(interpreter)。

解释方式相对于编译方式效率较低,但解释程序比编译程序容易实现。BASIC 语言和 Python 语言采用的就是解释方式。

不同的编译程序都有自己的组织结构和工作方式,它们都是根据源语言的具体特点和对目标程序的具体要求设计出来的,因此很难给出编译程序的标准结构,也不好说哪种结构好,哪种结构不好。就编译程序所做的工作来看是基本相同的,它主要包括词法分析、语法分析、语义分析、中间代码生成、中间代码优化和目标代码生成等工作。

6.5.2　词法分析

词法分析(lexical analysis)是整个编译过程的第一项工作,其任务就是从左至右逐个字符地对源程序进行扫描,进行词法检查并识别出一个个单词,即通过词法分析把字符序列转换为单词序列,并以机内符的形式表示单词序列,用机内符的形式表示单词是为了便于后续工作的完成。除此之外,词法分析还要完成其他一些相关任务,如过滤掉源程序中的注释和空白、发现词法错误(编写程序时写错关键字等)、指出错误的位置等。

高级语言中的单词一般可以如下分成 5 类:

(1) 基本字,也称关键字,如 Python 语言中的 for、while、if 等。

（2）标识符，用来表示各种名字的符号串，如变量名、函数名等。

（3）常数，各种类型的常数，如整数、实数、字符串等。

（4）运算符，各种算术运算符、关系运算符，如＋、－、*、/、<、>、<=、>=等。

（5）界限符，如逗号（,）、分号（;）等。

目前，常用的方式是把每类单词分别表示成一个自动机，词法分析程序据此判断识别出的单词是否正确，如果正确则以某种机内符的形式表示，否则提示修改错误。

【例6.18】　对于C语言的如下部分源程序。

```
s = 0;
for (i = 1; i <= 100; i++) s = s + 1;
```

经词法分析处理后，识别成由23个单词组成的单词序列，如下：

s	=	0	;	for	(	i	=	1	;	i	<=	100	;	i	++	)	s	=	s	+	1	;

6.5.3　语法分析

语法分析（syntax analysis）的任务是确认作为词法分析结果的单词序列是否为给定语言的一个正确程序。在语法分析中，给定语言用文法表示，如果给定的程序（此时看作单词串或机内符串）能够与该文法相匹配，则认为程序是正确的，否则程序是错误的。单词序列与给定文法匹配的方式有两种：自顶向下分析法和自底向上分析法。

自顶向下分析法也称面向目标的分析方法，也就是从文法的开始符出发试图推导出给定的单词串，如果能够推导出，则说明单词串是语法正确的程序，否则是错误的程序。自顶向下分析法又可分为确定的和不确定的两种，确定的分析方法需对文法有一定的限制，使得推导过程没有回溯，因而实现方法简单、直观，便于手工构造或自动生成语法分析器，是目前常用的方法之一。不确定的方法即带回溯的分析方法，这种方法实际上是一种穷举的试探方法，效率低、代价高，因而很少使用。

自底向上分析法是从给定的单词串开始，试图归约（推导的逆操作）为文法的开始符，如果能归约到文法的开始符，则确认单词串是正确的程序，否则是错误的程序。它与自顶向下语法分析类似。

自顶向下语法分析要解决的问题是如何快速、确定地找到合适的推导过程（如果存在），自底向上语法分析要解决的问题是如何快速、确定地找到合适的归约过程（如果存在）。为此人们提出了一些有效的方法，用于自顶向下分析的方法有递归子程序法、预测分析法等；用于自底向上分析的方法有简单优先法、算符优先法、LR分析法等。

编译程序的任务是把源程序翻译成目标程序，这个目标程序必须和源程序语义等价，也就是说，尽管它们的语法结构不同，但它们所表达的逻辑含义应完全相同。在词法分析程序和语法分析程序对源程序的语法结构进行分析之后，一般要由语法分析程序调用相应的语义子程序进行语义处理。

编译中的语义处理主要实现的功能是审查每个语法结构的静态语义，即验证语法结构合法的程序是否真正有意义，有时把这个工作称为静态语义分析或静态审查。

6.5.4 中间代码生成

中间代码(middle code)也称中间语言,是复杂性介于源程序语言和机器语言之间的一种表示形式。一般地,快速编译程序直接生成目标代码,没有将中间代码翻译成目标代码的额外开销。但是为了使编译程序结构在逻辑上更为简单明确,常采用中间代码,这样可以将与机器相关的某些实现细节置于代码生成阶段仔细处理,并且可以在中间代码一级进行计算和优化工作,使得计算和代码优化比较容易实现。

常用的中间代码形式有逆波兰式、三元式和四元式等。

【例 6.19】 分别写出表达式(a+b)*c 和 a+b*c 的逆波兰式。

根据逆波兰式书写规则,表达式(a+b)*c 的逆波兰式为 ab+c*,表达式 a+b*c 的逆波兰式为 abc*+。

采用逆波兰式形式表示表达式,可以简化表达式的计算,在从左至右的扫描中,遇到运算符就可以计算,运算对象在该运算符的左边。而在一般表达式中,遇到运算符,需要先比较和其他运算符的优先级别,然后才能决定是否进行计算,对计算机来讲处理难度比较大,效率比较低。

对于逆波兰式 abc*+,计算机先扫描到运算对象 a、b 和 c,然后扫描到运算符"*",先计算 b*c(假定结果为 t),继续扫描到运算符"+",再计算 a+t,从而完成 a+b*c 的计算。无论表达式多复杂,只一遍扫描就能完成表达式的计算。

对于一般表达式 a+b*c,计算机先扫描到运算对象 a,然后扫描到运算符"+"和运算对象 b,由于不知道后面的运算符是什么,不能决定是否先完成"+"运算,继续扫描到运算符"*"和运算对象 c,知道 * 的优先级高,先计算 b*c(假定结果为 t),再往回扫描计算 a+t。对于比较复杂的表达式,可能需要多次来回扫描表达式,才能完成计算,效率会很低。

6.5.5 中间代码优化

中间代码优化(middle code optimization)的任务是对中间代码进行等价变换,使得变换后的代码运行结果与变换前代码运行结果相同,而效率提高(运行速度提高或存储空间减少)。

常用的优化技术有删除多余运算、代码外提、强度削弱、变换循环控制条件、合并已知量与复写传播和删除无用赋值等。

【例 6.20】 对语句"for(i=1;i<=1000;i++)sum=sum+a+b*2*3;"进行优化。

该语句要循环执行 1000 次,每次循环做 2 次乘法和 2 次加法,共计 2000 次乘法和 2000 次加法。在循环体中,由于运算对象 a、b、2、3 都与循环变量 i 无关,因此在 1000 次循环运算中,a、b、2、3 的值是保持不变的,可以提取到循环体外先行计算,2*3 更是可以先计算出结果来。

语句可以改写如下:

```
t=a+b*6;
for(i=1; i<=1000;i++)sum=sum+t;
```

上述两个语句合起来,共计需要做 1 次乘法和 1001 次加法,大大减少了计算工作量(如果循环 1 亿次,减少的工作量会更多)。这种优化工作可以在编写程序时进行,也可以由编译程序在编译时进行,而有些优化工作只能在编译阶段进行。

6.5.6　目标代码生成

目标代码生成（object code generation）是把经过优化后的中间代码作为输入，将其转换为特定机器的机器语言程序或汇编语言程序作为输出，这样的转换程序称为代码生成器，因此，代码生成器的构造与输入的中间代码形式和输出的目标代码的机器结构密切相关。特别是高级语言的多样性和计算机结构的多样性为代码生成的理论研究和实现技术带来很大的复杂性。

由于一个高级语言源程序的目标代码需多次使用，因此代码生成器的设计要着重考虑目标代码的质量问题。衡量目标代码的质量主要从占用空间和执行时间两方面综合考虑。到底产生什么样的目标代码取决于具体的机器结构、指令格式、字长及寄存器的个数和种类等，并与指令的语义和所用操作系统、存储管理等密切相关。

【例6.21】　写出语句"t＝abc＊＋"对应的汇编语言指令，其中的表达式为逆波兰式形式的中间代码。

可以生成如下汇编语言指令：

```
mov r1,c              ; c 的值送寄存器 r1
mul r1,b              ; r1 中的值与 b 的值相乘并送回寄存器 r1
add r1,a              ; r1 中的值与 a 的值相加并送回寄存器 r1
mov t,r1              ; r1 寄存器中的值送 t 单元
```

6.5.7　编译程序的开发

编译程序是一种相当复杂的系统软件，通常包含数万行代码，甚至数百万行、千万行代码。随着编译技术的发展，编译程序的生成周期也在逐渐缩短，但仍然需要很多人年的工作量，而且工作很艰巨，正确性也不易保证。

开发者的愿望是尽可能多地把编译程序的生成工作交给计算机去完成，即编译程序自动化或自动生成编译程序。计算机科学家们为了实现编译程序的自动生成做了大量的工作，已有词法分析程序的自动生成系统和语法分析程序的自动生成系统。

编译程序自动生成的关键是语义处理问题，语义处理的自动化与语义描述的形式化工作直接有关。近年来形式语义学的研究取得了很大的进展，大大推动了编译程序的自动生成研究工作，已出现了一些编译程序（或某个阶段工作）的自动生成系统，如 GAG、HLP、YACC、SIS 和 CGSG 等。形式语义学和编译技术的发展已能实现编译程序的自动生成，目前的主要问题是时间效率、空间节省问题。由自动生成系统产生的编译程序，比人工开发的编译程序长，占用更多的存储空间，运行效率也比较低。

6.6　小　　结

程序设计能力、程序设计思维是计算机专业学生应具备的基本能力和素质，在计算机成为各行各业基本工具的今天，操作使用计算机已不再是计算机专业人员的优势。计算机专业人员要发挥专业特长，在工作中有竞争力，较强的程序设计能力和软件开发能力是坚实的基础。

与提高程序设计能力直接相关的知识有程序设计语言、数据结构、编译原理和算法设计与分析。编写程序，首先要熟悉程序设计语言，熟练掌握基本的程序设计方法和程序调试运行环境。对于数据量比较大或数据之间关系比较复杂的程序，还要熟悉数据结构的知识，选用合适的数据结构合理地组织数据。虽然初学时，程序设计语言的基本知识和基本的程序设计方法的掌握也不是很容易，但计算机专业学生在具备一定的程序设计能力的基础上，重点还是要培养和提高算法设计能力。高级语言是目前常用的程序设计语言，相对来说，高级语言易于学习和掌握，易于编写程序，易于发现和改正程序中的错误，但用高级语言编写的源程序需要翻译成等价的机器语言程序，才能被计算机执行。编译原理就是介绍如何把高级语言源程序翻译成机器语言程序的，学习编译原理知识对于深入理解高级语言程序的执行过程、对于提高较大规模软件的开发能力是非常有益的。

拓展阅读：程序测试与程序正确性

如何判定一个程序是正确的，是所有编程人员都需要面对的问题。如果一个程序能够执行且能够得到正确的输出结果，则可以认为程序是正确的。程序不能执行或能执行但输出结果错误，则说明程序中存在错误代码。如何发现程序中的错误，测试是一种有效的方法。所谓程序测试，就是根据程序的功能选择（设计）多组输入数据，观察程序执行时分别输入这多组数据，能否得到预期的相应输出结果。程序测试的关键是选择（设计）测试用例，每一个测试用例包括输入数据和预期结果，测试一个程序往往需要若干有代表性的测试用例。

【例 6.22】 删除列表中的负数元素。

分析：要实现的功能是，对于一个已经存在的包含若干数值的列表，删除其中的负数。为便于说明，通过键盘输入若干数并存入列表，输入"Q"或"q"作为结束标志，然后逐一判断列表中的元素，如果是负数则从列表中删除。

```
#P0622_1.py
data_lst = []                          # 定义一个用于存放数据的列表,初值为空
data = input("data = ")                # 从键盘输入数据(字符串形式)
while data.lower()!= "q":              # 当输入的数据不是字符"Q"或"q"时
    data_lst.append(eval(data))        # 转换为数值后追加到列表中
    data = input("data = ")            # 再输入一个数据
for i in range(len(data_lst)):
    if data_lst[i]< 0:                 # 如果列表中的某个元素为负数
        data_lst.remove(data_lst[i])   # 则从列表中删除该元素
print(data_lst)
```

执行此程序，依次输入 2、3、-5、9、6，程序报错并显示异常提示信息。从异常信息可知，执行程序时出现了"IndexError: list index out of range"（索引错误：列表索引超出范围）的错误，并且错误在第 8 行代码：

```
if data_lst[i]< 0:
```

分析代码可知，存放索引值的变量 i 的取值范围为 0～len(data_lst)−1，即 i 的取值范围为 0～4。执行该程序，当访问到列表元素−5 时，因为是负数，所以会从列表中删除这个值，当 i 取值为 4 时，访问 data_lst[4]时就会出现"列表索引超出范围"的错误，因为此时的列表中只剩 4 个元素，最大索引值为 3。所以，只要列表中有负数(一个或多个)，都会出现

此类错误。

　　由于错误的原因在于使用索引值访问列表元素,因此可以改为直接访问列表元素,程序代码如下:

```
# P0622_2.py
data_lst = []                        # 定义一个用于存放数据的列表,初值为空
data = input("data = ")              # 从键盘输入数据(字符串形式)
while data.lower()!= "q":            # 当输入的数据不是字符"Q"或"q"时
    data_lst.append(eval(data))      # 转换为数值后追加到列表中
    data = input("data = ")          # 再输入一个数据
for data in data_lst:
    if data < 0:                     # 如果列表中的某个元素为负数
        data_lst.remove(data)        # 则从列表中删除该元素
print(data_lst)
```

执行该程序,继续进行测试,依次输入 2、3、-5、9、6,程序输出结果如下:

[2, 3, 9, 6]

与预期结果相同,从列表中删除了-5。

再次执行该程序,依次输入 2、-3、-5、9、6,程序输出结果如下:

[2, -5, 9, 6]

结果不符合预期,-5 没有从列表中删除。

再次执行该程序,依次输入 2、-3、-5、-9、-6,程序输出结果如下:

[2, -5, -6]

结果也不符合预期,-5 和-6 都没有从列表中删除。对照输入数据观察到-5 和-3 相邻,删除了-3,没有删除-5;-6 和-9 相邻,删除了-9,没有删除-6。

　　深入分析发现,如果列表中包含两个相邻的负数元素,当删除前一个负数元素后,后一个负数元素会自动前移,但循环变量自动取下一个值,这样相邻两个负数中的第二个负数就被略过了。以第三组列表数据[2,-3,-5,-9,-6]为例,列表中索引值为 1~4 的元素都是负数,当删除索引值为 1 的元素(-3)时,后面的元素自动前移,-5 的索引值变为 1,被略过去了,-6 和-5 的情形类似,从而引起错误。

　　找到了错误原因,如何修改程序代码呢?

　　删除列表中的元素后列表自动收缩,而 for 循环语句遍历列表是自动按照索引逐一取值,可以改用 while 循环语句,这样可以根据需要控制列表元素的遍历。程序如下:

```
# P0622_3.py
data_lst = []                        # 定义一个用于存放数据的列表,初值为空
data = input("data = ")              # 从键盘输入数据(字符串形式)
while data.lower()!= "q":            # 当输入的数据不是字符"Q"或"q"时
    data_lst.append(eval(data))      # 转换为数值后追加到列表中
    data = input("data = ")          # 再输入一个数据
length = len(data_lst)               # 计算列表长度
i = 0                                # i 为索引变量,初值为 0
while i < length:                    # 当索引变量的值小于列表长度时
    if data_lst[i]< 0:              # 如果列表中的某个元素为负数
        data_lst.remove(data_lst[i]) # 则从列表中删除该元素
        length -= 1                  # 列表长度值减 1,索引变量的值不变
    else:
```

```
        i += 1                          #索引变量的值加 1
print(data_lst)
```

对于程序 P0622_3.py,可以用如表 6.5 所示的测试数据进行测试。

表 6.5　用于测试列表程序的数据

输 入 数 据	期 望 输 出 结 果
2	[2]
−2	[]
2、3	[2,3]
−2、−3	[]
2、3、5、9、6	[2,3,5,9,6]
2、−3、5、9、6	[2,5,9,6]
2、−3、−5、9、−6	[2,9]
−2、−3、−5、−9、−6	[]
不输入任何数据,直接输入 q	[]

　　从以上程序测试示例可以看出,测试一个程序是否正确,针对所有可能的输入数据都执行一次程序,如果都能得到预期的结果,则说明程序是正确的。显然,除了特别简单的程序,这种穷举所有可能的输入数据的方法是不现实的。但也不是找一两个(一两组)数据测试一下就可以的,这样有的错误可能发现不了。比较可行的方法是找若干个(若干组)有代表性的数据进行测试,这样测试一个(一组)数据等于测试了一大批数据。需要说明的是,如果不是测试了所有可能的输入数据,是无法判断程序完全正确的,所以一般的测试只能说基本保证程序正确,在实际运行过程还有可能发现新的错误。

习　　题　　6

一、填空题

1. 程序设计语言的发展经历了_____、_____和_____三个阶段。

2. 能够直接在计算机上执行的是_____程序。

3. 汇编语言源程序由_____构成,高级语言源程序由_____构成。

4. 高级语言分为_____、_____和_____。

5. 写出目前常用的三种高级语言:_____、_____、_____。

6. 结构化程序的三种基本结构分别是_____结构、_____结构和_____结构。

7. 4 个用于判断大小的比较运算符分别是_____、_____、_____和_____。

8. 判断相等的比较运算符是_____,判断不等的比较运算符是_____。

9. 3 个逻辑运算符分别是_____、_____和_____。

10. $85 \leqslant x \leqslant 100$,其对应的 Python 表达式是_____。

11. a 和 b 中至少有一个能够被 5 整除,其 Python 表达式是_____。

12. a 是 3 的倍数并且 b 不是 3 的倍数,其 Python 表达式是_____。

13. 常用的两种分支语句分别是_____、_____。

14. 两种循环语句分别是_____和_____。

15. break 语句的作用是_____。

16. Python 程序中的单行注释用_____符号开头。

17. 列表和字符串都是序列类型，其中的每个元素都有一个唯一的_____。

18. Python 解释器为列表元素设置了两套索引值，正向索引值从_____开始，逆向索引值从_____开始。

19. 求列表长度、最大值、累加和的函数分别是_____、_____、_____。

20. 算法的特性包括_____、_____、_____和_____。

21. 算法的评价标准包括_____、_____、_____和_____。

22. 根据数据元素间关系的不同，通常将数据结构分成三类基本结构：_____、_____和_____。

23. 在 Python 语言中，可以把线性结构定义为_____。

24. 在 Python 语言中，可以把树形结构定义为_____。

25. 一个编译程序完成的工作主要包括_____、_____、_____、_____、_____、_____。

二、名词解释

程序、算法、时间复杂度、空间复杂度、数据、数据项、数据元素、数据对象、数据结构、线性结构、树、图、编译程序、解释程序。

三、简答题

1. 对比说明机器语言、汇编语言和高级语言各自的特点。

2. 以把树形结构定义为字典为例说明数据结构在程序设计中的作用。

3. 说明程序与算法的联系和区别。

4. 简要说明算法的特点。

5. 如何评价算法的优劣？

6. 编译程序由哪几个主要部分组成？每个部分的功能是什么？

四、编程题

1. 接收从键盘输入的两个正整数，如果一奇数一偶数，则输出两个数之和，否则输出两个数的乘积。

2. 从键盘输入一个摄氏温度值，如果温度为 $18 \sim 23$℃，则输出"温度合适！"；如果低于 18℃，则输出"温度偏低！"；如果高于 23℃，则输出"温度偏高！"。

3. 从键盘输入一个三角形的三个边长，如果能够构成三角形，则计算三角形的面积并输出，否则输出提示信息"不能构成三角形。"

4. 从键盘输入若干考试成绩，统计不及格人数和大于或等于 90 分的人数并输出。

5. 输出斐波那契（Fibonacci）数列的前 n 项，n 的值由键盘输入，数列的定义如下：

$$a_1 = 1, a_2 = 1, a_n = a_{n-1} + a_{n-2} (n \geqslant 3)$$

6. 判断一个正整数是否为回文数。所谓回文数，是指一个数的逆序值和自身相等，如 168861、38983 等。要求编写两个程序，分别用字符处理函数和不用字符串处理函数。

7. 找出矩阵中的最大值并输出，矩阵元素值存放在列表中。矩阵中只有一个最大值。

8. 两个乒乓球队进行比赛，各出三人。甲队三人为 A、B、C，乙队三人为 X、Y、Z，已经抽签决定比赛的对阵名单。有人向甲队队员询问比赛名单，A 说他不和 X 比，C 说他不和

X、Z 比,编写程序输出比赛的对阵名单。

思 考 题 6

1. 程序设计语言、数据结构、算法分析与设计、编译原理 4 门课程对于提高程序设计能力和培养程序设计思维各有什么作用?

2. 学习一种高级语言,应主要掌握哪些内容?

3. 高级语言中,变量一般要先定义再使用,这样一种规定有什么好处?

4. 如何提高程序设计能力?

5. 查阅文献,举例说明树或二叉树在程序设计中的作用。

6. 查阅文献,举例说明图在程序设计中的作用。

7. 开发编译程序的最难点是什么?

第 7 章

软件开发知识

软件是整个计算机系统的重要组成部分,目前计算机所能完成的所有功能都是由软件实现的。计算机专业人员的一项重要工作是开发软件,开发软件(特别是中大规模软件)以程序设计能力为基础,以软件工程知识作指导,以数据库知识为支撑。在第 6 章介绍程序设计知识的基础上,本章在对计算机软件做概括介绍的基础上,简要介绍与软件开发相关的数据库知识和软件工程知识。

7.1　计算机软件概述

微课视频

只有硬件的计算机是不能完成任何工作的,在硬件的基础上,配置合适的软件,才能充分发挥计算机的整体功能。硬件是计算机的躯体,软件是计算机的灵魂。

软件(software)一词源于程序。在计算机发展的初期,只有程序这个概念,程序是完成一定功能的指令或语句的序列。20 世纪 60 年代初,随着计算机硬件技术的发展和计算机应用的深入,需要计算机解决的问题越来越复杂,编写的程序规模越来越大,传统的强调依靠个人编程技巧的编程方式越来越难以保证较大规模程序的质量。为解决这个问题,人们开始重视程序编写的过程化管理,在编写程序的同时,把编写程序过程中的需求分析、系统设计、系统测试等文档资料也规范化并保存下来。软件就是程序及其相关的文档。有了这些规范化的文档资料,程序出现错误后,能够比较快地发现和改正错误,从而在一定程度上保证了程序的质量。在进行较大规模的软件开发时,区分软件和程序的不同含义是必要的。作为一般用户,软件和程序两个概念可以等同使用。

软件通常分为系统软件(system software)和应用软件(application software)。系统软件靠近硬件层,其功能主要是管理计算机软硬件资源,与具体应用领域无关,为应用软件提供一些基本的、共同的功能支持。应用软件在系统软件的支持下,用于解决特定领域的具体问题。例如,操作系统和数据库管理系统都是系统软件,并不能解决什么具体应用问题。学生成绩管理系统是应用软件,能够完成学生成绩的输入、修改、查询和统计等功能,但学生管理系统这个应用软件要在操作系统和数据库管理系统的支持下才能运行,才能完成相应的功能。

7.1.1　系统软件

系统软件主要包括操作系统、语言翻译程序和数据库管理系统等。

1. 操作系统

操作系统是最靠近硬件的软件。能否充分发挥计算机硬件的性能,操作系统起着非常重要的作用；使用者能否方便地操作使用计算机，操作系统同样发挥着重要作用。从微型计算机到超级计算机都必须在其硬件平台上加载相应的操作系统之后，才能构成一个完整的、功能强大的计算机系统。只有在操作系统的指挥控制下，各种计算机资源才能得到合理分配与高效使用；也只有在操作系统的支持下，其他系统软件和各种应用软件才能开发和运行。如果没有高性能的操作系统的支持，整个计算机系统的性能都会受到严重影响。

操作系统(operating system，OS)可定义为有效地组织和管理计算机系统中的硬件和软件资源，合理地组织计算机工作流程，控制程序的执行，并向用户提供多种服务功能及友好界面，方便用户使用计算机的系统软件。简单地说，操作系统就是管理计算机资源、控制程序执行、提供多种服务和方便用户使用。

操作系统具有处理器管理、存储器管理、设备管理、文件管理和网络与通信管理等功能。此外，为了方便用户使用操作系统，还需向用户提供一个使用方便的用户界面。目前，常用的操作系统是 Windows、macOS、UNIX 和 Linux 等。

2. 语言翻译程序

编写程序(软件)需要合适的程序设计语言。从 20 世纪 50 年代现代计算机诞生到现在，程序设计语言大体经历了机器语言、汇编语言和高级语言三个阶段。用机器语言编写程序的优点是，程序能够直接在计算机上执行。在机器语言中，用二进制代码表示指令和数据，记忆指令困难，编写程序困难，修改程序更困难，很难编写出功能较为复杂的程序。为此，人们相继发明了汇编语言和高级语言。汇编语言用类似于英文单词的形式表示指令和数据；高级语言用英文单词表示语句，用类似数学公式方式表示运算表达式，用十进制形式表示数据。汇编语言和高级语言的出现(特别是高级语言的出现)，给语言学习和程序设计带来了极大的方便。但是，用汇编语言或高级语言编写出的源程序，计算机并不能直接执行，需要翻译成功能等价的机器语言程序才能执行。这种翻译工作如果手工完成，工作量非常大，也容易出错。人们开发了相应的翻译程序，用于汇编语言源程序的翻译程序叫汇编程序，用于高级语言源程序的翻译程序叫编译程序。各种汇编程序和编译程序都属于系统软件，借助于这样的系统软件，才能使用汇编语言或高级语言编写、执行解决实际问题的应用软件。例如，安装 C 语言编译程序后，就能在其提供的环境下编写和运行 C 语言程序，完成所需要的功能。目前常用的高级语言有 C、C++、C♯、Java 和 Python 等。

3. 数据库管理系统

计算机应用面最广的一个领域是信息管理，信息管理的关键技术是数据库技术，把信息存入数据库中并编写相应的数据库应用程序是开发信息管理系统的主要工作。如果没有数据库管理系统提供支持环境，数据库的建立及数据库应用程序的开发是很困难的，甚至无法实现。数据库管理系统是一个帮助人们建立数据库和开发数据库应用程序的系统软件，有了这个系统软件的支持，建立数据库变得容易了，开发数据库应用程序也变得容易了。开发的数据库应用程序就是一个应用软件。

目前常用的数据库管理系统有 Oracle 公司的 Oracle、MySQL，微软公司的 SQL Server、Access，IBM 公司的 DB2 等。

7.1.2 应用软件

应用软件用于解决实际问题,可以将应用软件分为通用软件和专用软件。通用软件可以为多个行业和领域的人们使用,完成各自的任务,如办公软件中的 Excel 就是一个通用软件。教师可以用 Excel 处理学生考试成绩,财务人员可以用 Excel 处理账目报表,银行职员可以用 Excel 计算存款利息等。专用软件只供某个行业或某些人使用,如火车票售票软件只能用于火车站或售票点售卖火车票。

具体来说,应用软件包括软件开发环境、办公软件、辅助设计软件、多媒体制作软件、网页制作软件、网络通信软件、工具软件和实际应用软件等,前 7 种属于通用软件,最后一种属于专用软件。

1. 软件开发环境

软件开发环境(software development environment,SDE)指在基本硬件和基础软件的基础上,为支持系统软件和应用软件的工程化开发与维护而使用的一组软件。它由软件工具和环境集成机制构成,前者用以支持软件开发的相关过程、活动和任务,后者为工具集成和软件的开发、维护及管理提供统一的支持。在软件开发环境的支持下,能够有效地保证完成大型软件的分析、设计、测试等工作,从而保证软件开发的质量和效率。Rational 系列软件是软件开发环境的代表。

2. 办公软件

办公软件指用于人们日常办公用的系列软件,主要包括文字处理软件、电子表格软件和演示文稿制作软件等,对人们日常办公起到了非常好的辅助作用。目前,比较常用的有 Microsoft Office 和 WPS Office,前者是微软公司的产品,后者是金山公司的产品。

3. 辅助设计软件

计算机辅助设计是计算机的一个重要应用领域,计算机辅助设计已广泛应用于机械、汽车、电子、建筑和服装等行业,对提高这些行业的工作效率起了非常重要的作用。常用的辅助设计软件有 AutoCAD 和 EDA 等。AutoCAD 用于机械、汽车、建筑和服装等行业的辅助设计,提供了丰富的绘图和图形编辑功能,便于进行二次开发。EDA 专门用于各种电子线路设计的软件,具有原理图设计、印制电路板设计、层次原理图设计、电路仿真及逻辑器件设计等功能。

4. 多媒体制作软件

目前,多媒体技术得到了广泛应用,制作多媒体系统也是一个重要的应用领域,用于图形、图像、视频、音频、动画及多媒体素材合成的软件有 Photoshop、Video Studio、Sound Forge、3ds MAX、Authorware 和 Flash 等。

5. 网页制作软件

常用的网页制作软件有 Microsoft Visual Studio Code 和 Adobe Dreamweaver 等。Microsoft Visual Studio Code(简称 VS Code)是一款免费、开源的代码编辑器,被广泛用于 Web 网页开发、脚本编写、软件开发等。Adobe Dreamweaver 是一款专业的开发、编辑与维护 Web 网页的工具软件,是一个可视化网页编辑器,允许创建、编辑和管理网站和网页,它使用所见即所得环境,使用户可以在创建网页时查看网页的外观。

6. 网络通信软件

网络通信软件的主要功能是浏览 WWW、收发电子邮件（E-mail）和即时通信。常用的浏览器软件有 Chrome、Edge、Opera、Firefox、Safari 和 360 浏览器等，常用的收发电子邮件软件有 Outlook、Foxmail 等，常用的即时通信软件有 QQ、微信等。

7. 工具软件

计算机中常用的工具软件很多，主要有压缩/解压缩软件、杀毒软件、翻译软件、多媒体播放软件、图片浏览软件等。

8. 实际应用软件

实际应用软件是针对各行各业及大大小小的单位开发的满足实际需要的软件，如机场航空管制系统、教学管理系统、人事管理系统、税务管理系统和保险管理系统等。这些软件可以委托软件公司开发，也可以由使用单位自行开发。

7.2　数据库原理及应用

信息处理是计算机的一个重要应用领域。在信息处理领域，由于数据量庞大，如何有效地组织、存储数据对实现高效率的信息处理至关重要。数据库技术是目前最有效的数据管理技术。

7.2.1　关系数据库

微课视频

数据库（database，DB）是长期存储在计算机内的、有组织的、可共享的数据集合。对于大批量数据的存储和管理，数据库技术是非常有效的。数据库中的数据按一定的数据模型组织、描述和存储，具有较低的数据冗余度、较高的数据独立性，并且可以为多个用户共享。

数据库管理系统（database management system，DBMS）是位于用户和操作系统之间的一层数据管理软件，主要完成数据定义、数据操纵、数据库的运行管理和数据库的维护等功能。

数据库应用系统是以数据库为核心的，在数据库管理系统的支持下完成一定的数据存储和管理功能的应用软件系统，数据库应用系统也称为数据库系统（database system，DBS）。

数据管理技术的发展大体上经历了三个阶段：人工管理阶段、文件系统阶段和数据库阶段。

相对于人工管理，文件系统是一大进步。数据库技术的出现是数据管理技术发展的又一次跨越。与文件系统相比，数据库技术是面向系统的，而文件系统则是面向应用的，所以形成了数据库系统两个鲜明的特点。

（1）数据库系统的数据冗余度低，数据共享度高。

由于数据库系统是从整体角度上看待和描述数据，因此数据库中同样的数据不会多次出现，从而降低了数据冗余度，减少了数据冗余带来的数据冲突和不一致性问题，也提高了数据的共享度。

（2）数据库系统的数据和程序之间具有较高的独立性。

由于数据库系统提供了内模式/模式和模式/外模式之间的两级映像功能，使得数据具有高度的物理独立性和逻辑独立性。当数据的物理结构（内模式）发生变化或数据的全局逻辑结构（模式）改变时，它们对应的应用程序不需要改变仍可正常运行。

数据模型是数据特征的抽象，它是对数据库如何组织的一种模型化表示，是数据库系统的核心与基础。它具有数据结构、数据操作和完整性约束条件三要素。从逻辑层次上看，常用的数据模型是层次模型、网状模型和关系模型，而目前使用最广泛的是关系模型。

关系可以理解为二维表。一个关系模型就是指用若干关系表示实体及其联系，用二维表的形式存储数据。

数据库管理系统是提供建立、管理、维护和控制数据库功能的一组计算机软件。其主要功能有数据定义功能、数据操纵功能、数据库的建立和维护功能、数据库的运行管理功能。

数据库管理系统由三类程序组成：语言编译程序、控制数据库运行程序、维护数据库程序。

用户访问数据库的过程是用户向数据库管理系统提出请求，数据库管理系统检查请求的合法性，如果请求合法，数据库管理系统定位操作对象，然后对数据库执行必要的操作。

【例 7.1】 针对大学生选课信息的存储和管理，设计数据库中的表。

在大学，由于实行必修课＋选修课制度，不仅不同专业的学生所选修课程不一样，即使同一专业的学生，所选修的课程也可以有所不同。

按传统方式，可以把学生的选课信息放入表 7.1 所示的表格中。

表 7.1 学生选课综合信息表

学 号	姓 名	年 龄	专 业	课程号	课程名	学 分	成 绩
S01	小明	20	计算机	C01	高等数学	6	92
S01	小明	20	计算机	C02	计算机导论	2	81
S01	小明	20	计算机	C06	Python 语言	2	78
S02	小红	18	计算机	C01	高等数学	6	88
S02	小红	18	计算机	C02	计算机导论	2	82
S02	小红	18	计算机	C09	软件工程	2	93
S03	小亮	19	建筑学	C01	高等数学	6	85
S03	小亮	19	建筑学	C12	建筑制图	3	91

如果按此表格结构直接对应成数据库中的表，数据的冗余（数据重复）比较大。每个学生的姓名、年龄、专业及每门课程的课程名、学分都会在表中多次重复存放，如果再有家庭住址、联系方式、个人简历等数据，每个学生选修更多的课程，会导致更大的数据冗余。

数据冗余（数据重复）不仅浪费存储空间，更大的问题是容易造成数据的不一致。例如，某个同学如果转专业了，那么对应的表中数据应该修改，如果多次存储，就可能只修改部分值，导致该同学在表中的专业有两个不同的值，这会给以后信息查询等留下隐患。

遵循数据库理论，可以把上面的一个表设计成表 7.2～表 7.4 的形式。

表 7.2 学生信息表

学 号	姓 名	年 龄	专 业
S01	小明	20	计算机
S02	小红	18	计算机
S03	小亮	19	建筑学

表 7.3　课程信息表

课 程 号	课 程 名	学 分
C01	高等数学	6
C02	计算机导论	2
C06	Python 语言	2
C09	软件工程	2
C12	建筑制图	3

表 7.4　学生选课信息表

学 号	课 程 号	成 绩
S01	C01	92
S01	C02	81
S01	C06	78
S02	C01	88
S02	C02	82
S02	C09	93
S03	C01	85
S03	C12	91

这 3 个表格可以对应成数据库中的如下 3 个关系表,带下画线的属性为主码,主码能唯一确定某个实体,如学号能唯一确定某个学生。

学生(学号,姓名,年龄,专业)
课程(课程号,课程名,学分)
选课(学号,课程号,成绩)

这样存储学生、课程和学生选课信息,基本去除了数据冗余。如果某个学生转专业了,只在学生表中修改一个记录即可。

7.2.2　关系数据库语言

1974 年,由 Boyce 和 Chamberlin 提出了结构化查询语言(structured query language,SQL)。1975—1979 年,IBM 公司在研制的关系数据库管理系统 System R 中实现了这种语言。由于 SQL 功能丰富,语言简洁,使用方法灵活,备受用户和计算机业界的青睐,被众多的计算机公司和软件公司所采用。

1986 年 10 月,美国国家标准局(ANSI)批准采用 SQL 作为关系数据库语言的美国标准,1987 年国际标准化组织(ISO)将之采纳为国际标准。ANSI 于 1989 年公布了 SQL 89 标准,后来又陆续公布了 SQL 92、SQL 99(SQL3)、SQL 2003、SQL 2008、SQL 2011 等标准。目前大部分关系数据库管理系统都支持 SQL 92 中的大部分功能以及 SQL 99、SQL 2003 中的部分新概念,但没有一个数据库管理系统能够支持 SQL 标准的所有概念和特性。

SQL 由于其功能强大,简洁易学,从而被程序员、数据库管理员(database administrator,DBA)和终端用户广泛使用。其主要特点如下。

1. 非过程化的语言

所谓面向过程的语言（如 C 语言、Python 语言等），指当用户要完成某项数据请求时，需要用户了解数据的存储结构、存储方式等相关情况，需要详细说明如何做，加重了用户负担。而当使用 SQL 这种非过程化语言进行数据操作时，只要提出"做什么"，而不必指明"如何做"，对于存取路径的选择和语句的操作过程均由系统自动完成。在关系数据库管理系统（RDBMS）中，所有 SQL 语句均使用查询优化器，由它来决定对指定数据使用何种存取手段以保证最快的速度，这既减轻了用户的负担，又提高了数据的独立性与安全性。

2. 功能一体化的语言

SQL 集数据定义语言（data define language，DDL）、数据操纵语言（data manipulation language，DML）、数据控制语言（data control language，DCL）及附加语言元素于一体，语言风格统一，能够完成包括关系模式定义，数据库对象的创建、修改和删除，数据记录的插入、修改和删除，数据查询，数据库完整性、一致性保持与安全性控制等一系列操作要求。SQL 的功能一体化特点使得系统管理员、数据库管理员、应用程序员、决策支持系统管理员以及其他各种类型的终端用户只需要学习一种语言形式即可完成多种平台的数据请求。

3. 一种语法两种使用方式

SQL 既可以作为一种自含式语言，被用户以一种人机交互的方式，在终端键盘上直接输入 SQL 命令来对数据库进行操作；又可以作为一种嵌入式语言，被程序设计人员在开发应用程序时直接嵌入某种高级语言（如 Python 语言）中使用。不论在何种使用方式下的 SQL 语法结构都是基本一致的，具有较好的灵活性与方便性。

4. 面向集合操作的语言

非关系数据模型采用面向记录的操作方式，操作对象是单一的某条记录，而 SQL 允许用户在较高层的数据结构上工作，操作对象可以是若干记录的集合，简称记录集。所有 SQL 语句都接受记录集作为输入，返回记录集作为输出，其面向集合的特性还允许一条 SQL 语句的结果作为另一条 SQL 语句的输入。

5. 语法简洁、易学易用的标准语言

SQL 不仅功能强大，而且语法接近英语口语，符合人类的思维习惯，因此较为容易学习和掌握。同时又由于它是一种通用的标准语言，使用用 SQL 编写的程序也具有良好的可移植性。

【例 7.2】 对于例 7.1 中的学生选课关系，如果查询选修了"计算机导论"课程的学生的姓名，可以写出如下查询语句：

```
SELECT 学生.姓名
FROM 学生,选课,课程
WHERE 学生.学号 = 选课.学号 AND
      选课.课程号 = 课程.课程号 AND
      课程.课程名 = "计算机导论";
```

7.2.3 常用关系数据库管理系统

数据库领域有 4 种主要的数据模型，即层次模型、网状模型、关系模型和面向对象模型。以这些模型为基础的数据库管理系统分别称为层次数据库、网状数据库、关系数据库和面向对象数据库。数据模型是组织数据的方式。

层次数据库、网状数据库在 20 世纪 70～80 年代初非常流行，在数据库产品市场上占主导地位。在美国等一些应用数据库技术较早的国家，早期开发的应用系统都是基于层次或网状数据库的。

自 1970 年美国 IBM 公司的埃德加·科德（Edgar F. Codd，1923—2003）研究员首次提出关系模型后，关系数据库得到了快速的发展，为此科德获得 1981 年度图灵奖。20 世纪 80 年代以来，计算机厂商推出的数据库管理系统都支持关系模型，关系数据库成为数据库市场的主流产品，得到了非常广泛的使用。

层次、网状数据库已经过时，面向对象数据库管理系统的研究和开发虽然取得了大量的成果，但要想得到广泛的应用，还有很多理论和技术问题需要研究解决。目前真正得到广泛应用的仍是关系数据库管理系统（扩展进了面向对象思想，也称为对象-关系数据库管理系统），所以本节以介绍关系数据库管理系统为主。

近年来，计算机科学技术不断发展，关系数据库管理系统也不断发展进化，AB 公司（2009 年被 Oracle 公司收购）的 MySQL、Microsoft 公司的 Access 等是小型关系数据库管理系统的代表，Oracle 公司的 Oracle、Microsoft 公司的 SQL Server、IBM 公司的 DB2 等是功能强大的大型关系数据库管理系统的代表。

中大规模的数据库应用系统，需要系统能够存储大量的数据，要有良好的性能，要能保证系统和数据的安全性以及维护数据的完整性，要具有自动高效的加锁机制以支持多用户的并发操作，还要能够进行分布式处理等，大型数据库管理系统能够很好地满足这些要求。

大型数据库管理系统主要有如下 7 个特点：

（1）一个基于网络环境的数据库管理系统。可以用于 C/S（客户机/服务器）结构的数据库应用系统，也可以用于 B/S（浏览器/服务器）结构的数据库应用系统。

（2）支持大规模的应用。可支持数千数万个并发用户、多达上百万上千万的事务处理和超过太字节的数据容量。

（3）提供的自动锁功能使得并发用户可以安全而高效地访问数据。

（4）可以保证系统的高度安全性。

（5）提供方便而灵活的数据备份和恢复方法及设备镜像功能，还可以利用操作系统提供的容错功能，确保设计良好的应用中的数据在发生意外的情况下可以最大限度地被恢复。

（6）提供多种维护数据完整性的手段。

（7）提供了方便易用的分布式处理功能。

7.2.4　数据库应用系统开发工具

早期的数据库应用由于是比较简单的单机系统，数据库管理系统选用 dBASE、FoxBASE、FoxPro 等，这些系统自身带有开发环境，特别是后来出现的 Visual FoxPro 带有功能强大、使用方便的可视化开发环境，所以这时的数据库应用系统开发可以不用再选择开发工具。

随着计算机技术（特别是网络技术）和应用需求的发展，数据库应用模式已逐步发展到 C/S 模式和 B/S 模式，数据库管理系统需要选用功能强大的 Oracle、SQL Server、DB2 等，虽然说借助于其自身的开发环境也可以开发出较好的应用系统，但效率较低，不能满足实际开发的需要。选用合适的开发工具成为提高数据库应用系统开发效率和质量的一个重要因素。

PowerSoft 公司（1995 年被 Sybase 公司收购）自 1991 年推出多个版本的 PowerBuilder，这是一个基于 C/S 模式的面向对象的可视化开发工具，曾得到广泛使用。目前，用于数据库应用系统的开发工具还有 Python、Visual C++、Visual Basic 等，在标准库或第三方库的支持下，使用 Python 语言开发数据库应用系统简单、快捷。

7.2.5 数据库设计

数据库设计的任务是，根据应用需求对建立几个数据库进行选择、设计数据库中关系表的模式（结构），并在计算机上建立数据库。数据库设计是开发数据库应用系统的核心和基础。数据库设计包括需求分析、概念结构设计、逻辑结构设计、物理结构设计、数据库实施、数据库运行和维护 6 个阶段。

数据库设计要与整个数据库应用系统的设计开发结合起来进行，只有设计出高质量的数据库，才能开发出高质量的数据库应用系统，也只有着眼于整个数据库应用系统的功能要求，才能设计出高质量的数据库。

1. 需求分析

需求分析是对组织的工作现状和用户需求进行调查、分析，明确用户的信息需求和系统功能，提出拟建系统的逻辑方案。这里的重点是对建立数据库的必要性及可行性进行分析和研究，确定数据库在整个数据库应用系统中的地位，确定出各个数据库之间的关系。

数据库的使用，特别是大型数据库的使用对技术人员、管理人员、最终用户的计算机素养都有比较高的要求，对数据的采集及管理活动的规范化也有比较高的要求。对计算机及其网络环境的软硬件配置也有较高的要求。根据具体应用，选用什么样的数据库管理系统（DBMS）及其相应的软硬件配置要进行认真的分析和研究。

确定了建立数据库系统之后，要分析待开发系统的基本功能，确定数据库支持的范围，考虑是建立一个综合的数据库，还是建立若干专门的数据库。对于规模比较小的应用系统可以建立一个综合数据库，对于大型应用系统来说建立一个支持系统所有功能的综合数据库难度较大，效率也不高，比较好的方式是建立若干专门的数据库，需要时可以将多个数据库连接起来，满足实际功能的需要。例如，如果开发一个高校教学管理系统，设计一个教学数据库即可满足系统功能的要求，这个数据库中包括教师基本情况表、学生基本情况表、课程基本情况表、学生选课情况表、教师授课情况表等。如果要开发一个高校综合管理系统，包括教学管理、科研管理、人事管理、财务管理、图书管理等，显然，建立一个数据库很难满足所有这些功能的需求，要分别建立教学数据库、科研数据库、人事数据库、财务数据库和图书数据库等，每个数据库根据需要再建若干表。

2. 概念结构设计

将需求分析阶段得到的用户需求抽象为反映现实世界信息需求的数据库概念结构（概念模式）就是概念结构设计。

概念结构有如下特点：

（1）能真实、充分地反映现实世界。

（2）易于理解，因而可以以此为基础和不熟悉数据库专业知识的用户交换意见。

（3）当应用环境和用户需求发生变化时，很容易实现对概念结构的修改和完善。

（4）易于转换为关系、层次、网状等各种数据模型。

概念结构从现实世界抽象而来，又是各种数据模型的共同基础，实际上是现实世界与逻辑结构（机器世界）之间的一个过渡。

描述概念模型的有效工具是实体-联系（entity-relation，E-R）图。

概念结构设计包括三个步骤：设计局部 E-R 图、集成局部 E-R 图为全局 E-R 图、优化全局 E-R 图。

3. 逻辑结构设计

逻辑结构设计是把概念结构设计阶段的 E-R 图转换为与具体的 DBMS 产品所支持的数据模型相一致的逻辑结构。逻辑结构设计包括两个步骤：将 E-R 图转换为关系模型、对关系模型进行优化，优化工作要用到函数依赖、关系范式等知识；得到优化后的关系数据模型，就可以向特定的关系数据库管理系统转换，实际上是将一般的关系模型转换为符合某一具体的能被计算机接受的关系数据库管理系统（RDBMS）模型，如 Oracle、SQL Server、DB2 等。

4. 物理结构设计

数据库在实际的物理设备上的存储结构和存取方法称为数据库的物理结构。对于设计好的逻辑模型选择一个最符合应用要求的物理结构就是数据库的物理结构设计，物理结构设计依赖于给定的硬件环境和数据库产品。

物理结构设计的主要内容包括三项：确定数据的存储安排、存取路径的选择与调整和确定系统配置。

RDBMS 产品一般都提供有一些系统配置变量、存储分配参数（同时使用数据库的用户数、同时打开的数据库对象数、缓冲区的长度等），系统为这些变量赋予了合适的默认值，在进行数据库的物理设计时可以直接使用这些值，也可以根据实际应用环境重新设置这些值。

5. 数据库实施

数据库实施阶段的工作就是根据逻辑设计和物理设计的结果，在选用的 RDBMS 上建立起数据库。具体讲有如下三项工作：

（1）建立数据库的结构。以逻辑设计和物理设计的结果为依据，用 RDBMS 的数据定义语言书写数据库结构定义源程序，调试、执行源程序后就完成了数据库结构的建立。

（2）载入实验数据并测试应用程序，实验数据可以是部分实际数据，也可以是模拟数据，应使实验数据尽可能覆盖各种可能的实际情况，通过运行应用程序，测试系统的性能指标。如不符合，是程序的问题则修改程序，是数据库的问题则修改数据库设计。

（3）载入全部实际数据并试运行应用程序，发现问题做类似处理。

6. 数据库运行和维护

数据库经过试运行后就可以投入实际运行了。但是，由于应用环境在不断变化，对数据库设计进行评价、调整、修改等维护工作是一个长期的任务，也是设计工作的继续和提高。

在数据库运行阶段，对数据库经常性的维护工作主要由数据库管理员完成，主要工作包括数据库的转储和恢复、数据库的安全性和完整性控制、数据库性能的监督和分析、数据库的重组织与重构造等。

本节以数据库为主线说明数据库应用系统的开发过程，分析、设计、实施、运行和维护分布在了这个主线上。7.4 节（软件工程）着眼于一般软件系统的设计开发，数据库设计是其中的一个环节。当开发实际项目时,以数据库为主的数据库应用系统开发可以遵循数据库设计过程,不以数据库为主的一般软件系统的开发可以遵循软件工程的思想。

7.3 数据库的发展

微课视频

7.3.1 分布式数据库

随着计算机网络技术的快速发展,具有多个分布在不同地理位置上的分支机构的组织对数据库提出了更为高级的应用需求。例如,某大学有三个校区,每个校区有若干学院。每个校区建有一个集中数据库用来存放本校区教师、学生、课程及学生选课的有关信息,在此基础上,如何有效统一管理三个校区的教学信息,这种需求导致了分布式数据库的产生。

分布式数据库(distributed database,DDB)是指分布在一个计算机网络上的多个逻辑相关的数据库的集合。即分布式数据库是一组结构化的数据集合,逻辑上属于同一个系统,物理上分布在计算机网络中各个不同的场地上。从物理位置上看,数据分别存放在地理位置不同的数据库中,但从用户使用的角度看,数据如同存放在一个统一的数据库中一样。每个用户可以方便地查询到所有数据库中的数据。将传统的单场地上的数据库称为集中式数据库。

分布式数据库系统(distributed database system,DDBS)由分布式数据库和分布式数据库管理系统组成。分布式数据库管理系统(distributed database management system,DDBMS)是分布式数据库系统的一组软件,负责对分布式数据库中的数据进行管理和操作。分布式数据库管理系统可以有多种不同的体系结构,图7.1所示是一种常见的体系结构。

图 7.1 分布式数据库管理系统常见的体系结构

DDBMS 由以下 4 个主要部分组成：

（1）本地数据库管理系统（local DBMS，LDBMS）。每个结点上都有一个局部数据库管理系统，其功能是建立和管理局部数据库，执行局部应用及全局查询的子查询。

（2）全局数据库管理系统（global DBMS，GDBMS）。主要功能是把物理上分散的局部数据库整合成逻辑上统一的全局数据库，协调各局部 DBMS 以完成全局应用，保证数据库的全局一致性，提供全局恢复功能等。

（3）全局数据字典（global data directory，GDD）。存放全局数据库结构、局部数据库结构及各局部数据库结构和全局数据库结构之间联系的定义，存放有关用户存取权限的定义。全局数据字典支持全局数据库管理系统对各局部数据库的操作。

（4）通信管理（communication management，CM）。在分布式数据库各结点之间传送消息和数据，完成通信功能。

代表性的分布式数据库系统有 SDD-1、分布式 INGRES、System R、R* 等，Oracle、SQL Server、DB2 等数据库管理系统也都不同程度地支持分布式数据库的特性。

7.3.2　大数据

微课视频

大数据（big data）是指规模大到目前的软件工具难以有效收集、存储、管理和分析的数据。大数据有 4 个特点（4V 特点）：一是数据量巨大（volume），一般都在太字节以上；二是类型多样（variety），包括数值、文本、图像、视频、音频等各种类型的结构化和非结构化数据；三是处理速度快（velocity），对大数据的分析处理速度要快，分析结果要能及时用于支持决策，也有人解释为数据的增长速度快；四是价值大（value），原始数据量大，价值密度低（数月的监控录像中可能只有几分钟甚至几秒的录像有用），但经分析处理后能够带来巨大的经济社会价值。

被誉为大数据时代预言家的维克托·迈尔·舍恩伯格（Viktor Mayer-Schönberger，1966—）在与肯尼斯·库克耶（Kenneth Cukier）合著的《大数据时代》一书中，提供了一个大数据案例：美国华盛顿大学计算机专家奥伦·埃齐奥尼（Oren Etzioni）开发了一个机票价格预测系统 Farecast，基于对以往机票实际价格的分析来预测未来机票的价格，帮助人们在合适的时间以最低的价格购买机票（并不是买的越早越便宜，埃齐奥尼就是因为吃过这样的亏才决定开发这个预测系统的）。到 2012 年为止，Farecast 系统用了将近 10 万亿条价格记录来帮助预测美国国内航班的票价。Farecast 票价预测的准确度已经高达 75%，使用 Farecast 票价预测工具购买机票的旅客，平均每张机票可节省 50 美元。考虑美国每年有数亿人次乘坐国内航班，使用该系统可为客户节省的费用是相当可观的。

这是一个比较有代表性的大数据应用实例，少量的价格记录（如 1 万条）可能没有多大利用价值，但是通过对大数据（实例中的近 10 万亿条价格记录）的分析，就能产生可观的经济价值。

很多人都用的支付宝到 2020 年时用户量已经突破 10 亿。支付宝早期的 IT（信息技术）基础设施采用传统的集中式数据库，随着电子商务（网上购物、网上支付）的快速发展，特别是在"双 11""618"等促销活动时段，遇到大量的用户在短时间内集中购买、集中支付的"潮汐式""爆发式"对数据库访问的冲击，传统的集中式数据库很难应对。为此，蚂蚁集团完全自主研发了国产原生分布式数据库 OceanBase，该产品具有数据强一致、高可用、高性能、在线扩展、高度兼容 SQL 标准和主流关系数据库、低成本等特点。支付宝从 2014 年开始逐渐迁移到 OceanBase 分布式数据库上,到 2017 年所有核心系统的全部流量都由 OceanBase 支撑。OceanBase 分布式数据库采用"三地五中心"城市级容灾新标准,数据量达到皮字节(PB)级,2020 年 5 月,OceanBase 的在线事务处理性能达到 7.07 亿 tpmC(每分钟系统处理的新订单个数)。

7.3.3　区块链

微课视频

区块链(blockchain)是分布式数据存储、点对点传输、共识机制、加密算法等计算机技术的新型应用模式。

区块链主要解决交易的信任和安全问题,因此提出了如下 4 个技术创新:

(1) 分布式账本。就是交易记账由分布在不同地方的多个结点共同完成,而且每一个结点都记录的是完整的账目,因此它们都可以参与监督交易合法性,同时也可以共同为其作证。没有任何一个结点可以单独记录账本数据,从而避免了单一记账人被控制或者被贿赂而记假账的可能性。也由于记账结点足够多,理论上讲除非所有的结点被破坏,否则账目就不会丢失,从而保证了账目数据的安全性。

(2) 非对称加密和授权技术。存储在区块链上的交易信息是公开的,但是账户身份信息是高度加密的,只有在数据拥有者授权的情况下才能访问到,从而保证了数据的安全和个人的隐私。

(3) 共识机制。就是所有记账结点之间如何达成共识,去认定一个记录的有效性,这既是认定的手段,又是防止篡改的手段。人们提出了多种不同的共识机制,适用于不同的应用场景,在效率和安全性之间取得平衡。

(4) 智能合约。基于区块链上可信的不可篡改的数据,可以自动执行一些预先定义好的规则和条款。以保险为例,如果说每个人的信息(包括医疗信息和风险发生的信息)都是真实可信的,那就很容易在一些标准化的保险产品中,进行自动理赔。

下面通过一个示例来说明区块链的应用。

假定有一个互助小组,共 50 人,分散居住在不同的地方,不设组长,每个人被分配了一个代号,如组员 01,组员 02,…,组员 50。组员相互之间可以临时性借钱使用(一定期限,如30 天;一定额度,如最多 1000 元)。

用区块链技术来记录组员之间的借贷数据,并且实现所有组员都不能抵赖的效果。

1. 分布式记账

假设组员 i 向组员 j 借了 100 元钱,并发送电子邮件通知所有组员最终都记录下这一借贷事件。这个事件在区块链世界中被称为一笔"交易"。对于每个组员来说,他/她可能会在一天内收到许多笔此类交易。例如,组员 01 在一天内记录的交易(也包括组员 01 自己的交易)如表 7.5 所示。

表 7.5　借贷记录示例

序　号	借　方	贷　方	金额/元	时　间
1	组员 01	组员 02	100	2023.09.01 08:23:25
2	组员 04	组员 09	200	2023.09.01 10:15:04

续表

序　　号	借　　方	贷　　方	金额/元	时　　间
3	组员 06	组员 20	100	2023.09.01 10：15：05
4	组员 31	组员 06	300	2023.09.01 15：58：17
5	组员 40	组员 49	100	2023.09.01 15：58：19
6	组员 07	组员 24	500	2023.09.01 21：40：52

如果所有组员都如实记录了某一笔交易,那么,任何一个组员都不可能单方面篡改这笔交易的内容。这是因为根据少数服从多数的原则,其他记录真实交易内容的组员将占大多数,从而被篡改交易无法最终得到全组成员的认可。

为了能够有效地管理这些交易,每个组员每天都会把当天的借贷记录(即交易)封账,这在区块链世界里被称为一个“区块”。也就是说,一个区块中会包含一组交易(在本例中,这组交易就是一天的借贷记录)。将 n 天的借贷记录保存成一个账本,每一天的记录中都写入前一天借贷记录的哈希值(对记录的数据序列做一个哈希计算),就是“区块链”,如图 7.2所示。需要注意的是,每个组员都应当有一条这样的区块链,并且他们的区块链数据是一致的。这种记账方式称为分布式记账。

图 7.2　借贷记录区块链

2. 共识机制

如何才能保证所有组员的借贷记录都是一致的呢?假定某些组员可能存在记录错误或篡改借贷记录的可能。这就需要设计一种机制,来确保整个小组的分布式记账可以最终达到一致,这种机制被称为共识机制,也就是说,全体组员都对记账结果形成共识。

然而,如果组员们各自独立记账,由于组员们获得交易信息的时间顺序可能存在差异,如图 7.2中第一个区块的交易 2和交易 3,以及交易 4和交易 5,时间上相差无几,在交易信息传往不同组员时,很难说哪个交易的电子邮件先被收到,并且某些组员可能根本收不到某些电子邮件(在现实中常见),那么将很难达到一致性。可以随机选取一个记账人,以该记账人的记账结果为准,其他组员都与该记账人进行数据同步。

记账人的选取过程是共识机制的重要一环。在区块链的理念中,这个记账人的选取是采用竞争的方式实现的，有将工作量作为竞争资源的工作量证明机制（proof of work，PoW），也有将权益作为竞争资源的股权证明机制（proof of stack，PoS），等等。在本例中，各组员可采用 PoW 的方式来竞争记账，如每个组员都用各自的计算机来不断尝试做一种哈希运算，直到找到符合某种条件的哈希值为止（如该哈希值由一定数量的 0 开头，要找到这样的哈希值需要复杂的计算）。一旦找到哈希值，代表该组员完成了所需的工作量，有资格成为记账人，他/她将把计算结果和自己所记录的当天的借贷情况（区块）通过电子邮件发送给所有其他组员。而每个接收到此邮件的组员，可以很快验证其中的哈希计算结果（要验证哈希结果是否正确，只需要做一次哈希运算，因而非常容易），也就是确认该记账人的资格。一旦验证通过，收到邮件的组员将把自己手中的交易放弃掉，转而接收邮件中的区块，并把它追加到自己的账本（区块链）中。

当然，由于电子邮件有延迟，很可能出现多个组员同时完成工作量证明的情况。这时，如果某个组员收到了多封工作量证明邮件，可以先都保存下来，形成多个账本（每个区块都有上一区块的哈希，收到不同的区块就会出现分叉，如图 7.3 所示）。一段时间后，哪个账本中的记录较长，就说明该账本得到了更多组员的认可，而其他账本的数据就可以抛弃掉了。这被称为"最长链原则"。

图 7.3 区块链的分叉

3. 激励机制和验证机制

上面的共识机制存在两个问题：首先是各组员未必愿意付出算力成本来竞争记账；其次是获得记账权的组员也有可能利用临时获得的权力和机会来篡改某些交易。

先来解决第一个问题。经济上的补偿或者权益上的补偿通常能够激励组员们参与竞争记账。例如，为鼓励组员记账，可以为获得记账资格的组员增加一定的借钱额度（记一次账，增加 10 元的借钱额度）；或者可以强化奖励，支付给记账的组员一定的手续费（从借钱的组员账户中扣除）。奖励会提高组员参与竞争记账的积极性，保证区块链的正常运转。

再来解决第二个问题。被记账的借贷记录必须是可以验证的。还记得吗？每个组员都收到了借贷双方发送的交易记录。如果某个组员收到了一个区块，但其中的交易和自己之前收到的交易记录存在不符，那么就有理由怀疑这个区块的真实性。可疑的区块将无法通过组员的验证，也就不可能加入组员的区块链。

4. 加密机制

区块链中的借贷记录对全体组员是公开的，即所有人都能够验证其中数据的真实性。然而，借贷双方可能并不希望他们的交易被别人看到。此时，借贷双方组员的编号成为一种隐私信息。现实中，你之所以愿意把钱借给别人，其中一个原因就是你知道他是谁，并且其他见证人也必须知道，这就不得不泄露你们的身份信息。而在区块链世界中，借贷双方的身份可以不用暴露，因为双方的信任是建立在算法和机制之上的。每个组员都可以用自己的身份信息申请一对非对称加密机制下的密钥(一个公钥和一个私钥)。这对密钥与身份信息是一一对应的,其中的公钥可以公开,而私钥则需要保密。那么,像图 7.2 中所示的"组员 i",就可以用一个经过处理(比如使用特定算法压缩过的公钥)的公钥来代替,这样,其他组员也就无法直接获知某笔交易的当事人身份了,实现了交易匿名化。

5. 智能合约

前面曾提到,记账人可以获得一定数额的奖励,此外,借贷双方之所以可以匿名,是因为他们都信任系统的算法和机制。这种可以让记账人公平地获得奖励,以及保障借贷双方不可抵赖的技术,就是智能合约。智能合约是一种可以由系统自动执行的代码,一旦写入区块链将不会再被人为控制或修改,从而能够按照提前写好的合约算法公正地履约。

为了能够让记账人获得应得的奖励,每个组员的终端都会默认部署一个专门用于奖励记账人的智能合约。当某个组员完成了工作量证明并得到全网共识时,所有组员将执行这个智能合约,把规定数量的借款额度附加给记账人作为奖励。

为了能够让借贷双方不可抵赖,可以让他们通过交易智能合约建立交易。合约规定了还款时间和金额,当接近还款日期时,合约执行提醒代码,给借方提示。当到达还款日期时,合约自动从借方账户划走规定的金额。这是强制执行的,如果借方账户中没有存入还款的金额,则会给出违约提示,自动计算违约金,并提示线下法律程序等。当然,记账人如果希望从借方抽取一定比例的手续费作为奖励,也可以将此约定写入这个交易智能合约,从而使记账奖励得到强制的、自动化的执行。

以上设计只是区块链应用的一个方案,针对相同的问题,可以设计出多种区块链应用方案。

7.3.4　数据仓库

数据仓库专家威廉·英蒙(William H. Inmon)给出的定义是,数据仓库(data warehouse,DW)是一个面向主题的、集成的、时变的、不可更新的数据集合,支持管理部门的决策过程。

根据这个定义,数据仓库具有以下 4 个特点:

(1)面向主题的(subject oriented)。数据仓库围绕一些主题,如客户、供应商、产品或销售来组织。数据仓库关注决策者的数据建模与分析,而不是组织机构的日常操作。因此,数据仓库排除与决策无关的数据,只提供与特定主题相关的数据。

(2)集成的(integrated)。数据仓库中的数据往往来自多个异构的数据源,是对这些异构数据的集成,在数据集成过程中要保证数据在命名约定、编码结构、属性度量等方面的一致性。

(3)时变的(time-variant)。在数据库中一般只存放当前数据,而数据仓库中一般要存放一个历史阶段的数据,如存放 5 年的数据。数据仓库中的数据与时间因素有关。

(4)不可更新的(nonvolatile)。数据仓库中的数据一般来源于数据库或其他数据源,但与这些数据源分开存放数据。数据库中的数据经常需要进行插入、修改和删除等更新操作,而数据仓库中的数据只有查询和统计操作,一般不进行更新操作。

对于数据仓库的概念可以从两个层次予以理解:首先,数据仓库用于支持决策,面向分析型数据处理,它不同于现有的操作型数据库,只是应用于一般的数据管理;其次,数据仓库是对多个异构的数据源有效集成,集成后按照主题进行了重组,并包含历史数据,而且存放在数据仓库中的数据一般不再修改。

Oracle、DB2、SQL Server 都支持数据仓库解决方案，下面分别进行简要介绍。

1. Oracle

Oracle 数据仓库解决方案主要包括 Oracle Express 和 Oracle Discoverer 两个部分。Oracle Express 由 4 个工具组成：Oracle Express Server 是一个多维 OLAP 服务器，它利用多维模型，存储和管理多维数据库或多维高速缓存，同时也能够访问多种关系数据库；Oracle Express Web Agent 通过公共网关接口（common gateway interface，CGI）或 Web 插件支持基于 Web 的动态多维数据展现；Oracle Express Objects 前端数据分析工具提供了图形化建模和假设分析功能，支持可视化开发和事件驱动编程技术；Oracle Express Analyzer 是通用的、面向最终用户的报表和分析工具。Oracle Discoverer 查询工具是专门为最终用户设计的，分为最终用户版和管理员版。在 Oracle 数据仓库解决方案实施过程中，通常把汇总数据存储在 Express 多维数据库中，而将详细数据存储在 Oracle 关系数据库中，当需要详细数据时，Express Server 通过构造 SQL 语句访问关系数据库。

2. DB2

IBM 公司提供了一套基于可视数据仓库的商业智能（business intelligence，BI）解决方案，包括 Visual Warehouse（VW）、Essbase/DB2 OLAP Server 5.0、IBM DB2 UDB，以及来自第三方的前端数据展现工具和数据挖掘工具。其中，VW 是一个功能很强的集成环境，既可用于数据仓库建模和元数据管理，又可用于数据抽取、转换、装载和调度。Essbase/DB2 OLAP Server 支持"维"的定义和数据装载。Essbase/DB2 OLAP Server 不是关系 OLAP 服务器，而是一个混合的 OLAP 服务器，在 Essbase 完成数据装载后，数据存放在系统指定的 DB2 UDB 数据库中。

3. SQL Server

Microsoft SQL Server Analysis Services 是用于 OLAP 和数据挖掘的中层服务器。Microsoft SQL Server Analysis Services 系统包括一个服务器，可以构造用于分析的多维数据集，同时 Microsoft SQL Server Analysis Services 系统还提供对多维数据集信息的快速客户端访问。Microsoft SQL Server Analysis Services 将数据仓库中的数据组织成包含预先计算聚合数据的多维数据集，以便为复杂的分析查询提供快速解答。

其他的一些常用数据库产品也都有相应的数据仓库功能。需要说明的是，各种数据库产品提供的数据仓库功能是不同的，甚至于同一产品的不同版本提供的功能也是有所区别的，如果需要，应查阅该产品的详细手册。

7.3.5 数据挖掘

随着数据库技术的广泛应用，各行各业逐步积累了大量的历史数据，如何从这些数据中找出有用的规律用以指导目前的工作？数据挖掘应运而生。数据挖掘（data mining，DM）又称为数据中的知识发现（knowledge discovery in data，KDD），是从存放在数据库、数据仓库或其他信息库中的大量数据中发现有用知识的过程。

数据挖掘主要完成如下功能：

（1）概念描述（concept description）。归纳总结出某个数据集合的特征，或者对照说明两个或多个数据集的不同特征。

（2）关联分析（association analysis）。找出数据集中相互有关联的因素。

（3）分类（classification）。在分析已有类别标记的数据的基础上，总结出不同类别数据的特征，据此特征对待分类数据进行类别标注。

（4）聚类（clustering）。对数据进行分组，使得同一组内的数据相似度比较高，而不同组中的数据相似度比较低。

（5）孤立点分析（outlier analysis）。孤立点就是数据集中明显偏离正常值的数据，找到这样的数据就是孤立点分析。

（6）演变分析（evolution analysis）。发现行为随时间变化的数据所遵循的规律或趋势。

例如，超市数据库中存储有大量的客户购买物品的信息以及客户本身的信息。分类或聚类可以把客户按购买力的大小分成若干组；概念描述可以对比说明每组客户的特征；关联分析可以发现人们购买物品时的一些规律，如购买牛奶的人一般同时购买了面包等；孤立点分析可以发现反常的购买行为，如消费额特大；演变分析可以发现某种（些）商品在不同季节的销售趋势。

这些数据挖掘的结果可以使超市的经营者制定出更为精准的营销策略，在提高服务质量的同时，取得更好的经济效益。通过分类/聚类/概念描述，可以针对不同的客户群体制定不同的折扣比例，有针对性地推荐他们所需要的商品；关联分析/趋势分析有助于在进货时考虑季节及不同商品在数量上的合理搭配，使得商品既不积压又不断档；孤立点分析有助于发现恶意消费（用拣来的信用卡恶意透支）等行为。

数据挖掘是一个交叉学科领域，受多个学科影响，主要包括数据库、人工智能、机器学习、统计分析、信息检索、模式识别、图像分析、可视化等方法和技术。

目前，传统的数据库应用系统已不能满足一些稍大一些规模企事业单位的需要，综合了分布式数据库、数据仓库、数据挖掘、区块链和大数据技术的数据分析系统得到人们的广泛重视，在银行、电信、保险、证券、交通、超市、互联网等领域得到了广泛的应用。

7.4　软　件　工　程

随着计算机应用的日益普及和深入，软件在计算机系统中所占比重不断增加。在美国，20 世纪 50 年代软件成本大约占计算机系统总成本的 20％，到 80 年代，软件成本已超过80％。软件规模和复杂程度也在不断增加，包含数百万行代码、耗资几十亿美元、花费几千人年的劳动才能开发出来的大型软件，在 20 世纪 70 年代就已不是什么新鲜事了，有的软件达到几千万行代码的规模。

沿用 20 世纪 50 年代计算机发展初期个人编写小程序的传统方法，已不再适合现代大型软件的开发，用传统方法开发出来的许多大型软件甚至无法投入运行，造成大量人力、物力、财力的浪费。计算机领域把大型软件开发和维护过程中遇到的一系列严重问题称为"软件危机"（software crisis）。

软件危机主要表现在以下几方面。

（1）对软件开发成本和开发进度的估计往往很不准确。

（2）用户对"已完成"的软件系统不满意的现象经常发生。

（3）软件产品的质量往往不可靠。

微课视频

（4）软件没有适当的文档资料。

（5）软件通常是不可维护的。

比较典型的一个例子是 IBM 公司于 1963—1966 年为 IBM 360 系列机开发的操作系统 OS/360，这是一个功能较强的多道批处理操作系统，参加软件开发的人员最多时超过了 1000 人，总计有大约 5000 人年的工作量（5000 人工作一年），耗资数亿美元，编写了近 100 万行的源程序。但结果并不理想，软件中隐藏有大量的错误，每次发行的新版本都是在前一个版本的基础上发现并改正 1000 个错误后形成的。要知道，在这么多人合作编写的这么大规模的一个软件中，找到错误的性质和位置并改正错误，又不引起新的错误，是一件相当困难的事情。

软件危机的出现表明，必须寻找新的技术和方法来指导大型软件的开发。考虑机械、建筑等领域都经历过从手工方式演变成严密、规范、完整的工程科学的过程，人们认为大型软件的开发也应该向"工程化"方向发展，逐步发展成一门完整的工程学科。1968 年，在北大西洋公约组织（NATO）的一次学术会议上首次提出软件工程（software engineering）概念。软件工程采用工程的概念、原理、技术和方法来开发和维护软件，把经过时间检验证明正确的管理技术和当前能够得到的最好的技术方法结合起来。实践表明，软件工程方法和技术确实对大型软件的开发产生了巨大影响。

本节主要针对应用软件的开发介绍软件工程方法。

7.4.1　软件开发的复杂性

软件是先进的科学技术与现代管理相结合的产物，开发高质量的应用软件，已经成为现代企业、政府部门等各类组织提高自身素质、实现组织目标的战略措施，但软件的开发（特别是大型软件的开发）是一项复杂的系统工程。

软件开发的复杂性主要体现在如下 3 方面。

1. 开发环境的复杂性

现代企事业单位、政府部门等组织一般说来结构复杂。软件开发通常涉及组织内部各级机构、管理人员及组织面临的外部环境。软件开发者必须十分重视、深刻理解组织面临的内、外环境及发展趋势，考虑管理体制、管理思想、管理方法和管理手段的相互匹配，才能开发出高质量的软件。

2. 用户需求的多样性

管理类应用软件的最终用户是各级各类管理人员，满足这些用户的信息需求，支持他们的日常管理及决策工作，是系统开发的直接目的。然而，一个组织内部各类机构和管理人员的信息需求不尽相同，甚至相互矛盾，一些用户提出的信息需求往往十分模糊。用户需求在系统开发过程中经常发生变化，开发出的系统必须要满足不同用户的信息需求。

3. 技术手段的综合性

软件是当代利用先进技术解决社会经济问题的范例之一。当代的先进技术成果，如计算机硬件和软件技术、数据通信与网络技术、数据采集与存储技术、大数据技术、人工智能技术等，都是进行软件开发、实现各种功能的技术手段。如何有效地掌握和综合使用这些技术，是软件开发者面临的主要任务之一。

由此可知，软件的开发，特别是中大规模软件的开发是复杂且困难的。为了有效地完成软件的开发工作,理论指导和方法选择是非常必要的。

7.4.2　软件工程的基本原则

自软件工程概念提出后,研究软件工程的专家学者们陆续提出了 100 多条关于软件工程的准则,著名的软件工程专家巴里·贝姆(Barry W. Boehm,1935—)在综合这些准则并总结 TRW 公司多年软件开发经验的基础上,于 1983 年提出了软件工程的 7 条基本准则,在软件工程领域得到广泛认可。

1. 用分阶段的生命周期计划进行严格的管理

早期的个人编写程序模式的一大缺点是随意性大,没有严格的计划,甚至于没有计划。没有计划或计划不周往往是导致软件开发失败的一个主要原因。这一条原则强调,把整个软件开发过程分成若干相对独立、任务比较单一的阶段,针对每个阶段制订出切实可行的计划,并严格执行所制订的计划。

2. 坚持进行阶段评审

软件的生命周期分为分析、设计、实施和维护等阶段。统计结果表明,大部分错误是在实施(编写程序)前形成的,大约占 63%,如分析错误、设计不合理等,错误发现得越晚,改正的代价就越高。这一条原则强调,每个阶段结束后,都要进行严格的评审,尽早发现和改正错误,把错误尽量消灭在"萌芽"阶段。

3. 实行严格的产品控制

最让开发人员头痛的事情之一就是软件需求的改动,特别是在软件开发的后期改动需求,往往意味着分析、设计、实施工作的返工。但是,软件开发实践表明,在软件开发过程中,对需求的改动是不可避免的(虽然要尽量减少改动)。这一条原则强调,针对需求改动,要实行严格的产品控制(也称为变动控制或基准配置管理),一是需求的改动要经过严格的评审和审批,二是实际变动需求时,所有其他阶段有关的文档或程序代码也要做相应的修改,以保证一致性。

4. 采用现代程序设计技术

自 20 世纪 60 年代以来,软件工程领域陆续提出了结构化方法、快速原型法和面向对象法等,推出了结构化程序设计语言、面向对象程序设计语言等。"工欲善其事,必先利其器。"根据所开发软件的规模和功能,选择先进的软件开发方法和程序设计技术既能提高软件开发的质量,又能保证开发进度,还有利于软件的维护。

5. 结果应能清楚地审查

软件产品不像电视机、汽车等产品那样直观、形象,有看不见、摸不着的感觉,软件开发进度的可见性也比较差。这一条原则强调,应尽量详细、明确地规定每个阶段的任务和审查标准,使得包括最终软件产品审查在内的各阶段的结果审查工作,有明确的目标和审查标准,能清楚地进行审查。要注重各开发阶段文档资料的准确、齐全和完整。

6. 开发小组的人员应该少而精

软件开发是一种高强度的脑力劳动,这时更强调开发人员的能力和素质,而不是开发人员的数量。再者,开发人员多,相互之间的交流与协作就多,这会增加开发人员相互沟通的成本,因沟通不到位产生问题的可能性也比较大。

7. 承认不断改进软件工程实践的必要性

人们总结软件开发实践中好的方法和技术，用于指导新的软件的开发，这个过程是反复进行的。已有的被实践证明有效的方法和技术指导软件开发工作，能够保证软件开发的质量和效率，新的软件开发实践又会面临新的问题，解决这些新问题并进行必要的经验总结，又能不断地丰富和发展软件开发方法和技术。

7.4.3 软件开发方法

微课视频

软件开发，特别是大型软件的开发是一项复杂、甚至非常复杂的系统工程。几十年来，为提高软件开发质量和效率，一些专家、学者及软件工程师提出多种开发方法，其中生命周期法、快速原型法、面向对象法、敏捷开发方法、微软过程等得到了比较广泛的应用，并取得了较好的效果。

1. 生命周期法

软件是 20 世纪 60 年代中后期才开始崛起的新领域，但是发展十分迅速。由于人们缺乏开发较大规模软件的经验，发展初期曾呈现较为混乱的状态。软件生命周期的概念提出后，软件的开发开始"有章可循"。基于软件生命周期的生命周期方法是较早得到应用的软件开发方法。

借鉴其他工程领域的管理经验，软件生命周期（life cycle）强调将整个软件的开发过程分解成若干阶段，并对每个阶段的目标、任务、方法做出规定，使整个软件的开发过程具有合理的组织和科学的秩序。每个阶段进行若干活动，每项活动应用一系列标准、规范、方法和技术，完成一个或多个任务。

生命周期法主要遵循以下 4 条原则。

1）用户参与的原则

应用软件的用户是各级各类管理者，满足他们在管理活动中的信息需求，是开发软件的直接目的。由于系统本身和系统开发工作的复杂性，用户的确切需求不容易一次表达清楚，随着系统开发工作的深入，用户需求的表达和开发人员对用户需求的理解才能逐步明确、深化和细化。这要求软件的开发要积极引导用户参与，开发人员要充分考虑、理解用户的要求，使开发出的系统充分满足用户的功能需求和使用方便性的要求。没有用户的积极参与，往往是导致软件开发失败的重要原因。

2）先逻辑后物理的原则

总结以往软件开发成功的经验和失败的教训，生命周期法强调在进行技术设计和实施之前，先进行充分的调查、分析、论证，进行逻辑方案的探索，弄清系统要为用户解决哪些问题，即解决系统"做什么"的问题，要尽量避免过早地进入物理设计阶段。也就是说，在进行系统开发时，要充分地进行系统分析，解决"做什么"的问题，再进入系统设计、系统实施阶段，解决"如何做"的问题。

3）自顶向下的原则

在系统分析、系统设计、系统实施的各阶段，生命周期法强调自顶向下的原则，即先把握系统的总体目标和功能，然后逐级分解、逐步细化，将整个拟开发系统分解成若干项目，分期分批进行系统开发，先实现某些子系统，再实现总的目标和功能。遵循这个原则，可以将一个复杂的问题分解成若干比较简单的问题分别加以解决，从而降低了解决复杂问题的难度。

4）工作成果描述标准化原则

生命周期法强调各阶段工作成果描述的标准化。每一工作阶段的成果，必须用明确的文字和标准化的图形、表格完整、准确地进行描述。这不仅作为一个阶段工作完成的标志，也是下一阶段工作的主要依据。工作成果描述的标准化，可以防止由于描述的随意性造成开发者之间的误解而影响开发工作，便于工作交流和各阶段的衔接，便于今后对系统进行检查、修改、完善与扩充。

2. 快速原型法

生命周期法强调自顶向下分阶段开发，在进入实际的开发期之前必须预先对需求严格定义。这样做的目的是提高系统开发的成功率，与不重视需求分析的早期方法相比是一个重大进步，并在实际系统开发中取得了很好的效果。但是，实践也表明，有些系统在开发出来之前很难仅仅依靠分析就能确定出一套完整、一致、有效的应用需求，这种预先定义的方式更不能适应用户需求不断变化的情况。快速原型（rapid prototyping）法改变了这种自顶向下的开发模式。

快速原型法的基本思想是以少量代价快速地构造一个可执行的软件系统，使用户和开发人员可以较快地确定需求。在初步了解用户的基本要求后，开发人员先建立一个他们认为符合用户要求的模型系统交付用户检验，由于模型是可以执行的，因此为用户提供了获得感性认识的机会。一般来说，有了一个实际的系统，用户可以测试具体实例，可以进一步明确地说明需求。快速原型法的优点是明显的，因为阅读书面的需求说明书远不如直接观察一个实际系统那样有效。

快速原型法有助于开拓开发人员的想象力，便于和用户交流。由于计算机专业知识、系统开发知识的局限，有时用户所要求的并不是他们最终想得到的，而他们真正想得到的又不一定是所要求的。快速原型法就可以较好地解决这一问题，如果用户不满意一个模型，就可以对这个模型进行修改，甚至重新建立一个模型，直至用户满意为止。

人们通常建立两种快速原型：一类是需求规格原型（rapid specification prototyping，RSP）；另一类是快速循环原型（rapid cyclic prototyping，RCP）。RSP 反映了系统的某些方面，它可以密切用户和开发人员的关系，促进相互理解，有助于获得更完整、更精确的需求说明书，待需求说明书确定之后，这个模型就被舍弃，后面的开发工作仍按生命周期法进行。RCP 采用循序渐进的开发方式，对初始模型作连续的精确化，将系统需具备的功能逐步添加上去，直至实现系统的所有功能，此时的模型也就发展为最终的软件系统了。

快速原型法的优点是有利于准确地定义出用户需求，降低系统开发风险，适用于规模较小、用户需求较难定义的软件。

3. 面向对象法

结构化方法要么是面向行为（对数据的操作），要么是面向数据，这种把数据和操作分离的方式导致了结构化方法的缺点。从本质上讲，一个应用软件就是一个数据处理系统，离开了操作便无法处理数据，同样，离开了数据的操作也是无意义的。面向对象（object oriented，OO）法把数据和对数据的操作同等看待，是一种以数据为主线，把数据和对数据的操作紧密结合起来的方法。

面向对象法具有如下 4 个特点：

（1）把对象（object）作为融合了数据及在数据上的操作行为的统一软件构件，用对象分解取代了结构化方法的功能分解。

（2）把所有对象都划分为类（class）。每个类定义了一组数据和一组操作，类是对具有相同数据和相同操作的一组相似对象的定义。

（3）按照父类与子类的关系，把若干相关类组成一个层次结构的系统。下层子类自动拥有上层父类中定义的数据和操作，这种现象称为继承。

（4）对象彼此之间仅能通过发送消息互相联系，对象的所有私有信息都被封装在该对象内，不能从外界直接访问，这就是封装性。

面向对象法应用于软件开发的分析、设计和实施阶段，便有了面向对象分析（object oriented analysis，OOA）、面向对象设计（object oriented design，OOD）和面向对象程序设计（object oriented programming，OOP）等面向对象技术。

基于面向对象法的软件开发中，使用一种通用的图形化建模语言——统一建模语言（unified modeling language，UML）。

面向对象法被认为是一种先进的软件开发方法，能够更好地保证中大规模软件的开发质量和开发效率。

4. 敏捷开发方法

敏捷开发方法将整个软件项目进行任务分解，完成一个模块交付一个模块，一边给用户提供服务，一边不断增加新功能，这样保证了软件可以很快交付使用，在用户使用的同时逐渐增加新功能、完善已有功能。

敏捷开发的特点是持续迭代，在一个迭代周期内，根据产品需求，经过项目组评审后形成软件需求文档。根据软件需求文档进行系统设计，形成系统设计文档。根据设计文档编写代码，并对代码进行评审。对代码进行测试调试，形成测试文档。通过测试的软件（模块）交付使用。

5. 微软过程

微软公司基于几十年的软件开发经验形成了自己的软件开发方法——微软过程，微软过程把软件生命周期分为规划、设计、开发、稳定和发布 5 个阶段。

规划阶段：确定软件产品的目标，确定新版本软件应具备的主要特性和需要新增加的功能，完成对市场和客户的调研分析。

设计阶段：给出系统总体设计、系统结构图和各子系统设计，根据软件产品需求制订产品开发计划。

开发阶段：完成编写程序代码和撰写文档等工作。

稳定阶段：在真实环境下对程序代码进行测试和调试。

发布阶段：发布软件产品，项目移交给运营和技术支持人员。

各种软件开发方法各有所长，也各有其不足。根据要开发软件项目的特点和功能需求，选择合适的软件开发方法，也可以多种方法结合使用。

7.5　软件开发过程

微课视频

生命周期法强调阶段划分和严格的阶段审查，前一个阶段的工作通过审查评估，才能开始下一个阶段的工作。其优点是尽量把用户需求分析准确、尽量把错误消灭在早期阶段，其不足是在用户看不到软件运行时很难把需求表达准确、有些错误可能到软件测试时才能发现。快速原型法、敏捷开发方法等就是针对生命周期法的不足提出来的。但是,生命周期法强调的阶段划分和严格的阶段审查对于目前的软件开发仍是有意义的,实际上敏捷开发方法和微软过程都可以看作在生命周期法基础上的改进和完善,生命周期法的主要工作有助于保证软件开发的质量和效率。

软件开发可采用生命周期法和敏捷方法相结合的方法,其中的程序设计用面向对象法。

生命周期法将整个软件的开发过程分成 4 个主要阶段:系统分析、系统设计、系统实施、系统运行与维护。

7.5.1　系统分析

系统分析是对组织的工作现状和用户需求进行调查、分析,明确用户的信息需求和系统功能,提出拟建系统的逻辑方案。系统分析在整个系统开发过程中要解决"做什么"的问题,把要解决哪些问题、满足用户哪些具体的信息需求调查、分析清楚,从逻辑上(或者说从信息处理的功能上)提出新系统的方案(即逻辑模型),为系统设计和系统实施提供可靠、具体的依据。

系统分析面向组织管理问题,不确定因素多,系统分析人员的大量工作是与各类管理人员进行交流,明确系统开发的目标、现行系统的问题及用户的信息需求,这些工作都应该有计划、有步骤地进行,要采用科学的方法,才能有效地完成这些工作。

常用的系统分析工具有数据流图、数据词典、结构化语言、决策树和决策表等。

数据流图是组织中信息运动的抽象,是软件逻辑模型的主要描述形式。这个模型与对系统的物理描述无关,只是用一种图形及其相关的注释来表示系统的逻辑功能,即用来表示系统"做什么"。由于图形描述简明、清晰,不涉及技术细节,所描述的内容是面向用户的,即使不懂系统开发技术的用户也能很好地理解,因此数据流图是系统分析人员与用户进行交流的有效手段,也是系统设计的主要依据之一。数据流图由外部项、加工、数据存储、数据流 4 种成分组成。

数据词典是对数据流图的补充。数据流图中所有成分的定义和解释的文字集合就是数据词典。借助于数据词典,可以更好地理解数据流图中各成分的含义。

数据词典中的一项重要内容就是对加工逻辑的描述,对加工逻辑的描述可以使用结构化语言、决策表或决策树。

系统分析阶段的主要活动有系统初步调查、可行性研究、系统详细调查和新系统逻辑方案的提出。

1. 系统初步调查

系统初步调查是系统分析阶段的第一项活动,也是整个系统开发的第一项活动,其主要目标就是从系统分析人员和管理人员的角度看新系统开发有无必要。

系统分析人员首先调查组织的整体信息、人员信息及工作信息,包括主要的信息输入、信息输出、信息处理功能及与其他系统的关系。然后对上述信息进行分析,确定系统有无开发的必要。如果结论是有必要进行软件的开发,则需要做出可行性研究安排,并进入可行性研究阶段。

2. 可行性研究

可行性研究的主要目标是进一步明确系统的目标、规模与功能，对系统开发背景、必要性和意义进行调查分析并根据需要和可能提出拟开发系统的初步方案与计划。可行性包括3方面。

（1）技术可行性。对现有技术进行评价，分析系统是否可以利用现有技术来实施以及技术的未来发展对系统开发的影响。

（2）经济可行性。对组织的经济状况和投资能力进行分析，对系统的开发、运行和维护费用进行估算，对系统建成后可能取得的社会效益及经济效益进行估算。

（3）运行可行性。分析组织的现有机构、人员、设施能否适应新系统的运行。

可行性研究完成后，要提交可行性研究报告。可行性研究报告的主要内容包括现行系统概况、用户主要信息需求、拟开发系统的初步设计方案、技术可行性分析、经济可行性分析、运行可行性分析和结论。

3. 系统详细调查

详细调查是在可行性研究的基础上进一步对现行系统进行全面、深入的调查和分析，弄清楚现行系统运行状况，发现其薄弱环节，找出要解决问题的实质，确保新系统比旧系统更有效。

详细调查的主要工作包括对现行系统的目标、主要功能、组织结构、业务流程、数据流程的调查和分析。软件所处理的信息渗透于整个组织之中，系统分析员必须从具体组织的实际情况出发，逐步抽象，才能了解组织中信息活动的全貌。对于较小规模的系统，初步调查、可行性研究、详细调查也可以合并进行。

4. 新系统逻辑方案的提出

在对现行系统详细调查分析的基础上，着重对用户需求进行进一步调查分析，明确用户的信息需求，包括组织、发展、改革的总信息需求和各级管理人员完成各自工作任务的信息需求，确定新系统的逻辑功能，提出新系统的逻辑方案。编写完成系统分析阶段的最终成果——系统分析说明书。

系统分析说明书是系统分析阶段工作的全面总结，是分析阶段的主要工作成果，又是主管部门对系统是否进入系统设计阶段的决策依据。系统分析说明书是后续各阶段工作的主要依据之一。

编写系统分析说明书的基本要求是全面、系统、准确、翔实、清晰。

（1）全面。要对整个系统的信息需求和逻辑功能做出完整、全面的描述，而不只是描述系统的某个局部的信息需求和逻辑功能。

（2）系统。要着眼于整个软件，描述系统中各部分的相互联系、相互作用，正确处理部分与整体的关系。

（3）准确。对拟开发软件的目标、任务和各项功能都要给予准确的、符合实际的描述，避免出现模糊性描述，避免出现错误与疏漏。

（4）翔实。要详细、具体地表达出用户需求与系统逻辑功能，为系统设计与系统实施提供可靠、具体的依据。

（5）清晰。文字表达既要说明问题，又要简练、清楚、可读性强，便于系统开发人员之间、专业人员与用户之间的交流。

系统分析说明书的主要内容包括系统开发项目概述、需求说明、现行系统的状况、新系统的目标、主要功能与逻辑模型和系统实施计划等。

7.5.2　系统设计

系统设计的主要目的是将系统分析阶段提出的反映用户需求的系统逻辑方案转换为可以实施的物理(技术)方案。

系统设计的主要任务是从软件的总体目标出发,根据系统分析阶段对系统逻辑功能的要求,并考虑技术、经济、运行环境等方面的条件,确定系统的总体结构和系统各组成部分的技术方案,合理选择计算机和通信的软硬件设备,提出系统的实施计划,确保总体目标的实现。

系统设计是在系统分析的基础上由抽象到具体的过程,同时还应考虑系统实现的内外环境和主客观条件。系统设计阶段的工作要以如下 5 方面为主要依据。

(1) 系统分析的成果。从工作流程来看,系统设计是系统分析的继续。系统设计人员必须严格按照系统分析阶段的成果——系统分析说明书所规定的目标、任务和逻辑功能进行设计工作。对系统逻辑功能的充分理解是系统设计成功的关键。

(2) 现行技术。主要指可供选用的计算机硬件技术、软件技术、数据管理技术、数据通信技术、计算机网络技术和人工智能技术等。

(3) 国家标准。现行的有关信息管理和信息技术的国家标准、行业规范和法律制度等。

(4) 用户需求。系统的直接使用者是用户,系统设计时应充分尊重和理解用户的要求,特别是用户在操作使用方面的要求(用户在功能方面的要求已经充分反映在了系统分析中),尽可能方便用户使用,让用户满意。

(5) 系统运行环境。新系统的目标要和现行的管理模式相匹配,与组织的改革发展相适应。既要符合当前实际,又要适应未来的发展,使系统具有较强的适应能力。

系统设计阶段的主要工作包括总体结构设计和详细设计。

1. 总体结构设计

总体结构设计主要包括运行模式选择、操作系统选择、数据库管理系统选择和系统功能结构设计等。

1) 运行模式选择

从软件运行模式的发展看,主要有 3 种:单机模式、客户机/服务器模式、浏览器/服务器模式。

单机模式是整个软件运行于一台微型计算机上,比较容易开发,但功能比较简单,适用于小型的软件。

客户机/服务器模式由客户机和服务器组成,通过网络连接;服务器完成数据的存储管理和部分或全部数据处理工作,客户机负责用户界面的处理和部分数据处理工作。支持客户机/服务器模式开发的工具较多,运行效率较高,但需要在客户机上安装客户应用程序,用户在固定的客户机上工作,应用程序的运行、维护成本较高。

浏览器/服务器模式是目前在网络平台上流行的运行模式。浏览器/服务器模式由浏览器和服务器组成,通过网络连接。它和客户机/服务器模式有很多相似之处,但浏览器是通用的用户界面,不需要在浏览器端安装用户应用程序;服务器负责提供用户需要的信息。

软件采用此种模式可以使数据处理、内部信息的浏览和外部信息的浏览界面完全一致,方便用户使用;由于浏览器端不安装用户应用程序,可大大降低运行维护费用,但数据处理效率较低。

基于网络的软件也可以采用客户机/服务器和浏览器/服务器相结合的模式,客户机/服务器模式用于完成数据处理工作,以提高系统的工作效率,浏览器/服务器模式用于公用信息的发布和浏览查询,以提高系统的通用性。

2)操作系统选择

目前流行的操作系统较多,可以考虑运行模式和数据库管理系统对环境的要求、操作系统对软件的满足程度和维护的难易程度,以及操作系统的性能价格比等多种因素进行选择,设计开发软件可选择 UNIX 或 Windows Server 作为服务器操作系统,选择 Windows 桌面操作系统等作为客户端操作系统。

3)数据库管理系统选择

目前可供选择的关系数据库管理系统主要有 Oracle、Microsoft SQL Server、DB2 和 MySQL、Access 等。前 3 种系统都是大型数据库管理系统,在数据安全、查询优化、支持异构数据库系统及运行效率方面均有较高的性能。在适合网络环境的数据库访问方面也有性能优越的集成开发工具。MySQL 和 Access 是一种小型数据库管理系统,适用于在单机上设计开发小型软件。

4)系统功能结构设计

功能结构设计就是将整个系统合理地划分成各个功能模块,正确处理模块之间与模块内部的联系以及它们之间的调用关系和数据联系,定义各模块的内部结构。其主要原则是模块内部联系越紧密越好,模块之间联系越松散越好。

2. 详细设计

详细设计主要包括算法设计、编码设计、数据库设计和用户界面设计等。

1)算法设计

算法设计是确定每个模块内部的详细执行过程,即设计出完成模块功能所需要的工作步骤,用来描述算法的工具有伪码和流程图等。如果模块功能比较简单,则这一步骤也可以省略。

2)编码设计

目前的计算机还无法快捷、有效地识别客观世界中的具体事物,因此,系统设计的一项重要工作就是把管理对象数字化或字符化,这就是编码设计。学号、职工号、身份证号、物资类别码等的设计都属于编码设计。

3)数据库设计

由于数据库在结构性、共享性、数据独立性和安全性等方面的优势,现在信息系统中的数据一般都组织成数据库的形式,数据库设计是系统设计的重要组成部分,数据库的设计要满足下面三项要求。

(1)符合用户需求,设计的数据库要能合理存储用户的所有数据,并支持用户需要进行的所有操作。

(2)与选用的数据库管理系统(DBMS)所支持的数据模型相匹配,这样便于数据库设计方案在计算机上的实现。

（3）数据组织合理，易于实现对数据的操作和维护。

数据库的设计要紧密结合系统功能，数据库设计得科学、合理，可以提高系统开发效率和运行效率。

数据库设计在软件设计开发中占有十分重要的地位，详细内容见 7.2.5 节的介绍。

4）用户界面设计

用户界面指软件系统与用户交互的接口，通常包括输出、输入、人机对话的界面与方式等，界面设计目前已成为评价软件质量的一项重要指标。用户界面设计没有什么统一的标准，做到美观大方、风格与系统功能协调、方便用户使用即可。

7.5.3　系统实施

在系统分析和设计阶段，主要工作集中在逻辑功能和技术方案设计上，工作成果是系统分析说明书和系统设计说明书。系统实施阶段以系统分析和系统设计阶段的工作成果为依据，将技术设计方案转换为物理实现。

系统实施阶段主要完成程序设计、系统测试和系统转换等工作。

1. 程序设计

程序设计也叫编写程序，按照详细设计阶段产生的算法设计说明书，选用合适的程序设计语言编写出源程序。

程序设计阶段主要做好两项工作：一是认真阅读并准确理解算法设计说明书；二是选用合适的编程语言。目前，常用的编程语言主要有 Python、C++、C♯、Java、C 等。

2. 系统测试

在开发一个软件，尤其是大型软件的过程中，需要面对许多错综复杂的问题，而且开发团队中各个成员需要分工合作，因此不可避免地会产生错误。要力求在系统交付使用前通过严格的技术审查，尽可能早地发现并纠正错误。虽然经验表明系统测试并不能发现所有差错，但如果在软件投入使用之前不进行系统测试，没有发现并纠正大部分错误的话，那么当软件在交付使用之后迟早会暴露出这些错误，那时不仅将付出更高的代价来修正这些错误，而且往往会造成严重后果。所以，系统测试是保证软件质量的关键步骤，其目的就是在软件系统投入使用前尽可能多地发现并改正其中的错误，必须高度重视系统测试工作。

测试的目的是发现软件中的错误，之后还必须诊断出错误的位置并改正错误。

系统测试包括模块测试、集成测试和验收测试三个阶段。

1）模块测试

大型系统通常由若干子系统组成，每个子系统又由许多功能模块组成，所以大型软件系统的测试首先要进行模块测试。

一个设计得好的软件系统中，每个模块都要完成一个定义清晰的子功能，模块测试的目的是保证每个模块作为一个单元能够正确运行，所以模块测试通常又称为单元测试。在这个测试步骤中所发现的往往是程序设计中的错误。

一般认为模块测试和程序设计属于开发周期中的同一阶段。在编写出源程序代码并通过编译程序的语法检查后，通常要经过人工测试和机器测试两种检查。

人工测试也叫代码审查，是通过人工检查的方式发现错误。机器测试是通过在计算机上执行程序发现错误。人工测试和机器测试是相互补充、相辅相成的,缺少任何一种方法都会降低查错效率。

2）集成测试

集成测试是根据所设计的软件结构把经过了模块测试的各个模块按某种策略组装起来,同时在组装过程中进行必要的测试。

在组装模块时有两种测试方法:一种叫非渐增式测试法,即先分别测试好每个模块,再把所有的模块按要求组装成所需程序;另一种叫渐增式测试法,即把下一个要测试的模块和已经测试好的模块结合起来一起测试,测试完后再把下一个被调用模块结合进来测试,实际上同时完成了模块测试和集成测试。

当然,在实际测试中,并不必机械地按照上述某一种方法进行,可以根据具体情况混合使用这两种测试方法,充分发挥它们各自的优点。

3）验收测试

验收测试是按照系统分析说明书的规定,由用户（或在用户的参与下）对目标系统进行验收。在经过了集成测试后,已经按设计要求把所有模块组装成了一个完整的软件系统,接口错误基本排除,需要进一步验证软件的有效性,这就是验收测试的目的。

软件的有效性是软件的功能和性能满足用户合理需求的程度。用户对软件的合理期望被准确地描述在系统分析说明书中。系统分析说明书是检验软件有效性的标准,也是测试的基础。

验收测试的目的是向未来的用户表明系统能够像预定要求的那样工作。当验收测试时,对于某些已经测试过的纯粹技术性部分可以不再测试,而对用户特别感兴趣的功能或性能可能需要增加一些测试。通常要用实际的数据进行测试,还需要设计并执行一些与用户使用步骤有关的测试。

验收测试必须有用户的积极参与或以用户为主来进行。用户应该参加设计测试方案,使用用户输入的数据进行测试并分析评价输出结果,必要时对用户进行使用培训。

3. 系统转换

新系统通过测试后,并不能立即投入实际运行,还存在一个新旧系统交替的过程。系统转换指新系统替换旧系统的过程,系统转换的任务是保证新旧系统进行平稳而可靠的交接,最后使整个新系统正式交付使用。

系统转换主要有三种方式,即直接转换、并行转换和分段转换。

直接转换指旧系统停止运行的同时,新系统开始运行。这种转换方式简单、方便,但风险较大,一旦新系统无法正常运行,将会给实际工作带来非常不利的影响。

并行转换指新旧系统并行工作一段时间,新系统经过一段时间的验证、对照之后完全代替旧系统,旧系统停止工作。这种转换方式安全、可靠,在并行工作期间,如果新系统出现问题,旧系统仍可以保证工作的正常进行。

分段转换指新系统分阶段逐步替换旧系统,这种方式结合了前两种方式的优点,但要处理好新旧系统的接口问题。

直接转换适用于规模较小的软件,并行转换、分段转换适用于规模较大的软件。

7.5.4 系统运行与维护

系统转换完成后,新系统就进入了运行阶段。虽然经过系统测试和系统转换阶段的工作,系统中的绝大部分错误都已经被发现并得以改正,但仍然无法保证系统运行中就不会出现错误,发现错误就要改正。再有,随着系统环境的变化和用户需求的变化,系统也要做适当的改进和完善。系统维护就是在系统运行阶段,为了改正错误或满足新的需要而修改、完善系统的过程。

系统维护内容包括应用程序维护、数据维护、编码维护和硬件设备维护,其中应用程序维护是最主要的工作。

系统维护的类型包括纠错性维护、适应性维护、完善性维护和预防性维护。系统测试不可能发现系统中所有的错误,系统在实际运行过程中,还会出现一些错误,查找错误的位置并改正这些错误就是纠错性维护。计算机软硬件技术在不断发展变化,使用系统的组织的机构、管理体制、信息需求也可能出现一些新的变化,使系统适应应用环境的变化而进行的维护工作就是适应性维护。在系统运行过程中,用户往往希望扩充原有功能、提高性能、改变输入输出界面等,这种为了满足用户要求而对系统进行的完善性工作就是完善性维护。如果能预见到运行环境的可能变化或用户可能提出的要求而预先进行一些有针对性的维护工作,就是预防性维护。统计结果表明,主要的维护工作是完善性维护。

7.5.5 软件工具

软件工具(software tool)指用来辅助软件开发的软件,能在软件开发的各个阶段为开发人员提供帮助,有助于提高软件开发的质量和效率。

具体来说,软件工具包括项目管理工具、配置管理工具、分析和设计工具、编程工具、测试工具和维护工具等。现在已有多种软件工具得到应用,如微软公司的项目管理工具Project、Hansky 公司的配置管理工具 Firefly、Rational 公司的分析与设计工具 Rose、Rational 公司的测试工具 TeamTest 等。

软件开发环境(software development environment,SDE)指在基本硬件和软件的基础上,为支持软件的工程化开发而使用的软件系统。软件开发环境由软件工具和环境集成机制构成,软件工具用以支持软件开发的相关过程、活动和任务,环境集成机制为工具集成和软件的开发、维护及管理提供统一的支持。计算机辅助软件工程(computer aided software engineering,CASE)指用一些计算机软件来辅助软件的开发。

现在开发规模比较大的软件,一般都要借助于软件工具或软件开发环境或 CASE 工具与环境的支持。

7.6 小 结

软件开发是计算机专业人员的主要工作,软件开发能力是计算机专业学生需要培养的最重要能力之一。和软件开发有关的主要知识有程序设计知识、数据库知识和软件工程知识等。软件,特别是应用软件的功能就是进行数据处理和数据分析,如何有效存储大量的数据是数据处理和分析的重要基础。数据库技术是一种先进的数据存储技术,其中关系数据库是目前应用最广泛的数据库技术。在数据库管理系统的支持下，建立数据库并开发相应的应用程序，便构成一个完整的数据库应用系统。现在的数据库应用系统，除传统的数据管理功能外，还应包括支持决策处理的数据分析功能，需要用到分布式数据库技术、数据仓库技术、数据挖掘技术、大数据技术、人工智能技术和区块链技术等。

　　沿用早期的个人编程方法开发规模比较大的软件，导致了软件危机的产生，为了克服软件危机，人们提出了用工程化的方法来开发大型软件，即软件工程方法。代表性的软件工程方法有生命周期法、快速原型法、面向对象法、敏捷开发方法和微软过程等，生命周期法强调把整个软件开发过程分成分析、设计、实施、运行与维护等阶段，完成前一个阶段的工作并经过严格评审后才能开始下一阶段的工作。快速原型法强调尽快建立一个具有主要功能和特性的软件原型提供给用户，供用户进一步提出系统需求，以便于准确确定用户的需求。面向对象法强调把数据与对数据的操作紧密结合起来，更符合人们的思维习惯和客观实际，更适合于大型软件的开发。敏捷开发方法强调快速交付和持续迭代，即分模块为用户提交软件，使用户能尽早看到可用的软件，并结合用户的使用要求逐步完善软件。微软过程在生命周期法的基础上，注重在真实环境下的软件测试与调试。

　　软件开发工作是复杂的，学习软件工程方法并用于指导实际的软件开发工作是十分必要的，但现有方法并不能解决软件开发遇到的所有问题，需要面对新的问题，不断提出新的解决方法，不断丰富和完善软件开发方法。同时，要充分利用现有的软件工具辅助软件的开发，以提高软件开发的质量和效率。

拓展阅读：图灵与图灵奖

　　世界上第一台通用电子计算机 1946 年 2 月诞生于美国宾夕法尼亚大学莫尔学院。但电子计算机的理论和模型却是始于英国科学家图灵在 1936 年发表的论文 *On Computable Numbers With an Application to Entscheidungs Problem*。

　　因此，当美国计算机学会（ACM）在 1966 年纪念电子计算机（ENIAC）诞生 20 周年时，决定设立计算机界的第一个奖项，命名为"图灵奖"（Turing Award），以纪念这位计算机科学理论的奠基人。

　　艾伦·图灵（Alan Mathison Turing），1912 年 6 月 23 日出生于伦敦，上中学时数学特别优秀。1931 年中学毕业以后，图灵进入剑桥大学的国王学院（King's College）攻读数学，研究量子力学、概率论和逻辑学。1936 年，图灵就概率论研究所发表的论文获得史密斯奖（Smith Prize）。

　　1935 年，图灵开始对数理逻辑的研究发生兴趣。数理逻辑（mathematical logic）又叫形式逻辑（formal logic）或符号逻辑（symbolic logic），是逻辑学的一个重要分支。数理逻辑用数学方法，也就是用符号和公式、公理的方法去研究人的思维过程、思维规律，其起源可追溯到 17 世纪德国的大数学家莱布尼茨，其目的是建立一种精确的、普遍的符号语言，并寻求一种推理演算，以便用演算去解决人如何推理的问题。在莱布尼茨的思想中，数理逻辑、数学和计算机三者均出于一个统一的目的，即人的思维过程的演算化、计算机化，以致在计算机上实现。但莱布尼茨的这些思想和概念还比较模糊,不太清晰和明朗。两个多世纪以来,许多数学家和逻辑学家沿着莱布尼茨的思路进行了大量实质性的工作,使数理逻辑逐步完善和发展起来,许多概念开始明朗起来。但是,"计算机"到底是怎样一种机器? 应该由哪些部分组成? 如何进行计算和工作? 在图灵之前没有任何人清楚地说明过。正是图灵 1936 年发表那篇论文第一次回答了这些问题,提出了一种理想的计算机器的抽象模型,后人称作"图灵机"(Turing machine)。图灵机的提出奠定了现代计算机的理论基础,也奠定了图灵在计算机发展史上的重要地位。

第二次世界大战的爆发,打乱了图灵的研究计划。像许多同时代的科学家一样,图灵进入英国外交部下属的一个绝密机构工作,主要任务是为军方破译密码。图灵的工作非常出色,曾研制出一台破译密码的机器,破译了德军的很多密码,为战胜德国法西斯做出重大贡献。为此,1945 年图灵退役时被授予荣誉奖章。战争结束后,图灵去了英国国家物理实验室(National Physical Laboratory,NPL)开始了研制电子计算机的工作。

图灵的另一个重大贡献是他在 1950 年发表的论文 *Computing Machinery and Intelligence*。在论文中,图灵提出了"机器能思维吗"这样一个问题,并给出了测试机器是否有智能的方法,人们称为"图灵测试"(Turing test)。图灵预言,到 2000 年,计算机能够通过这种测试。2014 年,英国雷丁大学宣称,其研制的聊天机器人尤金·古斯曼是第一个通过图灵测试的系统,但还没有得到普遍的认可。

由于在计算机科学理论与实践上的奠基性贡献,1951 年图灵当选为英国皇家学会院士。令人十分惋惜的是,1954 年 6 月 7 日科学奇才图灵在不满 42 周岁时去世了,实在是计算机界的一个重大损失。

人们为纪念这位计算机科学理论的重要奠基人,2001 年 6 月 23 日,在英国曼彻斯特的 Sackville 公园竖立了一尊和真人一样大小的青铜坐像,铜像由中国铸造。

1966 年是世界上第一台通用电子数字计算机(ENIAC)诞生 20 周年,美国计算机学会在这一年设立了图灵奖,专门奖励那些在计算机科学领域的学术研究中做出创造性贡献、对推动计算机科学技术发展具有持久作用的杰出科学家。图灵奖一般每年只奖励一名计算机科学家,只有少数年度有两人或三人共享此奖(在同一研究方向有重大贡献)。图灵奖是目前计算机界最崇高的荣誉,有"计算领域的诺贝尔奖"(Nobel prize in computing)之称。目前的图灵奖由 Google 公司资助,每年的奖金为 100 万美元。

也许是图灵偏重于计算机科学理论的研究,图灵奖偏重于在计算机科学理论与软件理论方面做出重大贡献的科学家。1966—2022 年的 57 届图灵奖,共计有 76 名科学家获此殊荣。在这 76 名获奖者中,除少数几位科学家是偏重于在计算机的研制及体系结构设计上的贡献而获奖外,其他绝大部分学者都是因为在理论研究和算法设计、程序设计语言发明上的突出贡献而获奖。

76 位获奖者的简要情况介绍如下。

1966 年,艾伦·佩利(Alan J. Perlis,1922—1990),发明 ALGOL 的关键人物。作为第一届图灵奖的唯一获得者,佩利在 ALGOL 的形成与完善及编译器的构建上发挥了关键作用。ALGOL 在我国曾得到广泛学习和使用,第一个面向对象语言 Simula 和风行一时的结构化程序设计语言 Pascal 都是在 ALGOL 的基础上发展而来的。

1967 年,莫里斯·威尔克斯(Maurice V. Wilkes,1913—2010),研制出世界上第一台存

储程序式计算机的英国科学家。虽然 ENIAC 是世界上第一台通用电子计算机,但 ENIAC 不具备存储程序的能力,威尔克斯于 1949 年研制成功的 EDSAC 是世界上第一台存储程序式电子计算机。

1968 年,理查德·汉明(Richard W. Hamming,1915—1998),纠错码的发明人。网络中计算机之间的通信也好,计算机内部各部件之间的数据传输也好,都存在由于各种原因造成的数据传输错误问题。汉明设计了一种编码方法(汉明码),能够发现数据传输过程中的错误并加以纠正。汉明码对通信领域和计算机领域都是非常重要的。

1969 年,马文·明斯基(Marvin L. Minsky,1927—2016),人工智能之父和框架理论的创立者。1956 年和麦卡锡等人发起召开了关于用机器模拟人类智能的"达特茅斯会议",会上首次提出了人工智能概念。明斯基提出的框架理论用于知识表示,在人工智能领域具有重要影响。

1970 年,詹姆斯·威尔金森(James H. Wilkinson,1919—1986),数值分析领域杰出的英国科学家。把复杂的科学计算(求解方程与函数计算等)用数学方法转换为通过编写程序让计算机能直接完成的一系列算术运算,就是数值分析要完成的工作。威尔金森的研究工作有助于高速计算机在数值计算领域的应用。

1971 年,约翰·麦卡锡(John McCarthy,1927—2011),人工智能概念的创立者和 LISP 语言的发明人。1956 年和明斯基等人发起召开了关于用机器模拟人类智能的"达特茅斯会议",会上麦卡锡首次提出了人工智能的概念。麦卡锡还发明了在人工智能领域得到广泛应用的 LISP 语言。

1972 年,埃德斯加·迪杰斯特拉(Edsgar W. Dijkstra,1930—2002),最先察觉"goto 有害"的荷兰计算机科学家。现在的程序员都知道,程序设计语言中的 goto 语句既方便实现程序中的转移,又容易导致程序的混乱。最先觉察"goto 有害"的是迪杰斯特拉,并创立了结构化程序设计思想,为后来人们开发高质量的大型软件奠定了基础。迪杰斯特拉在算法设计和操作系统等领域有着重大贡献。

1973 年,查尔斯·巴赫曼(Charles W. Bachman,1924—2017),网状数据库技术与标准的创立者。虽然现在人们使用的都是关系数据库,但最早的数据库产品是层次数据库和网状数据库,网状数据库的设计方案和技术标准对后来数据库技术的发展有重要影响。

1974 年,唐纳德·克努特(Donald E. Knuth,1938—),经典巨著《计算机程序设计艺术》的作者。《计算机程序设计艺术》(*The Art of Computer Programming*)计划出 7 卷,到现在已出版了 3 卷,第 4 卷也以分册的形式在陆续出版。我国出版有中译本,对于计算机专业人员,特别是算法设计人员和软件工程师具有非常重要的参考价值。

1975 年,赫伯特·西蒙(Herbert A. Simon,1916—2001)、艾伦·纽厄尔(Allen Newell,1927—1992),人工智能符号主义学派的创始人。西蒙是纽厄尔的老师,两人合作研究长达 42 年。两人与他人合作成功开发了世界上最早的启发式程序"逻辑理论家",用该程序及其改进版本证明了《数学原理》第二章的全部 52 个定理。

1976 年,迈克尔·拉宾(Michael O. Rabin,1931—)、达纳·斯科特(Dana S. Scott,1932—),非确定自动机理论的创立者。自动机理论在编译程序开发、机器翻译和文献检索等应用中具有重要作用。拉宾是以色列计算机科学家。

1977 年,约翰·巴克斯(John W. Backus,1924—2007),FORTRAN 语言和巴克斯范

式(BNF)的发明人。FORTRAN 语言非常适合于编写科学计算程序,至今仍在科学计算领域得到广泛应用。巴克斯范式是一种规范的标记工具,用于形式化描述上下文无关的程序设计语言,在编译程序的开发中有重要作用。

1978 年,罗伯特·弗洛伊德(Robert W. Floyd,1936—2001),对设计高效可靠软件有重要贡献的科学家。弗洛伊德在语法分析理论、程序设计语言语义学、自动程序验证、自动程序合成和算法分析等领域也做出了重要贡献。

1979 年,肯尼思·艾弗森(Kenneth E. Iverson,1920—2004),发明了 APL(A Programming Language)的加拿大计算机科学家。APL 曾经在科学计算、统计分析、财会等领域得到应用,并对后来程序设计语言的发明与改进有重要影响。

1980 年,查尔斯·霍尔(Charles A. R. Hoare,1934—),在程序设计语言的定义和设计上做出杰出贡献的英国计算机科学家。在数据结构课程中将会学到霍尔设计的快速排序算法——Quicksort,在程序设计课程中将会看到霍尔发明的多条件选择语句——CASE 语句的使用。

1981 年,埃德加·科德(Edgar F. Codd,1923—2003),关系数据库理论的创立者。虽然数据库技术及产品始于层次数据库和网状数据库,但科德的关系模型及关系数据库理论出现之后,数据库技术和产品才得以快速发展和广泛普及,现在人们使用的数据库管理系统都是关系型的,关系数据库在信息管理领域发挥了非常重要的作用。

1982 年,斯蒂芬·库克(Stephen A. Cook,1939—),NP 完全性理论的奠基人。库克在计算复杂性理论,特别是在 NP 完全性理论研究上有重大贡献,这一领域仍有许多问题需要研究解决。库克获奖时是加拿大多伦多大学教授。

1983 年,肯尼思·汤普森(Kenneth L. Thompson,1943—)、丹尼斯·里奇(Dennis M. Ritchie,1941—),发明 C 语言和开发 UNIX 操作系统的关键人物。C 及 C++是目前应用最为广泛的程序设计语言,UNIX 是最流行的操作系统之一。两人因在通用操作系统理论,特别是在实现 UNIX 操作系统上的贡献而获得图灵奖。

1984 年,尼克莱斯·沃思(Niklaus Wirth,1934—2024),发明了 Pascal 语言的瑞士计算机科学家。Pascal 语言是一种优秀的结构化程序设计语言,按照 Pascal 语法规则编写的程序具有良好的结构,Pascal 语言能够培养编程人员良好的程序设计风格,在 C 语言出现之前,曾得到广泛学习和应用。

1985 年,理查德·卡普(Richard M. Karp,1935—),算法理论大师。卡普在算法理论,特别是 NP 完全性理论上有重要贡献。卡普的研究工作对于解决"组合爆炸"问题有很好的效果,能有效降低问题的复杂性。

1986 年,约翰·霍普克罗夫特(John E. Hopcroft,1939—)、罗伯特·陶尔扬(Robert E. Tarjan,1948—),算法设计与分析领域的开拓者。两人在数据结构和算法分析与设计领域取得了奠基性的成就,提出了在图论研究中有重要影响的深度优先搜索算法。

1987 年,约翰·科克(John Cocke,1925—2002),RISC 体系结构的奠基人。科克在计算机体系结构和优化编译器设计上有重要贡献。精简指令集计算机(reduced instruction set computer,RISC)已成为最重要的一种计算机体系结构。

1988 年,伊万·萨瑟兰(Ivan E. Sutherland,1938—),计算机图形学发展的重要推动者。萨瑟兰在读博士期间研发的三维交互式图形系统 Sketchpad,极大地促进了计算机图形学的发展，Sketchpad 也被称为图形用户接口的先驱。计算机辅助设计、虚拟现实和动画制作等都是计算机图形学的用武之地。

1989 年，威廉·卡亨（William M. Kahan，1933—），对浮点计算有重要贡献的加拿大计算机科学家。正是卡亨在浮点计算部件的设计和浮点计算标准的制定上的卓有成效的工作，才使计算机能够进行真正意义上的浮点计算。

1990 年，费尔南多·考巴脱（Fernando J. Corbato，1926—），分时操作系统开发的组织者。考巴脱主持了分时操作系统 CTSS 和 MULTICS 的开发，分时操作系统能够使多个用户共享使用同一台计算机，能够有效提高计算机的使用效率和效益。

1991 年，罗宾·米尔纳（Robin Milner，1934—），在计算机科学的多个领域有重要贡献的英国科学家。米尔纳在定理证明、程序验证、并发计算和通信系统演算等多个领域有开创性的研究工作。

1992 年，巴特勒·兰普森（Bulter W. Lampson，1943—），研制个人计算机系统的先驱。兰普森主持了 Alto 系统的研制，1973 年诞生的 Alto 系统配置有全屏显示器、三按钮鼠标和图形用户界面，被认为是第一台事实上的个人计算机。

1993 年，尤里斯·哈特马尼斯（Juris Hartmanis，1928—）、理查德·斯特恩斯（Richard E. Stearns，1936—），计算复杂性理论的主要创立者。两人在前人研究工作的基础上创新性工作，建立了比较完整的计算机复杂性理论体系。

1994 年，爱德华·费根鲍姆（Edward A. Feigenbaum，1936—）、拉吉·雷迪（Raj Reddy，1937—）设计和构建大型人工智能系统的先驱。两人分别开发的大型人工智能系统，展示了人工智能技术重要的实用价值和潜在的商业影响，极大地推动了人工智能理论和实践的发展。

1995 年，曼纽尔·布卢姆（Manuel Blum，1938—），计算复杂性理论的主要创立者之一。布卢姆的主要贡献是计算复杂性理论的基础研究以及计算复杂性理论在密码学和程序检测中的应用。

1996 年，阿米尔·伯努利（Amir Pnueli，1941—），以色列著名计算机科学家。伯努利把时态逻辑引入计算机科学进行程序和系统的验证，为软件工程的发展做出了重要贡献。

1997 年，道格拉斯·恩格尔巴特（Douglas Engelbart，1925—2013），鼠标器的发明人和超文本研究的先驱。鼠标器的发明和图形界面软件的诞生，使人们对计算机的交互式操作变得非常简单和方便。设想一下，如果没有鼠标，将如何进行上网操作？

1998 年，詹姆斯·格雷（James Gray，1944—2007），数据库领域事务处理研究和技术实现的开创者。事务处理理论的提出和技术实现有效地解决了大型数据库的安全性、完整性、并发控制和数据恢复等重大问题，保证了多用户对大型数据库的共享使用。

1999 年，弗雷德里克·布鲁克斯（Frederick P. Brooks，1931—），研制 IBM 360 系列计算机和开发 OS/360 操作系统的负责人。IBM 360 系列计算机是第三代计算机的杰出代表，在计算机发展史上具有重要地位，实现了计算机生产的通用化、系列化和标准化。

2000 年，姚期智（Andrew Chi-Chih Yao，1946—），计算理论领域的杰出科学家。姚期智是第一位获得图灵奖的美籍华人，在计算理论领域（包括基于复杂性的伪随机数生成理论、密码学和通信复杂性等）做出了根本性的贡献。姚期智教授现任清华大学交叉信息研究院院长、中国科学院院士。

2001 年，奥利·约翰·戴尔（Ole John J. Dahl，1931—2002）、克利斯登·奈加特（Kristen Nygaard，1926—2002），发明了面向对象程序设计语言 Simula 的挪威计算机科学家。两人在开发面向对象程序设计语言 Simula Ⅰ和 Simula 67 时，首次提出的对象、类、子类、继承等概念，对后来面向对象语言的发展有重要影响。

2002 年，罗纳德·利维斯特（Ronald L. Rivest，1947—）、阿迪·沙米尔（Adi Shamir，1952—）、伦纳德·阿德勒曼（Leonard M. Adleman，1945—），公共密匙算法 RSA 的发明人。在 RSA（Rivest-Shamir-Adleman）算法中，加密密钥和加密算法公开，需要保密的是解密密钥，而通过加密密钥去破解解密密钥是非常困难的。RSA 算法在信息安全领域得到了广泛应用。

2003 年，艾伦·凯（Alan Kay，1940—），面向对象程序设计思想的创立者之一，是发明面向对象的程序设计语言 Smalltalk 的关键人物。

2004 年，文登·塞夫（Vinton Cerf，1943—）、罗伯特·卡恩（Robert E. Kahn，1938—），互联网通信协议 TCP/IP 的发明人。正是有了 TCP/IP，才有了互联网的快速发展，使互联网应用成为目前最为普及的计算机应用领域，广泛应用于人们的工作、学习、生活和娱乐中。

2005 年，彼得·诺尔（Peter Naur，1928—），改进了巴克斯范式和 ALGOL 语言的丹麦计算机科学家。诺尔的主要贡献是，在改进 ALGOL 58 的基础上形成了 ALGOL 60；改进和完善了巴克斯范式，称为巴克斯-诺尔范式。

2006 年，弗朗西丝·艾伦（Frances E. Allen，1932—），编译器优化领域理论与实践的开创者。弗朗西丝·艾伦是第一位获得图灵奖的女科学家，她的成就主要包括编译器的基本原理、代码优化和并行编译等，她不仅提出了许多优化理论和算法，而且还在实际的编译系统中实现了这些优化算法。

2007 年，爱德蒙·克拉克（Edmund M. Clarke，1945—）、艾伦·爱默生（Allen Emerson）、约瑟夫·斯发基斯（Joseph Sifakis，1946—），模型检测的开创者。三人的创造性工作将模型检测发展为软硬件中广泛采用的自动验证技术，是一套用于验证软硬件设计的规范化的方法。Intel 研究中心一位副总裁的评价是：Intel 和整个计算机工业都从他们的贡献中直接获益。

2008 年，芭芭拉·利斯科夫（Barbara Liskov，1939—），程序设计语言领域的创新者。芭芭拉·利斯科夫是美国的第一位计算机科学女博士，第二位获得图灵奖的女科学家。她的创新性工作为目前流行的面向对象语言（C++、Java、C♯等）奠定了重要基础。

2009 年，查尔斯·萨克尔（Charles Thacker，1943—），第一款现代 PC 的设计、制造者。萨克尔被誉为现代 PC 之父，与兰普森等共同发明了第一台现代 PC——Alto，为 PC 产业奠定了基础。

2010 年，莱斯利·瓦伦特（Leslie Valiant，1949—），对众多计算理论做出变革性贡献。瓦伦特的主要贡献之一是 PAC（probably approximately correct，概率近似正确）模型，该模型可有效解决信息分类问题，对机器学习、人工智能等领域都产生了重要影响。

2011 年，朱迪亚·珀尔（Judea Pearl，1936—），通过概率论和因果推理在人工智能领域做出根本性贡献。珀尔是最早将贝叶斯网络和概率方法引入人工智能的先锋之一，也是在经验科学中数学化因果模型的先锋。他的研究为语音识别和无人驾驶汽车奠定了基础。

2012 年，莎菲·歌德瓦尔赛（Shafi Goldwasser，1958—）、希尔维奥·米卡利（Silvio

Micali,1954—),在密码学和复杂理论领域做出开创性工作。两位教授开创了可证明安全性领域的先河,奠定了现代密码学理论的数学基础,其研究成果在广泛应用于通信协议、网上交易和云计算等领域。

2013 年,莱斯利·兰伯特(Leslie Lamport,1941—),在提升计算机系统的可靠性及稳定性方面做出杰出贡献。

2014 年,迈克尔·斯通布雷克(Michael Stonebraker,1943—),对现代数据库系统底层的概念与实践做出基础性贡献。

2015 年,惠特菲尔德·迪菲(Whitfield Diffie,1944—)、马丁·赫尔曼(Martin Hellman,1945—),非对称加密的创始人。

2016 年,蒂姆·伯纳斯·李(Tim Berners-Lee,1955—),万维网的发明人。

2017 年,约翰·亨尼西(John Hennessy,1953—)、大卫·帕特森(David Patterson,1947—),开创了一种系统的、定量的方法来设计和评价计算机体系结构,并对 RISC 微处理器行业产生了持久的影响。

2018 年,约书亚·本吉奥(Yoshua Bengio,1964—)、杰弗里·辛顿(Geoffrey Hinton,1947—)、杨立昆(Yann LeCun,1960—),三位科学家被称为"深度学习三巨头",三位科学家在概念和工程方面的突破性工作使深度神经网络成为计算的一个关键组成部分。近年来,深度学习技术在计算机视觉、语音识别、自然语言处理和机器人等人工智能应用领域取得了重大突破。

2019 年,帕特里克·汉拉汗(Patrick Hanrahan,1955—)、艾德·卡特姆(Edwin Earl Catmull,1945—),对 3D 计算机图形学做出重大贡献,这些技术对电影制作和计算机生成图像产生了革命性影响,为 3D 动画电影铺平了道路。

2020 年,阿尔佛雷德·艾侯(Alfred Aho,1941—)、杰弗里·乌尔曼(Jeffrey Ullman,1942—),两人在编程语言实现领域的基础算法和理论方面做出重大贡献,两位教授还合著多本经典教材,深刻影响了数代计算机科学家和众多的程序员。

2021 年,杰克·唐加拉(Jack J. Dongarra,1950—),对数值算法和工具库做出开创性贡献,使得高性能计算软件能够跟上几十年来硬件性能的指数级改进。

2022 年,鲍勃·梅特卡夫(Bob Metcalfe,1946—),以太网的发明人,对以太网的发明、标准化和商业化做出重大贡献,以太网是互联网的基础。

习 题 7

一、填空题

1. 软件＝ _____ ＋ _____。

2. 软件可分为 _____ 和 _____。

3. 系统软件主要包括 _____、_____ 和 _____ 等。

4. 数据库的主要特点包括 _____、_____ 和 _____。

5. 写出 SQL 的 3 个特点: _____、_____、_____。

6. 写出 3 种常用的数据库管理系统: _____、_____、_____。

7. 数据库设计包括 _____、_____、_____、_____、_____、_____ 等

6 个阶段。

8. 分布式数据库主要由 _____、_____、_____、_____ 等 4 个部分组成。

9. 大数据 4 个主要特点是 _____、_____、_____、_____。

10. 区块链涉及的 4 个主要技术要素是 _____、_____、_____、_____。

11. 列出软件危机的 3 个表现：_____、_____、_____。

12. 常用的软件开发方法有 _____、_____、_____、_____、_____。

13. 生命周期法将整个软件的开发过程分成 4 个主要阶段：_____、_____、_____、_____。

14. 软件测试一般包括 _____、_____、_____ 3 个阶段。

二、名词解释

软件、系统软件、数据库、数据库管理系统、数据库系统、数据库管理员、分布式数据库、数据仓库、数据挖掘、大数据、区块链、软件危机、软件工程、软件工具、软件开发环境、CASE。

三、简答题

1. 简述数据库的主要特点。

2. 数据库设计由哪些步骤组成？每个步骤的主要任务是什么？

3. 简述软件工程专家巴里·贝姆在 1983 年提出的软件工程的 7 条基本准则。

4. 简述生命周期法的主要步骤及每个步骤的主要工作。

5. 简述敏捷开发方法的主要思路。

6. 简述微软过程的主要步骤及每个步骤的主要工作。

7. 对比说明生命周法、快速原型法、面向对象法、敏捷开发方法和微软过程各自的优点与不足。

思 考 题 7

1. 如何理解系统软件与应用软件的关系？

2. 举例说明数据库的冗余性低和独立性高。

3. 对比说明 Python 语言和 SQL 各自的特点。

4. 如何选择软件开发方法或某些方法的组合？

5. 如何理解区块链的几个主要技术要素？

第8章

计算机网络知识

20世纪40年代在美国诞生了世界上第一台电子计算机ABC和第一台通用电子计算机"埃尼阿克"(ENIAC),在80余年的发展历程中,计算机在人类生活的各个领域发挥着越来越重要的作用,人们对计算机的功能也提出了越来越高的要求,计算机网络就是在这个进程中诞生的。包括智能手机在内的微型计算机和计算机网络(互联网、移动互联网、物联网)的出现及快速发展,极大地促进了计算机的广泛普及。现在,国家的经济建设和社会发展及人们的日常生活都已和计算机及计算机网络紧密地联系在一起。

8.1 计算机网络的定义

计算机网络是计算机技术与通信技术相结合的产物。计算机网络是指将分布在不同地理位置的、具有独立功能的多台计算机及其外部设备,通过通信线路和通信设备连接起来,在网络操作系统、网络管理软件及网络通信协议的管理和协调下,实现资源共享和数据传输的计算机系统。简单地说,计算机网络是自主计算机的互连集合。

从概念上说,计算机网络由通信子网和资源子网两部分构成。资源子网由互连的主机或提供共享资源的其他设备组成,提供可供共享的硬件、软件和数据资源。通信子网由通信线路和通信设备组成,负责计算机之间的数据传输。通信子网覆盖的地理范围可以是很小的局部区域,如一间办公室、一栋楼、一个单位大院,也可以是很大的区域,如一个城市、一个国家或地区,甚至可以跨越多个国家。

8.2 计算机网络的发展历程

计算机网络最早出现于20世纪50年代,其发展过程可分为4个阶段。

(1) 计算机网络的萌芽阶段(20世纪50~60年代中期)。

为了能够远程使用主机,出现了面向终端的结构形式,由一台主机和若干终端组成。主机(一台大型计算机)是网络的中心和控制者,终端(键盘和显示器)分布在不同的地理位置上,并通过公共交换电话网(public switched telephone network,PSTN)等通信线路和通信设备与主机相连,用户通过本地的终端使用远程的主机。其典型应用是美国航空公司与IBM公司在20世纪60年代初联合开发的飞机订票系统SAVRE-Ⅰ,该系统由一台IBM大型计算机和全美范围内的2000个终端组成。严格来说,这一阶段还不能称为计算机网络,但是有了计算机技术与通信技术的结合,可以看作计算机网络的萌芽。

(2) 计算机网络的早期发展阶段(20世纪60~70年代中期)。

微课视频

面向终端的结构只能在终端和主机之间进行通信,从 20 世纪 60 年代中期开始,出现了多个主机互连的系统,可以实现计算机与计算机之间的通信。这一阶段的典型代表是 1969 年美国国防部高级研究计划署(Advanced Research Project Agency,ARPA)资助建成的 ARPAnet(阿帕网),该网络最初只有 4 个结点,以电话线路为主干网络。两年后,建成 15 个结点,进入工作阶段,此后规模不断扩大,70 年代后期,网络结点超过 60 个,主机 100 多台,连通了美国东部和西部的许多大学和研究机构,而且通过通信卫星与夏威夷和欧洲地区的计算机网络相互连通。其主要特点是资源共享、分散控制、分组交换、有专门的通信控制处理器和分层的网络协议,这些特点被认为是现代计算机网络的一般特征。现在得到广泛应用的因特网(Internet,也称国际互联网)就是由 ARPAnet 发展来的。

(3) 计算机网络的标准化阶段(20 世纪 70~80 年代末)。

随着计算机网络技术的成熟,网络应用越来越广泛,网络规模增大,网络通信变得复杂。各大计算机公司纷纷制定了自己的网络技术标准。IBM 公司在 1974 年推出了系统网络体系结构(system network architecture,SNA),DEC 公司在 1975 年宣布了数字网络体系结构(digital network architecture,DNA),UNIVAC 公司在 1976 年宣布了分布式通信体系结构(distributed communication architecture,DCA)。这些网络技术标准互不兼容,不同厂家生产的计算机和网络产品很难实现互连。这种情况不利于计算机网络的继续发展和用户的使用。

1977 年,国际标准化组织(International Standards Organization,ISO)为适应网络标准化的要求,在研究分析已有的网络体系结构的基础上,着手制定开放系统互连参考模型(open system interconnection/reference model,OSI/RM)。1984 年,ISO 公布了关于开放系统互连参考模型的正式文件。OSI/RM 对推动计算机网络理论和技术的发展、对统一网络体系结构和协议标准起到了积极的作用,促进了计算机网络的广泛应用。

(4) 计算机网络的快速发展阶段(20 世纪 80 年代末至今)。

从 20 世纪 80 年代末开始,以光纤通信技术、综合业务数字网(integrated service digit network,ISDN)、宽带综合业务综合数字网(B-ISDN)的出现和发展为标志,网络技术进入新的发展阶段。20 世纪 90 年代以来,计算机网络进入快速发展时期,特别是因特网的出现,使计算机网络的应用得到了飞速发展。

随着应用的拓展和深化,传统的因特网也暴露出一些问题和不足,如网络安全、IP 地址数、可扩展性、移动性、QoS(服务质量)、动态路由、智能管理、绿色节能等。为解决这些问题,各国都在积极探索未来网络相关技术方案,通过设立重大研发计划(项目),支持网络体系架构研究设计和网络实验平台构建,以探索新的网络体系并进行测试验证。

美国早在 1997 年就提出了"下一代互联网"(next generation internet,NGI)和"Internet 2"的研究计划;美国国家科学基金会(NSF)设立的"未来互联网设计"(future Internet design,FIND)计划从 2005 年开始资助新型网络体系结构、网络虚拟化、网络感知测量等方向的项目研究;"未来互联网架构"(future Internet architecture,FIA)计划从 2010 年开始资助项目研究,从内容中心网络架构、移动网络架构、网络安全可信机制、分布式数据中心互联网等方面探索未来网络关键机制。

欧盟从 2007 年开始启动以探索全新整体性解决方案、设计运营未来网络架构为目标的"第七框架计划"(7th framework programme,FP7)。目前,主要由欧盟创新框架计划

"Horizon 2020"支持信息和通信技术(ICT)的研发,包括未来网络软硬件、基础设施、内容与服务等。

日本国家通信技术研究院(NICT)在 2006 年启动了 AKARI 研究计划,提出了"新一代网络"的概念,在考虑解决与现有网络平稳过渡问题的基础上研究创新的网络架构。NICT对多个研究项目进行整合,形成新一代网络研究与发展计划,包括网络架构、光、无线和安全等领域的研究,致力于解决现有网络存在的问题并促进未来网络的可持续发展。

我国也积极开展下一代互联网的研究,2003 年启动了"中国下一代互联网"(China next generation Internet,CNGI)示范工程。从 2007 年开始,启动了"新一代互联网体系结构与协议基础研究""未来互联网寻址机制与结点模型""面向服务的软件定义网络体系结构与关键技术研究"等项目的研究。2018 年科技部启动了宽带通信与新型网络专项、天地一体化信息网络重大工程等研究,期望在网络体系架构方面取得进展和突破。

在网络试验平台方面,美国建设有"网络创新的全球环境"(global environment for networking innovations,GENI)等平台,其目的是探索新的互联网架构以促进科学发展并刺激创新和经济增长。欧盟的试验平台包括"未来互联网研究和实验"(future Internet research and experiment,FIRE)和 Fed4FIRE＋等,FIRE 的目的是研究新一代互联网的体系结构,Fed4FIRE＋属于欧盟"Horizon 2020"计划项目,旨在构建全球最大的下一代互联网联合试验平台。日本的 NICT 从 2009 年开始部署名为 RISE 的试验平台,其主要目标是提供大规模、真实的软件定义网络(SDN)验证环境。

2013 年我国将"未来网络试验设施"(China environment for network innovation,CENI)列入"国家重大科技基础设施中长期规划(2012—2030)",该项目于 2016 年 12 月正式启动实施。CENI 的目标是提供一个大规模虚拟化网络环境,为新型网络服务部署、新设备的大规模测试、新型网络业务提供测试平台和应用基础环境,满足关于下一代互联网、网络空间安全、天地一体化等的试验验证需要。

作为经济社会平稳运行、高质量发展的关键基础设施,计算机网络的应用会继续向深度和广度快速推进,同时应用场景也会对计算机网络性能不断提出新需求,未来网络研究会一直持续进行,其主要发展趋势包括新型网络体系结构、确定性网络控制与服务、去中心化网络应用、空天地海一体化泛在互联、智能化网络与通信等,以满足超低时延(毫秒级)、超高通量带宽(大于 1Tb/s)、超大规模连接(大于 1000 亿个连接)的需求。

8.3　计算机网络的分类

计算机网络有多种分类方式,根据网络覆盖的地理范围大小,可以将计算机网络分类为个人局域网、局域网、广域网和互联网,这也是比较常用的一种分类方式。

微课视频

8.3.1　个人局域网

个人局域网(personal area network,PAN)一般是在个人日常的工作场所、生活场所等,如一间办公室的范围、居家范围等。常见的场景是把打印机、鼠标、智能手机、数码相机等与笔记本计算机进行无线连接,为笔记本计算机和外设之间传输数据带来很大的方便;把智能手机与智能手环等智能穿戴设备进行无线连接,实现手机与穿戴设备间的信息同步与传输；智能手机与耳机无线连接等。可采用 2.4GHz 无线技术、蓝牙(bluetooth)技术等组建个人区域网。

8.3.2　局域网

局域网(local area network,LAN)覆盖的地理范围可以是一间办公室、一栋楼、一个楼群、一个校园或一个企业的厂区等。相对于广域网,局域网具有覆盖范围小、传输速度高、传输延迟小、误码率低等特点。

目前最常见的局域网技术是以太网,网络传输速度从早期以太网(10Mb/s)、快速以太网(100Mb/s)、千兆位以太网(1000Mb/s)、万兆位以太网(10Gb/s)不断发展到目前的 40G以太网(40Gb/s)。其中 b/s(bit per second)指每秒传输的二进制位数,网络传输速度一般按位或称比特(bit,b)计,存储器的存储容量按字节(byte,B)计。

8.3.3　广域网与互联网

广域网(wide area network,WAN)覆盖的地理范围从几十千米到几千千米,可以覆盖一个地区、一个国家以及更大的范围。因特网可以看作一个最大范围的广域网。

无论从地理范围还是从网络规模来讲,互联网(internet)都是最大的一种网络。从地理范围来说,它可以是全球计算机的互连,这种网络的最大的特点就是动态性,整个网络随时都可能有新的计算机接入。ARPAnet 的建立,产生了网络互联的概念,即将各个独立的网络连接成一个更大的网络,ARPAnet 采用 TCP/IP 后,网络互联的想法变成了现实,使用网络互连设备,出现了互连各种网络而形成的网,称为互联网。其中基于 ARPAnet 发展起来的互联网称为 Internet,第一个字母大写以示和一般 internet 的区别,Internet 翻译成中文为因特网或国际互联网。严格来说,国际互联网(因特网)和互联网是有区别的,凡是互连多个网络形成的网络都可称为互联网(internet),国际互联网(因特网)是互联网中的一种,但由于国际互联网(因特网)是目前唯一得到广泛应用的互联网,因此一般情况下,人们对二者不做区分,而且把 Internet 称为互联网用得更多一些。在本书中,如不做特别说明,Internet、因特网、互联网和国际互联网的含义是相同的。

除了按覆盖范围分类外,还可以根据网络采用的传输技术和传输介质分类。

根据网络采用的数据传输技术,可以将计算机网络分为广播式网络和点对点式网络。

(1) 广播式网络：网络中所有联网计算机都共享一个公共通信信道,一台计算机可以同时向多台计算机发送数据。

(2) 点对点式网络：每条物理线路连接一对计算机,如果两台计算机之间没有直接连接的线路,它们之间的数据传输必须经过中间结点转发。

根据网络所用数据传输介质的不同,可以将计算机网络分为有线网和无线网。

(1) 有线网：采用双绞线、同轴电缆和光缆等作为传输介质的计算机网络,计算机通过网线接入网络。

(2) 无线网：大气层作为传输介质,计算机以无线方式接入网络,采用无线电波、微波、红外线等方式传输信息。

8.4 计算机网络的拓扑结构

微课视频

网络中各个结点（计算机、打印机、交换机、路由器等设备）及其通信线路的互连模式称为网络的拓扑结构。常用的网络拓扑结构主要有星形结构、总线结构、环形结构、树形结构和网状结构等。

8.4.1 星形结构

图 8.1 星形结构的网络

星形结构的网络如图8.1所示，各工作结点都通过单独的通信线路与中心结点直接连接，工作结点之间的数据传输需要通过中心结点的转发才能实现。目前用于中心结点的设备一般是交换机，具有数据的存储转发功能。

星形结构的优点是，结构简单、易于维护和扩充；某个工作结点出现故障不会影响其他结点和全网的工作。星形结构的缺点是，由于每个工作结点都需要用单独的通信线路与中心结点连接，需要的连接线较多；要求中心结点具有很高的可靠性，因为一旦中心结点出现故障，将导致整个网络瘫痪。

目前，用双绞线连接的小型局域网多采用这种结构，由一台交换机和若干计算机（主机）组成，双绞线的成本比较低。

8.4.2 总线结构

总线结构的网络如图8.2所示，所有结点共享同一条通信线路（总线），任何一个结点发送的数据都会通过总线传送到网络中的其他所有结点上，属于广播式网络。每个结点在接收到其他结点发来的数据后，分析该数据的目标地址是否与本结点地址一致（即分析数据是否为发给本结点的），若一致，则接收此数据，否则拒绝接收。

图 8.2 总线结构的网络

总线结构的优点是，结构简单、布线容易、可靠性高、易于扩充；节省连接线，连接成本较低。总线结构的缺点是，故障检测需要在各个结点进行，故障诊断相对困难；总线故障会引起整个网络的瘫痪；由于共享总线，同一时刻只能有一个结点发送数据，存在总线的使用权争用问题，必须借助相应的网络协议予以解决，如带碰撞检测的载波侦听多路访问协议；网络覆盖范围较小。

早期用同轴电缆连接的局域网多采用这种结构，可节省同轴电缆的使用。

8.4.3 环形结构

环形结构的网络如图8.3所示，所有结点连接在一个封闭的环路中，一个结点发出的数据要依次通过所有的结点，最后再回到起始结点。某个结点接收到环路上传输过来的数据，要把

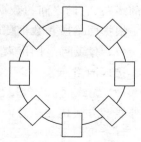

图 8.3 环形结构的网络

此数据的目标地址与本结点地址进行比较,相同时才接收该数据。

环形结构的优点是,结构简单,数据在网络中沿环单向传送,不存在对中心结点的依赖。环形结构的缺点是,可靠性差,任一结点或线路的故障都可能引起全网故障,而且故障检测困难;由于多个结点共享一个环路,需要一种控制方法来决定每个结点何时能够发出数据。

IBM 公司在 20 世纪 70 年代开发的令牌环网采用的就是环形结构,在令牌环网中,只有拿到令牌(可以是一个特定的二进制数字串)的结点才能发出数据,发送完数据释放令牌。

8.4.4 树形结构

树形结构的网络是从星形结构演变而来的,如图 8.4 所示,各结点按一定的层次连接起来,其形状像一棵倒置的树,顶端是一个带分支的根结点,每个分支还可延伸出子分支。

图 8.4 树形结构的网络

树形结构的优点是,易于扩充网络结点和分支;某一分支的结点或线路发生故障,很容易将其从整个网络中隔离出来,可靠性高。树形结构的缺点是,和星形结构类似,使用的连接线较多;整个网络对根结点的依赖性大,一旦根结点出现故障,将导致全网不能正常工作。

现在规模大一点的局域网多采用这种结构,由多级交换机可以连接更多的结点计算机。

8.4.5 网状结构

网状结构的网络如图 8.5 所示,每个结点通过多条线路与其他结点相连,数据从一个结点传输到另一个结点有多条路径可以选择。

图 8.5 网状结构的网络

网状结构的优点是,冗余的数据传输线路使网状结构具有更高的可靠性和传输速度,数据传输时通过路径选择(路由),可以绕过出现故障或繁忙的结点。网状结构的缺点是,结构复杂,连接成本比较高,不易管理和维护。

网状结构适用于建立广域网,如中国教育和科研网(China Education and Research Network,CERNET),其中心结点设在清华大学,在北京(北京大学、北京邮电大学)、沈阳(东北大学)、南京(东南大学)、上海(上海交通大学)、武汉(华中科技大学)、广州(华南理工大学)、西安(西安交通大学)、成都(电子科技大学)设有地区结点,地区结点之间的连接采用的就是网状结构,构成 CERNET 的主干网。

各学校的局域网可以直接接入 CERNET 的地区结点或地区结点下一级的核心结点。

8.5 计算机网络的功能和应用

计算机网络的主要功能有资源共享、数据通信和协同工作。

1. 资源共享

这里的资源包括硬件资源、软件资源和数据资源。

共享硬件资源可以节约成本。例如，为办公室的每位员工配备一台彩色激光打印机是不必要的浪费，购买一台打印机并且通过网络与各员工的计算机相连，每个人都可以方便地使用这台共享打印机，既满足了工作需要，又节省了开支。可共享的硬件设备还可以是网络中的高性能计算机、大容量存储设备、扫描仪和绘图仪等。

共享软件资源既节约成本，又方便维护管理。例如，对于机器翻译，在服务器上安装、运行翻译软件，用户在客户端提交翻译请求，并获得服务器反馈的翻译结果。软件的升级、维护也比较方便。

共享数据资源能够给用户带来很大的方便。例如，学校的教务数据服务器上存放有学生的考试成绩，任课教师、教学管理人员和全体学生都可以通过网络按权限方便地录入/查询相关考试成绩。任课教师可以在规定的时间内录入所主讲课程的成绩，提交之后可以查询，但不能修改；教学管理人员可以查询全校或某学院学生的考试成绩，但无权修改；学生只能查看自己的成绩，但无权修改。

2. 数据通信

计算机网络可以为上网用户提供强有力的通信功能，接收和发送电子邮件、网上聊天、即时传送文件和视频会议等都是计算机网络通信功能的具体体现。

3. 协同工作

在现实生活中，多人间的协同工作是非常普遍的事情。多位程序员共同开发一个软件，多位医生共同为一位病人诊断病情、做手术，这些协同工作以前要求相关人员要集中在一起。通过计算机网络及相应软件（平台）的支持，可以实现分处异地的相关人员协同工作，即实现网上协同，这样可以节省时间和费用。现有的计算机远程医疗系统（包括远程手术）、面向对象软件开发环境能够较好地支持协同工作。当然，计算机协同工作对计算机网络的速度要求较高。

从2008年开始，云计算（cloud computing）得到了业界的广泛关注，云计算的基本含义是对于单位用户或个人用户来说，把原本在本地计算机完成的数据存储和数据处理工作更多地通过互联网上的存储和计算资源来进行，有专业公司提供基于互联网的数据存储和数据计算平台。例如，提供云计算和云存储服务的阿里云、华为云等，主要提供云存储服务的百度网盘等。一个云可以包括分布在多地的几十个数据中心和数百万台服务器，通过互联网为单位用户和个人用户提供计算、存储等服务。

计算机网络已经广泛应用到工业、农业、交通运输、文化教育、商业、国防以及科学研究等领域，日益深入到人类社会的各方面，并在一定程度上改变着人们的生活方式。

8.6 计算机网络的传输介质

传输介质是通信子网中数据发送方和接收方之间的物理通路。网络中常用的传输介质可分为有线和无线两大类。

双绞线、同轴电缆和光纤是常用的有线传输介质。

在空中利用电磁波发送和接收信号进行通信属于无线传输。地球上的大气层为大部分

微课视频

无线传输提供了物理通道,即大气层就是无线传输介质。常用的无线传输方式包括无线电波、微波和红外线等。

8.6.1 双绞线

双绞线由螺旋状相互绞合在一起的两根绝缘铜线组成,线对绞合在一起可以减少相互之间的电磁辐射干扰,提高数据传输质量。双绞线电缆(twisted pair cable)由双绞线构成,如图 8.6 所示,是一种应用广泛、价格低廉的网络线缆。在实际应用中,一般将多对双绞线封装于绝缘套里做成双绞线电缆,称为非屏蔽双绞线电缆,如果绝缘套中还有一个屏蔽层,则称为屏蔽双绞线电缆。双绞线电缆一般简称为双绞线,如不做特别说明,本书所说双绞线指双绞线电缆。屏蔽双绞线能防止信息被窃听,也可阻止外部电磁干扰的侵入,比同类非屏蔽双绞线具有更高的数据传输速度和传输质量,但价格相对较高,安装也比非屏蔽双绞线困难。

目前,双绞线广泛应用于局域网中,通常使用的是由 4 对双绞线组成的非屏蔽双绞线,其传输距离一般不超过 100m。如果需要增加传输距离,则可在两段双绞线之间安装中继器或交换机。

目前常用的双绞线有超 5 类线和 6 类线。

超 5 类线具有衰减小、串扰少的特点,并且具有更高的信噪比、更小的时延误差。超 5 类线主要用于千兆位(1000Mb/s)以太网。

6 类线提供 2 倍于超 5 类线的带宽,其传输性能远高于超 5 类线,适用于传输速率高于 1Gb/s 的应用场景。

对于传输速度要求更高的网络,还可以选用速度更快、综合性能更高的超 6 类线、7 类线等,当然这些双绞线的成本也更高一些。

8.6.2 同轴电缆

同轴电缆(coaxial cable)如图 8.7 所示,由同轴的内外两个导体组成,内导体是一根金属线,外导体(也称外屏蔽层)是一根圆柱形的套管,一般是由细金属线编织成的网状结构,内外导体之间有绝缘层。常用的同轴电缆有粗缆和细缆之分。粗缆的特点是连接距离长、可靠性高,安装难度大、成本高。细缆的特点是传输距离略短,但是安装比较简单,成本较低。在早期的局域网中经常采用同轴电缆作为传输介质,现在已基本被非屏蔽双绞线取代。

8.6.3 光纤

光纤是光导纤维的简称,是能传导光波的石英玻璃纤维,由纯石英以特别的工艺拉丝而成。单根光纤非常细而且易断,因此需要外加保护层。将一定数量的光纤组织在一起,外加保护层、保护套构成光缆(fiber optical cable),如图 8.8 所示。一根光缆中少则只有一根光纤,多则包括数十至数百根光纤。日常应用中,光缆和光纤的含义相同,本书所说光纤指光缆。光纤不同于双绞线和同轴电缆将数据转换为电信号传输,而是将数据转换为光信号在其内部传输。光缆具有容量大、传输速度快、传输距离长、抗干扰能力强等优点;不足之处是连接比较困难。早期的光纤成本较高,多用于主干网的建设。随着成本的不断降低,近几年光纤的应用越来越广泛,光纤到小区、光纤到户已很常见。

由于光纤中传输的是光信号，而计算机处理的是数字信号，因此要使用光调制解调器（俗称光猫），发送端计算机中的数字信号经由发送端光猫转换为光信号（调制）在光纤中传输，进入接收端计算机之前再由接收端光猫把光信号转换为数字信号（解调）。

图 8.6　双绞线

图 8.7　同轴电缆

图 8.8　光缆

8.6.4　无线传输方式

基于大气层的无线传输不需要架设或铺埋线缆，其优点是数据传输受地理位置的限制较小、使用方便；不足之处是容易受到障碍物和天气的影响。

无线传输方式包括无线电波、微波和红外线等。

无线电波是指在空中传播的电磁波。通过无线电波传输信息的原理是，导体中电流强弱的变化会产生无线电波，通过调制可将要传输的信息加载于无线电波之上，当电波通过空间传播到达接收端，电波引起的电磁场变化又会在导体中产生电流，通过解调将信息从电流变化中提取出来，就达到了信息传输的目的。

微波是指频率在 300MHz～300GHz 的电磁波，即波长在 1m（不含 1m）到 1mm 之间的电磁波，由于微波频率比一般的无线电波频率高，通常也称为"超高频电磁波"。当两点间直线距离内无障碍物时就可以使用微波传输信息，微波通信具有容量大、传输质量好、抗灾害能力强的特点，通过多级中转站转发可以传输很远的距离；不足是易受障碍物的影响。

红外线是太阳光线中位于红光外侧的、看不见的光线，可以用来传输信息。红外线传输具有不易被人发现和截获、保密性强、抗电气干扰性强的优点；不足是必须在直视距离内通信，受天气影响较大。

8.7　计算机网络体系结构

微课视频

计算机网络体系结构（computer network architecture）指计算机之间相互通信的层次、各层次中的协议和层次之间接口的集合。为了降低网络设计的复杂性和提高网络的可靠性，以及为了提高网络系统的开放性和互操作性，计算机网络一般都按分层的方式组织和设计协议。

分层体系结构是将系统按其实现的功能分成若干层，每一层是功能明确的一个子部分。最低层完成系统功能的最基本的部分，并向其相邻高层提供服务。层次结构中的每一层都直接使用其低层提供的服务（最低层除外），完成其自身确定的功能，然后向其高层提供"增值"后的服务（最高层除外）。分层体系结构使得系统的功能逐层加强与完善，最终完成系统要完成的所有功能。

层次结构的优点在于使每一层实现相对独立的功能,每一层不必知道下一层功能实现的细节。只要知道下层通过层间接口提供的服务是什么以及本层应向上一层提供什么样的服务,就能独立地进行本层的设计与开发。另外,由于各层相对简单独立,故容易设计、实现、维护、修改和扩充,增加了系统的灵活性。

层次的划分要适当。层次太多会导致系统处理时间增加和数据包包头长度增加,影响网络的传输速度。层次太少会造成每层的功能不明确,相邻层之间的界面不易确定,降低协议的可靠性。大部分网络体系结构划分为 4~7 层。

计算机网络由多个互连的自主计算机组成,计算机之间的数据传输实际上是指计算机上的对等层实体之间进行数据交换,这里的实体是指计算机上能够发送和接收数据的进程或硬件设备。要想让通信双方的计算机上的两个对等层实体进行数据传输,两个实体间必须就传输内容、如何传输及何时传输等事项事先做好约定。

为在计算机网络中进行数据交换而建立的规则、标准或约定称为网络协议(network protocol),简称协议。网络协议由语法、语义和时序 3 个要素组成。语法是数据与控制信息的结构与格式;语义解释控制信息的含义,说明完成何种操作以及做出何种响应;时序是对事件实现顺序的详细说明,也称为同步。网络协议一般有两种描述形式:一是便于人们阅读理解的文字描述形式;二是便于计算机识别的程序代码形式。不管哪种方式,都需要对网络上的数据交换过程做出精准描述。

8.7.1 开放系统互连参考模型

开放系统互连参考模型(open system interconnection/reference model,OSI/RM)由国际标准化组织制定,是一个标准化的、开放式的计算机网络层次结构模型。OSI/RM 由 7 层组成,自下而上分别为物理层、数据链路层、网络层、传输层、会话层、表示层和应用层,如图 8.9 所示。

图 8.9 OSI 参考模型

1. 物理层

物理层(physical layer)的功能是在传输介质(双绞线、同轴电缆和光缆等)上传输原始的由 0 和 1 组成的比特流,物理层并不关心传输数据的语义和结构。当一方发送二进制比特流时,物理层确保对方能正确地接收。在物理层,传输的双方有一致的通信规程,即物理层协议。物理层协议又称为物理层接口标准,主要定义数据终端设备和数据通信设备的物理和逻辑连接方法。

2. 数据链路层

数据链路层（data link layer）的主要功能是将原始的物理连接改造成无差错的、可靠的数据传输链路。在数据链路层要将比特流组合成帧（frame）传送，使传送的比特流具有语义和规范的结构。该层的功能还有物理地址寻址、流量控制、数据的检错和重发等。

3. 网络层

网络层（network layer）将数据链路层提供的帧组成数据包（packet），包中封装有网络层包头，其中含有逻辑地址信息——源结点和目的结点的网络地址。网络层的功能是对通信子网的运行进行控制，主要任务是如何把网络层的协议数据单元——数据包从源结点传输到目的结点。网络层实现的功能主要包括路由选择和网络互联，路由选择为在通信子网上传输的数据包选择合适的传输途径，网络互联实现数据包的跨网传输。

4. 传输层

传输层（transport layer）也叫运输层，是工作在端到端或主机到主机的功能层次。传输层的功能就是在通信子网的环境中实现端到端的数据传输管理、差错控制、流量控制和复用管理等，为高层用户提供可靠的、透明的、有效的数据传输服务。该层的数据单元也称为数据包，但是，当使用 TCP（传输控制协议）传输数据时，数据单元称为段（segment），当使用 UDP（user datagram protocol，用户数据报协议）传输数据时，数据单元称为数据报（datagram）。

5. 会话层

会话层（session layer）也称为会晤层或对话层。在会话层及以上的高层次中，数据单元统称为报文（message）。会话层不参与具体的传输，它提供包括访问验证和会话管理在内的建立和维护应用之间通信的机制，如服务器验证用户登录便是由会话层完成的。

6. 表示层

表示层（presentation layer）主要用于处理在两个通信系统中交换信息的表示方式。不同的机器系统采用的信息编码及表示方法可能不尽相同，使用的数据结构也不一样。为了解决采用不同方法表示的信息能在通信系统中进行交换，表示层采用抽象的标准方法定义数据结构，并采用标准的编码形式。数据压缩和加密也是表示层可提供的表示变换功能。

7. 应用层

应用层（application layer）是开放系统互连参考模型的最高层，其功能是为特定类型的网络应用提供访问 OSI 环境的手段。

8.7.2 TCP/IP 参考模型

从理论上来讲，OSI 参考模型所定义的网络体系结构比较完整，是国际上广泛认可的网络标准，但由于实现困难、运行效率低，实际上没有哪个商家能生产出完全符合 OSI 标准的网络产品。20 世纪 90 年代初，由 ARPAnet 发展而来的因特网在世界范围内得到了迅速发展和广泛应用，因特网所采用的体系结构是 TCP/IP 参考模型。实现多个网络的无缝连接是 TCP/IP 参考模型的主要设计目标。TCP（transmission control protocol）是指传输控制协议，IP（internet protocol）是指互联网协议。TCP/IP 参考模型共分 4 层，自下向上分别是主机-网络层、互连层、传输层和应用层，OSI 参考模型与 TCP/IP 参考模型的层次对应关系如图 8.10 所示。

图 8.10 OSI 参考模型与 TCP/IP 参考模型的层次对应关系

1. 主机-网络层

主机-网络层(host-to-network layer)也称为网络接口层,位于 TCP/IP 参考模型的最底层,与 OSI 参考模型的物理层、数据链路层对应,负责将相邻高层提交的 IP 报文封装成适合在物理网络上传输的帧格式并传输,或将从物理网络接收到的帧解封,从中取出 IP 报文并提交给相邻高层。

2. 互连层

互连层(internet layer)也称为网际层,负责将报文独立地从源主机传输到目的主机,不同的报文可能会经过不同的网络,而且报文到达的顺序可能与发送的顺序有所不同,但是互连层并不负责对报文的排序。互连层在功能上与 OSI 参考模型中的网络层对应。

3. 传输层

传输层(transport layer)负责在源主机和目的主机的应用程序间提供端到端的数据传输服务,使主机上的对等实体可以进行会话,相当于 OSI 参考模型中的传输层。传输层有两个协议:TCP 和 UDP。TCP 是可靠的、面向连接的协议,保证通信主机之间有可靠的数据传输。UDP 是一种不可靠的、无连接的协议,优点是协议简单、效率高,缺点是不能保证正确传输。

4. 应用层

应用层(application layer)对应于 OSI 参考模型的会话层、表示层和应用层的功能,提供用户所需要的各种服务,应用层的主要协议有简单电子邮件传输协议(simple mail transfer protocol,SMTP),负责互联网中电子邮件的传递;超文本传输协议(hypertext transfer protocol,HTTP),提供 WWW 服务;文件传输协议(file transfer protocol,FTP),用于交互式文件传输;域名(服务)系统(domain name system,DNS),负责域名到 IP 地址的转换。

计算机网络一般不能连续地传输任意数量的数据,发送方要把待传输的数据文件先分成若干数据块(数据单元),然后以数据块为基本单位发送,接收方收到数据块后,再把相关的数据块组合成完整的数据文件。数据在传输过程中,在不同的层次上数据单元有不同的名字,帧、数据包、段、数据报、报文等概念都表示数据单元,但也有一些差别,其差别的介绍超出了本书的范围,读者可以在学习"计算机网络"课程时仔细体会。

8.8 常用的网络连接设备

1. 调制解调器

调制解调器（modem）是一种可以将数字信号转换为模拟信号（modulation，称为调制），也可以将模拟信号转换为数字信号（demodulation，称为解调）的网络设备。计算机能够产生和接收数字信号，电话线上传输的是模拟信号，当利用公用电话网上网时，需要在计算机和电话线路之间接入调制解调器。计算机发出的数字信号，调制解调器将其转换为模拟信号在电话线上传输；电话线上传来的模拟信号经调制解调器转换为数字信号，被本地计算机接收。类似地，当用光纤（光缆）作传输介质时，由于光纤（光缆）中传输的是光信号，需要有设备进行数字信号与光信号的转换，这样的设备称为光调制解调器。根据调制解调器的英文读音，人们把调制解调器昵称为"猫"，相应地，把光调制解调器昵称为"光猫"。

2. 中继器

中继器（repeater）也称为重发器或转发器，是一种在物理层上互连网段的设备，具有对信号进行放大、补偿、整形和转发的功能。电子信号通过传输介质时会发生信号衰减，有效传输距离受到限制（例如，双绞线的传输距离一般不超过 100m），中继器可以把从一段线缆接收到的信号经过放大、补偿和整形后，转发到另一段线缆上，延长信号的有效传输距离，扩展网络的覆盖范围。

3. 交换机

交换机（switch）是由输入输出端口以及具有交换数据包等数据单元能力的转发逻辑组成的网络设备。交换机在同一时刻可进行多个端口之间的数据传输。交换机的主要优点是使各个结点独占全部带宽，实现高速网络通信。

4. 路由器

路由器（router）作用于 OSI 参考模型的网络层，根据网络层的信息，采用某种路由算法，为在网络上传送的数据包从多条可能的路径中选择一条合适的路径。

使用路由器可以实现具有相同或不同类型的网络的互联，网关也可以完成这一功能，但网关是在 OSI 参考模型的高层（从运输层到应用层），实现不同高层协议之间的互相转换。路由器在 OSI 参考模型的网络层实现这一功能。路由器与网桥相比也有明显的优点，具有更强的异构网互联能力、更强的拥塞控制能力和更好的网络隔离能力。

5. 网络适配器

网络适配器（network adapter）是把网络结点（计算机）连接到传输介质（双绞线、同轴电缆等）的一种接口部件，以插卡的形式安装在计算机上，所以通常称为网卡。为了与不同传输介质实现连接，网卡的接口类型也有多种，如与粗同轴电缆连接的 AUI 接口、与细同轴电缆连接的 BNC 接口、与双绞线连接的 RJ-45 接口、与光缆连接的 FC 接口等。

6. 无线 AP

AP 是接入点（access point）的英文缩写，无线 AP 也称为无线接入点，是用于无线网络的无线交换机，接入有线交换机或路由器。手机、笔记本计算机等移动设备接入网络的接入点，主要用于家庭、楼宇、校园、企业园区等场景，其覆盖距离可达几十米至上百米，接入的无线终端和接入的网络属于同一个子网。大多数无线 AP 还带有接入点客户端模式，可以和其他 AP 进行无线连接,拓展网络的覆盖范围。

8.9 互联网技术

计算机现在发展到如此广泛普及的程度,得益于两个主要因素:一是价格低廉的微型计算机的出现(包括智能手机);二是具有丰富资源、强大通信功能的互联网的出现。

8.9.1 互联网的发展

互联网是目前全球最大的、开放式的、由众多网络互联而成的计算机网络。互联网是在ARPAnet 的基础上发展起来的,1969 年,在美国国防部高级研究计划署(ARPA)的资助下,建立了 ARPAnet(阿帕网),这个网络最初只有 4 个结点,分别是加利福尼亚大学洛杉矶分校、加利福尼亚大学圣芭芭拉分校、斯坦福研究院和位于盐湖城的犹他州州立大学。

1972 年,在首届国际计算机通信会议上首次公开展示了 ARPAnet 的远程分组交换技术,ARPAnet 成为现代计算机网络诞生的标志。1983 年,ARPAnet 分裂为两部分:一部分是专用于国防的 MilNet;另一部分仍称为 ARPAnet。也是在这一年,ARPA 把 TCP/IP 作为 ARPAnet 的标准协议正式启用,这是 ARPAnet 对计算机网络技术做出的又一重大贡献。

1986 年,美国国家科学基金会(NSF)利用 ARPAnet 中使用的 TCP/IP,将分布在美国各地的 5 个为科研教育服务的超级计算机中心互连,形成了 NSFnet。NSFnet 由 3 个层次组成:主干网、各个区域网和众多的校园网。由于 NSF 的鼓励和资助,很多大学和研究机构纷纷把自己的局域网接入 NSFnet,NSFnet 逐步取代 ARPAnet 成为因特网的主干网。与此同时,很多国家相继建立了自己的主干网,并接入因特网,成为因特网的组成部分。几年以后,由于网络通信量的急剧增长,需要对 NSFnet 进行进一步的升级改造,这个工作由高级网络服务公司(Advanced Network & Service,ANS)完成,ANS 由美国的 IBM、MCI 和Merit 三家公司在 1990 年联合组建。

因特网最初目的是支持教育和科研工作的开展,不以营利为目的。但是,随着因特网规模的不断扩大、应用服务的不断发展以及全球化需求的不断增长,商业组织开始介入因特网领域,并使因特网走向商业化。商业化促进了因特网的更快发展和更广泛的普及。

1987 年 9 月 14 日,北京计算机应用技术研究所发出了中国第一封电子邮件"Across the Great Wall we can reach every corner in the world."(越过长城,走向世界),揭开了中国人使用互联网的序幕。

1994 年 4 月 20 日,中国国家计算机与网络设施(National Computing and Networking Facility of China,NCFC)工程连入因特网的 64K 国际专线开通,实现了与因特网的全功能连接。从此中国被国际上正式确认为真正拥有全功能因特网的国家。当时的 NCFC 工程包括中国科学院网、清华大学校园网和北京大学校园网等。

目前我国用户接入互联网可以通过中国移动、中国电信、中国联通等互联网服务提供商(Internet service provider,ISP)进行,个人用户选择一个服务商即可,单位用户可以选择一个服务商,也可以选择几个服务商共同提供网络接入服务。

截至 2023 年 6 月,我国网民规模达 10.79 亿人,互联网普及率达 76.4%。

虽然互联网在部分国家已经达到了相当普及的程度,但在一些发展中国家还处于比较低的应用水平,出现了所谓的数字鸿沟。就是在同一国家的不同地区,也可能存在数字鸿沟问题。

数字鸿沟(digital divide)指通过互联网或其他信息技术获取信息的差异和利用信息、网络以及其他技术的能力、知识和技能的差异。简单地说,数字鸿沟就是获取数字信息和利用数字信息能力的差异。具体体现就是人均计算机台数、总人口中的上网人数等在不同国家之间、不同地区之间以及不同人群之间存在明显的差异。虽然近几年在一些方面有缩小差距的趋势,但并没有明显的好转。由于信息技术和信息资源在经济建设和社会发展中发挥着日益重要的作用,是一种竞争实力的体现,因此影响着一个国家和地区的经济发展,也影响着个人的经济收入。数字鸿沟有加大国家之间、地区之间及个人之间贫富差距的趋势,严重影响着各地区经济和社会的和谐发展,日益引起人们的关注。

微课视频

8.9.2　IP 地址和域名

连接在互联网上的每台计算机都必须有一个唯一的地址,发送信息的计算机在通信之前必须知道接收信息计算机的地址,这个地址称作 IP 地址。在 TCP/IP 中,IPv4 地址由两部分组成:网络标识(netid)和主机标识(hostid)。网络标识确定了主机所在的物理网络,主机标识确定了某一物理网络上的一台主机。

每个 IPv4 地址是一个 32 位的二进制数,可以表示为用小数点分开的 4 个十进制整数,如 10100110 01101111 00011001 00101001 便是一个有效的 IP 地址,可以表示成 166.111.25.41。

IPv4 地址有 4 种格式,即有 4 类网络地址:A 类、B 类、C 类和 D 类,比较常用的是前 3 类地址,其格式如图 8.11 所示。

图 8.11　IPv4 地址格式

A 类地址用于特大规模网络,地址的最高位固定为 0,随后的 7 位为网络标识,最后 24 位为网络内的主机标识,一个分配了 A 类地址的网络,网络内主机最多可接近 16 777 216 台(0、127、255 等数值有特殊意义,不能用于一般的 IP 地址)。地址 1.2.225.4 就是一个 A 类地址。

B 类地址用于较大规模网络,地址的最高 2 位固定为 10,随后的 14 位为网络标识,最后 16 位为网络内的主机标识,一个分配了 B 类地址的网络,网络内主机最多可接近 65 536 台。地址 166.111.25.41 就是一个 B 类地址。

　　C 类地址用于较小规模网络,地址的最高 3 位固定为 110,随后的 21 位为网络标识,最后 8 位为网络内的主机标识,一个分配了 C 类地址的网络,网络内主机最多可接近 256 台。地址 202.206.3.135 就是一个 C 类地址。

　　由于数字地址难以记忆和准确输入,因此人们就用易于记忆的用字母表示的计算机名来代替用数字表示的地址,同样每台计算机应该有一个唯一的名字以便能区别于网上的其他计算机,网络中用于标识一台计算机的名字通常由 4 部分组成,各部分之间用点(.)分开,格式为主机名.组织名.组织类型名.国家或地区名。

　　用字母表示的计算机名叫域名(domain name),因特网最初采用的是非层次结构的命名系统。当网络规模变大后,这种非层次结构的命名系统就很难进行管理。因此,在 1983 年因特网开始采用层次结构的命名树,如图 8.12 所示,它实际上是一棵倒过来的树,树根在最上面。

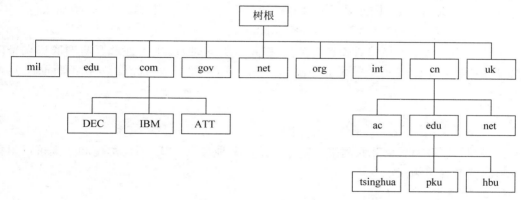

图 8.12　域名命名结构

　　因特网将所有连网主机的名字空间划分为许多不同的域(domain)。树根下是最高一级的域。美国共分 6 个域(与地理位置无关),即 com(商业机构)、edu(教育单位)、gov(政府部门)、mil(军事组织)、net(网络服务公司)、org(非 com 类机构),命名树中的名字一律不分大小写。每个域又分为许多子域,如在 com 下面有 DEC、IBM、ATT(AT&T 公司)等,子域的名字都必须是各不相同的。每个公司下面再如何划分子域,则由该公司自己决定。最高一级的域还有一个叫 int,是供国际组织使用的。在最高一级的其他域名一般都是由两个字母组成的国家或地区名,例如 cn(中国)、uk(英国)、fr(法国)、jp(日本)等。每个国家或地区自己决定其下属子域的划分方法。我国下属的子域名大体上采用美国的划分方法,但也有所不同,如用 ac 代表科研机构等。

　　一个完整的域名就是将最低层到最高层的域名串起来,在域名之间加上一个点。例如,cs.pku.edu.cn 是北京大学计算机学院的域名,可以看出域名比较容易记忆。因特网起源于美国,因此美国的国家名不必加上。如 cs.purdue.edu 是美国普渡(Purdue)大学计算机系的域名。

　　因特网通信协议要求在发送和接收数据时必须使用数字表示的 IP 地址,因此一个应用程序在与用字母表示域名的计算机上的应用程序通信之前,必须将域名翻译成 IP 地址,因特网提供了一种自动将域名翻译成 IP 地址的服务。将域名翻译成 IP 地址的软件称为域名系统(domain name system,DNS),每个组织都有一个域名服务器(即在因特网的命名树的每一个结点上都有一个域名服务器），用于存放该组织所有计算机的域名及其对应的 IP 地址，当某个应用程序需要将一个计算机域名翻译成 IP 地址时，这个应用程序就与域名服务器建立连接，将域名发送给域名服务器，域名服务器检索并把正确的 IP 地址回送给应用程序。当某个域名服务器找不到所需地址的主机名时，就将地址转换请求向着树根的方向传给上一级的域名服务器，这样一直找下去，直至找到所需的主机名，若找不到，则说明给出的主机域名是错误的。

32 位的 IP 地址是 IPv4（internet protocol version 4）的要求，IPv4 是网络发展初期设定的 IP 版本，随着互联网的快速发展，需要连入互联网的主机数急剧增加，IPv4 的最大问题是网络地址资源有限，难以满足现实发展的需要。因此，人们提出新的版本 IPv6（internet protocol version 6）。与 IPv4 相比，IPv6 在网络传输速度、网络服务质量、网络管理、网络安全性等方面都有较大改进，但最主要的优点是 IP 地址扩展为 128 位，极大地扩展了因特网的地址空间。

由于 IPv6 地址过长，因此采用冒号分隔的 8 组 4 位十六进制形式书写，例如：

240e:343:5262:ef00:418c:c5e2:4983:8b3a

IPv6 可以给每台上网设备提供一个全球唯一的 IP 地址，由于涉及互联网底层设备的更换、IPv4 地址到 IPv6 地址的无缝过渡等多种因素，因此 IPv6 目前正处在不断取代 IPv4 的过程中。

8.9.3 互联网接入方式

微课视频

一些网络服务商提供互联网接入服务并提供多种接入方式，不同单位和个人可以根据自身情况选择合适的接入方式。

1. 拨号接入

拨号接入是一种使用电话线接入 Internet 的方式，通过拨号方式上网。因为计算机处理的是数字信号，而电话线上传输的是模拟信号，所以在计算机和电话线之间要连接调制解调器，调制解调器负责把计算机发出的数字信号转换为模拟信号通过电话线传输，或者是把电话线上传输来的模拟信号转换为数字信号提供给计算机处理。

此种接入方式的优点是简单方便，只要有一台计算机、一台调制解调器、一根电话线和相应的通信软件即可。它的缺点是网络传输速度比较慢，只有 56kb/s，属于窄带接入方式；完全占用电话线，上网时不能接打电话。

2. ISDN 接入

综合服务数字网（integrated services digital network，ISDN）俗称一线通，ISDN 接入也是一种使用电话线接入 Internet 的方式，但相对于拨号接入，一是传输速度有了明显的提高，可以达到 128kb/s；二是上网的同时可以接打电话或收发传真。

小单位用户可以使用这种方式，可以同时接入计算机、电话机和传真机。

3. xDSL 接入

数字用户线路（digital subscriber line，DSL）是以铜质电话线为传输介质的传输技术组合，包括 ADSL、HDSL、SDSL、VDSL 和 RADSL 等，统称为 xDSL。各种 DSL 的主要区别体现在传输速度、传输距离以及上下行速度是否对称 3 方面。

曾经应用较多的是非对称数字用户线路（asymmetric digital subscriber line，ADSL）技术。ADSL 是一种非对称的 DSL 技术，所谓非对称是指用户线的上行速度与下行速度不同,上行速度低,下行速度高,特别适合传输多媒体信息业务,如视频点播、多媒体信息检索和其他交互式业务。ADSL 在一对铜线上支持上行速率 512kb/s～1Mp/s,下行速率 1Mb/s～8Mb/s,有效传输距离为 3～5km,成为继拨号接入、ISDN 接入之后的一种更快捷、更高效的接入方式。

小型单位、家庭用户和网吧用这种方式比较多。

在互联网发展的早期,由于铺设光缆和双绞线的成本比较高,个人用户或小单位上网用现成的电话线比较多,拨号接入、ISDN 接入、xDSL 接入都曾得到应用。随着光缆和双绞线成本的不断降低,基于电话线的接入方式已基本被淘汰。

4. 光纤接入

光纤接入是一种以光缆(光纤)为传输介质的因特网接入方式,有光纤到路边(fiber to the curb,FTTC)、光纤到小区(fiber to the zone,FTTZ)、光纤到楼宇(fiber to the building,FTTB)、光纤到楼层(fiber to the floor,FTTF)、光纤到办公室(fiber to the office,FTTO)、光纤到家庭(fiber to the home,FTTH)等多种方案。光纤接入特点明显,速度快、障碍率低、抗干扰性强。

随着光纤成本的不断降低,光纤接入方式由主要用于骨干网,逐渐应用于到路边、到小区、到楼宇、到家庭的连接,越来越多的家庭实现了由光纤接入互联网。

5. 移动网接入

只要能使用移动电话(手机)的地方,就可以通过移动网接入互联网。随着 4G、5G 时代的到来,移动网络接入能够更好地满足人们不同的需要。

这种方式比较适用于不便于连接有线网络和 Wi-Fi 的场景,例如汽车、共享单车、POS机的联网以及计算机应急上网等。一般按流量计费,大流量时费用高,小流量很便宜。

6. 局域网接入

一个局域网接入互联网有两种方式:一种方式是通过局域网的服务器、高速调制解调器和电话线路,在 TCP/IP 软件支持下,把局域网接入互联网,局域网中所有计算机共享一个 IP地址;另一种方式是通过路由器或交换机在 TCP/IP 软件支持下,把局域网接入互联网,局域网中所有计算机都可以有自己的 IP 地址,也可以共享 IP 地址。共享 IP 地址需要地址转换,可以由路由器完成地址转换任务。这种接入方式成本比较高,适合于比较大型的单位用户。

7. Wi-Fi 接入

Wi-Fi 是目前得到广泛使用的一种无线网络传输技术,实际上就是把有线网络信号转换为无线信号,供有 Wi-Fi 功能的台式计算机、笔记本计算机、平板计算机、手机等上网使用,可以省掉手机的流量费。目前家庭、学生宿舍多采用这种方式上网,从互联网服务商(ISP)到家、宿舍是有线连接(一般是光纤连接),在家或宿舍用双绞线连接一个无线路由器(新型光猫集成有无线路由器的功能),就可以把有线信号转换为 Wi-Fi 信号,供家里或宿舍内的多台设备无线上网,智能手机、笔记本计算机、平板计算机等都可以。一些机场、商场、宾馆、会议中心等公共场合也提供 Wi-Fi 信号。

8.9.4　互联网服务

随着互联网的迅速发展,其提供的服务不断增多,逐步融入社会生活的各个领域。根据中国互联网络信息中心(China Internet Network Information Center,CNNIC)2023 年 8 月发布的《第 52 次中国互联网络发展状况统计报告》，网民使用率的统计为即时通信 97.1%，网络视频 96.8%，短视频 95.2%，网络支付 87.5%，网络购物 82.0%，搜索引擎 78.0%，网络直播 71.0%，网络游戏 51.0%，网络文学 49.0%，网上外卖 49.6%，网约车 43.8%，在线旅行预订 42.1%。

1. 万维网与网络新闻

WWW(World Wide Web)简称 Web，中文名称为万维网，是由全球各种信息(如数字、文本、图像、视频、动画和音频等)所组成的信息资源网络，是 Internet 上使用范围最广的一种信息发布和访问模式，为用户提供了包括声音、图像、动画等在内的多媒体信息。

WWW 起源于位于瑞士日内瓦的欧洲粒子物理实验室(法语：Conseil Européen pourla Recherche Nucléaire，英语：European Laboratory for Particle Physics，简称 CERN)。1989 年 3 月，英国学者蒂姆·伯纳斯·李(Tim Berners-Lee)提出一项计划，目的是使科学家们能很容易地阅读同行们的论文，此计划的后期目标是使科学家们能在服务器上创建新的文档。为了实现此计划，蒂姆创建了一种新的语言来传输和呈现超文本文档，这种语言就是超文本标记语言(hypertext markup language，HTML)。用于操纵 HTML 和其他 WWW 文档的协议称为超文本传输协议(hypertext transfer protocol，HTTP)。HTTP 使用了统一资源定位器(uniform resource locator，URL)这一概念。简单地说，URL 就是文档在全球信息网上的"地址"。URL 用于标识 Internet 或者与 Internet 相连的主机上的任何可用的数据对象。1992 年 7 月，WWW 在 CERN 内部得到了广泛的应用，并逐渐向 Internet 扩展。到 1993 年 1 月，全世界已有 50 个 WWW 服务器，各种浏览器软件开始发行。同年 2 月，伊利诺伊大学香槟分校的国家超级计算机中心(National Center for Supercomputing Applications，NCSA)发行了一个新的浏览器软件，WWW 初具规模。

所有的 Web 网页都是由超文本标记语言编写的，HTML 是一种格式化语言，一个 HTML 文件是包含文本和一些标记的 ASCII 文本文件，标记用于指定超文本文件在浏览器中的显示方式。

超文本传输协议是客户端浏览器和 Web 服务器之间的应用层通信协议，也即浏览器访问 Web 服务器上的超文本信息时使用的协议，它保证超文本文档在主机间的正确传输。

WWW 采用的是客户机/服务器工作模式。首先，用户通过客户端程序与服务器进行连接，然后，用户通过客户端的浏览器向 Web 服务器发出查询请求，服务器接收到请求后，解析该请求并进行相应的操作以得到客户所需的信息，并将查询结果返回客户机。最后，当一次查询请求完成后，服务器关闭与客户机的连接。

常用的浏览器软件有 Chrome、Edge、Opera、Firefox、Safari 和 360 浏览器等。

2. 电子邮件

电子邮件(electronic mail，E-mail)是 Internet 上应用最为广泛的功能之一。相对于传统的实物邮件，电子邮件的最大特点是快捷、方便、费用低廉。电子邮件已成为亲朋好友之间交流信息的一种重要形式。

使用电子邮件的前提是拥有自己的电子信箱，即 E-mail 地址，实际上就是在邮件服务器上申请一块用于存储邮件的存储空间。电子邮件地址的典型格式为 username @ mailserver。其中，mailserver 代表邮件服务器的域名，username 代表用户名，符号@读作 at，意为"在"。例如，某 E-mail 地址为 abc @ mail. hbu. edu. cn，其含义为在计算机

mail. hbu. edu. cn 上用户名为 abc 的电子邮件地址。

发送电子邮件使用的是简单邮件传输协议(simple mail transfer protocol,SMTP),该协议用于在 Internet 上对电子邮件进行传送。使用 SMTP 可确保电子邮件以标准格式进行选址与传送。接收电子邮件使用的是邮局协议(post office protocol version 3,POP3)或因特网报文访问协议(Internet message access protocol,IMAP)。POP3 是脱机协议,当用户连接到 POP3 服务器后,将服务器中的邮件下载到用户端进行处理,服务器上不再保留。而 IMAP 则属于联机协议,邮件一直保留在 IMAP 服务器上,用户可以在任何地方连接服务器处理邮件,除非用户删除邮件,否则邮件将一直保留在服务器中。

SMTP 的优点是简单,但只能传输 ASCII 码文本文件。多用途因特网邮件扩展(multipurpose Internet mail extensions,MIME)弥补了 SMTP 的不足,可以传输各种类型的数据,如声音、图像、表格、二进制数据等。

E-mail 系统由邮件服务器和邮件客户端组成,属于客户机/服务器工作模式。邮件客户端主要完成电子邮件的编辑、发送、接收、答复、转发和删除等处理。而邮件服务器从邮件客户端接收电子邮件,寻找邮件的接收者,对邮件进行缓冲保存,从而完成对电子邮件的存储转发,并为接收者发送新邮件到达的提示信息。

个人获得电子邮件地址的主要途径有两个:一是从本单位的邮件服务器管理部门申请;二是从新浪、搜狐、网易等网站申请。

如同手机短信,在给人们带来方便的同时,垃圾短信、垃圾邮件也带来一些麻烦,如何识别、过滤垃圾邮件成了人们研究的课题,现在已有一些垃圾邮件过滤软件与设备,帮助人们识别出垃圾邮件。

有一些客户端电子邮件软件可以帮助人们管理自己的多个邮件账号及邮件,如 Windows Live Mail、Outlook Express、Foxmail 等,可以实现邮件排序和地址保存等功能。

3. 搜索引擎与信息检索

用户上网除了收发电子邮件、浏览网页之外,还经常查询资料。虽然 Internet 上的知识包罗万象,但是要想查找到特定的信息,也并不是一件很容易的事情,这时通常需要使用搜索引擎来帮助用户实现信息检索。常见的搜索引擎有百度(www. baidu. com)和搜狗(www. sogou. com)等。利用搜索引擎可以方便地搜索出网页、图片、新闻、软件、视频/短视频等诸多信息,只要用户输入相应的搜索关键词,搜索引擎就会返回若干包含该关键词信息的 URL,用户通过该链接便可以获得所需的信息。

4. 博客与微博

博客(blog)来源于 Web log(中文含义为网络日记),博客作者(blogger)就是写博客的人,通过在网络上发表文章(帖子)来表达个人的思想和观点,当然也包括对计算机等感兴趣的学术问题的探讨。博客是继电子邮件、电子公告、网上聊天之后出现的第 4 种网络交流方式。

微博(weibo)是微博客(microblog)的简称,是一个基于用户关系分享、传播与获取信息的平台。与博客相比,微博更便于手机操作,具有更快的传播速度。

5. 文件传输

FTP 服务即文件传输服务,它允许 Internet 上的用户将一台计算机上的文件传送到另一台计算机上,FTP 服务是由 TCP/IP 的 FTP 支持的。FTP 服务解决了远程传输文件的问题,无论两台计算机相距多远,只要它们都连入 Internet 并且都支持 FTP,这两台计算机之间就可以进行文件的传送。

FTP实质上是一种实时的联机服务。在进行工作时,用户首先要登录到目的服务器上,之后用户可以在服务器的目录中寻找所需文件。FTP几乎可以传送任何类型的文件,如文本文件、二进制文件、图像文件、声音文件和数据压缩文件等。一般的FTP服务器都支持匿名(anonymous)登录,用户在登录到这些服务器时无须事先注册用户名和密码,只要以anonymous为用户名和自己的E-mail地址作为密码就可以访问该FTP服务器了。使用匿名FTP进入主机时,通常只能下载文件,而不能上传文件或修改主机中的文件,除非主机管理员允许匿名用户拥有这些权限并对主机做出相应的配置。

6. 电子商务与电子政务

电子商务(electronic commerce,EC)到目前仍然没有一个严格统一的定义,其基本含义是利用电子工具进行商务活动,目前主要是指利用互联网进行商务活动,可以实现消费者的网上购物、商户之间的网上交易和在线电子支付等。

电子商务主要有B2B、B2C和C2C三种模式。B2B(business to business)指企业与企业之间进行网上交易,阿里巴巴(http://china.alibaba.com)和中国制造网(http://www.Made-in-China.com)都属于B2B模式。B2C(business to consumer)指企业与消费者之间进行网上交易,为消费者提供了一种新的购物方式——网上购物,京东网(https://www.jd.com/)就属于B2C模式。C2C(consumer to consumer)指消费者与消费者之间进行网上交易,卖方可以提供商品上网拍卖,买方可以自行选择商品进行竞价,淘宝网(http://www.taobao.com)就属于C2C模式,同时淘宝网也有B2C模式。

电子商务对于降低交易成本、增强市场竞争力、增加销售利润、提高服务质量具有重要作用,很有发展前途。但完善的电子商务受到数据通信技术、网络互联技术、数据库/数据仓库技术、网络安全技术、电子支付技术、电子交易认证技术等因素的制约。

电子政务(electronic government,EG)是指政府机构在其管理和服务职能中运用现代信息技术,实现政府组织结构和工作流程的重组优化,超越时间、空间和部门分隔的制约,建成一个精简、高效、廉洁、公平的政府运作模式。

7. 电子公告板系统

电子公告板系统(bullet in board system,BBS)是互联网上常用的信息服务系统之一。提供BBS服务的网站称为BBS网站,不同的BBS网站各具不同的风格和特色。BBS能提供各种各样的讨论话题,如小说、音乐、电影、网络技术等。BBS为用户提供如下具体服务:选择进入某个主题的讨论区;阅读讨论区中感兴趣的文章;针对讨论主题或他人的文章发表自己的看法;把自己需要解决的问题发布出来,请求他人提供帮助;为他人提出的问题提供帮助或答案。总之,通过BBS,用户之间可以完成文件传输、信息交流、经验交流、资料查询以及在线聊天等功能。

BBS网站有两种类型:文本界面和Web界面,现在大多数BBS网站同时提供两种界面。Web界面可以通过浏览器访问,文本界面需要通过远程登录方式访问。

例如,对于北京大学BBS——北大未名(https://bbs.pku.edu.cn),在浏览器中直接输入https://bbs.pku.edu.cn就可以进入其Web界面。

此外,Internet还可以提供即时通信(网上聊天)、网络游戏、网络音乐、网络视频等服务。需要注意的是,这些功能的使用要适当,不要花费太多时间。

8.10 物 联 网

8.10.1 物联网的定义

互联网实现了人与人之间的即时通信、信息共享、在线交流与互动,线上教学、线上会议给分处异地的人们组织教学、研讨提供了很大的方便,人们通过互联网可以交流信息、协同互动,共同完成某项工作。随着计算机技术和网络技术应用的不断深入,人们提出了物与物、人与物进行交流、互动的需求。在超市,如果系统能自动识别出客户的购物车/购物篮中物品的名称、价格等信息;在停车场,如果系统能自动识别出空闲停车位的编号与位置并及时发送给欲进停车场停车的用户,将会为建设无人超市、智慧停车场奠定基础。物联网应需而生。

物联网(internet of things,IoT)是通过射频识别、红外感应器、全球定位系统、激光扫描器等信息传感设备,按约定的协议,把物品与互联网连接起来,进行信息交换和通信,以实现智能化识别、定位、跟踪、监控和管理的一种网络,简单地说就是物物相连的互联网。物联网的核心和基础仍然是互联网,是在互联网基础上的延伸和扩展。在物联网技术的支持下,能够实现物与物之间的信息传递、在线交流与互动。

8.10.2 物联网系统的构成

一个物联网应用系统主要包括 3 个层面的工作:信息的全面感知、信息的可靠传输和信息的智能处理。

1. 信息的全面感知

感知的主要功能就是采集应用场景中相关物品的信息。例如,对于无人超市,感知就是识别哪些物品被放入(或被移出)了购物车/购物篮,采集放入购物车/购物篮中的物品的名称、编码、价格等信息;对于智能停车场,感知就是识别出哪些车位已停放车辆、哪些车位处于空闲状态,采集空闲车位的编号、位置等信息。主要的感知技术包括射频识别(RFID)技术、传感器技术、定位器技术等。

2. 信息的可靠传输

通过相关感知设备和技术采集到的物品信息,要可靠地传送到数据中心进行存储、集成和分析处理。对于无人超市,要在客户结账前把购物车/购物篮中物品的相关信息可靠、准确地传输到数据中心;对于智能停车场,要及时把空闲车位信息可靠、准确地传输到本级数据中心及上一级数据中心,并发布出去,便于汽车驾驶人选择合适的停车场和停车位。这一层面的工作涉及有线传输技术、无线传输技术和传感器数据传输技术的有效整合。

3. 信息的智能处理

数据传输到数据中心后要进行适当的处理与分析,并根据处理与分析结果给出相应的对策。对于无人超市,经对购物车或/购物篮中物品的分析计算,可根据促销规则给予相应的打折优惠或赠送购物券;对于智能停车场,根据对当时车位信息和以往数据的大数据分析,可给客户适当的停车建议。对信息处理与分析的智能化程度越高,物联网的应用效果越好。数据的智能处理与分析要用到大数据技术、云计算技术、人工智能技术等。

8.10.3　物联网的应用

物联网的应用领域极为广泛,可以说,凡是有人的地方都需要互联网,凡是有物的地方都需要物联网。当然,和互联网的应用过程一样,物联网的应用也会是一个从点到面、从重点领域到更多领域逐渐拓展的过程。

物联网的概念在 1991 年被首次提出,2008 年后得到各国政府和业界的重视,美国已将物联网上升为国家创新战略的重点之一,欧盟制订了促进物联网发展的 14 点行动计划,日本的 U-Japan 计划将物联网作为 4 项重点战略领域之一,韩国制定了《物联网基础设施构建基本规划》。

我国在 2010 年把包含物联网在内的新一代信息技术正式列入国家重点培育和发展的战略性新兴产业之一。2011 年公布的《物联网“十二五”发展规划》明确指出物联网发展的 9 大领域。2013 年国家发展改革委员会等多部委联合印发的《物联网发展专项行动计划(2013—2015)》包含了 10 个专项行动计划。2016 年工业和信息化部公布的《信息通信行业发展规划物联网分册(2016—2020 年)》,把智能制造、智慧农业、智慧医疗与健康养老、智慧节能环保等列入重点领域应用示范工程。

2021 年工业和信息化部、中央网络安全和信息化委员会办公室、科学技术部等 8 部门联合印发《物联网新型基础设施建设三年行动计划(2021—2023 年)》,重点推动在如下几个领域的应用发展。

在社会治理领域,推动交通、能源、市政、卫生健康等传统基础设施的改造升级,将感知终端纳入公共基础设施统一规划建设,打造固移融合、宽窄结合的物联接入能力,搭建综合管理和数据共享平台,充分挖掘多源异构数据价值,推动智慧城市和数字乡村建设,提升社会管理与公共服务的智能化水平。

在行业应用领域,以农业、制造业、建筑业、生态环境、文旅等数字化转型、智能化升级为驱动力,加快数据采集终端、表计、控制器等感知终端应用部署,支持运用新型网络技术改造企业内网和行业专网,建设提供环境监测、信息追溯、状态预警、标识解析等服务的平台,打造一批与行业适配度高的解决方案和应用标杆。

在民生消费领域,推动感知终端和智能产品在家庭、楼宇、社区的应用部署。打造异构产品互联、集中控制的智慧家庭,建设低碳环保、安全舒适的智慧楼宇和新型社区。鼓励物联网企业与运动器械制造商、康复辅助器具生产商、养老机构、运动场馆等跨界合作,加快推动可穿戴设备、智能医疗健康产品、智能体育装备等应用普及。

2010 年上海世博会门票就是物联网的较早应用实例,观众持票入园及在各个场馆参观时,嵌入了射频识别(radio frequency identification, RFID)标签的门票,以无线方式与遍布园区的传感器交换信息,基于对这些信息的汇集和分析,园区总部就能及时了解观众从哪个门进入园区、哪个场馆人比较多、哪个场馆人比较少,进而可以向观众发布引导信息并采取一些调节措施,这实际就是一种基于物联网的对观众参观的智能引导。

2023 年 9 月 23 日在杭州开幕的第 19 届亚洲运动会广泛使用了物联网技术。借助物联网技术实现了对场馆的智慧化管理和维护。通过使用传感器和智能设备,场馆可以实时监测设备运行状态、能源消耗情况,及时进行故障检测和修复。参赛选手和观众也能够通过智能手环或手机等设备与场馆互动,实现快速进入、定位和购物等便捷体验。

物联网技术使得亚运村的所有设备实现了互联互通,形成了一个智能、高效的"物联网社区"。通过物联网,运动员可以随时了解健身房、游泳池等设施的使用情况,从而更加合理地安排训练时间。同时,工作人员可以实时监控亚运村的水电供应、环境卫生等状况,确保亚运会的顺利进行。

作为亚运会足球比赛场地的温州体育中心体育场草坪下方装有 18 个传感器,可对草坪根部温度、湿度、酸碱度和氮磷钾含量以及对草坪表面的光照强度、日照时数和太阳辐射进行数据采集,并把数据自动上传到云平台的数据中心进行分析,工作人员可在手机、计算机上直接查看数据和分析结果,实现对草坪的科学养护和智能养护。

8.11　小　　结

计算机之所以能够进入千家万户,逐渐成为人们学习、工作和娱乐的基本工具,主要得益于三方面:一是微型计算机的出现和快速发展,使计算机的成本快速下降;二是操作系统功能的不断完善和强大,使计算机的操作使用越来越简单方便;三是互联网的快速发展和网络服务的不断丰富,网络应用给人们带来了很大的方便。

计算机网络就是自主计算机的互连集合,主要包括个人区域网、局域网、广域网和互联网等形式。互联网得到了最广泛的应用,为人们的工作、学习提供了网络新闻、信息检索、电子邮件、博客、微博、文件传输、电子商务、电子政务、远程登录、BBS 等多种服务,影响并在一定程度上改变着人们的生活方式、工作方式,甚至思维方式。

随着互联网应用的不断深入,物物相连的物联网也逐渐得到人们的重视和快速发展,互联网、移动互联网、物联网、大数据、人工智能、云计算、区块链、虚拟现实/增强现实/混合现实等新一代信息技术的融合应用,会为我们逐渐创造出更加智慧、和谐、舒适的工作、生活环境。

拓展阅读:金怡濂与高性能计算机

金怡濂(1929—),原籍江苏常州,出生于天津市,1951 年毕业于清华大学电机系,1956—1958 年在苏联科学院精密机械与计算技术研究所进修电子计算机技术。中国工程院院士,国家并行计算机工程技术研究中心研究员,2002 年国家最高科学技术奖获得者。

半个多世纪以来,金怡濂院士致力于计算机体系结构、高速信号传输和计算机技术等方面的研究与实践。20 世纪 50～60 年代末,作为技术骨干、运控部分技术负责人,相继参加了我国第一台大型通用电子计算机——104 机和多种通用机、专用机的研制。70 年代初,他敏锐地认识到双机并行在性能、可靠性、可用性和可维护性上比单机将有较大提高,提出了双机并行计算设计思想和实现方案。70 年代后期,与其他科学家一起,主持完成了多机并行计算机系统的研制,取得了我国计算机技术的新突破。他运用马尔可夫(Markov)链随机过程方法,提出了混合互联网络方案,解决了多机系统中拓扑结构的难题;

运用叠堆原理,分析、解决了小信号高速传输问题;提出系统重新组合,运行、维护两个系统并行互不干扰的思路,提高了机器的可用性。

20世纪80年代中期,微处理器芯片发展迅速,金怡濂预见到大规模并行处理计算机将成为巨型计算机发展的主流,提出了基于通用微处理器芯片的大规模并行计算机设计思想、实现方案和多种技术相结合的混合网络结构,解决了240个微处理器互连的难题,研制出运算速度达到当时国内领先水平的并行计算机系统,实现了我国巨型计算机向大规模并行处理方向的发展,使我国巨型计算机研制进入与国际同步发展的时代。

20世纪90年代,他撰写了《大规模并行计算机的发展和我们的对策》等专论,倡议抓住机遇,发展大规模并行计算机,使我国赶上巨型计算机技术的国际先进水平。在西方强国对我国实行高性能计算机禁运的背景下,金怡濂受命主持研制国家重点工程——"神威"巨型计算机系统,担任总设计师。他提出了以平面格栅网为基础的"分布共享存储器大规模并行结构"的总体方案,提出了网上多种集合操作以及无匹配高速信号传送等技术构想和解决方案,均获得成功,使我国高性能计算机峰值运算速度从10亿次/秒跨越到3000亿次/秒以上。国家气象中心利用"神威"计算机精确完成极为复杂的中尺度数值天气预报,在国庆50周年和澳门回归等重大活动的气象保障中发挥了关键作用,"神威"计算机还为石油物探、生命科学、航空航天、材料工程、环境科学和基础科学等领域提供了不可缺少的高端计算工具,取得了显著效益,为我国经济建设和科学研究发挥了重要作用。

随后,金怡濂继续担任新一代超级计算机系统的总设计师。他提出以三维格栅网为基础的可扩展共享存储体系结构和消息传送机制相结合的总体方案,为系统关键技术指标进入国际领先行列奠定了基础;率先将消息传递、全局共享、规模可变的结点共享3种工作模式集于一体,能够适合不同用户、不同课题的需要,有利于不同模式的国内外已有程序的移植,扩展了使用范围;提出具有双端口异构访问的大规模共享磁盘阵列群的构想,提高了系统效率;针对巨型计算机规模庞大、功耗过高等难题,提出循环水冷却、分布式盘阵、透明的保留恢复和高密度组装等创新构想。在研制人员的共同努力下,攻克了相关的技术、工艺难关,有效地提高了系统的可靠性,缩小了系统的体积并降低了功耗。

金怡濂由于主持研制了系列巨型计算机,为我国在世界高性能计算机领域中占有一席之地做出了重大贡献。

习　题　8

一、填空题

1. 计算机网络由_____子网和_____子网构成。

2. 根据覆盖范围,可以将计算机网络分为_____、_____、_____和_____。

3. 根据网络采用的数据传输技术,可以将计算机网络分为_____和_____。

4. 根据网络所用数据传输介质的不同,可以将计算机网络分为_____和_____。

5. 常用的网络拓扑结构主要有_____、_____、_____、_____和_____。

6. 计算机网络的主要功能有_____、_____和_____。

7. 常用的有线传输介质有_____、_____和_____。

8. 无线传输方式主要有_____、_____、_____。

9. 计算机网络协议由_____、_____和_____3 个要素组成。

10. 开放系统互连参考模型(OSI/RM)由_____层组成。

11. TCP/IP 参考模型共分 4 层,自下向上分别是_____、_____、_____和_____。

12. 写出 4 种常用的网络连接设备:_____、_____、_____、_____。

13. 因特网是在 ARPAnet(阿帕网)的基础上发展起来的,ARPAnet 诞生于_____年。

14. 我国在_____年发出第一封电子邮件。

15. _____年我国被国际上正式确认为真正拥有全功能因特网的国家。

16. 写出我国的 3 个互联网服务提供商(ISP):_____、_____、_____。

17. IPv4 地址由两部分组成:_____和_____。

18. 每个 IPv4 地址是一个 32 位的_____,可以表示为用小数点分开的 4 个_____。

19. IPv4 的 A 类地址的最高 1 位固定为_____,随后的_____位为网络标识。

20. IPv4 的 B 类地址的最高 2 位固定为_____,随后的_____位为网络标识。

21. IPv4 的 C 类地址的最高 3 位固定为_____,随后的_____位为网络标识。

22. 网络中用于标识一台计算机的域名通常由 4 部分组成,各部分之间用点(.)分开,这 4 部分依次为_____、_____、_____、_____。

23. 每个 IPv6 地址是一个_____位的二进制数,可以写成_____组_____位的十六进制数。

24. 写出目前常用的 3 种互联网接入方式:_____、_____、_____。

25. 写出 4 种常用的互联网服务:_____、_____、_____、_____。

26. 一个物联网应用系统主要包括 3 个层面的工作:_____、_____、_____。

二、名词解释

计算机网络、个人区域网、局域网、互联网、云计算、数据包、数字鸿沟、IP 地址、域名、物联网。

三、简答题

1. 简述计算机网络的功能。

2. 对比说明常用的计算机网络拓扑结构。

3. 对比说明常用的计算机网络传输介质。

4. 简要介绍常用的网络连接设备。

5. 简要说明计算机网络的分类。

6. 简要介绍互联网的几种主要接入方式。

思 考 题 8

1. 简要说明 OSI/RM 中各层的作用及分层的优点，以现实生活中的实例来说明分层的优点。

2. 计算机网络中，为什么要把待传输的数据文件分成数据块后再进行传输？接收方如何把相关的数据块组织成数据文件？

3. 计算机网络中的协议是什么？有什么作用？自己能设计一个协议吗？

4. 未来互联网的研究主要解决什么问题？

5. 如何理解 WWW 和互联网的联系与区别？

6. 建设一个智慧停车场会用到哪些物联网技术？

第9章

计算机系统安全知识

随着计算机及计算机网络的快速发展与广泛应用,各行各业以及每个人对计算机和计算机网络的依赖性日益增强。计算机中存放着、网络中传输着关乎个人、单位甚至整个国家切身利益的重要信息。这些信息的泄露、丢失、被篡改,不仅会给个人、单位及国家造成巨大的经济损失,还有可能严重危及国家安全及社会稳定。如何保护计算机中存放信息与网络中传输信息的安全,越来越受到人们的广泛关注。本章简要介绍和计算机系统安全有关的知识。

9.1　计算机系统安全威胁

随着计算机网络,特别是互联网的出现和广泛应用,电子邮件、即时通信、网络购物、网络视频、网络银行和网络支付等网络服务应运而生,这确实给人们的工作和生活带来了很大的方便,但也出现了一些负面作用。接入互联网的计算机或内部网络感染上从互联网传来的计算机病毒或受到黑客的恶意攻击,造成数据的丢失甚至整个计算机系统和网络系统的瘫痪,影响人们的正常生活,甚至带来严重的经济损失和安全风险。

微课视频

对计算机系统安全的威胁大致可以归为三类,即恶意软件、非法入侵和网络攻击。

1. 恶意软件

恶意软件(malware)是有恶意目的的软件的总称,要么是恶作剧,要么是起破坏作用。恶意软件主要有计算机病毒、蠕虫、特洛伊木马和间谍软件。

计算机病毒(computer virus)指能够自我复制的具有破坏作用的一组指令或一段程序代码。

蠕虫(worm)是一种独立存在的程序,利用网络和电子邮件进行复制和传播,危害计算机系统的正常运行。之所以称为蠕虫,是因为在当时的 DOS 环境下,这类程序发作时会在屏幕上显示一个类似虫子的图案。

特洛伊木马(Trojan horse)简称木马,名称来源于希腊神话《木马屠城记》。一个完整的木马程序一般由两部分组成:一部分是服务端程序;另一部分是控制端程序。若一台计算机被安装了木马的服务端程序(通过接收电子邮件或下载软件等操作),称为中了木马。安装有控制端程序的计算机可以通过网络来控制中了木马的计算机,窃取数据、篡改或删除文件、修改注册表、重启或关闭操作系统等行为都有可能发生。

间谍软件(spyware)指从计算机上搜集信息,并在未得到该计算机用户许可的情况下便将信息传递到第三方的软件,包括监视键盘操作、搜集机密信息(密码、信用卡号等)、获取电子邮件地址、跟踪浏览习惯等。

严格来说,计算机病毒(这时可以称传统病毒)、蠕虫、特洛伊木马和间谍软件是各有区别的,但因为其作用和危害有许多相同之处,又往往是联合作用危害计算机系统安全的,所以也有人将其统称为计算机病毒。本书采用这种说法,把以上几种恶意软件统称为计算机病毒。

2. 非法入侵

非法用户通过技术手段或欺骗手段或两者结合的方式,以非正常方式侵入计算机系统或网络系统,窃取、篡改、删除系统中的数据或破坏系统的正常运行,这些行为属于非法入侵。如利用操作系统和网络协议漏洞侵入系统,骗取、窃取或破译合法用户的账号和密码后进入系统等。合法用户通过非正常手段使用了超出其权限的功能也属于非法入侵。

3. 网络攻击

网络攻击指通过向网络系统或计算机系统集中发起大量的非正常访问的行为。网络攻击可导致计算机无法响应正常的服务请求。由于非正常服务请求的干扰,致使系统拒绝了正常的服务请求,称为拒绝服务(denial of service,DoS)攻击。如向某个电子邮箱集中发送大量的垃圾邮件(spam),占满其存储空间,致使其无法接收正常的电子邮件;向某网站集中发起大量的恶意访问,占满其通信带宽,致使其无法响应正常的访问。

目前,对计算机系统安全的威胁呈多样化趋势,有的威胁只具有上述一种方式的特征,有的威胁兼具以上两种方式甚至三种方式的特征。

2024 年 1 月,瑞星公司发布《2023 年中国网络安全报告》,报告指出,2023 年瑞星"云安全"系统共截获病毒样本总量为 8456 万个,病毒感染次数为 9052 万次,病毒总体数量比 2022 年同期增长了 14.98%。其中,勒索病毒样本 65.59 万个,比 2022 年上涨了 13.24%,感染次数为 19.68 万次。挖矿病毒样本总体数量为 315.24 万个,比 2022 年增长了 20.78%,感染次数为 21.62 万次。勒索病毒和挖矿病毒依然是网络安全的主要威胁。勒索病毒攻击变得越来越复杂,攻击者会使用网络钓鱼、社工攻击和漏洞利用等多种技术来攻击目标。同时,双重勒索已是常态化攻击模式,攻击者不再仅专注于对受害者文件进行加密,而是更加倾向于通过泄露敏感数据的方式作为敲诈勒索的筹码。

由此可见,计算机病毒和网络安全的影响面还是非常大的。

为广泛开展网络安全宣传教育、增强全社会网络安全意识、提升广大网民的安全防护技能、营造健康文明的网络环境,从 2014 年开始,每年举办一次"国家网络安全宣传周"活动,2023 年第十届网络安全宣传周的主题是"网络安全为人民,网络安全靠人民"。网络安全宣传周的主要活动包括网络安全知识讲座、打击网络违法犯罪专题讲座、公众体验展览、青少年网络安全知识竞赛、网络安全宣传作品大赛等。

9.2 计算机系统安全的概念

和计算机系统安全相近的概念还有信息安全和网络安全,这三个概念目前都没有严格的定义。信息安全的基本含义是采取有效措施保证信息保存、传输与处理的安全;网络安全的基本含义是采取有效措施保证网络运行的安全;计算机系统安全的基本含义是保证计算机系统运行的安全。就目前的实际情况来看,这里所说的信息,主要是存在于计算机系统中的信息以及传输在网络中的信息;计算机网络的主要功能是传输信息(网络通信)和存储信息的共享(网络存储和资源共享);计算机系统主要包括计算机硬件(包括网络设备)和存储在计算机中的信息(各种软件和数据)。所以,在本章中对计算机系统安全、信息安全和网络安全三个概念不加区分,都是指采取有效措施保证计算机、计算机网络及其中存储和传输的信息的安全,防止因偶然或恶意的原因使计算机软硬件资源或网络系统遭到破坏及数据遭到泄露、丢失和篡改。保证计算机系统的安全,不仅涉及技术问题,还涉及管理和法律等问题,可以从三方面保证计算机系统的安全:技术安全、管理安全和法律安全。

1. 技术安全

技术安全指从技术层面保证计算机系统中硬件、软件和数据的安全。一是根据系统对安全性的要求,选购符合相应安全标准的软硬件产品;二是采取有效的反病毒技术、反黑客技术、防火墙技术、入侵检测技术、数据加密技术和认证技术等技术措施。

对于计算机软硬件产品,最有影响的安全标准是 TCSEC 和 CC。TCSEC 是美国国防部于 1985 年颁布的《可信计算机系统评估准则》(*trusted computer system evaluation criteria*),之后又对此进行了扩展。TCSEC 按系统可信程度由低到高分为 7 个等级(D、C1、C2、B1、B2、B3、A1)。CC(common criteria)是建立在包括美国的 TCSEC 在内的多个国家安全准则基础之上的一个通用的安全准则,1999 年被国际标准化组织采用为国际标准,2001 年被我国采用为国家标准。目前,CC 已成为评估软硬件产品安全性的主要标准,CC 也分为 7 个安全级别(EAL1、EAL2、EAL3、EAL4、EAL5、EAL6、EAL7),如操作系统 Windows 10 和 Sun Solaris 8 等,数据库管理系统 Oracle 9i 和 DB2 V8.2 等都达到了 CC 的 EAL4 级别。在计算机网络协议的选取上,也有多种安全协议可选。

2. 管理安全

管理安全指通过提高相关人员安全意识和制定严格的管理措施来保证计算机系统的安全,主要包括软硬件产品的采购、机房的安全保卫、系统运行的审计与跟踪、数据的备份与恢复、用户权限的分配、账号密码的设定与更改等方面。实际上,很多安全事故都是由于管理措施不到位及内部人员的疏忽造成的,如自己的账号和密码不注意保密导致被他人利用、随便使用外来移动存储设备导致计算机感染病毒、重要数据不及时备份导致破坏后无法恢复等。

3. 法律安全

法律安全指有完善的法律体系以保证对危害计算机系统安全的犯罪和违规行为进行有效的打击和惩治。随着计算机犯罪行为的不断出现,各国制定了比较完善的打击计算机犯罪的法律体系,同时加强了对计算机犯罪行为的侦查和审判队伍的建设。

技术安全、管理安全和法律安全在保证计算机系统安全上是相辅相成的,都是不容忽视的。技术安全固然值得重视,需要不断研究开发出各种新的技术措施,使不法行为难以得逞。如果没有严格的管理措施,系统管理人员和一般用户没有良好的安全意识,可能会出现计算机被盗、不设账号和密码或设置不合理或不注意保管等问题,这时再好的技术措施也是无用的。同样,如果没有法律制裁的威慑,只靠管理措施和安全技术是很难遏制恶作剧者或犯罪分子肆无忌惮的破坏行为的。

9.3 反病毒技术

9.3.1 计算机病毒的发展

一个完整的计算机系统包括硬件和软件两大部分。软件是程序与开发该程序相关的文档的总称，规范、完整的文档有助于较大规模程序的开发、维护和完善，程序是软件的核心，程序对于应用计算机解决实际问题发挥着十分重要的作用。事物总有其两面性，原子能技术既能用来发展核电造福人类，又能制造核弹危害人类安全。计算机程序既能实现特定功能，帮助人们解决实际问题，又能破坏其他程序和数据，甚至能破坏计算机本身，致使计算机系统瘫痪(本章所说计算机系统包括计算机网络系统)，给人们的工作和生活带来不便甚至造成巨大损失。

1983 年 11 月 3 日，美国计算机安全专家弗雷德·科恩(Fred Cohen)编写出一种在运行过程中可以复制自身的破坏性程序，伦·艾德勒曼(Len Adleman)将其命名为计算机病毒。弗雷德·科恩给计算机病毒的定义是，计算机病毒是一种靠修改其他程序来插入或进行自身复制，从而感染其他程序的一段程序。1994 年颁布的《中华人民共和国计算机信息系统安全保护条例》给出的计算机病毒定义是，计算机病毒指编制或者在计算机程序中插入的破坏计算机功能或者毁坏数据，影响计算机使用，并能自我复制的一组计算机指令或者程序代码。简单地说，计算机病毒指在计算机运行过程中能把自身准确复制或有修改的复制到其他程序体内的一段具有破坏性的程序。也有人把计算机病毒的历史追溯到 1982 年的 Elk Cloner 甚至更早，Elk Cloner 是由美国匹兹堡的一名 15 岁的高中生编写的，发作时，在计算机屏幕上显示一首短诗。实际上，1982 年时还没有"计算机病毒"这个词。计算机病毒程序可以是独立存在的一个完整程序，也可以是嵌入其他程序中的一个程序段。本书中，把计算机病毒(这时可以称传统病毒)、蠕虫、特洛伊木马和间谍软件统称为计算机病毒或恶意软件。

几种有代表性的计算机病毒简单介绍如下。

1986 年，巴基斯坦的两兄弟编写了 Brain 病毒，这是第一个针对微软公司的 DOS 操作系统的病毒。发作时，会填满当时广泛使用的 360KB 软盘上的未用空间，致使其不能使用。

1988 年，美国康奈尔大学的一名研究生编写了 Morris 病毒，这是第一个侵入互联网的病毒，通过互联网至少感染了 6000 台计算机。

1998 年，CIH 病毒出现，该病毒一开始是在每年的 4 月 26 日发作，后来的变种是在每月的 26 日发作。CIH 病毒发作时不仅破坏硬盘的引导区和分区表，而且破坏 BIOS 中的数据，必须返厂重写 BIOS 中的数据才能使计算机恢复正常，有人称之为破坏硬件的病毒。1999 年 4 月 26 日，CIH 病毒再次发作，至少击中全球 6000 万台计算机，经济损失上亿美元。

2000 年，一种称为"爱虫"的计算机病毒在全球各地传播，这个病毒通过微软公司的 Outlook 电子邮件系统传播，邮件的主题为 I Love You。该邮件有一个附件。如果收到邮件的用户用 Outlook 打开这个邮件，系统就会自动复制并向该用户的电子邮件通讯录中所有的邮件地址发送这个病毒，这种传播方式使该病毒的传播非常迅速。

2001 年,"红色代码"(CodeRed)病毒诞生,该病毒利用了微软公司互联网信息服务器(Internet information server,IIS)软件的漏洞,除了可以对网站进行修改外,还会使感染病毒的计算机系统性能严重下降。

2003 年出现的"冲击波"(Blaster)病毒利用了微软软件中的一个缺陷,使中毒的计算机因反复重启而无法正常工作。2004 年出现的"震荡波"(Sasser)病毒也是使中毒的计算机因反复重启而瘫痪。

2006 年,出现了"熊猫烧香"病毒。实际上,"熊猫烧香"病毒是一种蠕虫病毒的变种,因为中毒计算机中的可执行文件的图标会变为"熊猫烧香"图案,所以称为"熊猫烧香"病毒。中毒后的计算机可能出现蓝屏、频繁重启以及硬盘中数据文件被破坏等现象。同时,该病毒的某些变种可以通过局域网进行传播,进而感染局域网内所有计算机系统,最终导致整个局域网的瘫痪。

2008 年 11 月出现的"扫荡波"也是一个利用软件漏洞从网络入侵计算机系统的蠕虫病毒。"扫荡波"运行后遍历局域网中的计算机并发起攻击,被击中的计算机会下载并执行一个"下载者"病毒,而"下载者"病毒还会下载"扫荡波"病毒,同时再下载一批游戏盗号木马。中了"扫荡波"病毒的计算机再向其他计算机发起攻击,如此在网络中蔓延开来。

2017 年开始出现了一类被称为勒索病毒的新型计算机病毒,这类病毒主要以邮件、程序木马、网页挂马等形式进行传播,危害很大。这种病毒利用各种加密算法对文件进行加密,被感染者一般无法自行解密,需要支付一定的赎金拿到解密密钥后才有可能破解。勒索病毒的主要攻击目标是存在大量无法及时修复的漏洞的 Windows 7 和 Windows XP 等老旧操作系统。

2018 年以来出现了"挖矿"病毒,"挖矿"病毒是一段代码或者一个软件,利用主机或者操作系统的高危漏洞,并结合高级攻击技术在网上传播,控制中毒计算机进行"挖矿",为特定人员赚取虚拟货币。所谓"挖矿"就是高强度的计算,需要投入大量财力购买高性能计算机,有人想到利用木马病毒控制网络上他人的计算机组成机群来完成计算工作,这就是所谓的"挖矿"病毒,也称为"挖矿"木马。"挖矿"病毒占用中毒计算机资源,消耗电力资源,严重影响计算机的正常工作。

9.3.2 计算机病毒的特征

计算机病毒与生物病毒具有十分相似的特征,这也是把具有破坏和干扰作用的程序称为计算机病毒的原因。

1. 传染性

计算机病毒能使自身的代码强行传染到一切符合其传染条件的程序内,通过这些程序的备份与网上传输等途径进一步感染其他计算机。一个 U 盘中存放有带病毒的程序或文件,执行带病毒的程序或打开带病毒的文件,就会把病毒传染给计算机,计算机又会把病毒传染给其他的 U 盘和移动硬盘等,计算机病毒就是这样传染的。现在,计算机网络已成为计算机病毒的一个主要传染途径,而且传染和扩散速度更快。

2. 寄生性

就像生物病毒寄生在生物体内一样,有一类计算机病毒不是一个完整的程序,需要寄生(附加)在其他程序中才能存在,当被寄生的程序(称为宿主程序)运行时,病毒就通过自我复制而得到繁衍和传播。还有一类计算机病毒本身是一个完整的程序，如网络蠕虫等。

3. 隐蔽性

大多数计算机病毒都会把自己隐藏起来，如附加在正常程序中、复制到一般用户不会打开的目录下等，其存在、传染和破坏行为不易为计算机操作人员发现。

4. 触发性

很多计算机病毒都有一个发作条件，这个发作条件可以是时间、特定程序的运行、某类系统事件的发生或程序的运行次数等。如"黑色星期五"病毒在既是 13 日又适逢星期五的日子发作，宏病毒在使用 Word 文档的宏功能时发作。

5. 破坏性

计算机病毒发作时，对计算机系统的正常运行都会有一些干扰和破坏作用。有一些病毒，不破坏计算机系统中的任何资源，只是干扰系统的正常运行，轻微影响系统的运行效率，这类病毒称为良性病毒。另外一些病毒，破坏计算机系统中的资源，严重影响系统的运行效率，甚至导致整个计算机系统或网络系统的瘫痪，这类病毒称为恶性病毒。

9.3.3 计算机病毒的危害

不管是良性病毒，还是恶性病毒，都有破坏或干扰计算机系统正常运行的危害。

1. 破坏系统资源

大部分病毒在发作时直接破坏计算机系统的资源，如改写主板上 BIOS 中的数据、改写文件分配表和目录区、格式化磁盘、删除文件、改写文件等，导致程序或数据丢失，甚至整个计算机系统和网络系统的瘫痪。

2. 占用系统资源

有的病毒虽然没有直接的破坏作用，但通过自身的复制占用大量的存储空间，甚至占满存储设备的剩余空间，以致影响正常程序及相应数据的运行和存储。计算机病毒（无论是寄生存在还是独立存在）的运行要抢占内存空间、接口设备和 CPU 运行时间等系统资源，因此，即使没有严重的破坏行为，也会影响正常程序的运行速度。

9.3.4 计算机病毒的防治

计算机病毒的危害是严重的，不管是个人用户还是单位用户，时刻都面临着计算机病毒的威胁，严格的预防措施与有效的查杀技术对于减少计算机病毒的危害是十分必要的。

1. 计算机病毒的传染途径

了解计算机病毒的传染途径是有效预防病毒传染的重要基础，计算机病毒主要有通过外存设备和计算机网络两种传染途径。

(1) 通过外存设备传染。这种传染方式是早期病毒传染的主要途径，使用了带有病毒的外存设备（如移动硬盘、光盘和 U 盘等），计算机（硬盘和内存）就可能感染上病毒，并进一步传染给在该计算机上使用的外存设备。这样，外存设备把病毒传染给计算机，计算机再把病毒传染给外存设备，如此反复，使计算机病毒蔓延开来。

(2) 通过计算机网络传染。这种传染方式是目前病毒传染的主要途径，这种传染方式使计算机病毒的扩散更为迅速，能在很短的时间内使网络上的计算机受到感染。病毒会通过网络上的各种服务对网络上的计算机进行传染，例如电子邮件、网络下载和网络浏览等。

2．计算机病毒的预防

1）普及病毒知识

通过各种途径向计算机用户普及计算机病毒知识，使用户了解计算机病毒的基本常识和严重危害，严格遵守有关计算机系统安全的法律法规，强化信息时代的社会责任感，既要有保护自己的计算机系统安全的意识，又要认识到编写和传播计算机病毒是一种违法犯罪行为。制毒之心不可有，防毒之心不可无。

2）严格管理措施

根据计算机及网络系统的重要程度，制定严格的不同级别的安全管理措施，如尽量避免使用他人的外存设备，如果确有需要，也应先进行查杀病毒处理；不要从网络上下载来历不明的软件，不要打开陌生的电子邮件和网络链接；系统盘和存放重要文件的外存设备要加以写保护，重要数据要经常进行备份，而且应该有多个备份。

3）强化技术手段

强有力的技术手段也能有效预防病毒的传染，如安装防火墙，可以预防病毒对系统的入侵，或发现病毒欲传染系统时向用户发出警报。

3．计算机病毒的查杀

就目前的实际情况来看，严格的预防措施只能尽可能减少计算机病毒传染的可能，还不能完全避免病毒的感染，感染病毒后，有效的检查和杀除手段就是安装合适的正版杀毒软件并经常及时升级。杀病毒软件具有检查是否感染上某种或某类病毒的功能，有的杀毒软件能查出几百种甚至几千种病毒，并且大部分杀病毒软件可同时杀除检查出来的病毒。杀病毒软件在清除计算机病毒时，一般不会破坏系统中的正常数据。现在的杀病毒软件都有良好的菜单提示，安装、升级和使用都非常简单和方便。

目前，国内用户常用的杀毒软件有瑞星杀毒软件、江民杀毒软件、金山毒霸、卡巴斯基杀毒软件、诺顿杀毒软件、360 安全卫士等。Windows 等操作系统自身也带有防病毒和防火墙功能。

"魔高一尺，道高一丈。"查杀病毒技术和编制病毒的技术在相互较量中提高，一种新的病毒出现后，相应的杀毒技术和杀毒软件就会出现。综合采取预防与查杀措施，就能保护计算机及网络系统安全运行。

我国建有国家计算机病毒应急处理中心（网址为 https://www.cverc.org.cn/），这是我国唯一的负责计算机病毒应急处理的专门机构，其主要职责是快速发现和处置计算机病毒疫情与网络攻击事件，保卫我国计算机网络与重要信息系统的安全。可以从其网站上及时了解中心发布的计算机病毒预报及相关的查杀知识。

9.4　反黑客技术

微课视频

9.4.1　黑客的概念

"黑客"一词源自英文 hacker，原指热心于计算机技术、水平高超的计算机专家，特别指高水平的编程人员。1998 年，日本出版的《新黑客字典》对黑客的定义：喜欢探索软件程序奥秘并从中增长其个人才干的人，他们不像绝大多数计算机使用者那样，只规规矩矩地了解别人指定了解的范围狭小的部分知识。

黑客有能力发现计算机系统的漏洞，根据目的的不同，分成三类：

（1）白帽黑客（white hat hacker）。白帽黑客发现系统漏洞后，会及时通报给系统的开发商。这一类黑客是有利于系统的不断完善的。

（2）黑帽黑客（black hat hacker）。黑帽黑客发现系统漏洞后，会试图制造一些损害，如删除文件、替换主页、盗取数据等。黑帽黑客具有破坏作用，也称为骇客（cracker）。

（3）灰帽黑客（gray hat hacker）。灰帽黑客大多数情况下是遵纪守法的，但在一些特殊情况下也会做一些违法的事情。

少数黑客为了个人私利，利用以非法手段获取的系统访问权入侵计算机系统、破坏重要数据的恶意行为慢慢玷污了黑客的名声。现在，黑客一词泛指那些专门利用系统漏洞在计算机网络上搞破坏或恶作剧的人。

9.4.2　黑客攻击方式

黑客攻击计算机（网络）系统可分为非破坏性攻击和破坏性攻击两类。非破坏性攻击一般只是为了扰乱系统的运行，并不盗取系统中的数据，常采用拒绝服务攻击等方式，这可以看作网络攻击；破坏性攻击是以侵入他人计算机系统、盗取系统中的保密信息、破坏目标系统的数据为目的，通常采用程序后门、获取密码、网络钓鱼等方式，这可以看作非法入侵。

1. 程序后门

程序员在编写一些功能复杂的程序时，一般采用模块化的程序设计方法，将整个系统分解为多个功能模块，分别编写和调试，这时的后门是一个模块的秘密入口。在程序开发阶段，后门便于测试、更改和增强模块功能。正常情况下，完成设计之后需要去掉各个模块的后门，不过有时由于疏忽或其他原因（如便于日后对模块的测试或维护等）后门没有去掉，黑客会用穷举搜索法发现并利用这些后门侵入系统。

2. 获取密码

通过获取系统管理员或一般用户密码，进而窃取系统的控制权。几种常用的密码获取方法如下。

（1）简单猜想。很多人用自己或家人的出生日期、电话号码或吉祥数等作为密码，对于这样的密码，黑客有时通过简单的猜想就能获取。

（2）字典攻击。先把猜想到的可能的密码（数量较大）存入字典库，然后使用字典库中的数据不断地进行账号和密码的反复试探，试图探测出用户的账号和密码。

（3）暴力猜解。尝试用所有可能的字符组合去试探用户的密码。

（4）网络监听。通过对网络状态、信息传输和信息内容等进行监视和分析，从中发现账号和密码等私密信息，这是目前黑客使用最多的密码获取方法。

3. 网络钓鱼

获取密码是通过技术手段得到他人的个人信息，而网络钓鱼（phishing）则是通过欺骗手段获取他人的个人信息，然后窃取用户的重要数据或资金。

（1）发送含有虚假信息的电子邮件。以垃圾邮件的形式大量发送欺诈性邮件，以中奖、对账等内容引诱用户在邮件中输入账号和密码，或是以各种紧迫的理由要求收件人登录某网页提交用户名、密码、身份证号、信用卡号等信息，获取这些信息后盗窃用户资金。

（2）建立假冒的网上银行、网上证券网站。建立域名和网页内容都与真正网上银行、网上证券交易平台极为相似的网站,引诱用户输入账号、密码等信息,进而通过真正的网上银行、网上证券系统或者伪造银行储蓄卡、证券交易卡盗窃资金。

（3）利用虚假的电子商务活动。在自建的电子商务网站,或是在比较知名的电子商务网站上发布虚假的商品销售信息,骗取用户的购物汇款。

（4）利用木马等技术手段。木马制作者通过发送邮件或在网站中隐藏木马等方式大肆传播木马程序,当感染木马的用户进行网上交易时,木马程序即以键盘记录的方式获取用户账号和密码,并发送给指定邮箱,用户资金将受到严重威胁。

（5）利用用户的弱密码设置。不法分子利用部分用户贪图方便设置弱密码(简单密码)的漏洞,对用户的密码进行猜测和破译。

实际上,不法分子在实施网络诈骗的犯罪活动过程中,经常将以上几种方法交织、配合进行,还有的通过手机短信及 QQ、微信、MSN 等聊天工具实施网络诈骗。

4. 拒绝服务攻击

拒绝服务(denial of service,DoS)攻击是使用超出被攻击目标处理能力的大量数据包消耗系统可用带宽资源,最后致使网络服务瘫痪的一种攻击手段。拒绝服务攻击一般是一对一的,即利用一台计算机通过网络攻击另一台计算机。分布式拒绝服务(distributed denial of service,DDoS)攻击则是利用多台已经被攻击者控制的机器对某一台单机发起攻击,这种方式可以集中大量的网络带宽,对某个特定目标实施攻击,威力更大,短时间内就可以使被攻击目标带宽资源耗尽,导致被攻击系统瘫痪。分布式拒绝服务攻击也称为洪水攻击。2000 年,黑客们使用 DDoS 连续攻击了 Yahoo、eBay 和 Amazon 等许多知名网站,致使一些站点中断服务长达数小时甚至几天的时间。2018 年 9 月,大型社交媒体平台 Facebook 遭受黑客攻击,5000 万用户的数据受到影响。

9.4.3 黑客的防范

可以通过如下措施来防范黑客的攻击。

（1）使用安全级别比较高的正版的操作系统、数据库管理系统等软件,并注意给软件系统及时打补丁,修补软件漏洞;安装入侵检测系统、防火墙和防病毒软件,并注意及时升级。软件漏洞指软件设计上的缺陷或软件编写时产生的错误,这样的缺陷或错误可以被黑客等不法人员利用,通过植入木马、计算机病毒等方式来窃取或破坏被击中计算机系统中的数据等资源,甚至造成整个计算机系统的瘫痪。软件漏洞也称为软件 bug。补丁指为修补软件系统在使用过程中暴露的漏洞而发布的小程序,修补软件漏洞俗称打补丁。虽然说各种应用软件和系统软件都可能存在漏洞,发现漏洞后也都需要打补丁,但现在的软件漏洞和打补丁更多的是针对操作系统软件而言的。

（2）不要轻易打开和相信来路不明的电子邮件;不要从不明网址下载软件;在进行网上交易时要认真核对网址,看是否与真正网址一致;不要轻易输入账号、密码、身份证号等个人信息;尽量避免在网吧等公共场所进行网上电子商务交易。

（3）不要选诸如身份证号码、出生日期、电话号码、吉祥数等作为密码,这样的密码很容易破译,称为弱密码,建议用有一定长度的大小写字母、数字和特殊字符的混合密码。

9.5　防火墙技术

9.5.1　防火墙的概念

如何既能和外部互联网进行有效通信，充分利用互联网上的丰富信息，又能保证内部网络或计算机系统的安全？防火墙技术应运而生。

防火墙（firewall）是建立在内、外网络边界上的过滤封锁机制，是计算机硬件和软件的结合，其作用是保护内部的计算机或网络免受外部非法用户的侵入。内部网络被认为是安全和可信赖的，而外部网络（一般是指互联网）被认为是不安全和不可信赖的。防火墙的作用就是防止不希望的、未经授权的通信进出被保护的内部网络，通过边界控制来保证内部网络的安全。防火墙并不阻止合法用户的正常访问。

古代建造和使用木质结构房屋时，为防止外部火灾的蔓延将房屋引燃，人们将不怕火烧的石块堆砌在房屋周围作为屏障，这种石墙被称为防火墙。现在所说的用于网络环境的防火墙是借用了古代真正用于防火的防火墙的喻义，它指的是隔离在本地计算机或网络与外部网络之间的一道防御系统。防火墙可以是多层次的，如教师可以设置防火墙把自己的计算机与学院局域网隔离，学院网管人员设置防火墙把学院局域网与学校局域网隔离，学校网管人员设置防火墙把学校局域网与外部互联网隔离，如图9.1所示。

图9.1　多层防火墙保护

9.5.2　防火墙的功能

防火墙的主要功能如下。

（1）访问控制。通过禁止或允许特定用户访问特定资源，保护内部网络的数据和软件等资源，防火墙需要识别哪个用户可以访问哪类资源。

（2）内容控制。根据数据内容进行控制，如可以根据电子邮件的内容识别出垃圾邮件并过滤掉垃圾邮件。

（3）日志记录。防火墙能记录下经过防火墙的访问行为，同时能够提供网络使用情况的统计数据。当发生可疑访问时，防火墙能进行适当的报警，并提供网络是否受到监测和攻击的详细信息。

（4）安全管理。通过以防火墙为中心的安全方案配置，能将所有安全措施（如密码、加密、身份认证和审计等）配置在防火墙上。与将网络安全问题分散到各个主机上相比，防火墙的这种集中式安全管理更经济、更方便。

（5）内部信息保护。利用防火墙对内部网络的划分，可实现内部网重点网段的隔离，从而防止局部重点或敏感网络安全问题对全局网络安全的影响。另外，内部网络中某些信息往往会引起攻击者的兴趣,因而暴露出内部网络的某些安全漏洞。例如,Finger(一个查询用户信息的程序)服务能够显示当前用户名单以及用户详细信息,DNS 能够提供网络中各主机的域名及相应的 IP 地址。防火墙能够封锁这类服务,以防止外部用户利用这些信息对内部网络进行攻击。

9.5.3 防火墙的结构

在防火墙和网络的配置上,主要有 4 种常用结构:包过滤防火墙、双宿主网关防火墙、屏蔽主机防火墙和屏蔽子网防火墙。

1. 包过滤防火墙

在互联网与内部网的连接处安装一台用于包过滤的路由器,构成包过滤防火墙,如图 9.2 所示。在路由器中设置包过滤规则,路由器根据这些规则审查每个数据包并决定允许或拒绝数据包的通过,允许通过的数据包根据路由表中的信息被转发,不允许通过的数据包被丢弃。

图 9.2 包过滤防火墙

2. 双宿主网关防火墙

一台带有两个网络接口的主机,一个网络接口用于连接内部网,另一个网络接口用于连接外部网,这就构成了双宿主网关防火墙,一个网络接口相当于一个网关,如图 9.3 所示。外部网中的用户不能直接访问内部网,这就保证了内部网的安全,两个网络之间的通信通过应用层数据共享或应用层代理服务来完成。作为防火墙的主机应具有可靠的身份认证系统,以阻挡来自外部网络的非法访问。

图 9.3 双宿主网关防火墙

3. 屏蔽主机防火墙

屏蔽主机防火墙由包过滤路由器和堡垒主机组成,包过滤路由器安装在内部网和外部网的连接点上,访问内部网所有其他主机必须经过的主机称为堡垒主机,堡垒主机屏蔽(隔离)了外部网对内部网的直接访问,堡垒主机配置在内部网上,如图 9.4 所示。设置了屏蔽主机防火墙,外部网上的用户需经由过滤路由器,再经由堡垒主机才能访问内部网,过滤路由器和堡垒主机都可以设置安全策略,所以屏蔽主机防火墙的安全等级要高于包过滤防火墙。

图 9.4　屏蔽主机防火墙

4. 屏蔽子网防火墙

　　屏蔽子网防火墙由两个包过滤路由器和一台堡垒主机组成，如图 9.5 所示。在两个包过滤路由器之间建立一个内部的屏蔽子网，也称为非军事区（demilitarized zone，DMZ）或隔离区。DMZ 是为了解决安装防火墙后外部网不能直接访问内部网服务器的问题而设立的一个外部网与内部网之间的缓冲区，用于放置堡垒主机以及内部网中需要对外公开的公共服务器等，公共服务器有企业 Web 服务器、FTP 服务器等。

图 9.5　屏蔽子网防火墙

　　在屏蔽子网防火墙方案中，对于由外部网到内部网的访问，外部过滤路由器用于阻止外部网的攻击，并管理外部网对 DMZ 的访问。内部过滤路由器管理 DMZ 对内部网的访问。一个黑客必须通过三个独立的安全区域（外部过滤路由器、堡垒主机和内部过滤路由器）才能够到达内部网，提高了攻击难度，也就提高了内部网的安全性，当然成本也比较高。

　　提供防火墙产品的主要生产商有美国思科系统公司（Cisco Systems Inc.）、Juniper 网络公司和我国的华为技术有限公司、杭州华三通信技术有限公司（H3C）等。

9.6　入侵检测技术

微课视频

　　入侵检测（intrusion detection）是对入侵计算机及网络系统的行为的检测，入侵检测系统（intrusion detection system，IDS）是完成入侵检测功能的计算机软硬件系统。美国国际计算机安全协会（International Computer Security Association，ICSA）对入侵检测的定义是，通过从计算机网络或计算机系统中的若干关键点收集信息并对其进行分析，从中发现网络或系统中是否有违反安全策略的行为和遭到袭击的迹象的一种安全技术。

　　入侵检测作为一种积极主动的安全防护技术，提供了对内部攻击、外部攻击和误操作的实时保护，在网络系统受到危害之前拦截和响应入侵行为。因此被认为是防火墙之后的第二道安全闸门，在不影响网络性能的情况下对网络进行监测。

9.6.1　入侵检测系统的功能

入侵检测系统能够在入侵攻击对系统产生危害前检测到入侵攻击,并利用报警与防护系统消除入侵攻击;在入侵攻击过程中,能够减少入侵攻击所造成的损失;在被入侵攻击后,能收集入侵攻击的相关信息,作为防范系统的知识,添加到知识库中,以增强系统对类似攻击的防范能力。其功能主要如下。

1. 监控、分析用户和系统的活动

入侵检测系统通过获取进出某台主机及整个网络的数据,或者通过查看主机日志等信息来实现对用户和系统活动的监控。获取网络数据的方法就是抓包,将数据流中的所有数据包都截取下来进行分析。入侵检测系统要有足够高的效率,既不遗漏数据包,又不影响网络的正常运行。

2. 发现入侵企图或异常现象

对进出网络或主机的数据进行监控,看是否存在对系统的入侵行为;评估系统关键资源和数据文件的完整性,查看系统是否已经遭受了入侵。

3. 记录、报警和响应

入侵检测系统在检测到攻击后,应采取相应的措施来阻止攻击企图或对已发生的攻击做出及时的响应。首先记录攻击的基本情况,及时发出报警,采取必要的响应措施,如拒绝接收所有来自某台可疑计算机(可能发动了入侵行为)的数据、追踪入侵行为等。

4. 友好的用户界面

入侵检测系统应为系统管理员和各类用户提供友好易用的界面,方便用户设置用户权限、管理攻击行为数据库、人机交互设置和修改规则、处理警报和浏览/打印数据等。

9.6.2　入侵检测系统的分类

随着人们对入侵检测技术研究的不断深入,出现了多种入侵检测系统,入侵检测系统有多种不同的分类方式,根据入侵检测实施的对象可以分为如下三类。

1. 基于网络的入侵检测系统

作用于某个网络环境的入侵检测系统称为基于网络的入侵检测系统,通过侦听和分析网络上关键路径上传输的数据,发现可疑的通信数据和入侵行为。

2. 基于主机的入侵检测系统

作用于某台主机上的入侵检测系统称为基于主机的入侵检测系统,通过监视与分析主机的审计记录和日志文件来检测对主机的入侵。日志中记录所有对主机的访问行为,从中可以分析出非正常的和不希望发生的行为,进而认定对主机的入侵企图和已发生的入侵行为。基于此,可以启动相应的应急响应措施,阻止入侵企图和尽量减少已发生的入侵行为的破坏作用。

3. 基于应用的入侵检测系统

作用于某个应用系统的入侵检测系统称为基于应用的入侵检测系统,通过监视与分析某个应用程序的日志文件来检测对该应用程序的入侵。基于应用的入侵检测系统是基于主机的入侵检测系统的进一步细化。

目前,实际的入侵检测系统大多是这三种系统的混合体。

9.6.3 入侵检测技术

入侵检测技术是为保证计算机系统的安全而设计与配置的一种能够及时发现并报告系统中未授权行为或异常现象的技术,是一种用于检测计算机网络中违反安全策略行为的技术。进行入侵检测的软件与硬件的组合便是入侵检测系统。

常用的入侵检测机制可分为误用检测、异常检测与混合检测。

1. 误用检测

误用检测(misuse detection)也称为基于特征的检测(signature based detection),这一检测假设入侵行为可以用一种模式来表示,系统的目标是检测外部用户的访问是否符合这些模式,符合即是入侵行为。它可以将已知的入侵方式检查出来,但对新的入侵方式却无能为力。其难点在于如何设计模式既能够表达入侵特征,又不会将正常的访问行为包含进来。常用的误用检测方法主要有专家系统、状态转移分析、基于条件概率的误用检测、基于规则的误用检测等。

2. 异常检测

异常检测(anomaly detection)的假设是入侵行为不同于正常的访问行为。根据这一思路建立正常访问行为的"行为描述",将当前的访问行为与"行为描述"进行比较,当违反正常行为的统计规律时,认为该访问可能是入侵行为。其难点在于如何建立和表示"行为描述"以及如何设计统计算法,从而不把正常的访问作为入侵行为或漏掉真正的入侵行为。常用的异常检测方法主要有量化分析、统计度量、非参数统计度量、神经网络等。

3. 混合检测

混合检测是同时进行误用检测和异常检测,方法主要有基于代理检测、数据挖掘、免疫系统方法和遗传算法等。

提供入侵检测产品的主要生产商有美国思科系统公司、Juniper网络公司和我国的华为技术有限公司、杭州华三通信技术有限公司(H3C)等。

9.7 数据加密技术

微课视频

9.7.1 数据加密概述

即使安装了防火墙、入侵检测系统及杀毒软件,也难以完全防止信息被窃取。为此,可以再实施一种安全措施——加密(encryption)。

加密是把明文通过混拆、替换和重组等方式变换成对应的密文。明文是加密前的信息,有着明确的含义并为一般人所理解。密文是对明文加密后的信息,往往是一种乱码形式,一般人很难直接读懂其真实含义,密文需要按加密的逆过程解密成明文后,才能理解其含义。所以,在信息传输前,甲乙双方约定好加密、解密方式,甲方对明文加密后以密文形式传输给乙方,乙方收到密文后按约定方式解密还原成明文,就能理解甲方所发信息的真实含义。在信息传输过程中,即使有甲乙之外的第三方通过非法途径窃取了传输的密文信息,如果不能同时获取加密、解密约定,是很难直接从密文读懂其真实含义的。所以,加密技术进一步保证了信息传输的安全性。

当然,如果加密、解密约定也被第三方窃取,那么信息传输的安全也就丧失了,这时可以说第三方破译了甲乙双方的密文传输,这种保密与窃密的斗争在情报战题材的电视剧和电影中经常出现,甲乙双方极力想办法保密自己的信息传输,有时经常更换加密、解密方式,而第三方(敌方)也在尽力想办法破译甲乙双方的信息传输。

图灵就是破译密码的高手,在第二次世界大战期间,图灵在英国外交部的一个下属机构工作,使用自己研制的译码机破译了德军很多机密情报,为盟军战胜德国法西斯立了大功。

加密的历史一直可以追溯到文字通信的开始,一些很古老的加密方法在当时起了重要作用,当然现在已不再使用这些加密方法,特别是在计算机的辅助下,这些加密方法很容易破译,但介绍这些方法对于理解加密的基本原理是很有帮助的。

9.7.2　古典加密方法

1. 恺撒密码

顾名思义,恺撒密码(Caesar cipher)是由古罗马人恺撒发明的,通过移位的方式实现对原始信息的加密。恺撒密码也称为单字符替换,即对不同位置的字符采用相同的移位方式。

【例 9.1】　采用恺撒密码对 computer 进行加密。

设置 26 个英文字母与数字的对应关系如下:

a　b　c　d　e　f…u　v　w　x　y　z

0　1　2　3　4　5…20　21　22　23　24　25

对明文中的每个字符右移一位(变换成下一个字符)就可以实现对明文的加密。

对于英文单词 computer 中的每个字符右移一位,就变换成了字符串 dpnqvufs,computer 的含义是"计算机",dpnqvufs 的含义就难以理解了。

从这个例子可以看出,加密是一种变换技术,把人们能理解的明文变换成不能理解的密文。

这种简单移位的加密方法是很容易破译的。用最简单的思路就可以对密文进行右移 1位、2 位、3 位、……,左移 1 位、2 位、3 位、……逐一试探,就能破译。特别是现在借助于计算机,就更容易破译了。

2. 多字符替换

单字符替换的优点是实现简单,缺点是容易破译。稍微复杂一点的方式是多字符替换,即不同位置的字符采用不同的替换方式。

【例 9.2】　采用(+1,-1,+2)的替换方式对 computer 加密。

对明文中的第 1 个字符右移 1 位,第 2 个字符左移 1 位,第 3 个字符右移 2 位,第 4 个字符又是右移 1 位,如此进行下去,完成明文中所有字符的替换。

对 computer 进行(+1,-1,+2)模式的多字符替换后的密文为 dnoqtvfq,密文的含义仍是难以理解的。

破译这种加密方式难度要大一些,特别是手工破译,工作量比较大。但借助于计算机,还是比较容易破译的。

3. 二进制运算

对于二进制数,除了可以进行算术运算外,还可以进行逻辑运算,主要有与(AND)、或(OR)、非(NOT)和异或(XOR)等。

AND 的运算规则：对应位都是 1,结果位为 1,否则结果位为 0。

OR 的运算规则：对应位都是 0,结果位为 0,否则结果位为 1。

NOT 的运算规则：1 变成 0,0 变成 1。

XOR 的运算规则：对应位相同,结果位为 0,对应位不同,结果位为 1。

【例 9.3】 二进制运算示例。

10101100 AND 01101011＝00101000

10101100 OR 01101011＝11101111

NOT 10101100＝01010011

10101100 XOR 01101011＝11000111

其中,异或运算有一个对加密来说很有用的特性：一个数和另外一个数进行两次异或运算,结果又变回这个数本身,即 A XOR B XOR B＝A。例如：

10101100 XOR 01101011 XOR 01101011＝10101100

【例 9.4】 采用异或运算对 computer 进行加密。

对于 computer,首先以 ASCII 码的形式把每个英文字符转换为二进制数。选定一个 8 位的二进制数 00001100 作为加密密码（也称为加密密钥）,每个明文字符的 ASCII 码都分别和这个密钥进行异或运算（加密）,变换成密文,接收方也用这个相同的密钥再进行一次异或运算（解密）,还原成明文。

加密结果如表 9.1 所示。加密前的明文为 computer,加密后的密文为 oca│yxi～。读者可自行对密文进行解密。

表 9.1 基于异或运算的 computer 加密结果

明 文 字 符	明文字符 ASCII 码	密文字符 ASCII 码	密 文 字 符
c	01100011	01101111	o
o	01101111	01100011	c
m	01101101	01100001	a
p	01110000	01111100	│
u	01110101	01111001	y
t	01110100	01111000	x
e	01100101	01101001	i
r	01110010	01111110	～

9.7.3 现代加密方法

1. 私钥加密

私钥加密指加密和解密使用同一个密钥,而且这个密钥属于通信的甲乙双方私有,不能公开让第三方知道。如例 9.4 中的 00001100,既是加密密钥,又是解密密钥。私钥加密也称为单密钥加密或对称密钥加密,形象地说锁信箱和开信箱用的是同一把钥匙,密钥要保密存放,一旦密钥被攻击者窃取,就无密可保。

代表性的私钥加密算法是数据加密标准（data encryption standard,DES）算法。DES 算法是由 IBM 公司在 20 世纪 70 年代开发的,曾经得到了广泛的应用。

DES 算法的加密过程如下。

（1）待加密数据被分为 64 位（二进制位）大小的数据块。

（2）对第一个 64 位的数据块进行初始变换，即对 64 位的数据按位重新组合，如将第 58 位换到第 1 位，第 50 位换到第 2 位，……。

（3）将换位后的数据与密钥进行计算（如异或运算），这样的计算共进行 16 轮，每一轮使用一个不同的密钥，这 16 轮的密钥合称 DES 算法的加密密钥，也是日后解密的密钥，如果不是密钥持有人有意或无意地泄露，那么靠技术手段破译是有一定难度的。

（4）把经过 16 轮加密的数据再进行换位操作，这时的换位是初始换位的逆操作，如第 1 位经初始换位后换到了第 40 位，经逆初始换位，再把第 40 位换回到第 1 位。

（5）逆初始换位后的结果是第一块数据加密后的密文。

（6）对其他每块数据都进行与第一块数据类似的处理，得到全部明文对应的密文。

1998 年之后，不再使用 DES 算法，改用更难以破译的 AES（advanced encryption standard）算法。

2. 公钥加密

公钥加密是与私钥加密相对的一种加密方法。公钥加密有两个不同的密钥：一个用于加密，是公开的，称为公钥；另一个用于解密，是不公开的，称为私钥。可以这样设想：我有一个保密信箱，锁信箱和开信箱用的是两把不同的钥匙，锁信箱的钥匙是公开的，就挂在信箱上，谁要是想把信件秘密给我，就可以放在信箱中，并用公开的钥匙锁上信箱。公开的钥匙只能锁信箱，不能打开信箱，打开信箱用的是另一把保密的钥匙，我自己拿着，其他人不知道。这样任何人都可以往我的保密信箱中投放秘密信件，但只有我自己能打开信箱取出信件，从而实现了秘密通信。

代表性的公钥加密算法是 RSA 算法，是由 R. L. Rivest、A. Shamir 和 L. M. Adleman 于 1978 年在美国麻省理工学院研发出来的，为此，三人共同荣获 2002 年度的图灵奖。

RSA 算法中，选定密钥的过程如下。

（1）选择两个互异的大素数 p 和 q；

（2）使 $n = p \times q, t = (p-1) \times (q-1)$；

（3）取一个整数 e，使其满足 $1 < e < t$，且 $\gcd(t, e) = 1$；

（4）计算 d，使其满足 $(d \times e) \bmod t = 1$；

（5）以 $\{e, n\}$ 为公钥，$\{d, n\}$ 为私钥。

其中，gcd 是求最大公约数函数，mod 是求余数函数。

RSA 算法的加密过程如下：将二进制位串形式的明文信息分组，使得每个分组对应的十进制数小于 n，即分组长度小于 $\text{lb}\,n$，然后对每个明文分组 m 作加密计算，得到其对应的密文 $c = m^e \bmod n$。

RSA 算法的解密过程如下：对每个密文分组进行解密计算，还原成其对应的明文 $m = c^d \bmod n$。

【例 9.5】 采用 RSA 算法对 computer 进行加密。

选 $p = 7, q = 17$。则 $n = 7 \times 17 = 119, t = 6 \times 16 = 96$。

取 $e = 5$，满足 $1 < e < t$，且 $\gcd(t, e) = 1$；满足 $(d \times e) \bmod t = 1$ 条件的 $d = 77$。

所以，$\{5, 119\}$ 为公钥，$\{77, 119\}$ 为私钥。

把 computer 转换为十进制形式表示的 ASCII 码，然后每个字符的 ASCII 码与公钥{5,

119}进行加密计算，就能得到 computer 的密文，如表 9.2 所示。

表 9.2　基于 RSA 算法的 computer 加密结果

明 文 字 符	明文字符 ASCII 码	密文字符 ASCII 码	密 文 字 符
c	99	29	一控制符
o	111	76	L
m	109	79	O
p	112	91	[
u	117	87	W
t	116	114	r
e	101	33	!
r	114	88	X

如 $99^5 \bmod 119 = 29$，其他字符的加密解密类似。

RSA 的安全性分析：在 RSA 算法中，$\{e,n\}$ 为公钥，$\{d,n\}$ 为私钥。在 n 大到一定程度时，由 $\{e,n\}$ 得到 d 的计算量是很大的，因为把 n 分解成两个互异的素数 p 和 q 是很困难的（通过把 n 分解为 p 和 q，才能由 e 计算出 d）。RSA 算法实际上是利用了数论领域这样一个事实：虽然把两个大素数相乘得到一个合数是非常容易的，但要把一个很大的合数分解为两个素数却十分困难，至今没有任何高效的分解方法。

当然，随着新的分解方法和高性能计算机的不断出现，人们的计算能力也在不断提高，RSA-129（n 为 129 位的十进制数或 428 位的二进制数）经过 8 个月的计算于 1994 年 4 月被成功分解，RSA-155（n 为 155 位的十进制数或 512 位的二进制数）于 1999 年 8 月被成功分解，得到两个 78 位的十进制表示的素数。2009 年 12 月 12 日，RSA-768（n 为 768 位的二进制数或 232 位的十进制数）也被成功分解，这意味着 1024 位的二进制数也面临着被分解的危险，用户应考虑升级到 2048 二进制位或以上。

9.8　安全认证技术

加密技术保证信息在发送方和接收方之间的保密传输，即使第三方窃取了传输的信息，由于不能解密也不能理解其真正含义。除此之外，对于网上传输的信息，还应保证其内容完整，即发送方不能抵赖、接收方或第三方不能伪造和篡改，安全认证技术可以实现这些功能。

9.8.1　消息认证

通信双方在一个不安全的信道上传输信息，可能面临着被第三方截取，进而对信息进行篡改或伪造的隐患，若接收方收到的是被第三方伪造或篡改的信息，可能会造成非常严重的后果。

消息认证技术用于检查发送方发送的信息是否被篡改或是伪造的，消息认证系统的核心是一个认证算法。

为了发送信息，发送方先将信息和认证密钥输入认证算法，计算出信息的认证标签，也称为消息认证码（message authentication code，MAC），然后将信息和认证标签一同发出；接收方收到信息和认证标签后，把信息和相同的认证密钥输入认证算法，也计算出认证标签,检查这个计算出的认证标签与接收到的认证标签是否相同。若相同,则认为信息不是伪造的,也未被篡改,接收该信息;若不相同,则认为信息是伪造的或被篡改过,舍弃该信息。

9.8.2 数字签名

1. 数字签名的概念

消息认证用来保护通信双方免受第三方的攻击,却无法防止通信双方的欺骗与抵赖行为。在只有消息认证的方式下,由于接收方和发送方使用相同的认证密钥,生成一个认证标签并不困难,接收方可以伪造一个消息或篡改接收到的信息,声称是由发送方发过来的。由于接收方可以伪造或篡改信息,发送方也就可以不承认自己发送过的信息,他可以说是接收方自己伪造或篡改的,因为接收方也不能证明信息一定是发送方发出的。

现实生活中,人们为了防止申请书、批准书、商业合同等文件的伪造、篡改和抵赖,采用亲笔签名的方式予以确认。对于亲笔签名的纸质文本,签名者事后无法抵赖,持有者也不能篡改或伪造。

对应于亲笔签名,人们把在电子文档中附加的数字认证信息称为数字签名(digital signature),也称为电子签名。《中华人民共和国电子签名法》中对电子签名的定义:电子签名是指数据电文中以电子形式所含、所附用于识别签名人身份并表明签名人认可其中内容的数据。数据电文是指以电子、光学、磁或者类似手段生成、发送、接收或者储存的信息。

简单地说,数字签名是只有信息的发送者才能产生的,与发送信息密切相关的、他人无法伪造的一个数字串,它同时也是对发送者发送信息的真实性的一个证明。

2. 数字签名的过程

用户 A 使用数字签名技术给用户 B 发送信息的过程如下。

(1) 用户 A 准备好一个要发送给用户 B 的电子信息 M。

(2) 用户 A 用公开的单向 Hash 函数对信息 M 进行变换,生成信息摘要 M_H,然后用自己的私钥 DA 对信息摘要 M_H 加密,对 M_H 加密的结果就是信息 M 的数字签名。

(3) 用户 A 将数字签名附在信息 M 之后,连同信息 M 和相应的数字签名一起发送给用户 B。

(4) 用户 B 收到信息 M 和相应的数字签名 M_H 后,一是使用相同的单向 Hash 函数对信息 M 进行变换,生成信息摘要;二是使用用户 A 的公钥 EA 对数字签名进行解密,得到用户 A 针对 M 生成的信息摘要。

(5) 用户 B 比较两个信息摘要,如果两者相同,则可以确信信息在发送后并未作任何改变,也不是伪造的,可以接收来自用户 A 的信息 M;如果不相同,则说明信息 M 是伪造的或已经被篡改,放弃该信息。

3. 数字签名的有效性

Hash 函数也称为哈希函数、杂凑函数或散列函数,用于将任意长度的信息 M 变换为较短的、固定长度的信息摘要 M_H。信息摘要也称为杂凑值或杂凑码。信息摘要是信息中所有二进制位的函数,改变信息中的任何一位或几位,都会使信息摘要发生改变。所以,信息摘要也被形象地称为信息的数字指纹。

哈希函数具有如下特性。

(1) 函数的输入可以任意长。

（2）函数的输出是固定长。

（3）已知 M，求 M_{H} 比较容易，即求信息的信息摘要是容易的。

（4）已知 M'_{H}，求 $H(M')=M'_{\mathrm{H}}$ 的 M' 在计算上是不可行的，即很难根据信息摘要来反向求得原始信息，这是哈希函数的单向性。

（5）已知 M_1，找出 M_2（$M_2 \neq M_1$）使得 $H(M_2)=H(M_1)$ 在计算上是不可行的，即很难找到两个不同的信息会有相同的信息摘要，这是哈希函数的唯一性。

数字签名的有效性分析如下。

（1）难以伪造或篡改。由哈希函数的唯一性可知，对原有信息的微小改变也会导致信息摘要的改变，所以，接收方或第三方很难伪造或篡改发送方发出的信息而使信息摘要不变；又由于发送方是用自己的私钥对信息摘要进行加密的，接收方或第三方很难伪造加密的信息摘要（加密的信息摘要就是数字签名），进而也就无法伪造信息摘要。无法伪造信息摘要，伪造或篡改的信息是很容易被识破的。

（2）难以抵赖。由于发送方是用自己的私钥对信息摘要进行加密的，接收方或第三方是不能做此事的，因此发送方对自己发出的信息是难以抵赖的。

9.8.3 PKI

在现实生活中，如果因为笔迹签名出现争议，则需要仲裁委员会或法院等机构依据笔迹鉴定结果进行仲裁或判决。参与社会活动的个人或法人（各类公司等），应该持有一定的证明身份的证件（如身份证、营业执照等），这些证件应由值得信任的机构来发放、认定和撤销。

采用公钥加密和数字签名等技术在网上传输信息，需要有公钥管理机制；在网上参与相关活动的个人或法人，也应持有证明身份的证件——数字证书。公钥基础设施（public key infrastructure，PKI）是一种提供公钥加密、数字签名和数字证书等服务的管理平台，以保证网上传输信息的保密性、真实性、完整性和不可抵赖性。PKI 是保证电子商务、电子政务等网上系统安全开展的基础。

PKI 的功能包括颁发证书、更新证书、撤销证书、公布证书、在线查询证书状态、认定证书、密钥产生、密钥备份和恢复、密钥更新、密钥销毁和密钥归档等功能。

PKI 由认证机构（certificate authority，CA）、注册机构（registration authority，RA）和目录服务器等组成。CA 负责数字证书的签发，是 PKI 的核心，是 PKI 中权威的、可信任的、公正的第三方机构。RA 负责数字证书申请者的信息录入、资格审查等工作，决定是否同意由 CA 为其签发数字证书。目录服务器用于存放和管理数字证书。

9.9 计算机系统安全法律法规与职业道德

计算机及计算机网络的快速发展和广泛应用，极大地促进了经济发展和社会进步，也给人们的日常生活带来了很大的方便，在一定程度上改变着人们的生活方式、工作方式，甚至思维方式。同时也出现了一些新的问题，如编制和传播计算机病毒、盗取他人的账号和密码、蓄意攻击他人的计算机系统、发送垃圾邮件、泄露自己掌握的他人个人信息等不道德行为和犯罪行为，既给他人和社会带来危害，又使自己走上违法犯罪的道路。

我国逐步建立起了比较完善的打击计算机犯罪和惩治违法违规行为的法律法规体系，

包括《中华人民共和国刑法》《中华人民共和国治安管理处罚法》《中华人民共和国网络安全法》《中华人民共和国个人信息保护法》《中华人民共和国数据安全法》《中华人民共和国电子签名法》《中华人民共和国著作权法》《中华人民共和国计算机信息系统安全保护条例》《中华人民共和国计算机信息网络国际联网管理暂行规定》等。

作为未来的计算机专业人员，要认真学习并严格遵守法律法规。除了严格遵守法律法规和一般的道德规范外，还要严格遵守计算机领域的职业道德，不以自己的专业特长作为谋取个人不法利益的工具和手段。如果把计算机及网络环境看作一个虚拟社会，那么在真实社会中应遵守的道德规范和应有的责任意识同样适用于虚拟社会，这里无法一一列出，重点列出和计算机系统安全有关的几条。

（1）不要盗窃和蓄意破坏他人的软硬件资源及数据资源。

（2）不要编制计算机病毒程序，不要故意传播计算机病毒给其他计算机系统。

（3）要严格管理因工作需要而掌握的他人个人信息或单位的内部数据，不要泄露他人的个人信息和单位的内部数据。

（4）不要蓄意攻击他人的计算机系统或网络系统。

（5）不经对方许可，不要发送商业广告等宣传类邮件，这种垃圾类邮件既浪费他人的时间，又影响其正常的收发邮件。

（6）不要蓄意破译他人的账号和密码。

（7）要严密保护自己的账号和密码，不得泄露给他人。

（8）不要通过网络欺骗等手段，窃取金钱和机密信息。

（9）不要滥用个人的计算机系统权限以谋取个人的不法利益。

（10）不要使用超越自己合法权限的功能。

9.10　小　　结

计算机及网络的广泛应用，极大地促进了经济发展和社会进步，方便了人们的日常工作和生活，但也伴随着出现了计算机病毒、黑客、网络攻击等问题，甚至有人走上了违法犯罪的道路。本章介绍的反病毒技术、反黑客技术、防火墙技术、入侵检测技术、数据加密技术和安全认证技术，再加上高度的道德责任意识、严格的管理制度及完善的法规体系，就能有效地保证计算机及网络系统的安全运行及信息的安全传输。

拓展阅读：计算机学术组织

从事计算机领域的科研、教学和技术开发等工作，同国内外同行的学术交流是非常必要和有益的，既有利于个人的工作和学习，又有利于整个计算机领域的发展，各级学术组织为我们进行学术交流提供良好的平台和机会。

1. 美国电气和电子工程师学会计算机协会

美国电气和电子工程师学会计算机协会的历史可以追溯到 1946 年。世界上第一台通用电子计算机 ENIAC 诞生之后，美国电气工程师学会（American Institute of Electrical Engineers，AIEE）在 1946 年成立了大规模计算分会。1951 年，美国无线电工程师学会

(Institute of Radio Engineers, IRE)建立了电子计算机专业委员会。鉴于第二次世界大战以后电子学的迅速发展，以及电气与电子密不可分的联系。1963 年，AIEE 和 IRE 合并组成美国电气和电子工程师学会（Institute of Electrical and Electronic Engineers, IEEE），AIEE 的大规模计算分会和 IRE 的电子计算机专业委员会合并成美国电气和电子工程师学会计算机协会（IEEE Computer Society, IEEE-CS）。

IEEE-CS 的宗旨是促进计算机和信息处理技术的理论和应用的发展，促进会员之间的学术交流与合作。为此，IEEE-CS 每年都要举办一系列的学术会议和讨论会，出版定期、不定期的刊物，成立许多地区分会和专题的技术委员会，其活动范围包括同计算机、计算和信息处理有关的设计、理论和应用的各个层面。IEEE-CS 是 IEEE 中会员最多的一个分会，也是计算机界影响最大的两个学术团体之一（另一个是美国计算机学会）。

IEEE-CS 设有几十个专业技术委员会（Technical Committees），在各特定领域开展学术活动，专业技术委员会的设置是随计算机科学与技术的发展而变化的。

除了专业技术委员会以外，IEEE-CS 还设有标准化委员会和教育与专业技能开发委员会，前者负责制定技术标准，后者负责制定计算机专业的教学大纲和课程设置方案以及发展继续教育。IEEE-CS 是一个学术性组织，它所制定的标准和教学大纲是推荐性的而不是强制性的，但由于它们是集中了许多专家学者的智慧和工作经验制定出来的，因此往往受到工业界和教育界的重视。

IEEE-CS 出版几十种学术杂志，发表在这些杂志上的论文具有很高的学术水平，代表了各领域研究的国际领先和先进水平。

IEEE-CS 在 1980 年设立了计算机先驱奖（Computer Pioneer Award），这是计算机界继图灵奖之后的又一重要奖项。

2. 美国计算机学会

1947 年 9 月 15 日，美国计算机学会（Association for Computing Machinery, ACM）在位于纽约的哥伦比亚大学成立，当时的名称是东部计算机学会（Eastern Association for Computing Machinery），1948 年 1 月去掉了 Eastern 这个词。

学会的宗旨主要有 3 个：

（1）推进信息处理科学和技术，包括计算机、计算技术和程序设计语言的研究、设计、开发和应用，也包括过程的自动控制和模拟。

（2）促进信息处理科学和技术在专业人员和非专业人员中的自由交流。

（3）维护信息处理科学和技术从业人员的权益。

ACM 建立以来，积极地开展学术活动，目前已成为计算机界最有影响的两大国际性学术组织之一。一些著名的计算机科学家，包括图灵奖获得者佩利、汉明和 ENIAC 的主要设计者之一莫奇利等都担任过 ACM 的主席。

和 IEEE-CS 类似，ACM 也建立了几十个专业委员会（Special Interest Group, SIG），几乎每个 SIG 都有自己的杂志，基本上覆盖了计算机科学技术的所有分支领域。

美国计算机学会在 1966 年设立的图灵奖（Turing Award）是目前计算机界最崇高的荣誉，被人们称为"计算领域的诺贝尔奖"。

3. 中国计算机学会

中国计算机学会（China Computer Federation, CCF）成立于 1962 年 6 月 4 日，1985 年 3

月 5 日被批准为全国一级学会,是由从事计算机及相关科学技术领域的科研、教育、开发、生产、管理、应用和服务的个人及单位自愿结成、依法登记成立的全国性、学术性、非营利性社会组织。

学会的业务范围如下:

(1) 组织开展国内外学术交流。

(2) 组织开展对本领域科学、技术、教育和产业发展战略的研究,向政府部门提出咨询建议。

(3) 参加国家或政府部门有关本领域相关技术项目的科学论证,提出咨询建议。

(4) 开展本领域技术培训和技术咨询,传播与推广计算机科学和技术,促进计算机技术在各个领域的应用,开展面向青少年的计算机科技活动,开展本领域继续教育及专业能力评价,记录计算机发展历史。

(5) 按照规定经批准,表彰、奖励本领域优秀科技成果及有成就的专业人士,接受政府有关部门委托,开展项目评估、学位论文评审、技术职务及职称的评审工作。

(6) 根据国家有关法规或接受政府有关部门授权或委托,承担本领域的成果鉴定及计算机领域教育认证等工作,编辑、制定和审定有关计算机技术标准。

(7) 受政府委托承办或根据市场和行业发展需要举办本领域的展览。

(8) 依照有关规定编辑出版本领域范围的学术刊物、科技书籍、报刊和多媒体制品。

(9) 促进民间国际本领域科技交流,和国际同类学术组织建立合作关系,参与相关的国际计算机学术活动,参加相关的国际组织。

学会实行会员制,分个人会员和单位会员。个人会员分为学生会员、专业会员、高级会员、杰出会员和会士。

学会设有多媒体技术、服务计算、高性能计算、互联网、计算机安全、计算机视觉、计算机应用、理论计算机科学、普适计算、人工智能与模式识别、人机交互、软件工程、数据库、体系结构、物联网、系统软件、信息系统、中文信息技术、大数据、区块链、教育等若干专业委员会。

学会会刊有《计算机学报》《软件学报》《计算机研究与发展》、*Journal of Computer Science and Technology*、《中国计算机学会通讯》《计算机科学》《小型微型计算机系统》《计算机工程》等。

学会设立最高科学技术奖、王选奖、青年科技奖、夏培肃奖、杰出教育奖、优秀大学生奖等奖项。

习　题　9

一、填空题

1. 对计算机系统安全的威胁大致可以归为三类,包括_____、_____和_____。

2. 计算机系统的安全可从三方面保障,分别是_____、_____和_____。

3. CC(common criteria)已成为评估软硬件产品安全性的主要标准,分为_____个安全级别。

4. 计算机病毒的主要特征包括_____、_____、_____、_____和_____。

5. 计算机病毒的主要危害有_____和_____。

6. 计算机病毒主要通过＿＿＿＿＿和＿＿＿＿＿两种途径传播。

7. 黑客可以分成三类，分别是＿＿＿＿＿、＿＿＿＿＿和＿＿＿＿＿。

8. 黑客攻击计算机（网络）系统主要包括＿＿＿＿＿、＿＿＿＿＿、＿＿＿＿＿和＿＿＿＿＿等方式。

9. 防火墙的主要功能包括 ＿＿＿＿＿、＿＿＿＿＿、＿＿＿＿＿、＿＿＿＿＿和＿＿＿＿＿。

10. 入侵检测系统的主要功能包括 ＿＿＿＿＿、＿＿＿＿＿、＿＿＿＿＿和＿＿＿＿＿。

11. 入侵检测系统主要分为三类：＿＿＿＿＿、＿＿＿＿＿和＿＿＿＿＿。

12. 常用的入侵检测机制可分为 ＿＿＿＿＿、＿＿＿＿＿和＿＿＿＿＿。

13. 现代加密方法分为＿＿＿＿＿和＿＿＿＿＿。

14. RSA 加密算法的三位发明人共同获得 2002 年度的＿＿＿＿＿奖。

15. 数字签名又称为＿＿＿＿＿。

二、名词解释

恶意软件、非法入侵、网络攻击、计算机病毒、计算机系统安全、黑客、拒绝服务攻击、防火墙、入侵检测、加密、解密、私钥加密、公钥加密、消息认证、数字签名。

三、简答题

1. 简述计算机病毒的特征和危害。

2. 简述计算机病毒的传染途径和预防措施。

3. 简述黑客的主要攻击方式。

4. 简述防火墙的主要功能。

5. 简述入侵检测系统的主要功能和分类。

6. 给出 RSA 算法的密钥选择过程、加密过程和解密过程。

7. 给出使用数字签名的信息发送过程。

思 考 题 9

1. 语言都有统计特性，对于英语来说，最常用的字符是 a，最常用的 3 字符单词是 the，利用这一特性能给出恺撒密码的解密方法吗？对于多字符替换，这种特性还有用吗？

2. 查阅有关文献分析，借助于现有的合数分解为素数的方法和一台普通的微型计算机，分解一个合数 n（二进制数形式的长度为 1024 位）得需要多长时间？

3. 如何理解技术安全、管理安全和法律安全各自的重要性？

4. 如何在一个计算机系统中综合利用反病毒技术、反黑客技术、防火墙技术、入侵检测技术、数据加密技术和安全认证技术？

5. 本章中涉及哪些数学知识？

6. 自行查阅有关计算机系统安全的法律法规，学习了解相关内容。

## 第 10 章

人工智能知识

　　自 1956 年正式提出人工智能这一术语,经过 60 多年的演进,特别是在移动互联网、大数据、超级计算、传感网、脑科学等新理论新技术以及经济社会发展强烈需求的共同驱动下,人工智能加速发展,呈现出深度学习、跨界融合、人机协同、群智开放、自主操控等新特征。近几年,人工智能在教育、新闻、医疗、养老、机械制造、建筑工程、金融、管理、环境保护、城市运行、司法服务等领域得到广泛应用。人工智能深刻改变着人类生产生活方式和思维模式,深刻影响着人类的经济社会发展。

10.1　人工智能概述

微课视频

10.1.1　人工智能的定义

　　1956 年夏季,时任美国达特茅斯学院数学系助理教授的约翰·麦卡锡(John McCarthy,1927—2011) 和时任美国哈佛大学助理研究员的马文·明斯基(Marvin Lee Minsky,1927—2016)在位于美国新罕布什尔州汉诺威镇的达特茅斯学院组织了一个讨论机器智能的小型研讨会,会上第一次正式使用了"人工智能"(artificial intelligence,AI)这一术语,标志着人工智能学科的诞生。经过 60 多年的发展,特别是近几年的快速发展,催生了一批实用化人工智能系统和产品,例如,人脸识别、声音识别、机器翻译、无人驾驶汽车、快件的自动分拣、聊天机器人、智能导航、机器人律师等,给人们的日常工作和生活带来了很大的便利。

　　现在的"人工智能"已不仅仅是一个学术界的热门研究领域,而是一个频繁出现在网络、电视、广播、报纸等各种媒体上的热门词汇("人工智能"自 2017 年成为热门词汇以来其热度一直持续不减),得到政府部门、学校、研究机构、公司企业、风险投资商与社会大众的广泛关注。

　　那么,什么是人工智能呢?

　　人工智能,顾名思义,就是以人工方式生成的智能,通过计算机软硬件形成的智能,即在合适的计算机硬件系统的支持下,通过计算机程序实现的智能。人工智能有多种定义,下面介绍 3 个比较有代表性的定义。

　　第一个是达特茅斯会议的组织者之一明斯基给出的定义:人工智能是一门科学,是使机器做那些人需要通过智能来做的事情。这个定义简单明了,主要是强调如果机器能做人需要智能才能做的事情,那么就可以认为机器具有了智能。

　　第二个是尼尔斯·约翰·尼尔逊(Nils John Nilsson,1933—)给出的定义:人工智能是关于知识的科学——怎样表示知识以及怎样获取知识并使用知识的科学。尼尔逊曾任美国斯坦福大学人工智能研究中心教授，是人工智能学科的创始研究人员之一，在知识表示、机器人技术等领域有重要贡献。尼尔逊的定义强调的是知识对于智能的作用，知识是智能的重要基础。

第三个是由中国电子技术标准化研究院编写的《人工智能标准化白皮书（2018）》给出的定义：人工智能是利用数字计算机或者数字计算机控制的机器模拟、延伸和扩展人的智能，感知环境、获取知识并使用知识获得最佳结果的理论、方法、技术及应用系统。这个定义强调人工智能是在计算机上实现对人的智能的模拟、延伸和扩展。

达特茅斯会议的组织者除了达特茅斯学院的麦卡锡和哈佛大学的明斯基之外，还有贝尔实验室数学研究员克劳德·艾尔伍德·香农（Claude Elwood Shannon，1916—2001）、IBM 公司信息研究中心负责人纳撒尼尔·罗切斯特（Nathaniel Rochester，1919—2001）。参加研讨会的还有卡内基-梅隆大学的赫伯特·西蒙（Herbert A. Simon，1916—2001）和艾伦·纽厄尔（Allen Newell，1927—1992）、IBM 公司的阿瑟·塞缪尔（Arthur Samuel，1901—1990）、麻省理工学院的奥利弗·塞尔夫里奇（Oliver Gordon Selfridge，1926—2008）和雷·所罗门诺夫（Ray Solomonoff，1926—2009）、普林斯顿大学的特伦查德·莫尔（Trenchard More）。这 10 人之中，由于在人工智能领域的重要贡献，明斯基获得 1969 年度的图灵奖，麦卡锡获得 1971 年度的图灵奖，西蒙和纽厄尔共同获得 1975 年度的图灵奖，西蒙还由于在决策论研究领域的重要贡献获得 1978 年度诺贝尔经济学奖。IBM 702 计算机的设计者罗切斯特获得 1984 年度 IEEE-CS 计算机先驱奖，开发出世界上第一个下棋程序的塞缪尔获得 1987 年度 IEEE-CS 计算机先驱奖。作为信息论的创始人，香农在当时参会人员中名气最大，由于香农在信息论上的重要贡献，美国电气和电子工程师学会（IEEE）1972 年设立了通信领域的最高奖——香农奖。

10.1.2　人工智能的研究目标

人工智能的研究目标就是用人工的方法在计算机上实现人所具有的感知、学习、理解、联想、推理、判断等智能，让计算机帮助人完成一些智能性工作。通俗一点说，人工智能的研究目标就是让计算机像人一样，能听、会说、能写、会算、能学习、会理解、善于推理、科学应变。这样，就可以把更多的工作交给计算机去做。

针对不同的研究目标，人工智能可以分为弱人工智能和强人工智能。弱人工智能（weak AI）也称为限制领域人工智能或应用型人工智能，指专注于且只能解决特定领域问题的人工智能。强人工智能（strong AI）又称为通用人工智能或完全人工智能，指可以胜任人类所有工作的人工智能，至少要具备一个普通人的多项智能。

截至目前，人工智能应用都还属于弱人工智能的范畴。"深蓝"计算机只会下国际象棋，AlphaGo 只会下围棋，机器翻译程序只会完成不同语言间的翻译工作，无人驾驶系统只会实现机动车辆的自动驾驶，疾病诊断专家系统只会诊断某类疾病，人脸识别系统只能完成刷脸支付、刷脸门禁、自动检票等特定领域的工作，等等。目前的人工智能系统可能在某个（领域的）功能上做得非常好，但不能同时具备多方面的功能。例如，一位心内科医生，既会开车上下班，又会在上班时作为医学专家为病人诊断心血管疾病，还会在业余时间把英文论文翻译为中文、下围棋、打篮球、陪孩子玩耍、炒菜做饭等。类似这样多方面功能的人工智能系统

还没有。也就是说,虽然近几年出现了一大批实用化的人工智能系统或产品,但它们只是在某些方面实现了接近或超越人的性能,距离达到一个普通人的综合智能还差很远。

10.1.3　人工智能的发展

微课视频

学术界把 1956 年达特茅斯会议看作人工智能的正式开始,到目前已有 60 余年的历史。60 多年的发展经历了 2 次低谷和 3 个快速发展时期。

1. 推理期

1956 年达特茅斯会议之后,人工智能有一段长达 10 多年的快速发展期,这一时期人工智能研究处于"推理期"(周志华教授在其所著《机器学习》一书中把人工智能的发展分为"推理期""知识期""学习期")。人们认为只要能赋予计算机逻辑推理能力,计算机就能具有智能。在达特茅斯研讨会上,西蒙和纽厄尔展示了他们开发的能进行定理自动证明的"逻辑理论家"(logic theorist)程序。1958 年,美籍华人数理逻辑学家王浩在 IBM 704 计算机上证明了《数学原理》一书中的一阶逻辑及命题逻辑定理。1965 年,鲁滨逊提出了归结原理,推动了定理自动证明的突破性进展。除此之外,人工智能在机器翻译、下棋程序、人机对话等方面也有在当时看来不错的进展,让很多研究者对人工智能发展充满信心,甚至在当时有学者认为:"20 年内,机器将能完成人能做到的一切。"

《数学原理》由英国著名的哲学家、数学家、逻辑学家伯特兰·罗素(Bertrand Russell,1872—1970)和他的老师阿尔弗雷德·怀特海(Alfred North Whitehead,1861—1947)合著,是 1910—1913 年出版的关于哲学、数学和数理逻辑的三大卷巨著,对逻辑学、数学、集合论、语言学和分析哲学的研究有着巨大影响。

随着研究的深入,人们逐渐认识到,实现人工智能仅靠逻辑推理能力是远远不够的。到 20 世纪 70 年代中期,人工智能进入第一次发展低谷。当时,人工智能面临的技术瓶颈主要是两方面:一是计算机性能的不足,导致很多程序无法在人工智能领域得到应用;二是数学模型不足以应对实际问题的复杂性,初期的人工智能程序主要是解决复杂性较低的特定问题(俗称玩具问题),可一旦实际问题的复杂度增加,原有程序性能急剧下降。

2. 知识期

到 20 世纪 80 年代初,人工智能的发展出现转机,迎来称为"知识期"的第二个快速发展期,把知识应用于人工智能系统的开发,出现了一大批应用于各领域的专家系统。

专家系统(expert system)是一种智能的计算机程序,它运用知识和推理来解决只有人类专家才能解决的复杂问题。1965 年,爱德华·费根鲍姆(Edward Albert Feigenbaum,1936—)与乔舒亚·莱德伯格(Joshua Lederberg,1925—2008)、翟若适(Carl Djerassi,1923—2015)等人合作开发出世界上第一个专家系统 DENDRAL,该专家系统的输入是质谱仪的数据,输出是给定物质的化学结构。费根鲍姆的专长是机器学习,他是 1994 年度图灵奖获得者。莱德伯格是遗传学家,33 岁时获得 1958 年度诺贝尔生理学或医学奖。翟若适是化学家,曾获得美国国家科学奖和国家技术与创新奖。将化学分析知识提炼成规则应用于专家系统,DENDRAL 给出的结果有时比翟若适的学生做的都准。

1980 年,卡内基-梅隆大学为数字设备公司设计了一套名为 XCON 的专家系统。这个系统有 1000 多条人工整理的规则(后来规则扩展到了 3000 多条),可以简单地理解为"知识库+推理机"的组合,其功能是为客户订购 DEC 的 VAX 系列计算机时自动配置零部件,有文献称每年能为公司节省约 4000 万美元。也就是在这一时期，日本、美国等国家组织力量研发基于"知识库＋推理机"的智能计算机（也称为第五代计算机）。

由于知识获取、知识表示以及基于知识的推理机制等问题没有得到有效解决，即以人工方式把知识（规则）总结出来存入计算机并教给计算机使用是困难的，专家系统在取得了一些初步成效后，性能无法进一步提升，到 20 世纪 80 年代末，人工智能再次进入发展的低谷，智能计算机（第五代计算机）的研制也没有达到预期目标，现在使用的计算机仍然属于第四代计算机。

3. 学习期

人工智能的第三个快速发展期开始于 21 世纪初，人工智能进入"学习期"，这一时期深度学习模型取得重大突破，得到快速发展并应用于多个领域。

深度学习模型就是有很多层的人工智神经网络，而人工神经网络可以追溯到 1943 年。

1943 年，美国神经心理学家沃伦·麦卡洛克（Warren McCulloch，1898—1969）和数学家沃尔特·皮茨（Walter Pitts，1923—1969）在《数学生物物理》期刊上合作发表了论文《神经活动中内在思想的逻辑计算》（*A Logical Calculus of Ideas Immanent in Nervous Activity*），论文的核心内容是用数学模型来描述人脑的神经活动。这是第一篇研究人工神经网络的论文，其中提出的神经元数学模型（M-P 模型，取自两人名字的首字母）奠定了人工神经网络研究的基础。

在 M-P 模型中，对于来自不同神经元的输入，具有各自不同的连接权重值。只有确定了合适的权重值，才能发挥出神经网络的应有作用。加拿大神经心理学家唐纳德·赫布（Donald Olding Hebb，1904—1985）受巴甫洛夫条件反射实验的启发提出了赫布学习规则，试图来解决这个问题。

神经网络研究的一个重大突破出现在 1957 年，受赫布学习规则的启发，美国康奈尔大学心理学教授弗兰克·罗森布拉特（Frank Rosenblatt，1928—1971）在 M-P 模型的基础上，在一台 IBM 704 计算机上模拟实现了一个他自己称之为"感知器"（perceptron）的神经网络模型，这个模型可以完成图片分类等简单的视觉处理任务。感知器模型第一次把神经网络研究从纯理论推向实际应用，主要用于图片分类。

1982 年，在美国加州理工学院担任生物物理学教授的约翰·霍普菲尔德（John Hopfield，1933—）提出了一种新的神经网络，引入了计算能量函数的概念，给出了网络稳定性判据，可以解决一大类模式识别问题，还可以给出一类组合优化问题的近似解，人们称这种新的神经网络为霍普菲尔德神经网络。

1974 年，保罗·沃博慈（Paul J. Werbos，1947—）在其博士学位论文中证明：除输入输出层外，给感知器神经网络再增加一层，并利用误差的反向传播（back propagation，BP）算法来训练神经网络，就能解决感知器解决不了的异或问题。

1986 年，大卫·鲁梅哈特（David Rumelhart，1942—2011）、杰佛里·辛顿（Geoffrey Hinton，1947—）、罗纳德·威廉姆斯（Ronald Williams）合作发表了题为《通过误差传播学习内部表示》（*Learning Internal Representations by Error Propagation*）和《通过反向传播误差学习表示》（*Learning Representations by Backpropagating Errors*）的两篇论文，论文中设计的反向传播算法系统地解决了多层神经网络中隐层单元连接权重值的学习问题，并在数学层面上给出了完整的推导。

随着计算机应用的不断深入和拓展,积累的数字化数据越来越多,基于计算机技术自动高效处理图像、语音、文本等信息的需求越来越大,人们尝试用增加神经网络层数的方法来解决这些问题。实际上早在 1965 年,阿列克谢·伊瓦赫年科(Alexey G. Ivakhnenko, 1913—2007)就提出了建立多层神经网络的设想,只不过由于计算机性能、用于训练网络的大数据、合适的学习算法等因素的限制,深度学习一直没有具体实现。直到 21 世纪初,在高性能计算机、大数据的支持下出现了有效的深度学习算法,深度学习得以快速发展。

杨立昆(Yann LeCun,1960—)在 1989 年提出了卷积神经网络 LeNet,1998 提出了 LeNet 的改进版 LeNet-5。

2006 年,杰弗里·辛顿给出了训练多层神经网络的有效方法。2012 年,辛顿和他的学生把深度学习方法与卷积神经网络结合,设计出深度卷积神经网络,参加当年的 ImageNet 对抗赛并以遥遥领先的成绩一举夺冠,让研究者看到了深度学习方法的巨大威力,之后各种改进、优化的深度学习方法迅速发展并在多个领域得到实际应用。

2022 年 11 月,美国 OpenAI 研究公司发布了聊天机器人程序 ChatGPT。ChatGPT 的全称为"聊天生成式预训练模型"(chat generative pre-trained transformer)。ChatGPT 是在 GPT-3 模型基础上的升级和优化,GPT-3 模型是一个 96 层的神经网络,参数约为 1750 亿个。2023 年 3 月,OpenAI 又发布了 GPT-4 模型。GPT-4 相对于 ChatGPT,性能又有了大幅度提高,例如,可以处理更长的文本、可以接受图像作为提问时的输入数据、具有更好的推理与判断能力等。

2023 年 12 月,Google DeepMind 公司发布人工智能大模型 Gemini。Gemini 可同时识别文本、图像、音频、视频和代码五种类型信息,还可以理解并生成主流编程语言(如 Python、Java、C++)的高质量代码,并拥有全面的安全性评估。首个版本为 Gemini 1.0,包括三个不同体量和性能的模型:用于处理"高度复杂任务"的 Gemini Ultra、用于处理多个任务的 Gemini Nano 和用于处理"终端上设备的特定任务"的 Gemini Pro。

我国也有多个人工智能大模型发布,如百度公司的"文心一言"、阿里巴巴的"通义千问"、奇虎 360 的"360 智脑"、腾讯公司的"腾讯混元大模型"等。

人工智能大模型是一类预先训练好的大型语言模型(简称 AI 大模型或大模型),它能够根据聊天的上下文进行互动,实现类似于人与人的聊天交流。大模型不仅能聊天,还能完成撰写文稿、写诗、画画、编写程序代码、智能搜索、自动生成 PPT、视频编辑、图像识别、语言翻译、法律咨询、学习辅导、辅助医疗等任务。ChatGPT 等多个 AI 大模型的发布,掀起了人工智能发展的又一波热潮。

虽然 AI 大模型能够或将来能够辅助人们完成很多智能化工作,但有两点需要使用者注意:一是要会提问,不同的提问方式得到的回复(答案)是不同的,精心设计的提问、连续的有逻辑的追问等,才会得到比较理想的结果;二是要会鉴别,AI 大模型的回复(答案)可能是不准确的,甚至是错误的,使用者要具备鉴别答案对错、真伪的能力。

10.2　人工智能研究的不同学派

在几十年的人工智能研究中,研究人员对于如何实现人工智能也有一些不同的认识和实现方法,形成了人工智能研究的 3 个学派,分别是符号主义、连接主义和行为主义。

10.2.1　符号主义

符号主义(symbolism)认为人的认知基元是符号，而且认知过程即符号操作过程。它认为人是一个物理符号系统，计算机也是一个物理符号系统，因此，能够用计算机来模拟人的智能行为，即用计算机的符号操作来模拟人的认知过程。也就是说，人的思维是可操作的。符号主义还认为，知识是信息的一种形式，是构成智能的基础。人工智能的核心问题是知识表示、知识推理和知识运用。西蒙和纽厄尔是符号主义学派的代表人物，两人在 1956 年发布的"逻辑理论家"程序及其改进版证明了《数学原理》一书中第 2 章的全部 52 个定理。符号主义在定理的自动证明领域有重要影响。符号主义强调的是计算机与人在功能上的相同。

10.2.2　连接主义

从医学角度来说，人的大脑就是一个生物神经网络，由大约 860 亿个神经元组成，每个神经元与其他神经元之间大约有 2000 个连接，所以人的大脑的所有神经元之间大约有 150 万亿个连接，这个生物神经网络接收全身各器官感觉到的视觉信息、听觉信息、触觉信息、味觉信息等各类信息，经它整合加工后成为协调的动作(如奔跑、说话、思考等)，或者存储在中枢神经系统内成为学习、记忆的神经基础，人类的思维活动也是生物神经网络的功能。简而言之，人类的智能就产生于这众多的神经元和神经元之间的连接。

连接主义(connectionism)又称为仿生学派(bionicsism)，它认为人的思维基元是神经元，而不是符号处理过程。连接主义对物理符号系统假设持反对意见，认为人脑不同于计算机，并提出连接主义的大脑工作模式，用于取代符号操作的计算机工作模式。主张人工智能应着重于结构模拟，即模拟人的大脑生物神经网络结构，并认为功能、结构和智能行为是密切相关的。不同的结构表现出不同的功能和行为。该学派提出了多种人工神经网络结构和众多的学习算法。连接主义强调的是计算机与人脑在结构上的相似或相同。

人工智能领域所说的神经网络是指人工神经网络(Artificial Neural Network，ANN)，是模拟生物神经网络在计算机上人工构建的神经网络，从结构上模拟人脑，期望人工神经网络能产生类似于生物神经网络的智能。近几年人工智能应用主要得益于深度神经网络(多层神经网络)模型的实用化。为叙述简便，后面的人工神经网络一般简称为神经网络。

代表性人物有最早提出神经元数学模型(M-P 模型)的麦卡洛克和皮茨、给出赫布学习规则的唐纳德·赫布、提出"感知器"(perceptron)模型的罗森布拉特、提出误差反向传播算法的鲁梅哈特、提出卷积神经网络的杨立昆、提出深度学习算法的辛顿等。代表性成果包括围棋程序 AlphaGo、人脸识别、语音识别、机器翻译等。

10.2.3　行为主义

行为主义(actionism)认为智能取决于感知和行动，提出智能行为的"感知—动作"模式。行为主义者认为智能不需要知识，不需要表示，不需要推理。智能行为只能在现实世界中与周围环境交互作用而表现出来。行为主义学派的代表人物是罗德尼·布鲁克斯(Rodney Brooks，1954—)。在布鲁克斯看来，机器人只需要两个步骤就可以实现，即感知和行动，并据此设计了六足行走机器人，机器人感知环境并做出适当的反应。行为主义强调的是对环境的感知和反应。

几十年发展过来,3 个学派都有很大的理论和技术进步,但单独的每一个学派都有其局限性,多种技术的融合能够更好地实现人工智能。围棋程序 AlphaGo 就是融合了 3 个学派的技术:连接主义的深度学习、符号主义的蒙特卡洛树搜索和行为主义的强化学习,这种融合大大提高了围棋程序的智能化程度。

10.3　人工智能的实现方法

人工智能也称为机器智能,就是在计算机上实现类似于人的智能。人的智能生成是一个很复杂的过程,关于人的智能还有很多未知领域需要深入研究探索。所以,智能的产生与物质的本质、宇宙的起源、生命的本质一起被列为自然界的四大奥秘。模拟人的智能生成方式实现人工智能也很复杂,需要脑科学研究成果的支持。

从宏观层面看,人的智能体现在经验方法、逻辑推理、学习等多方面。遇到要解决的问题,首先思考(搜索)大脑中记忆(积累)的经验方法是否可用,然后考虑用逻辑推理的方法解决,如果解决不了或解决不好,还可以向书本和有经验的人讨教学习。当然,几种方法也可以综合使用,实际上人们解决问题时往往是多种方法的集成应用。例如,开车自驾游需要做哪些准备工作?第一,根据自己大脑中记忆的以往的旅游、出行经验体会(包括看书、上网、听朋友介绍等方式获取并记忆在大脑中的注意事项)做准备;第二,查看旅游目的地近期天气预报、路况等信息并进行思考(推理),可能的下雨、下雪、堵车带来的影响,并进一步充实、优化准备工作;第三,如果对自己的准备工作信心不足,还可以查阅书籍、网页,向有经验的朋友讨教,以进一步完善自己的准备工作。基于以上三个步骤,可以为旅游出行做好充分的准备。一般来看,经过搜索(记忆)、逻辑推理、进一步学习这样一个过程找到了一个问题(出游准备)的解,很多问题的解决和这个过程类似。

和人解决问题时使用的主要方法对应,本节只简要介绍 3 类实现人工智能的方法:搜索、逻辑推理和机器学习(深度学习)。

10.3.1　搜索方法

我们先来看"鸡兔同笼"问题的解法。"鸡兔同笼"问题可以描述为:有若干只鸡和兔在同一个笼子里,从上面数,有 35 个头,从下面数,有 94 只脚,问笼中鸡和兔各有几只?当然,这个问题有多种解法,本书第 6 章介绍了 Python 编程基本知识,可以编写一个 Python 程序求得鸡和兔各有几只,程序代码如下:

微课视频

```
for c in range(36):                      #c 代表鸡的只数,取值范围为 0~35
    for r in range(36):                  #r 代表兔的只数,取值范围为 0~35
        if c + r == 35 and c * 2 + r * 4 == 94:   #如果符合头、脚数的约束条件
            print("鸡",c,"只","兔",r,"只")
```

执行该程序,会输出结果:鸡 23 只,兔 12 只。

程序所用算法为枚举法,其实枚举法就是一种简单的搜索方法,把所有可能的解列出来(形成解空间),逐一搜索到每一个可能的解,并和约束条件对比,把符合条件的解找出来。

对计算机来说,这个问题的解空间很小,所以程序执行时很快就会得到结果。

搜索求解方法一个重要的应用领域是下棋程序。国际象棋、中国象棋、围棋等都属于双

人完备博弈。所谓双人完备博弈是对弈双方轮流走步,一方完全知道另一方已经走过的棋步以及未来可能的棋步,对弈的结果要么是一方赢(另一方输),要么是双方和局。对于任何一种双人完备博弈,都可以用一个博弈树来描述,并通过博弈树搜索策略寻找最佳解。博弈树类似于状态图和问题求解搜索中使用的搜索树。搜索树上的一个结点对应一个棋局,树的分支表示棋的走步,根结点表示棋局的开始,叶结点表示棋局的结束。一个棋局的结果可以是赢、输或和。对于一个思考缜密的棋局来说,其博弈树是非常大的,就国际象棋来说,有 10^{120} 个结点(棋局总数),而对中国象棋来说,估计有 10^{160} 个结点,围棋更复杂,盘面状态达 10^{768}。

下棋的过程其实就是一个选择的过程,根据目前的棋局以及对对方可能走步的判断,选择一个有利于自己最终赢棋的棋步。从上面的数字可以看出,可供选择的棋步数量是非常巨大的,作为下棋的人,更多是经过缜密的思考后,凭经验和直觉做出选择。而作为下棋的计算机,靠的是快速的计算和搜索比较,通过计算和比较找到对自己有利的棋步。在一定意义上,双人完备博弈的人机大战是棋手的智慧与计算机计算/搜索能力的比拼。当然,棋手也需要记忆一定的经典棋局,计算机也需要有效的棋局存储和搜索策略,以保证在合理的时间搜索到最优的棋步。

在下棋领域,相对于人,计算机的优势是速度快,对于人的一步走棋,计算机需要从所有可能的应对走步中选择(搜索)一个对自己有利、对对方不利的走步。虽然计算机的速度很快,但相对于棋局巨大的搜索空间,简单的穷举搜索是难以满足实际需要的,需要有高效的搜索算法。20 世纪 50 年代麦卡锡提出的 α-β 剪枝算法在下棋程序中得到广泛应用。α-β 剪枝算法会利用已有的搜索省掉对自己不利、对对方有利的棋步的搜索,大大提高了搜索到对自己有利棋步的效率。在"深蓝"计算机上,如果不采用 α-β 剪枝算法,要达到和"深蓝"一样的下棋水平,每步棋需要搜索 17 年的时间,国际象棋、中国象棋等都是采用类似的算法达到或超过了人类棋手的冠军水平。

围棋程序是比较晚才达到人类冠军水平的。应用 α-β 剪枝算法的一个重要基础是对棋局状态的评分,国际象棋、中国象棋等由于具有棋局越下越简单、进入残局后棋子的多少就可能决定胜负、有明确的获胜标志等特点,棋局评分是比较容易的,而围棋的棋局评分就比较困难。

围棋程序采用了蒙特卡洛树搜索树方法。蒙特卡洛方法也称统计模拟方法,是一类随机模拟方法的总称,用摩纳哥的赌城蒙特卡洛(Monte Carlo)来命名。该方法的思路虽然早在 18 世纪就已提出,但直至计算机技术出现后,能够通过程序快速地进行大量的随机模拟(生成随机数),才使其得到广泛应用。结合信心上限决策方法,对于当前棋局,随机地模拟双方走步直至分出胜负为止,经过多次模拟,计算出每个落子点的评估值,选择对自己有利的落子点落子。

谷歌的 AlphaGo 将深度学习引入蒙特卡洛搜索树,设计了两个深度学习网络:一个为策略网络,用于从众多的可能落子点中选择若干最好的可能落子点;一个为估值网络,对给定的棋局进行估值(评分),在模拟过程中不需要模拟到棋局结束就可以判断棋局是否对自己有利。估值网络提高了搜索和模拟效率。AlphaGo 还结合了强化学习方法,因而超过了人类棋手的世界冠军水平。

10.3.2　逻辑推理方法

逻辑推理是由一个或几个已知的判断推出一个新判断的思维形式。任何推理都是由前提和结论两部分组成的,前提是已知的判断,是推理的出发点和根据;结论是由前提推出的新判断,是推理过程的结束。

逻辑推理能力是人类智能的重要体现,很多问题的求解是通过推理实现的。定理证明是逻辑推理的典型应用场景。更多的问题是靠推理和其他方法的综合应用求解的,如医生诊断疾病,医生根据病人的自述症状和对病人的观察,依据自身掌握的医学知识(症状和病种之间关系的规则)做出初步判断,然后进行一些必要的化验、检查来证实或排除医生的判断。对于复杂一些的病症,可能需要相关检查、医生推理判断的多次迭代才能确诊。总之,医生诊断疾病的过程融合了逻辑推理,高水平医生和一般医生诊断疾病基于同样的化验、检查结果,不同的是,高水平医生大脑中的推理规则更优、推理水平更高。

逻辑推理主要包括演绎推理、归纳推理和因果推理等。

演绎推理(deductive reasoning)主要是由一般性前提推出特殊性或个别性结论的推理,它的前提蕴含结论,是一种前提与结论之间具有必然性联系的推理。演绎推理是严格的逻辑推理,一般表现为大前提、小前提、结论的三段论模式。逻辑学、数学中的证明问题的证明过程一般是通过演绎推理实现的。

归纳推理(inductive reasoning)主要是由特殊性或个别性前提到一般性结论的推理,它的前提不蕴含结论,是一种前提与结论之间具有或然性联系的推理。例如,经常听到这样的事例,连续几年,A 校考入 B 校的研究生表现都很好,基础知识和动手能力都不错,B 校的导师很满意,逐渐形成一个推论:A 校本科生的素质还是不错的。这个推论就是基于归纳推理得出的。需要说明的是,归纳推理得到的结论不一定总是正确的。

因果推理(causal reasoning)是主要用来判断事物间存在原因和结果关系的推理,是一种前提与结论之间存在因果关系的推理。

演绎推理还可以细分为联言推理、选言推理、假言推理等,归纳推理还可以细分为完全归纳推理、不完全归纳推理、概率推理等。这些人们常用的推理方法,要符号化、形式化之后才能被计算机所用,还要给出知识(推理的前提和结论)在计算机中的合理表示形式,才能编写出具有推理功能的程序。

10.3.3　机器学习方法

学习是指一个人通过阅读、听讲、研究、观察、理解、探索、实验、实践等手段获取知识、提升能力素质的行为方式。学习既是人类提升智能的重要手段,又是人类智能的重要体现。人类通过多种形式的学习来不断改善自身的能力。计算机系统能否模拟人的学习行为来不断改进和提升自身的性能,这就是机器学习的研究目的。

微课视频

周志华教授在其所著《机器学习》一书中,给出了机器学习的定义:机器学习(machine learning,ML)是这样一门学科,它致力于研究如何通过计算的手段,利用经验来改善系统自身的性能。机器学习的根本任务是通过对数据的建模与分析,挖掘出数据中蕴含的有价值的规律和知识,进而改善系统自身的性能。机器学习方法是实现人工智能的一类主要方法。

代表性的机器学习方法有贝叶斯分类方法、logistic 回归方法、K 近邻(KNN)分类、决策树方法、K 均值方法、K 中心点方法、密度聚类方法、谱聚类方法、支持向量机(support vector machine,SVM)方法等。

神经网络方法也是一种重要的机器学习方法。一个神经网络模型一般包括一个输入层、一个输出层和若干隐含层，有多个隐含层时称为深度神经网络或深层神经网络（deep neural networks，DNN），没有隐含层或隐含层个数较少时称为浅层神经网络。对模型的训练过程，也称为模型的学习过程，就是在训练数据集的支持下，通过一定的学习方法得到各个连接的合适权重值。深度学习方法就是训练深度学习模型所用的学习方法（BP算法不适合深度神经网络的训练），现在说的深度学习泛指深度神经网络模型和深度学习算法（方法）。实际上早在1965年，阿列克谢·伊瓦赫年科就提出了建立多层神经网络的设想，只不过由于计算机性能、用于训练网络的大数据、合适的学习算法等因素的限制，深度学习一直没有具体实现。

1989年杨立昆发表了题目为《反向传播应用于手写邮政编码识别》（*Backpropagation Applied to Handwritten Zip Code Recognition*）的论文，文中设计了卷积神经网络LeNet。LeNet的最初版本包含两个卷积层和两个全连接层，共6.4万个连接。1998年提出了LeNet的改进版LeNet-5，LeNet-5确立了现代卷积神经网络的基本结构，并实际应用于美国银行支票、邮政信件上手写数字的识别。在20世纪90年代末期，该系统曾经处理了美国10%～20%的支票识别。

2003年，约书亚·本吉奥（Yoshua Bengio，1964—）与合作者发表了论文《一种神经概率语言模型》（*A Neural Probabilistic Language Model*），将神经网络与序列概率建模方法（隐马尔可夫模型）相结合用于建立语言模型，引入高维词嵌入作为词义的表征方法，提高了处理效率。该论文提出的语言模型及相关方法在机器翻译、智能问答、视觉问答等自然语言处理领域产生了重要影响。

一个多层的神经网络模型如图10.1所示，这是一个非常简单的多层神经网络，目前的多层神经网络可超过百层，每层的结点数可达百万以上，需要训练的连接权重个数以亿计。美国人工智能实验室OpenAI在2023年3月发布的GPT-4模型的参数多达1.6万亿个，和ChatGPT相比较，不仅能接受文本输入，还能接受图片直接输入。

图 10.1 多层神经网络模型

2006年，时任加拿大多伦多大学计算机科学系教授的杰弗里·辛顿与合作者发表的论文《一种深度置信网络的快速学习算法》（*A Fast Learning Algorithm for Deep Belief Nets*）给出了训练多层神经网络的有效方法，标志着深度学习方法取得重大突破。

2012年，辛顿教授和他的两位学生组成多伦多大学队参加ImageNet对抗赛，他们设计了深度卷积神经网络（Deep Convolutional Neural Network，DCNN）模型——AlexNet，把深度学习方法与卷积神经网络相结合，模型名字中的Alex来自其中一个主要设计者学生的名字 Alex Krizhevsky。有 6 亿个参数的 AlexNet 模型将 ImageNet 大赛的图片分类任务的 Top-5 错误率降低到了 15.3%,夺得对抗赛冠军,而传统方法的错误率都在 26.2% 以上,这一结果让研究者看到了深度学习方法的巨大威力,以致到 2013 年的比赛时,成绩靠前的几个代表队几乎全部采用了深度学习方法,其中分类任务的冠军来自纽约大学的 Fergus 研究小组,他们采用进一步优化的 DCNN 模型,将 Top-5 错误率进一步降低到了 11.7%。

2014 年,谷歌公司依靠 22 层的深度卷积网络 GoogLeNet 将 Top-5 错误率降低到了 6.6%,2015 年,微软亚洲研究院何恺明等研究人员设计了 152 层的 ResNet 模型,将 Top-5 错误率降低到了 3.6%。已经低于普通人大约 5% 的识别错误率。

Top-5 错误率是指对一张图片预测 5 个类别,只要有一个和人工标注类别相同就算分类正确,否则算分类错误。

2015 年,约书亚·本吉奥等发表了论文《通过联合学习对齐和翻译的神经机器翻译》(*Neural Machine Translation by Jointly Learning to Align and Translate*),论文第一次提出了注意力机制,把注意力机制与用于翻译的编码器-解码器相结合,改变了将整个句子编码成一个固定大小向量的方式,让神经网络将注意力集中在它正在翻译的源语言的句子上。注意力机制的应用,提高了长句子的翻译质量。斯坦福大学的克里斯·曼宁实验室采用融入了注意力机制的翻译方法参加国际机器翻译大赛(WMT)并赢得了比赛,使注意力机制成为翻译领域普遍采用的方法,开发出多种改进的注意力机制。本吉奥的贡献还包括提出了生成对抗网络(GAN)模型等。

2016 年,由谷歌旗下 DeepMind 公司基于深度学习和强化学习开发的围棋程序"阿尔法狗"(AlphaGo)以 4∶1 的成绩战胜围棋世界冠军李世石,产生了很大的影响。2017 年,AlphaGo 的改进版 AlphaGo Master 以 3∶0 击败当时排名世界第一的围棋世界冠军柯洁。AlphaGo 与 AlphaGo Master 具有自我学习能力,它能够搜集大量围棋对弈数据和名人棋谱,学习并模仿人类下棋。同年,新一代围棋程序 AlphaGo Zero 在无任何数据输入的情况下,在自学围棋 40 天后击败了 AlphaGo Master。AlphaGo 与 AlphaGo Zero 的区别在于,AlphaGo 以数百万人类围棋专家的棋谱为训练集来学习提高下棋水平,AlphaGo Zero 没有用到任何人类棋谱,在自我博弈的过程中通过自学的方式提高下棋水平。

近几年,人工智能热潮持续高涨,谷歌、Facebook、亚马逊、微软、百度、阿里巴巴、腾讯、科大讯飞、华为等企业纷纷加入人工智能产品的开发,力图在人工智能技术与产品的竞争中占据有利位置。人工智能在"学习期"发展的最大特点是以深度学习为代表的很多技术进入实用场景,在机器翻译、语音识别、图像识别、自动驾驶汽车、聊天机器人等领域都有实用产品出现。

2019 年 3 月 27 日,美国计算机学会宣布把 2018 年度图灵奖授予有"深度学习三巨头"之称的约书亚·本吉奥、杰弗里·辛顿、杨立昆,三位科学家在概念和工程方面的突破性工作使深度神经网络成为计算的一个关键组成部分,近几年人工智能的快速发展和广泛应用很大程度上得益于深度学习技术的重大突破。

10.4　人工智能的应用领域

随着人工智能研究的不断发展和深入,人工智能技术的应用领域快速拓展,在人脸识别、声音识别、机器翻译、无人驾驶汽车、快件的自动分拣、聊天机器人、智能导航、机器人律师等多个专业领域得到应用，下面介绍几个主要的通用性应用领域。

10.4.1 博弈

微课视频

从狭义上讲，博弈是指下棋、玩扑克牌、掷骰子等具有输赢性质的游戏。从广义上讲，博弈(game)就是对策或斗智。通过对博弈问题的研究，一是可以检验人工智能理论与技术是否能实现对人类智能的模拟；二是可以直观地把人工智能的研究成果介绍给大众，以扩大影响、争取更多支持。每次下棋程序的突破都会带起人工智能的一个快速发展阶段。

1913年，德国数学家恩斯特·策梅罗(Ernst Zermelo，1871—1953)在第五届国际数学家大会上发表了《关于集合论在国际象棋博弈理论中的应用》(*On an Application of Set Theory to Game of Chess*)的著名论文，第一次把数学和国际象棋联系起来。从此，现代数学出现了一个新的领域——博弈论(game theory)。1950年，香农发表了《国际象棋与机器》(*A Chess—Playing Machine*)论文，阐述了用计算机编制下棋程序的可能性。

最早开发计算机下棋程序的是1956年达特茅斯人工智能研讨会的主要参会人员之一、美国计算机科学家塞缪尔。1952年，塞缪尔运用博弈理论和状态空间搜索技术成功地开发了世界上第一个跳棋程序。塞缪尔的跳棋程序，1956年2月24日在电视转播的与美国康涅狄格州跳棋冠军进行的公开对抗赛中获胜；1962年6月12日，它又战胜了美国一位著名的跳棋选手。

1970—1994年，美国计算机学会每年举办一次计算机国际象棋锦标赛(1992年中断过一次)，每年产生一位计算机国际象棋赛冠军。1991年，冠军由IBM公司研制的"深思Ⅱ"(Deep Thought Ⅱ)计算机获得。美国计算机学会的这项赛事极大地推动了博弈问题的深入研究，也促进了人工智能研究的深入。

1997年5月11日，"深思"的换代产品—"深蓝"(Deep Blue)计算机与俄罗斯国际象棋特级大师卡斯帕罗夫的6局对抗赛结束。"深蓝"以2胜3平1负的成绩战胜1985年以来一直占据世界冠军宝座的卡斯帕罗夫。"深蓝"使用了256个专为国际象棋比赛设计的微处理器，重量达1.4t，拥有每秒超过2亿步棋的计算速度。计算机内部存有100年间所有国际象棋特级大师开局和残局的下法。

2006年8月9日，"浪潮杯"首届中国象棋人机大赛在国家奥林匹克体育中心举行。比赛以5位中国象棋特级大师为一方，浪潮天梭超级计算机为另一方，5位大师轮番上场，经过两轮比赛，结果浪潮天梭以3胜5平2负的成绩取得比赛胜利。

按照国际标准，达到大师级的人机博弈系统需要搜索深度达到10层以上，搜索结点数约为1300万个，计算大约1000万次评估函数。浪潮天梭为满足这一计算需求，历经一年的设计开发优化测试，峰值可达到每秒42亿步，采用交换式体系结构设计系统，通过高速交换模块实现对等的数据交换，构成完整的超级计算机系统；保证了CPU和内存，以及CPU和CPU之间的快速数据交换和通信，进而保证了查询和搜索的高效执行。

2016年3月9日至15日，谷歌旗下DeepMind公司研发的"阿尔法狗"(AlphaGo)围棋程序以4∶1战胜韩国职业九段围棋选手、围棋世界冠军李世石，成为第一个击败人类职业棋手的围棋程序。AlphaGo存有1500万个人类围棋高手的对局棋谱，训练时使用由1202个CPU和176个GPU构成的超级计算机。

2017年5月23日至27日，AlphaGo的升级版AlphaGo Master以3∶0战胜排名世界

第一的围棋世界冠军柯洁。2017 年 10 月，AlphaGo Zero 在无任何人类棋谱输入的条件下，只训练了 40 天，就以 100∶0 战胜了 AlphaGo Master。

"德州扑克"是一种流行的扑克游戏。2017 年 4 月 14 日，卡内基-梅隆大学开发的人工智能系统 Libratus 战胜了德州扑克顶级选手，是继 AlphaGo 之后人工智能在博弈领域的又一突破。从博弈的角度看，棋类游戏属于完全信息博弈，而扑克游戏一般属于不完全信息博弈，一个牌手并不知道其他牌手手中有什么牌。Libratus 系统基于深度强化学习和心理学知识做出出牌决定。

10.4.2　定理自动证明

定理自动证明(automatic proof of theorem)是指通过计算机程序来完成数学中定理或猜想的真假判定。判定程序不仅需要具有根据假设进行演绎的能力，还需要一定的判定技巧。

西蒙和纽厄尔 1956 年发布的"逻辑理论家"程序及其改进版是自动定理证明的早期代表性成果。1958—1959 年，美籍华人王浩在一台 IBM 704 机上实现了一个完全的命题逻辑程序以及一个一阶逻辑程序，证明了《数学原理》中全部 150 条一阶逻辑以及 200 条命题逻辑定理。1983 年，国际人工智能联合会(IJCAI)授予王浩自动定理证明里程碑奖。1965 年，约翰·阿兰·罗宾逊(John Alan Robinson，1930—2016)提出了对定理自动证明有深远影响的归结原理，对简化定理证明有很大作用。威廉·马库恩(William McCune，1953—2011)用 C 语言编写了 Otter 定理证明器，实现了当时定理证明所有的先进技术，马库恩发明的差别树索引技术提高了 Otter 的证明效率。

1976 年 6 月，在美国伊利诺伊大学的两台不同的计算机上，用了 1200 小时，作了 100 亿个判断，结果没有一张地图是需要五色的，最终证明了四色定理。四色定理的证明描述是：任何一张地图只用四种颜色就能使具有共同边界的国家着上不同的颜色。也就是说在不引起混淆的情况下一张地图只需四种颜色来标记就行。

四色定理的来源：1852 年，毕业于伦敦大学的弗朗西斯·格斯里(Francis Guthrie，1831—1899)来到一家科研单位搞地图着色工作时，发现每幅地图都可以只用四种颜色着色。那这个现象能不能从数学上加以严格证明呢？很多科学家进行了探索，直至 124 年后被计算机证明。

我国著名数学家吴文俊(1919—2017)教授在 1977 年提出了一种全新且高效的几何定理证明方法。首先引进坐标，使待证定理的假设与结论都转换为多项式方程，这对于通常的情形都是成立的。然后依照某种确定的方式对代表假设的多项式方程进行处理，使其在有限步骤内到达代表结论的那一个多项式方程，或与之相反。这就给出了一个以机械方式进行的证明或否定一个几何定理的过程。这一方法还具有普遍适用的性质。即不论所考虑的定理出自何种初等几何，不论是欧氏的，还是非欧氏的，只要像通常出现的那样，假设与结论都可用多项式方程来表示，就可应用这同样的方法与过程进行证明。他提出的用计算机证明几何定理的方法，在国际上称为"吴方法"，是定理自动证明领域的一项重要的标志性成果。由于在几何自动推理领域的先驱性工作，吴文俊教授 1997 年获得"埃尔布朗自动推理杰出成就奖"，这是定理自动证明领域的最高奖。

10.4.3　自然语言处理

自然语言处理(natural language processing，NLP)就是让计算机"读懂"自然语言，从而实现人与计算机通过自然语言进行通信和交流的技术。因为处理自然语言的关键是要让计算机"理解"自然语言，所以自然语言处理又称为自然语言理解，也称为计算语言学。一方面它是自然语言信息处理的一个分支，另一方面它是人工智能的重要应用领域之一。

语言翻译、文本生成、文本理解、智能问答等都属于自然语言处理的研究范畴。语言翻译是指把一种自然语言自动翻译成另一种自然语言，常称为机器翻译。文本生成是指自动生成新闻稿、命题作文、合同书等文本。文本理解是指自动抽取出一段文字或一篇文章的摘要内容等。智能问答是指在"理解"用文字所提问题的基础上给出合适的回答。

微课视频

自然语言处理可以追溯到美国数学家瓦伦·韦弗（Warren Weaver，1894—1978）在1949 年提出的机器翻译设计方案，甚至更早。自然语言处理大体可以分为三个阶段。

1. 基于语法规则的自然语言处理

从 20 世纪 40 年代到 80 年代末，这一时期可以看作自然语言处理的早期阶段，主要是基于关键词匹配、语法分析、句法分析、文法分析、词典等，即主要是基于关键字匹配和语言本身的语法规则（语言学知识）和词典来完成相关工作，代表性的系统有 ELIZA、PARRY、SHEDLU、SYSTRAN 等。

1966 年，约瑟夫·魏泽鲍姆（Jaseph Weizenbaum，1923—）设计了第一个对话程序（聊天机器人）ELIZA，能够模拟一位心理医生和患者聊天。和 ELIZA 聊过的很多对话人都觉得是在和一位真正的心理医生聊天。

1972 年，心理医生肯尼斯·科尔比（Kenneth Colby）在斯坦福大学开发了对话程序 PARRY。和 ELIZA 相反，PARRY 模拟一个病人和心理医生聊天。有意思的是，通过当时的网络 ARPAnet（互联网的前身），PARRY（作为病人）和 ELIZA（作为医生）聊了一次，聊天记录保存在位于硅谷的计算机历史博物馆中。

彼得·托马（Peter Toma）在美国乔治敦大学开发了机器翻译系统 SYSTRAN，主要是把俄语科技文档翻译成英语，并在此基础上于 1968 年创立机器翻译公司。1976 年，欧共体翻译局购买了英法版的 SYSTRAN，并由欧共体组织自己的技术力量开发用于欧共体成员国所用语言间的翻译系统。经过 8 年的改进与完善，到 1983 年，SYSTRAN 已是一个具有相当高水平的多语言互译系统。它自己主页目前的宣传语是：基于一流的神经机器翻译技术以及在企业和政府机构数十年的经验，即时安全地翻译成 50 种语言。

2. 基于统计的自然语言处理

由于自然语言的复杂性，依据语言学知识总结的语法规则并不能覆盖所有的语言应用，基于语法规则、语言学知识、词典的自然语言处理具有很大的局限性。从 20 世纪 90 年代开始，自然语言处理进入第二阶段，此时基于统计的机器学习方法开始流行，很多自然语言处理任务开始用基于统计的方法来完成。其主要思路是：基于人工定义的特征建立统计模型，利用带标注的数据（平行语料）训练模型并确定模型参数，然后利用训练好的模型（参数）进行实际的翻译工作。更通俗一点讲，就是基于统计来完成翻译工作，利用平行语料（如中英文对照文本）统计源语言词与目标语言词的对应概率，然后根据概率和其他必要的评估进行翻译。例如，计算机虽然不知道"智能"对应的英文是什么，但是在对语料进行统计后发现只要中文句子中有"智能"出现，对应的英文句子就会出现 intelligence 这个词（或出现的概率很大），那么就可以把"智能"翻译为 intelligence。很显然，语料越多越丰富，基于统计的翻译效果就越好。

3. 基于深度学习的自然语言处理

2006 年,辛顿等发表关于深度学习的论文。2008 年之后,基于多层神经网络的深度学习方法逐步应用于语音识别和图像处理,并取得良好效果。自然语言处理进入第三个阶段,先是把深度学习用于特征计算或者建立一个新的特征,然后在原有的统计学习框架下进行后续处理。2014 年以来,人们尝试直接通过深度学习建模,进行端对端的训练。在机器翻译、智能问答、文本理解等领域取得了重大进展。

对于机器翻译来说,基于深度学习方法的机器翻译也称为神经机器翻译,其翻译过程是模拟人的翻译过程。人做翻译工作的思路是这样的:先理解要翻译的句子,然后形成句子的语义(句子所要表达的内在含义,不只是表面意思),最后按语义把句子翻译成目标语言的句子。基于循环神经网络的神经机器翻译包括两个模块:编码模块和解码模块。编码模块把输入的源语言句子变成一个中间的语义表示(融入了句子中词与词之间的关系),通过词嵌入技术用一系列的机器内部状态来代表,解码模块根据语义分析的结果逐词生成目标语言句子。对于比较长的句子,又加入了注意力机制,使得循环神经网络+词嵌入+注意力机制的机器翻译的性能全面超越了统计机器翻译。

深度学习方法的应用,使机器翻译、智能问答、聊天机器人、文本理解等领域取得了突破性进展,在科技翻译、智能客服等任务上达到了实用化水平。

10.4.4　计算机视觉

感知环境信息并给予适当的反应是人类智能的重要体现。据说,人一生中约 70% 的信息是通过"看"获得的,"一幅图胜过千言万语"也表达了视觉对人类获取信息的重要性。任何人工智能系统,只要它需要人机交互或需要根据周边环境信息进行决策,"看"的功能都非常重要。随着相关技术的不断发展和成熟,越来越多的计算机视觉系统走进人们的日常工作与生活中,如指纹识别、人脸识别、视频监控、汽车牌照识别、无人机、消防机器人、巡检机器人等。

微课视频

计算机视觉(computer vision)也称为机器视觉(machine vision),是指在环境表达和理解中对视觉信息进行组织、识别和解释的过程。通俗地讲,计算机视觉就是研究和实现如何让计算机具有人类"看"的功能,主要包括两个层次:识别和理解,识别出环境中的"物",理解"物"是什么及其特征。例如,一个人站在马路边,准备过没有红绿灯的马路,先要识别出(看到)周围环境中的"物",再认识(理解)到"物"有汽车、电动自行车、行人、饭店、绿植等,再进一步认识(理解)到汽车和电动自行车开往哪个方向、离自己有多远、大致速度有多快,以此来判断自己是否可以安全步行过马路。这大致就是一般人所具有的视觉能力。计算机视觉的目标就是实现类似的功能,让一个站在马路边的机器人自主决定何时安全穿过马路。

计算机视觉是使用计算机及相关设备对人类视觉的一种模拟,其主要任务就是通过对采集的图像或视频进行处理以获得相应场景的三维信息,就像人每天所做的那样。形象地说,计算机视觉就是给计算机装上眼睛(摄像头)和大脑(算法),让计算机能够像人一样感知环境信息。

对于一幅图像(视频可以先分割为一幅一幅的图像),计算机视觉的任务就是分类和特征描述。分类包括场景分类与物体分类,前者如区分城市道路、农村田野、室内会场等场景,后者如识别出每一个场景中的马路、汽车、行人、电动自行车等物体。计算机视觉还可以进行人脸识别、花卉识别、动物识别、车牌识别等精细分类。特征描述包括汽车是停车状态还是行驶状态、行驶速度是多少、行驶方向为何、和另外一个物体的距离等。

1998 年，杨立昆提出卷积神经网络模型 LeNet-5，将其实际应用于银行支票和邮政邮件上手写数字的识别。2012 年，辛顿和他的两位学生设计的深度卷积神经网络模型 AlexNet 把 ImageNet 挑战赛的图片分类错误率大幅降至 15.3%（比最好的非深度学习方法低 10%），引发了计算机视觉领域研究深度学习的热潮。后续的 GooLeNet、VGG、ResNet 等深度学习模型逐渐把 ImageNet 挑战赛的图片分类错误率降至低于人的错误率的水平即 5% 以下。

深度学习促进了计算机视觉的实用化，近几年计算机视觉在电子门禁、身份确认、电子支付、考勤签到、安全检查等领域得到了广泛应用。

人脸识别是一个应用较为广泛的计算机视觉实例。人脸识别的核心工作就是计算两张人脸图片的相似度（一张为身份证上的照片或预先采集的照片，一张为通过门禁或安检时摄像头即时拍摄的照片），并以此来判断是否为同一个人。主要包括如下步骤。

（1）人脸检测：从给定的图片中判定是否有人脸，如果有人脸，则给出人脸的位置和大小数据（包括一个人脸和多个人脸的情形），可以用矩形框标记。

（2）特征点定位：在标记出人脸矩形框的基础上，进一步定位眼睛中心、鼻尖和嘴角等关键特征点。

（3）面部子图预处理：即人脸子图的归一化，一是把关键特征点进行对齐，消除人脸大小、旋转带来的影响；二是对人脸核心区域子图进行光亮方面的处理，消除光的强弱、偏光等带来的影响。

（4）特征提取：从人脸子图中提取出可以区分不同人脸的特征。

（5）特征比对：对从两幅图片中提取的特征进行距离或相似度计算。

（6）决策：根据计算出的距离或相似度，确定两张图片上的人脸是否为同一人。根据应用场景，设定一个合适的阈值，安全级别高的应用场景可以把阈值设得高一些，相似度超过阈值，则判定是同一个人，否则判定不是同一个人。

上述步骤中的人脸检测、特征点定位、特征提取等工作都可以通过深度学习模型实现。

人脸识别有一对一方式和一对多方式，如火车站的身份验证，比对当时拍摄的人脸与身份证上的人脸是否为同一个人，就属于一对一方式；如门禁系统，把门禁摄像头拍的照片和数据库中预先采集的多幅照片进行比对，能和其中一幅比对上则可打开门禁，否则门禁不开，这属于一对多方式。

10.4.5　语音识别

微课视频

语音识别（speech recognition）是指计算机自动将人的语音内容转换为对应的文字，即让计算机具有人类"听"的能力。语音识别是一门交叉学科，涉及生理学、声学、信号处理、计算机科学、模式识别、语言学、心理学等相关学科的知识。

语音识别的一般过程：从一段连续声波中采样，将每个采样值量化，得到声波的数字化表示，对于每一帧采样值（包含若干连续的采样值）抽取出一个描述频谱内容的特征向量，然后基于特征向量识别出语音所代表的词汇。

语音识别的发展可以追溯到 20 世纪 50 年代。1952 年，贝尔实验室首次实现了名为 Audrey 的数字识别系统，这个系统当时可以识别单个数字 0~9 的发音，并且对熟人的识别准确度高达 90% 以上。

代表性的 3 类语音识别系统是基于语音规则的识别系统、基于统计模型的识别系统和基于深度学习的识别系统。

1. 基于语音规则的识别系统

基于语音规则的识别系统本质上是一个专家系统,应用了语言学家总结的语音规则。1976 年,在拉吉·雷迪教授的领导下,卡内基-梅隆大学研发出了两个语音识别系统 Hearsay I 和 Harpy。Hearsay I 是世界上最早能进行连续语音识别的系统之一。后续还研发出 Hearsay II 和 Sphinx I/II 等语音识别系统,并在此基础上发展出许多语音识别技术的基础思想。Sphinx II 系统用于帮助扫盲,其作用相当于一位教师,能够"听"孩子读课文并在孩子读错或不会读时提供一些帮助。由于在人工智能系统、机器人系统和人机交互等领域的开创性研究,雷迪获得 1994 年度图灵奖。雷迪在斯坦福大学攻读博士学位时的研究项目就是语音识别,导师是 1956 年达特茅斯会议的主要组织者之一、1971 年度图灵奖获得者约翰·麦卡锡。

2. 基于统计模型的识别系统

从 20 世纪 80 年代开始,语音识别采用模式识别的基本框架,分为数据准备、特征提取、模型训练、测试应用 4 个步骤。1980 年,语音识别技术已经从孤立词识别发展到连续词识别,出现了两项重要技术:隐马尔可夫模型和 N-gram 语言模型。1990 年,大词汇量连续词识别持续进步,使得语音识别的精确度不断提高。

基于统计模型的识别系统需要建立大型的基于语音数据的语料库,并在大规模语料库的基础上应用统计模型方法。语音识别技术的一个重大突破是隐马尔可夫模型(Hidden Markov Model,HMM)的应用。1988 年,在卡内基-梅隆大学读博士的李开复(导师就是雷迪教授)实现了第一个基于隐马尔可夫模型的非特定人、大词汇量、连续语音识别系统 Sphinx。

3. 基于深度学习的识别系统

进入 21 世纪,深度学习应用于语音识别,2009 年基于深度学习的语音识别在小词汇量连续语音识别上获得成功。

深度学习模型的应用进一步大幅度降低了语音识别的错误率。2015 年,应用了深度学习技术的谷歌语音识别系统将错误率降低至 8%,IBM 公司的 Watson 智能问答系统将错误率降低至 6.9%。2016 年,微软研究院进一步将错误率降低至 6.3%。

基于语音规则的识别系统的错误率高于 40%,离实用水平差距较大。统计模型用于语音识别,错误率从 40% 以上降至 20% 左右。虽然错误率大幅降低,但仍达不到实用水平。深度学习把识别错误率降低至 6% 左右。如今,各种应用系统进入了我们的日常工作和生活。嵌入语音识别技术的会议系统能够实时地将演讲者所说的语音内容准确识别出来,并及时投影在大屏幕上,方便听者获取演讲内容。微信的语音转文字功能方便了接收者在不方便播放声音时阅读信息。不同语言间的语音互译方便了跨语言交流。

语音识别进一步的研究工作包括多位演讲者语音的识别等,如同时有多人在演讲,如何把某个特定人的语音内容识别出来。

10.4.6　智能机器人

近年来,机器人得到快速发展和广泛应用,机器人(特别是人形机器人)的一大特点是能够形象直观地展示智能特性。机器人既是先进制造业的关键支撑装备,又是改善人类生活方式的重要工具。机器人的研发及产业化应用是衡量一个国家科技创新、高端制造发展水平的重要标志。

机器人通常分为三类：工业机器人、服务机器人和特种机器人。

工业机器人是面向工业生产领域的多关节机械手或多自由度机器人，主要包括焊接机器人、喷涂机器人、装配机器人、搬运机器人、码垛机器人、自动牵引车、清洁机器人等。

服务机器人应用于人类的非生产性场合，主要包括家庭机器人、教育机器人、娱乐休闲机器人、医用机器人、残障辅助机器人、物流机器人、住宅安全和监视机器人等，主要承担维护保养、修理、拣货、运输、配送、清洗、保安、救援、监护以及教育、娱乐、医疗、养老、康复、助残等工作。

特种机器人是用于特殊环境的机器人，主要包括抢险救灾机器人、消防机器人、空间探测机器人、水下探测机器人、危险环境作业机器人和反恐防暴机器人等。

智能机器人（intelligent robot）是一种能够半自主或全自主工作的智能机器，具有感知、决策、执行等基本特征，可以辅助甚至替代人类完成危险、繁重、复杂的工作，提高工作效率与质量，服务人类生活，扩大或延伸人的活动及能力范围。

自 1954 年世界上第一台机器人诞生以来，机器人经历了由一般机器人向智能机器人的逐步发展过程。一般机器人是指只具有一般编程能力和操作功能的机器人。多数专家认为，智能机器人至少要具备以下几个功能特征：一是具备对不确定作业条件的适应能力；二是具备复杂对象的灵活操作能力；三是具备与人紧密协调合作的能力；四是具备与人自然交互的能力；五是具备人机合作安全特征。目前所说的机器人一般是指智能机器人。

在近 70 年的机器人发展历史中，科学家、工程师研发了多种样式、多种功能的机器人，在很多领域都有机器人的身影出现。

1988 年，日本东京电力公司研制出具有自动跨越障碍能力的巡检机器人。1994 年，中国科学院沈阳自动化所研制出中国第一台无缆水下机器人"探索者"。1997 年，美国研制的"探路者"空间移动机器人，完成了对火星表面的实地探测，取得了大量有价值的火星资料。

1999 年，美国直觉外科公司研制出达芬奇机器人手术系统，现在已迭代更新至第五代产品，在多个国家的多家医院得到应用。2000 年，日本本田技研公司推出第一代人形机器人阿莫西；国防科技大学研制出我国第一个人形机器人"先行者"，具有与人类似的躯体、头部、眼睛、双臂和双足，可以步行，也有一定的语言功能。

2005 年，美国波士顿动力公司研制出四腿机器人"大狗"（Bigdog）；日本研制出"村田男孩"机器人，能够骑行普通的双轮自行车。2008 年，深圳大疆创新科技公司研制出无人机；日本研制出一款名为"村田女孩"的机器人，该机器人可以骑独轮车，相当于一个杂技演员；北京奥运会期间，由中国民航大学研制的 5 个奥运福娃机器人亮相北京首都国际机场，迎送奥运大家庭成员和国内外宾客。

2013 年 12 月 2 日，伴随"嫦娥三号"探测器发射入轨并于 15 日与着陆器成功分离的"玉兔"号月球车也是一个高智能的机器人。2015 年，日本软银集团和法国 Aldebaran Robotics 公司联合研发出能够识别人的情绪的人形机器人 Pepper，通过对"观察"到的面部表情和"听"到的语音语调的分析，Pepper 能够知晓人当时的情绪状态并给予相应的语言或动作应对。

2018 年，美国波士顿动力公司研制出能轻松完成奔跑、跨越障碍、旋转、跳跃、后空翻等一连串高难度动作的仿人机器人。2020 年 12 月 29 日,美国波士顿动力公司发布了旗下大狗机器人 Spot、人形机器人 Atlas 和搬运机器人 Handle 辞旧迎新的"集体舞"。

2020 年 7 月 23 日,随我国第一个火星探测器"天问一号"发射升空的我国首辆火星车"祝融"号,于 2021 年 5 月 15 日登陆火星并开始对火星的巡视探测工作,有人称之为中国机器人成功登陆火星。

于 2022 年 2 月 4 日开幕的北京冬奥会,期间有消杀机器人、烹饪机器人、送货机器人和清废机器人等 100 多个智能机器人为媒体记者提供消杀、烹饪、送餐、清废等服务。

10.4.7　自动驾驶汽车

自动驾驶汽车(autonomous vehicles)简称自动驾驶,是一种通过计算机系统自动行驶的智能汽车,自动驾驶也称为无人驾驶。自动驾驶汽车依靠人工智能、视觉计算、雷达、监控装置和全球定位系统的协同合作,让计算机在没有任何人主动操作的情况下,自动安全地操作机动车辆。

微课视频

自动驾驶汽车已有数十年的发展历史,21 世纪初随着人工智能的快速发展呈现出接近实用化的趋势。

1986 年,在雷迪教授的主持下,卡内基-梅隆大学研发出第一辆基本具备自动驾驶汽车特征的原型车(Navlab),最高时速为 32km。2005 年,斯坦福大学研发的名为 Stanley 的自动驾驶汽车参加了美国国防高等研究计划署举办的自动驾驶挑战赛并获得冠军。挑战赛引起了大众对自动驾驶的关注。

2009 年,谷歌公司研发的自动驾驶汽车围绕谷歌公司总部的核心园区转了一圈,完成了直行、转弯、上坡、下坡、避开其他车辆等行驶动作。2010 年 10 月,谷歌公司在官方博客中宣布,正在开发自动驾驶汽车,目标是通过改变汽车的基本使用方式,协助预防交通事故,将人们从大量的驾车时间中解放出来。2012 年 5 月,谷歌公司获得了美国内华达州机动车辆管理局颁发的美国历史上首个自动驾驶汽车许可证。

1987 年,我国国防科技大学研制出一辆自动驾驶原型车。2003 年,国防科技大学和一汽集团合作,在一辆红旗轿车上安装了自动驾驶系统,最高时速达 130km。2011 年,改进后的自动驾驶红旗轿车完成了从长沙到武汉的公路测试,总里程 286km,其中人工干预 2240m。

2014 年 7 月,百度公司启动"百度无人驾驶汽车"研发计划。2015 年 12 月,百度无人驾驶车实现了国内首次城市、环路及高速道路混合路况下的全自动驾驶。百度无人驾驶车往返全程均自动驾驶,并实现了多次跟车减速、变道、超车、上下匝道、调头等复杂驾驶动作,完成了进入高速(汇入车流)到驶出高速(离开车流)的不同道路场景的切换。测试时最高时速达到 100km。2018 年 2 月 15 日,百度无人车阿波罗(Apollo)亮相央视春晚,由它引领的上百辆车在港珠澳大桥上穿行而过,并在无人驾驶模式下完成 8 字交叉跑的高难度动作。

2017 年 12 月 2 日上午,由海梁科技携手深圳巴士集团、安凯客车、中兴通讯等单位联合打造的自动驾驶客运巴士——阿尔法巴士(Alphabus)正式在深圳福田保税区的开放道路上进行线路的信息采集和试运行,这也是全球首次在开放道路上进行智能驾驶公交试运行。

　　2021 年 11 月 25 日，北京正式开放国内首个自动驾驶出行服务商业化试点，67 辆百度自动驾驶出租车获准在北京亦庄经济技术开发区提供有偿服务，顾客通过"萝卜快跑"APP 约车付费。投入运营的车辆是百度和一汽联手打造的中国首批前装量产 L4 级自动驾驶乘用车——红旗 EV，是中国首辆前装量产的共享无人车（Robotaxi），也是百度 Apollo 第四代共享无人车。需要说明的是，商业化试点运营车辆仍需配备一名安全员坐在前排副驾驶位置，以便在必要时采取干预措施。

　　红旗 EV 配备有 1 颗 40 线激光雷达、2 颗毫米波雷达、9 颗摄像头、1 组超声波雷达。红旗 EV 前装了 Apollo 定制版 OBU（车载单元），能够和智能网联路侧设备进行 L4 级车路协同感知驾驶，实现聪明的车与智能的路紧密结合。

　　2023 年 9 月 19 日，北京在亦庄经济技术开发区开通了真正的无人驾驶出租车试点收费运营，乘客上车前，车上空无一人。前后排之间有块透明的玻璃板，乘客坐在后排。在后排智能屏幕上会实时显示车辆当前速度、剩余里程、周边车辆及行人信息，遇紧急情况还可点击屏幕上的 SOS 按钮联系行程专员，以保证乘客安全。目前在亦庄范围内，提供全无人自动驾驶出租车服务的是百度萝卜快跑和小马智行两家企业。

　　为了更好地区分不同层级的自动驾驶技术，国际自动机工程师学会（SAE-International）于 2014 年发布了自动驾驶的 6 级分类体系，2021 年 5 月又发布了更新后的 SAE J3016 标准。参照 SAE J3016 标，我国制定了国家标准 GB/T 40429—2021《汽车驾驶自动化分级》，该标准于 2022 年 3 月 1 日起实施。

　　该标准规定，在汽车驾驶自动化的 6 个等级之中，0~2 级为驾驶辅助，系统辅助人类执行动态驾驶任务，驾驶主体仍为驾驶员；3~5 级为自动驾驶，系统在设计运行条件下代替人类执行动态驾驶任务，当功能激活时，驾驶主体是系统。0 级为完全的人工驾驶，5 级为完全的自动驾驶，1~4 级由人工为主逐步过渡到以自动为主。各级名称及定义如下。

　　0 级驾驶自动化（应急辅助）系统不能持续执行动态驾驶任务中的车辆横向或纵向运动控制，但具备持续执行动态驾驶任务中的部分目标和事件探测与响应的能力。

　　1 级驾驶自动化（部分驾驶辅助）系统在其设计运行条件下持续地执行动态驾驶任务中的车辆横向或纵向运动控制，且具备与所执行的车辆横向或纵向运动控制相适应的部分目标和事件探测与响应的能力。

　　2 级驾驶自动化（组合驾驶辅助）系统在其设计运行条件下持续地执行动态驾驶任务中的车辆横向和纵向运动控制，且具备与所执行的车辆横向和纵向运动控制相适应的部分目标和事件探测与响应的能力。

　　3 级驾驶自动化（有条件自动驾驶）系统在其设计运行条件下持续地执行全部动态驾驶任务。

　　4 级驾驶自动化（高度自动驾驶）系统在其设计运行条件下持续地执行全部动态驾驶任务并自动执行最小风险策略。

　　5 级驾驶自动化（完全自动驾驶）系统在任何可行驶条件下持续地执行全部动态驾驶任务并自动执行最小风险策略。

　　目前，市场上面向普通客户销售的汽车一般都提供了 1 级水平的配置选项，部分品牌可选配到 2 级水平。专用的自动驾驶汽车可达到 3、4 级水平。

10.5　人工智能的发展趋势

　　近几年新一代人工智能发展的最大特点是出现了一大批实用化的人工智能系统和产品,机器翻译、语音识别、人脸识别、智能机器人都已经应用于实际工作与生活,人工智能技术将会不断更广泛深入地融入经济社会发展的各个领域。但人工智能的发展具有双面性,要在法律、伦理、技术等层面采取有效措施,确保人工智能研究与应用安全可靠可控,推动经济、社会及生态可持续发展。

微课视频

10.5.1　人工智能与经济社会发展

　　人工智能的发展与应用,已经显现出其对经济社会发展的重要促进作用。随着人工智能研究的不断深入和应用的进一步拓展,其对经济社会发展的强大推动作用还会进一步显现。

　　世界主要发达国家把发展人工智能作为提升国家竞争力、维护国家安全的重大战略,加紧出台规划和政策,围绕核心技术、顶尖人才、标准规范等强化部署,力图在新一轮国际科技竞争中掌握主导权。在原有发展规划的基础上不断提出新的发展战略和规划计划,并投入大量资金支持人工智能研发与应用。

　　2019 年 2 月,美国政府正式启动“人工智能计划”,该计划包含 5 个重点领域,分别是投资人工智能研发、释放人工智能资源、制定人工智能治理标准、培养人工智能劳动力、国际参与及保护美国的人工智能优势。2019 年 6 月,美国政府又发布了落实“人工智计划”的具体计划,提出了 8 项具体任务。

　　2018 年 7 月,德国政府制定了《人工智能战略》,提出的急需采取的措施包括:为人工智能相关重点领域的研发和创新转化提供资助;优先为德国人工智能领域专家提高经济收益;同法国合作建设的人工智能竞争力中心要尽快完成并实现互联互通;设置专业门类的竞争力中心;加强人工智能基础设施建设等。

　　2020 年 12 月,德国政府对 2018 年版的《人工智能战略》做出修订,旨在凭借强大的计划和在人工智能领域投入更多的资金,使德国成为世界上最有吸引力的 AI 研究中心,确保德国明天的创新实力和今天的竞争力;使德国成为欧洲未来人工智能技术的主要创新驱动力,确保欧盟能够在激烈的国际竞争中保持自己的地位。

　　2018 年 3 月,法国政府公布《人工智能发展战略》,旨在推动法国成为人工智能领域的全球领先国家之一。在新战略的框架下,法国将致力于成为人工智能研发水平最高的国家之一,并力求通过相关技术研发孕育未来的龙头企业。

　　2021 年 9 月,英国政府发布《国家人工智能战略》,英国政府认为:未来十年,人工智能发展的关键驱动力是人才、数据、算力和财力,且面临巨大的全球竞争;人工智能将成为许多经济领域的支柱,需要采取行动确保英国可以从中受益。

　　2019 年 6 月,日本政府出台《人工智能战略 2019》,旨在建成人工智能强国,并引领人工智能技术研发和产业发展。该战略设有三大任务目标:一是奠定未来发展基础;二是构建社会应用和产业化基础;三是制定并应用人工智能伦理规范。

　　我国也高度重视人工智能的发展。2017 年 7 月,国务院印发了《新一代人工智能发展规划》（以下简称《发展规划》）。

《发展规划》提出了我国新一代人工智能分三步走的战略目标。

第一步，到 2020 年人工智能总体技术和应用与世界先进水平同步，人工智能产业成为新的重要经济增长点，人工智能技术应用成为改善民生的新途径，有力支撑进入创新型国家行列和实现全面建成小康社会的奋斗目标。

第二步，到 2025 年人工智能基础理论实现重大突破，部分技术与应用达到世界领先水平，人工智能成为带动我国产业升级和经济转型的主要动力，智能社会建设取得积极进展。

第三步，到 2030 年人工智能理论、技术与应用总体达到世界领先水平，成为世界主要人工智能创新中心，智能经济、智能社会取得明显成效，为跻身创新型国家前列和经济强国奠定重要基础。

为深入落实《发展规划》，国务院有关部门采取了多项具体措施。

工业和信息化部制订了《促进新一代人工智能产业发展三年行动计划（2018—2020）》。该计划以市场需求为牵引，以促进人工智能技术的产业化为目标，积极培育智能网联汽车、智能服务机器人、智能无人机、医疗影像辅助诊断系统、视频图像身份识别系统、智能语音交互系统、智能翻译系统、智能家居产品等人工智能创新产品和服务，并提出到 2020 年要实现的具体目标。近几年，已经有国产无人驾驶汽车、手术机器人、无人机、医疗辅助诊断系统、人脸识别系统、语音识别系统、机器翻译系统、扫地机器人等产品投入实际应用，很多人都已经用过其中的部分产品。

科学技术部依托企业建设国家新一代人工智能开放创新平台，2017 年以来，依托百度、阿里云、腾讯、科大讯飞、商汤等 15 家企业建设了自动驾驶、城市大脑、医疗影像、智能语音、智能视觉等 15 个创新平台；依托市（县）设立国家新一代人工智能创新发展试验区，试验区承担着先行先试、发挥促进人工智能与经济社会发展深度融合的引领带动作用的任务，2019 年以来先后有北京市、上海市、天津市、深圳市、德清县等 18 个市（县）入选。

教育部 2018 年 4 月印发《高等学校人工智能创新行动计划》，列出了发展智慧教育的主要任务和路径：开展智慧教育创新示范、构建智慧学习支持环境、加快面向下一代网络的高校智能学习体系建设、加强教育信息化学术共同体和学科建设。

10.5.2　人工智能发展带来的挑战

人工智能在给经济社会发展带来重大机遇的同时，也会带来新挑战。《发展规划》指出，人工智能是影响面广的颠覆性技术，可能带来改变就业结构、冲击法律与社会伦理、侵犯个人隐私、挑战国际关系准则等问题，将对政府管理、经济安全和社会稳定乃至全球治理产生深远影响。在大力发展人工智能的同时，必须高度重视可能带来的安全风险挑战，加强前瞻预防与约束引导，最大限度降低风险，确保人工智能安全、可靠、可控发展。

改变就业结构、冲击法律与社会伦理、侵犯个人隐私与广大的社会大众的生活直接相关，应该给予高度重视并采取有效措施尽量消除负面影响。

1. 重视人工智能发展给就业结构带来的影响

早期的计算机是以计算工具的身份出现的，这也是计算机名称的由来。作为一种会计算的机器，计算机早期的应用主要是科学计算，把人从繁重的计算工作中解放出来，计算员的工作被计算机代替了。随着计算机技术的不断发展，特别是个人计算机和互联网的出现，极大地拓展了计算机的应用范围,计算机广泛应用于激光照排印刷、网络新闻、网上购物、网上银行、网上支付、信息检索、电子邮件、在线学习等与人们工作生活密切相关的各个领域,印刷厂排版员、报纸编辑与记者、商场与书店售货员、银行柜员、邮局邮递员与电报员、公交车售票员等一批传统工作岗位受到影响。近几年,随着人工智能系统和产品的不断出现,已经并将继续影响收银员、会计、新闻记者、播音员、检票员、安检员、汽车驾驶员、快递分拣员、客服人员等一大批工作岗位,当然也会催生出个性化设计师、建筑艺术设计师、工程艺术设计师、数据分析师、人工智能训练师、智能产品设计师、智能制造工程技术人员、工业互联网工程技术人员、虚拟现实工程技术人员、连锁经营管理师、供应链管理师、全媒体运营师等一批新的需要更多信息技术知识与创新能力的工作岗位。

随着人工智能产品的不断增加与应用的不断拓展,要加强人工智能对就业结构影响的前瞻性研究,及时预见到对就业结构带来的实际影响,在教育培训、就业指导等方面采取有效应对措施。开设相关课程、开展科普教育,吸引更多的中小学生学习了解人工智能,激发其对人工智能的兴趣;调整专业结构、优化人才培养方案,培养一大批从事人工智能研发、应用的复合型创新型应用型高素质人才;强化人工智能知识能力培训,更新知识能力结构,助力在职人员更好地适应人与人工智能系统合作(人机合作)的工作模式,帮助变动工作岗位的人员尽快适应新的工作岗位。

2. 重视人工智能发展给法律与社会伦理带来的影响

相对于以往的技术和产品,人工智能技术和产品有着更为广泛和深入的应用,会更深入地融入人们的日常工作和生活中,不仅会影响和改变人类生产生活方式,还会影响和改变人类的思维模式,会更多地引发法律问题和社会伦理问题。如果自动驾驶汽车发生交通事故,如何界定和划分其责任? 如果智能机器人在工作时出现失职行为,其责任如何界定? 如果自动收费系统出现收费错误,责任该如何确定? 遇到突发情况,自动驾驶汽车避让算法依据什么原则设计? 如何保证图像生成、语音生成技术不被滥用? 个性化服务中的智能决策算法如何保证公平合理、公开透明? 诸如此类的问题需要深入研究,逐步建成完善的人工智能法律法规、伦理规范和政策体系。

3. 重视人工智能发展给个人隐私保护带来的影响

自从进入互联网时代,人们在享受互联网带来的便利的同时,也面临着泄露隐私数据的风险。随着智慧医疗、智慧旅游、智慧交通、刷脸门禁、网络购物、网络购票、宾馆预订、网上支付等数字生活方式的不断普及,人们在享受到便捷和周到服务的同时,大量的个人隐私数据被收集存储。而且,由于系统安全漏洞、黑客攻击、管理不严、不法人员谋求个人私利等因素,无意或有意泄露个人隐私数据的事情时有发生,给人们的财产安全以及人身安全带来了不同程度的风险。

随着人工智能应用的不断深入和普及,基于互联网的各种服务会越来越多、越来越智能化,也会收集使用者更多的个人隐私数据。此时,更需要重视个人隐私数据的保护,可以从三个层面强化个人隐私数据的保护:一是制定相应的法律法规,自 2021 年 11 月 1 日开始施行的《中华人民共和国个人信息保护法》对个人信息的收集、存储、使用、加工、传输、提供、公开、删除等都进行了严格规定,对保护个人隐私数据具有重要作用;二是制定保护个人隐私数据的伦理规范,在人工智能系统的管理、研发、供应、使用等环节都要严格遵守伦理规范,注意保护个人隐私数据;三是研发新的信息安全技术,从技术层面保护个人隐私数据不被非法窃取和滥用。通过多种手段保护好个人隐私数据，让人们在更加安全的环境下放心使用人工智能产品和服务。

10.5.3　人工智能伦理

伦理是指在处理人与人、人与社会相互关系时应遵循的道理和准则。科技伦理是指科技创新活动中人与社会、人与自然和人与人关系的思想与行为准则，它规定了科技工作者及其共同体应恪守的价值观念、社会责任和行为规范。

对于人工智能研究、开发、管理、应用等各个环节，要及时制定相应的伦理规范，从事人工智能相关工作，要严格遵守相应的伦理规则。

为促进新一代人工智能健康发展，更好协调发展与治理的关系，确保人工智能安全、可靠、可控，推动经济、社会及生态可持续发展，共建人类命运共同体，我国国家新一代人工智能治理专业委员会于 2019 年 6 月发布了《新一代人工智能治理原则——发展负责任的人工智能》，提出了和谐友好、公平公正、包容共享、尊重隐私、安全可控、共担责任、开放协作、敏捷治理 8 项人工智能发展相关各方应遵循的原则。

为细化落实《新一代人工智能治理原则》，增强全社会的人工智能伦理意识与行为自觉，积极引导负责任的人工智能研发与应用活动，促进人工智能健康发展，国家新一代人工智能治理专业委员会于 2021 年 9 月又发布了《新一代人工智能伦理规范》（以下简称《伦理规范》），旨在将伦理道德融入人工智能全生命周期，为从事人工智能相关活动的自然人、法人和其他相关机构等提供伦理指引。

《伦理规范》提出了人工智能各类活动都应遵循增进人类福祉、促进公平公正、保护隐私安全、确保可控可信、强化责任担当、提升伦理素养 6 项基本伦理要求。

《伦理规范》还提出了管理、研发、供应、使用等人工智能特定活动应遵循的 18 项具体伦理规范。

管理规范：推动敏捷治理、积极实践示范、正确行权用权、加强风险防范、促进包容开放。

研发规范：强化自律意识、提升数据质量、增强安全透明、避免偏见歧视。

供应规范：尊重市场规则、加强质量管控、保障用户权益、强化应急保障。

使用规范：提倡善意使用、避免误用滥用、禁止违规恶用、及时主动反馈、提高使用能力。

从事人工智能相关的管理、研发、供应、使用等环节的工作，都要认真遵守规范，严格按规范要求开展工作、履行职责，努力发挥人工智能的正面作用，抑制其负面作用，确保人工智系统安全、可靠、可控运行。

10.6　小　　结

自 1956 年在达特茅斯会议上正式提出人工智能（AI），到目前已有 60 余年的历史。60 多年的发展经历了 2 次低谷和推理期、知识期、学习期等 3 个快速发展时期。近几年，在机器学习（深度学习）技术的带动下，自然语言处理、计算机视觉、语音识别、智能机器人、自动驾驶汽车等领域出现了一大批实用化的人工智能系统和产品。人工智能发展在给经济社会发展和人们的工作生活带来重大机遇的同时,也会带来新挑战。在大力发展人工智能的同时,必须高度重视可能带来的安全风险挑战,加强前瞻预防与约束引导,最大限度降低风险。无论是从事人工智能领域的管理、研发、供应工作,还是人工智能的使用者,都应严格遵守相应的伦理规范,确保人工智能安全、可靠、可控发展。

拓展阅读：吴文俊和定理自动证明

吴文俊(1919—2017),祖籍浙江嘉兴,出生于上海市,1940 年毕业于上海交通大学数学系,1946 年赴法国 Strassbourg 大学留学,获博士学位。曾任中国科学院系统科学研究所研究员,中国科学院院士。

吴文俊教授的科学研究工作,可分为前后两个时期,研究工作涉及拓扑学、自动推理、机器证明、代数几何、中国数学史、对策论等多个领域,在代数拓扑和机器证明两个领域有重大的原创性贡献,影响深远。

前期(1947—1975)以代数拓扑为主,为拓扑学做了奠基性的工作。他的贡献主要有两方面：示性类研究和示嵌类研究,研究成果 1956 年获国家自然科学奖一等奖,被国际数学界称为"吴公式""吴示性类""吴示嵌类"。

后期始于 1976 年,从事机器证明与数学机械化的研究,与计算机密切相关。

我们在中学学习时,都体会过证明几何定理的巧妙与困难。要证明一条几何定理,往往需要清晰的推理,巧妙的思路,有时还需要添加一些奇特的辅助线,经过冥思苦想才能获得定理的证明,这使几何定理的证明似乎更多地依赖于天才般的"灵机一动"。吴文俊教授在 1977 年提出了一种全新的几何定理证明方法。首先引进坐标,使待证定理的假设与结论都转换为多项式方程,这对于通常的情形都是成立的。然后依照某种确定的方式对代表假设的多项式方程进行处理,使其在有限步骤内到达代表结论的那一个多项式方程,或与之相反。

他提出的用计算机证明几何定理的方法,在国际上称为"吴方法",与常用的基于数理逻辑的方法根本不同,具有根本的创新性,被称为自动推论领域的先驱性工作,并因此获得 Herbrand 自动推理杰出成就奖。第 14 届国际自动推论大会对吴文俊的工作给予了高度评价："几何定理自动证明首先由 Herbert Gerlenter 于 20 世纪 50 年代开始研究。虽然得到了一些有意义的结果,但在吴方法出现之前的 20 年里这一领域进展甚微。在不多的自动推理领域中,这种被动局面是由一个人完全扭转的。吴文俊很明显是这样一个人。""吴的工作将几何定理证明自动推理的一个不太成功的领域变为最成功的领域之一。在很少的领域中,我们可以将机器证明归于一个人的工作。几何定理证明就是这样的一个领域。"

吴文俊引入的求解非线性代数方程组的"吴方法"是求解代数方程组精确解最完整的方法之一,已经被成功地用于解决很多问题,并实现在当前流行的符号计算软件中。欧共体资助的 POSSO(POlynomial System SOlving)计划中也有"吴方法"的专用软件包。"吴方法"还被用于多个高科技领域,得到一系列国际领先的成果,包括曲面造型、机器人机构的位置分析、智能 CAD 系统和图像压缩等。20 世纪 80 年代末,他提出了偏微分代数方程组的整序方法，是目前处理偏微分代数方程组的完整的构造性方法。该方法已被应用于微分几何定理机器证明和偏微分方程组求解。

　　吴文俊教授是我国首届（2000 年）国家最高科学技术奖获得者，2019 年 9 月被授予"人民科学家"国家荣誉称号。

　　中国人工智能学会自 2011 年设立"吴文俊人工智能科学技术奖"，该奖被誉为"中国智能科学技术最高奖"，每年评选一次，包括吴文俊人工智能最高成就奖、吴文俊人工智能杰出贡献奖、吴文俊人工智能自然科学奖、吴文俊人工智能技术发明奖、吴文俊人工智能科技进步奖和吴文俊人工智能优秀青年奖等奖项。其中，吴文俊人工智能最高成就奖每年授奖人数不超过 2 名，奖金为 100 万元人民币。2018 年以来，陆汝钤、张钹、李德毅、潘云鹤、郑南宁 5 位在人工智能领域做出卓越贡献的著名科学家先后获得吴文俊人工智能最高成就奖。

习　题　10

一、填空题

1. 人工智能（AI）这一术语在_____年的_____会议上被第一次正式使用。
2. 人工智能的 3 个快速发展时期分别称为_____、_____和_____。
3. 写出 3 类实现人工智能的方法：_____、_____、_____。
4. 逻辑推理主要包括_____、_____和_____。
5. 机器人通常分为三类：_____、_____和_____。
6. 我国制定的国家标准 GB/T 40429—2021《汽车驾驶自动化分级》中，汽车自动驾驶分为_____级。

二、名词解释

人工智能、强人工智能、弱人工智能、专家系统、演绎推理、归纳推理、因果推理、机器学习、深度学习、博弈、定理自动证明、自然语言理解、计算机视觉、语音识别、智能机器人、自动驾驶汽车

三、简答题

1. 简述人工智能的 3 个学派。
2. 简述人工智能发展带来的机遇与挑战。

思 考 题 10

1. 如何理解人工智能发展带来的挑战？如何应对挑战？
2. 从事人工智能领域的相关工作，为什么要严格遵守相应的伦理规范？

## 第 11 章

计算机领域的典型问题

在人类进行科学探索与科学研究的过程中,曾经提出过许多对科学发展具有重要影响的著名问题,如哥德巴赫猜想、庞加莱猜想、四色定理、哥尼斯堡七桥问题等。其中一些问题对计算机学科及其分支领域的形成和发展起了重要的作用。另外,在计算机学科的研究工作中,为了便于对计算机科学中有关问题和概念的本质的理解,计算机科学家们也给出了不少反映该学科某一方面本质特征的典型实例,在这里一并称为计算机领域的典型问题。计算机领域典型问题的提出及研究,不仅有助于深刻地理解计算机学科中一些关键问题的本质,而且对学科的继续深入研究和发展具有十分重要的促进作用。本章主要介绍哥尼斯堡七桥问题、哈密顿回路问题、中国邮路问题、汉诺塔问题、旅行商问题、生产者-消费者问题和哲学家共餐问题等,并把它们归类为图论问题、算法复杂性问题和并发控制问题进行分析。

11.1 图 论 问 题

图论(graph theory)是研究边和点的连接结构的数学理论。1736 年,瑞士数学家莱昂哈德·欧拉(Leonhard Euler,1707—1783)发表论文,解决了著名的哥尼斯堡七桥问题,成为图论的创始人。今天,图论已广泛地应用于计算机科学、运筹学、信息论和控制论等学科之中,并已成为对现实问题(如交通运输优化、计算机网络路由、社会网络分析)进行抽象的一个强有力的数学工具。随着计算机科学的发展,图论在计算机科学中的作用越来越大,同时图论本身也得到了充分的发展。在后续课程中,“离散数学”和“数据结构”两门课程中都会涉及图论的内容。

11.1.1 哥尼斯堡七桥问题

微课视频

18 世纪中叶,当时东普鲁士有一座哥尼斯堡(Konigsberg)城,城中有一条贯穿全市的普雷格尔(Pregol)河,河中央有座小岛,叫奈佛夫(Kneiphof)岛,普雷格尔河的两条支流环绕其旁,并将整个城市分成北区、东区、南区和岛区 4 个区域,全城共有 7 座桥将 4 个城区连起来,如图 11.1 所示。当时该城市的人们热衷讨论一个问题:一个人怎样不重复地走完 7 座桥,最后回到出发地点?即寻找走遍这 7 座桥,且只许走过每座桥一次,最后又回到原出发点的路径。这就是“哥尼斯堡七桥问题”。试验者反复试走都没有找到这样的路径。

1736 年,欧拉发表论文《与位置几何有关的一个问题的解》,论证了该问题无解,即从一个地点出发不重复地走遍 7 座桥,最后又回到原来出发点是不可能的。这篇论文被认为是研究图论的第一篇论文。

为了解决哥尼斯堡七桥问题,欧拉用 A、B、C、D 4 个字母代表 4 个城区,并用 7 条边表示 7 座桥,如图 11.2 所示。在图中,只有 4 个顶点和 7 条边,这样做是基于该问题本质的考虑,抽象出问题最本质的东西,忽视问题非本质的东西(如桥的长度和宽度等),从而将哥尼斯堡七桥问题抽象成一个数学问题,即经过图中每边一次且仅一次的回路问题了。欧拉在论文中论证了这样的回路是不存在的。

欧拉不仅给出了哥尼斯堡七桥问题的证明,还将问题进行了一般化处理,即对给定的任意一个河流图与任意多座桥,判定是否存在每座桥恰好走过一次的路径(不一定回到原出发点),并用数学方法给出了如下三条判定规则。

图 11.1　哥尼斯堡七桥问题示意图

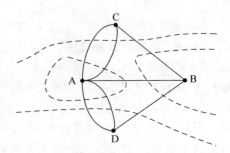

图 11.2　哥尼斯堡七桥问题抽象图

(1) 如果通奇数座桥的地点不止两个,满足要求的路径是找不到的。

(2) 如果只有两个地点通奇数座桥,可以从这两个地点之一出发,找到所要求的路径。

(3) 如果没有一个地点是通奇数座桥的,则无论从哪里出发,所要求的路径都能实现。

在图 11.2 中,A 城区有 5 座桥与其他城区连通,B、C、D 3 个城区各有 3 座桥与其他城区连通,即通奇数座桥的地点不止 2 个,所以找不到不重复地走完 7 座桥,最后回到出发地点的路径。

如果把图 11.2 改动一下,变成图 11.3 所示的样子,即去掉城区 A、B 之间的桥,这时 A 城区通 4 座桥,B 城区通 2 座桥,C、D 两个城区各通 3 座桥。可以找到一条路径 C→A→D→A→C→B→D,每座桥走过一次且只走过一次,只是没有回到原出发点,而是从一个通奇数座桥的地点出发,到另一个通奇数座桥的地点结束。

如果把图 11.2 作另外一种形式的改动,变成图 11.4 所示的样子,即在城区 A、D 和 A、C 之间各去掉一座桥,在城区 A、B 之间再增加一座桥,这时 A、B 两个城区各通 4 座桥,C、D 两个城区各通 2 座桥,即所有的地点都通偶数座桥。可以找到一条路径 A→C→B→D→A→B→A,每座桥走过一次且只走过一次,并且回到原出发点。

图 11.3　改动图 11.2(1)

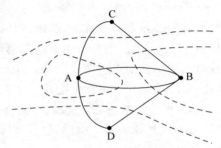

图 11.4　改动图 11.2(2)

经过图中每条边一次且仅一次的路径称为欧拉路径；如果欧拉路径的起点和终点为图中的同一个顶点，这时的欧拉路径称为欧拉回路。包含有欧拉回路的图称为欧拉图。

11.1.2　哈密顿回路问题

在图论中除了"欧拉回路问题"(哥尼斯堡七桥问题)以外，还有一个著名的"哈密顿回路问题"。1857 年，爱尔兰物理学家和数学家威廉·哈密顿(William R. Hamilton，1805—1865)发明了一种叫作周游世界的数学游戏。游戏的玩法是：一个正十二面体，如图 11.5 所示，它有 20 个顶点，把每个顶点看作一个城市，把正十二面体的 30 条边看成连接这些城市的路。找一条从某城市出发，经过每个城市恰好一次，并且最后回到出发点的路径，人们把这种路径称为哈密顿回路。把正十二面体投影到平面上，如图 11.6 所示。在图 11.6 中标出了一种走法，即从城市 1 出发，经过城市 2、3、…、20，最后回到城市 1。

图 11.5　正十二面体

图 11.6　周游世界游戏示意图

"哈密顿回路问题"与"欧拉回路问题"看上去十分相似，然而又是完全不同的两个问题。"哈密顿回路问题"是访问每个顶点一次，而"欧拉回路问题"是访问每条边一次。对一个图是否存在"欧拉回路"，欧拉给出了充分必要条件，而对一个图是否存在哈密顿回路至今仍未找到充分必要条件。存在哈密顿回路的图称为哈密顿图。

对于图 11.2，可以找到一条哈密顿回路 A→D→B→C→A，当然还可以找到其他的哈密顿回路。对于图 11.6，就找不到欧拉回路，因为该图中每个顶点都和 3 条边相连。

11.1.3　中国邮路问题

我国数学家管梅谷教授 1960 年也提出了一个有重要理论意义和广泛应用背景的问题——"最短投递路线问题"，并给出了具有国际影响的求解算法，国际图论界称为"中国邮路问题"。问题的描述：一个邮递员应如何选择一条路线，使他能够从邮局出发，走遍他负责送信的所有街道，最后回到邮局，并且所走的路程最短。该问题归结为图论问题就是，给定一个连通无向图(没有孤立顶点)，每条边都有非负的确定长度，求该图的一条经过每条边至少一次的最短回路。

对于有欧拉回路的欧拉图，找到一条欧拉回路即可。对于不存在欧拉回路的非欧拉图，才是中国邮路问题的重点。管梅谷教授及国内外学者给出了一些解决该问题及推广与变形问题的算法，研究成果除用于邮政部门外，还用于扫雪车路线、洒水车路线、警车巡逻路线的最优设计等。

11.2　算法复杂性问题

用计算机解决问题的大体步骤:分析问题抽象出数学模型、根据模型设计算法、依据算法编写程序、调试执行程序。算法设计是一个非常关键的步骤。算法性能通过分析算法的复杂性来评价,算法复杂性主要包括时间复杂度和空间复杂度。时间复杂度是指依据算法编写的程序执行时间的度量,空间复杂度是指程序执行时存储空间的度量。现在主要是分析时间复杂度。

11.2.1　汉诺塔问题

微课视频

传说在古代印度的贝拿勒斯神庙里安放了一个黄铜座,座上竖有三根宝石柱子。在第一根宝石柱上,按照从小到大、自上而下的顺序放有64个直径大小不一的金盘子,形成一座金塔,如图11.7所示,即所谓的汉诺塔(Hanoi),又称梵天塔。天神让庙里的僧侣们将第一根柱子上的64个盘子借助第二根柱子全部移到第三根柱子上,即将整个金塔搬迁,同时定下三条规则:

(1) 每次只能移动一个盘子;

(2) 盘子只能在三根柱子上来回移动,不能放在他处;

(3) 在移动过程中,三根柱子上的盘子必须始终保持大盘在下,小盘在上。

这就是著名的汉诺塔问题。

图 11.7　汉诺塔问题示意图

用计算机求解一个实际问题,首先要从这个实际问题中抽象出一个数学模型,然后设计一个求解该数学模型的算法,最后根据算法编写程序,经过对程序的调试和运行,从而完成该问题的求解。从实际问题抽象出一个数学模型的实质,就是要用数学的方法抽取问题主要的、本质的内容,给出一个"可计算"的求解过程。汉诺塔问题是一个典型的用递归方法来解决的问题。递归是计算机学科中的一个重要概念,是将一个较大的问题归约为一个或多个子问题的求解方法。而这些子问题比原问题简单,并且在结构上与原问题相同。

汉诺塔问题的实质就是如何把64个盘子按规则由第一根柱子移到第三根柱子上。为便于叙述,把64个盘子的汉诺塔问题一般化为 n 个盘子的移动问题,并把三根柱子分别标记为a、b、c。根据递归方法,可以将求解 n 个盘子的移动问题转换为求解 $n-1$ 个盘子的移动问题,如果 $n-1$ 个盘子的移动问题能够解决,则可以先将 $n-1$ 个盘子移动到第二根柱子上,再将最后一个盘子直接移动到第三根柱子上,最后将 $n-1$ 个盘子从第二根柱子移动到第三根柱子上(如图11.7所示),则可以解决 n 个盘子的移动问题。以此类推,$n-1$ 个盘子的移动问题可以转换为 $n-2$ 个盘子的移动问题,$n-2$ 个盘子的移动问题又可以转换为 $n-3$ 个盘子的移动问题,直到一个盘子的移动问题(这时是可以直接求解的)。再由移动一个盘子的解求出移动两个盘子的解,直到求出移动 n 个盘子的解。

求解汉诺塔问题的 Python 递归程序如下：

```
def hanoi(n,a,b,c):          #借助b柱子将n个盘子由a柱子移到c柱子上
    if (n == 1):
        print("{}-->{}".format(a,c))    #将a柱子上面的盘子移到c柱子上
    else:
        hanoi(n-1,a,c,b)     #借助c柱子将n-1个盘子由a柱子移到b柱子上
        print("{}-->{}".format(a,c))    #将一个盘子由a柱子移到c柱子上
        hanoi(n-1,b,a,c)     #借助a柱子将n-1个盘子由b柱子移到c柱子上
m = int(input("请输入盘子个数 m = "))
print("盘子的移动顺序为:")
hanoi(m,'a','b','c')
```

　　这个程序的输出是移动盘子的顺序，然后可以根据计算机计算出的顺序移动，最终完成把 n 个盘子按规则由 a 柱子移动到 c 柱子上。

　　程序虽然书写起来简单，但由于用到递归及形式参数，理解起来并不是很容易，学完 Python 等程序设计语言会理解得更深入一些。

　　$n=1$ 时的移动步骤：a→c

　　$n=2$ 时的移动步骤：a→b,a→c,b→c

　　$n=3$ 时的移动步骤：a→c,a→b,c→b,a→c,b→a,b→c,a→c

　　$n=4$ 时的移动步骤：a→b,a→c,b→c,a→b,c→a,c→b,a→b,a→c,b→c,b→a,c→a,
　　　　　　　　　　　　b→c,a→b,a→c,b→c

　　$n=5$ 时的移动步骤：a→c,a→b,c→b,a→c,b→a,b→c,…

这时再完全写下来就占篇幅太大了，一共有 31 个移动步骤。

　　那么，对于一般的 n 需要移动多少步呢？即算法的时间复杂度是多少？

　　按照上面的算法，n 个盘子的移动问题需要移动的盘子数 $h(n)$ 是 $n-1$ 个盘子移动问题需要移动的盘子数的 2 倍加 1。$n-1$ 个盘子的移动问题需要移动的盘子数是 $n-2$ 个盘子的移动问题需要移动的盘子数的 2 倍加 1，以此类推。于是有

$$h(n) = 2h(n-1)+1$$
$$= 2(2h(n-2)+1)+1$$
$$= 2^2 h(n-2)+2+1$$
$$= 2^3 h(n-3)+2^2+2+1$$
$$= \cdots$$
$$= 2^n h(0)+2^{n-1}+\cdots+2^2+2+1$$
$$= 2^{n-1}+\cdots+2^2+2+1$$
$$= 2^n - 1$$

　　算法 hanoi 的时间复杂度为 $O(2^n)$。因此，要完成有 64 个盘子的汉诺塔的搬迁，需要移动盘子的次数为

$$2^{64}-1 = 18\ 446\ 744\ 073\ 709\ 551\ 615$$

　　如果每秒移动一次，一年有 31 536 000s，则僧侣们一刻不停地来回搬动，也需要花费大约 5849 亿年的时间。假定计算机以每秒 1000 万个盘子的速度进行搬迁，则需要花费大约 58 490 年的时间。

11.2.2　旅行商问题

旅行商问题（traveling salesman problem，TSP）是哈密顿和英国数学家托马斯·柯克曼（Thomas P. Kirkman，1806—1895）在 19 世纪初提出的一个数学问题。其基本含义是，有若干城市，任何两个城市之间的距离都是确定的，现要求一旅行商从某城市出发，必须经过每一个城市且只能在每个城市停留一次，最后回到原出发城市。要解决的问题是如何事先确定好一条路程最短的旅行路径。

人们在着手解决这个问题时，一般首先想到的是最基本的方法：通过对给定的城市进行排列组合，列出每一条可供选择的路径，然后计算出每条路径的总里程，最后从所有可能的路径中选出一条路程最短的路径。现在，给定 4 个城市分别为 C_1、C_2、C_3 和 C_4，各城市之间的距离是确定的值，如图 11.8 所示。从图中可以看到，从城市 C_1 出发，最后再回到 C_1 城市，可供选择的路径共有 6 条，如图 11.9 所示。

图 11.8　城市交通示意图

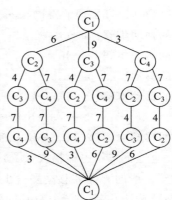

图 11.9　组合路径图

列出图 11.9 中的 6 条路径如下（括号中为路径长度）：

$$C_1 \rightarrow C_2 \rightarrow C_3 \rightarrow C_4 \rightarrow C_1(20)，C_1 \rightarrow C_2 \rightarrow C_4 \rightarrow C_3 \rightarrow C_1(29)$$
$$C_1 \rightarrow C_3 \rightarrow C_2 \rightarrow C_4 \rightarrow C_1(23)，C_1 \rightarrow C_3 \rightarrow C_4 \rightarrow C_2 \rightarrow C_1(29)$$
$$C_1 \rightarrow C_4 \rightarrow C_2 \rightarrow C_3 \rightarrow C_1(23)，C_1 \rightarrow C_4 \rightarrow C_3 \rightarrow C_2 \rightarrow C_1(20)$$

从中很快可以选出总路程最短的路径 $C_1 \rightarrow C_2 \rightarrow C_3 \rightarrow C_4 \rightarrow C_1$ 或 $C_1 \rightarrow C_4 \rightarrow C_3 \rightarrow C_2 \rightarrow C_1$，其路径长度均为 20。

当城市个数为 n 时，组合路径数为 $(n-1)!$，算法的复杂度为 $O(n!)$。当城市个数不多时，要找到最短距离的路径并不难，但随着城市个数的不断增多，组合路径数将急剧增长，以致达到无法计算的地步，这就是所谓的"组合爆炸问题"。假设城市的个数为 20，组合路径数则为 $(20-1)! \approx 1.216 \times 10^{17}$，如此巨大的组合数目，若计算机每秒能计算出 1 亿条路径的长度（可想而知这需要多快的计算机），计算完所有路径的长度也需要 38.6 年的时间，这样的算法是没有实际意义的。

人们提出了一些求近似解的算法，即找出的路径不一定是最短路径，而是比较短的路径，但求解问题的时间复杂度大大降低了，是可以实际应用的算法，包括最近邻算法、抄近路算法等。

从上面的两个例子可以看出,有时从理论上看能解决的问题,实际上是解决不了的,至少在目前的计算条件下解决不了。算法分析的一个重要目的就是确定算法是否实际可行。

11.2.3　NP 完全问题

在算法的时间复杂度分析和研究中,将所有可以在多项式(polynomial)时间内求解的问题称为 P 类问题,将所有在多项式时间内可以验证的问题称为 NP(non-deterministic polynomial,多项式复杂程度的非确定性)类问题。

对于线性表的顺序查找算法(从表的第一个元素开始,按顺序查找某个数据在表中是否存在),若线性表的长度为 n,则算法的时间复杂度为 $O(n)$,这就是在多项式时间内能解决的问题,即在 $O(n)$ 的时间复杂度能确定线性表中是否有所找的元素。在 c 为常数的情况下,只要是时间复杂度为 $O(n^c)$,都认为是多项式时间内能解决的问题,即 P 类问题。当然,时间复杂度低于 $O(n^c)$ 的也应归为 P 类问题,如时间复杂度为 $O(\mathrm{lb}n)$ 的线性表的折半查找算法。

折半查找算法的基本思路:首先对线性表中的元素排序(如由小到大排序),然后把要查找的数据与表的中间位置元素比较,如果相等,则为找到;如果要找的数据小于中间元素,则继续在前半个表中用折半方法查找;如果要找的数据大于中间元素,则继续在后半个表中用折半方法查找;直至找到或确认表中没有所找数据。用此种方法,每比较一次,就能去掉一半的查找空间,所以称为折半查找。如果线性表中的数据比较多,折半查找要比顺序查找快,表中数据越多,折半查找的优势越明显。

对于旅行商问题,稍作改动,把求最短路径改为求总路程小于 B 的路径,如果采用组合路径的方式,算法的时间复杂度仍然为 $O(n!)$,这属于在多项式时间内解决不了的问题,即当 n 比较大时,用组合路径的方式找到总路程小于 B 的路径是不可能的。但是,如果给出一条路径,验证其是否为满足要求的路径是容易的,是可以在多项式时间内完成的。所以,求总路程小于 B 的路径的旅行商问题属于 NP 类问题。

时间复杂度为 $O(n!)$ 时称为阶乘复杂度,时间复杂度为 $O(c^n)$(c 为常数)时称为指数复杂度,也可以都称为指数复杂度。对于求解问题的指数复杂度算法,其对应程序的执行时间将随问题规模 n 的增长而急剧增加,以致即使规模不太大的问题也难以求出解来,如汉诺塔问题中的 $n=64$,旅行商问题中的 $n=20$。

NP 类问题中,某些问题的复杂性与整个类的复杂性有关,如果这些问题中的任意一个能在多项式的时间内求解,则所有 NP 类问题都能在多项式时间内求解,这些 NP 类问题称为 NP 完全(NP complete,NPC)问题或 NP 难(NP hard)问题。求总路程小于 B 的路径的旅行商问题是 NP 完全问题,求哈密顿回路也是 NP 完全问题。

对于 NP 完全问题,一般都有一个明显的指数复杂度的算法,但要找到一个现实可计算的多项式时间算法却异常困难,很有可能根本不存在这样的算法。目前,解决 NP 完全问题的可行方法是寻找具有多项式时间复杂度的近似算法,即求得的是最优解的近似解,但算法的复杂度大为降低,是可用于实际计算的算法。

11.3   并发控制问题

并发指两个或多个事件在同一时间段内发生。并发操作可以有效提高资源的利用率,如在只有一个处理器的计算机上并发执行多个进程,就能提高处理器的利用率,进而提高整个计算机系统的处理能力。多个进程的并发执行,需要一定的控制机制,否则会导致错误,如完成相关任务的多个进程要相互协调和通信、多个进程对有限的独占资源的访问要互斥等。有效的并发控制才能保证进程并发执行的正确和高效。并发控制在数据库中也有应用。

11.3.1   生产者-消费者问题

1965年,迪杰斯特拉提出了生产者-消费者问题。基于迪杰斯特拉的思路,对此问题大致描述如下:有 n 个生产者和 m 个消费者,在生产者和消费者之间设置了一个能存放 k 个产品的货架。只要货架未满,生产者 $p_i(1 \leqslant i \leqslant n)$ 生产的产品就可以放入货架,每次放入一个产品;只要货架非空,消费者 $c_j(1 \leqslant j \leqslant m)$ 就可以从货架取走产品消费,每次取走一个。所有的生产者的产品生产和消费者的产品消费都可以按自己的意愿进行,即相互之间是独立的,只需要遵守两个约定:一是不允许消费者从空货架取产品,现实中也是取不到的;二是不允许生产者向一个已装满产品的货架中再放入产品。

这实际上是对操作系统中并发进程同步的一种抽象描述,多个进程虽然看起来是按异步方式执行的,但相互有关的进程应有一种协调机制,如生产者-消费者问题中,当货架已满时,生产者就要停止生产,等待消费者取走产品;同样,当货架为空时,消费者是不能消费的,要等待生产者生产。

微课视频

11.3.2   哲学家共餐问题

哲学家共餐问题也是迪杰斯特拉提出的,该问题可以描述为:5位哲学家围坐在一张圆桌旁,每个人的面前有一碗面条,碗的两旁各有一根筷子,如图 11.10 所示。迪杰斯特拉提出该问题时,桌子上放的是吃西餐用的叉子和意大利面条,由于有人习惯用一个叉子吃意大利面条,为了更能说明问题,后来的研究人员把叉子和意大利面条改成了吃中餐用的筷子和中国面条,约定用一根筷子是吃不成中国面条的。

图 11.10   哲学家共餐问题示意图

假设哲学家的生活除了吃面条就是思考问题,而吃面条时需要左手拿起一根筷子,右手拿起一根筷子,然后才能用两根筷子进餐。吃完后又将筷子放回原处,继续思考问题。基于这样的假设,一位哲学家的生活进程可表示如下:

(1) 思考问题。

(2) 饿了停止思考,左手拿起一根筷子(拿不到就等)。

(3) 右手拿起一根筷子(拿不到就等)。

(4) 进餐。

(5) 放下右手筷子。

(6) 放下左手筷子。

(7) 重新回到思考问题状态(1)。

基于上面描述的哲学家生活进程,可能会出现如下情况:当所有的哲学家都同时左手拿起筷子时,则所有哲学家的右手都将拿不到筷子,并处于等待状态。由于拿不到右手的筷子,就不能进餐,也就不能放回左手的筷子,这样 5 位哲学家就会相互永远等下去,结果是哲学家都无法进餐,最终饿死。这种情况在计算机领域称为死锁(deadlock)。

为避免上面情况的发生,将哲学家的活动进程进行修改:当右手拿不到筷子时,就放下左手的筷子。这时可能又会出现新的情况:在某一个瞬间,所有的哲学家都同时拿起左手的筷子,则自然都拿不到右手的筷子,于是都同时放下左手的筷子,等一会儿,又同时拿起左手的筷子,如此这样永远重复下去,所有的哲学家也都无法进餐。

上面两种情况反映的是一种资源分配问题,如果资源充足,即每两位哲学家中间都放两根以上的筷子,就不存在饿死的情况了。重点要解决的问题是,如何在资源紧张的情况下,尽最大可能满足需求。可以加一些限制,如至多只允许 4 位哲学家同时进餐,这样就不会出现哲学家饿死的情况。

哲学家共餐问题形象地描述了多个进程以互斥方式访问有限资源的问题,计算机系统不可能总是提供足够多的资源(CPU、存储单元等),但又想尽可能多地同时满足多个用户(进程)的使用要求,以便提高系统资源的利用率。如果某一时刻只允许一个用户(进程)使用计算机资源,将导致资源利用率和程序执行效率低下。

研究人员已经采取了一些非常有效的方法来尽量满足多个用户对有限资源的同时访问需求,同时尽可能少地出现死锁现象的发生。

有关实现进程同步与互斥的方法可以在后续的操作系统课程中学习到。

11.4　小　　结

本章介绍了几个对计算机学科发展有重要影响的问题,哥尼斯堡七桥问题、哈密顿回路问题、中国邮路问题等促进了图论的产生和发展;旅行商问题、汉诺塔问题有助于对算法复杂性的研究,并促使人们设计出更好地解决问题的实用算法;生产者-消费者问题、哲学家共餐问题对于深入理解并实现并发控制是非常有益的。当然,也有一些问题值得我们现在或在学习相关课程时进行深入分析和研究,努力提出解决方法或给出新的更好的解决方法,如求哈密顿回路、求最短或小于某个长度的路径、并发控制中死锁的避免或解除等。

拓展阅读：计算机学科方法论

1. 计算的本质

对计算机学科根本问题的认识是与人们对计算过程的认识紧密联系在一起的,要分析计算机学科的根本问题,首先要分析人们对计算本质的认识过程。

20 世纪 30 年代后期,图灵从计算一个数的一般过程入手对计算的本质进行了研究,从而实现了对计算本质的真正认识。

图灵用形式化方法成功地表述了计算这一过程的本质：所谓计算就是计算者（人或机器）对一条两端可无限延长的纸带上的一串0和1执行指令，一步一步地改变纸带上的0或1，经过有限步骤，最后得到一个满足预先规定的符号串的变换过程。根据图灵的论点，可以得到这样的结论：任一过程是能行的（能够具体表现在一个算法中），当且仅当它能够被一台图灵机实现。

伴随着电子学理论和技术的发展，在图灵机这个逻辑模型提出不到10年的时间里，世界上第一台电子计算机诞生了。图灵机反映的是一种具有能行性的用数学方法精确定义的计算模型，现代计算机正是这种模型的具体实现。

2. 计算机学科的根本问题

计算机学科是研究计算机的设计、制造和利用计算机进行信息获取、表示、存储、处理、控制等的理论、原则、方法和技术的学科，它包括科学和技术两方面。

计算机科学侧重于研究现象、揭示规律。计算机技术侧重于研制计算机和研究使用计算机进行信息处理的方法和技术手段。科学是技术的依据，技术是科学的体现；技术得益于科学，又向科学提出新的研究课题。科学与技术相辅相成，相互作用，二者高度融合是计算机学科的突出特点。

计算机学科除了具有较强的科学性外，还具有较强的工程性，因此，它是一门科学性与工程性并重的学科，表现为理论性和实践性紧密结合的特征。计算机科学与计算机工程之间没有本质的区别，只不过是它们强调的学科形态的重点不同。科学注重理论、抽象，工程注重抽象、设计。

计算机的迅猛发展，除了源于微电子学等相关学科的发展外，还主要源于其应用的强大驱动。计算机已逐渐应用到经济建设、社会发展和人类生活的各个领域，为推动社会进步发挥了不可替代的重要作用。

计算机学科和数学密切相关。计算机科学家一向被认为是独立思考、富有创造性和想象力的。问题求解建立在高度的抽象级别上，问题的符号表示及其处理过程的机械化、严格化的特点，决定了数学是计算机学科的重要基础之一。数学及其严格的形式化描述、严密的表达和计算是计算机学科使用的重要描述工具，建立物理符号系统并对其实施变换是计算机学科进行问题描述和求解的重要手段。

计算机学科研究利用计算机进行问题求解的"能行性"，由于连续对象很难被"能行地"处理，因此研究的重点处理对象是离散的，所以"离散数学"在计算机学科中具有重要的地位。

3. 计算机学科方法论的定义

计算机学科方法论是对计算机领域认识和实践过程中一般方法及其性质、特点、内在联系和变化规律进行系统研究的理论总结。计算机学科方法论是认知计算机学科的方法和工具，也是计算机学科认知领域的理论体系，对于计算机领域的科学研究、技术开发和人才培养具有重要指导意义。

在计算机领域，"认识"指的是抽象过程（感性认识）和理论总结过程（理性认识），"实践"指的是学科中的设计过程。抽象、理论和设计是具有方法论意义的三个过程，这三个过程是计算机方法论中最重要的研究内容。

4. 计算机学科的三个过程

方法论在不同层次上有哲学方法论、一般科学方法论、具体科学方法论之分。关于认识世界、改造世界、探索实现主观世界与客观世界相一致的最一般的方法理论是哲学方法论；研究各门具体学科，带有一定普遍意义，适用于多个领域的方法理论是一般科学方法论；研究某一具体学科，涉及某一具体领域的方法理论是具体科学方法论。三者之间的关系是互相依存、互相影响、互相补充的对立统一关系。哲学方法论、一般科学技术方法论对计算机学科方法论具有指导作用，即在哲学方法论、一般科学技术方法论的指导下研究总结计算机学科方法论。抽象、理论和设计三个过程（也称学科的三个形态）概括了计算机学科中的基本内容，是计算机学科认知领域中最基本的三个概念。不仅如此，它还反映了人们的认识是从基于实践（设计）的感性认识（抽象）到理性认识（理论），再由理性认识（理论）回到实践（设计）中来的科学思维方法。

1) 抽象

抽象是指在思维中对同类事物去除其现象的、次要的方面，抽取其共同的、主要的方面，从而做到从个别中把握一般，从现象中把握本质的认知过程和思维方法。

在计算机学科中，抽象也称为模型化，源于实验科学，主要要素为数据采集方法和假设的形式说明、模型的构造与预测、实验分析、结果分析。在为可能的算法、数据结构和系统结构等构造模型时使用此过程。抽象的结果为概念、符号和模型。

2) 理论

科学认识由感性阶段上升为理性阶段，就形成了科学理论。科学理论是经过实践检验的系统化了的科学知识体系，它是由科学概念、科学原理以及对这些概念、原理的论证所组成的体系。通过对现实事物的分析、抽象，并对其本质性的一般规律进行总结、升华，就形成理论。

计算机学科的理论与数学所用的方法类似，要素为定义和公理、定理、证明、结果的解释，用这一过程来建立和理解计算机学科所依据的数学原理，其研究内容的基本特征是构造性数学特征。

3) 设计

设计源于工程学，用来开发求解给定问题的系统和设备。其要素为需求说明、规格说明、设计和实现方法、测试和分析。

在计算机学科中，从为解决某个问题而实现系统或装置的过程来看，设计形态包括以下内容：需求分析、建立规格说明、设计并实现该系统、对系统进行测试分析、修改完善。这正是计算机软件系统的设计开发过程或硬件系统的设计制造过程。

抽象、理论和设计三个过程贯穿计算机学科的各个分支领域。

在图论中体现的是抽象与理论形态，欧拉从哥尼斯堡七桥问题入手，将其抽象为边和点的问题进行研究，成为图论研究的先驱。哈密顿回路、中国邮路等问题都是对现实问题的抽象，这些问题的研究和解决形成了一套比较完整的关于图的理论，包括一系列的定义、公理和定理等。

在软件工程中综合体现了设计、抽象和理论三个过程，人们在开发规模比较大的软件时，要完成需求分析、系统设计、系统实现、测试与维护等工作，这是设计过程；开发人员总要为解决软件开发中遇到的问题而提出解决方案，如应用数据流图、数据字典、流程图等工具进行系统的分析和设计工作,这是抽象过程;专家学者及实际开发人员要对有效的软件开发方法进行总结,形成普遍适用的软件工程方法和软件开发准则,如生命周期法、面向对象法等,这是理论过程。当然,这些方法可以用于指导软件开发工作,以保证软件开发的质量和效率。

数据库原理中的数据规范化也是抽象、理论和设计三个过程的综合体现。人们在开发数据库应用系统(信息管理系统)时,一项重要的基础工作就是数据库的设计和建立,用到的抽象工具是 E-R 图。面对众多的需要管理的数据,是建立一个数据库(表)好,还是建立多个数据库(表)好,人们在设计实践中总结出了一些有效的方法,研究人员对这些方法做进一步的抽象和总结,形成了一套严密的数据规范化理论。

习　题　11

一、填空题

1. 最早研究图论问题的科学家是_____,最先研究的问题是_____。

2. 从图的某个顶点出发,经过图中每条边一次且仅一次,又回到原出发点的路径称为_____。

3. 从图的某个顶点出发,经过图中每个顶点一次且仅一次,又回到原出发点的路径称为_____。

4. 在旅行商问题中,如果有 n 个城市,从某个城市出发,经过每一个城市且只能在每个城市停留一次,最后回到原出发城市。可供选择的路径数为_____。

5. 汉诺塔问题和旅行商问题描述的是计算机领域的_____问题。

6. 生产者-消费者问题和哲学家共餐问题描述的是计算机领域的_____问题。

二、名词解释

哥尼斯堡七桥问题、哈密顿回路问题、中国邮路问题、哈密顿回路、欧拉回路、旅行商问题、组合爆炸问题、汉诺塔问题、生产者-消费者问题、哲学家共餐问题。

思　考　题　11

1. 以汉诺塔问题为例,说明理论上可行的计算问题实际上并不一定都能行。

2. 自己查阅资料,给出旅行商问题的最近邻算法的算法思路。

3. 能否就生产者-消费者问题和哲学家共餐问题,给出你的解决该问题的思路?

词汇表

说明：词汇后面的数字为该词汇主要所在页。

参 考 文 献

[1] 马丁·坎贝尔-凯利,威廉·阿斯普雷,内森·恩斯门格,等.计算机简史[M].蒋楠,译.3版.北京:人民邮电出版社,2020.

[2] 琼·詹姆里奇·帕森斯.计算机文化(原书第20版)[M].吕云翔,高俊逸,霍晓亮,等译.北京:机械工业出版社,2018.

[3] 袁方,安海宁,肖胜刚,等.大学计算机[M].2版.北京:高等教育出版社,2020.

[4] 陈意云,王行刚.计算机发展简史[M].北京:科学出版社,1985.

[5] 赵免辉.激动人心:电脑史话[M].杭州:浙江文艺出版社,1999.

[6] 李彦.IT通史:计算机技术发展与计算机企业商战风云[M].北京:清华大学出版社,2005.

[7] 刘瑞挺.计算机系统导论[M].北京:高等教育出版社,1993.

[8] 中国计算机及中国计算机事业50周年纪念特刊[N].中国计算机报,2006-10-25.

[9] 中国计算机学会.中国计算机事业创建50周年大事[G].中国计算机学会文集,2007.

[10] 中国工程教育专业认证协会.工程教育认证标准[S/OL].https://www.ceeaa.org.cn/gcjyzyrzxh/rzcxjbz/gcjyrzbz/tybz/630662/index.html.

[11] 教育部高等学校教学指导委员会.普通高等学校本科专业类教学质量国家标准(上)[M].北京:高等教育出版社,2018.

[12] "计算机教育20人论坛"报告编写组.计算机教育与可持续竞争力[M].北京:高等教育出版社,2019.

[13] 纪禄平,罗克露,刘辉,等.计算机组成原理[M].北京:高等教育出版社,2020.

[14] 约翰·L.亨尼西,大卫·A.帕特森.计算机体系结构[M].贾洪峰,译.6版.北京:人民邮电出版社,2022.

[15] 张晨曦,王志英.计算机系统结构教程[M].3版.北京:清华大学出版社,2021.

[16] 安德鲁·S.塔嫩鲍姆,赫伯特·博斯.现代操作系统[M].陈向群,马洪兵,译.北京:机械工业出版社,2022.

[17] 孙钟秀,费翔林,骆斌.操作系统教程[M].4版.北京:高等教育出版社,2008.

[18] 孔宪君,王亚东.操作系统的原理与应用[M].北京:高等教育出版社,2008.

[19] 袁方,肖胜刚,齐鸿志.Python语言程序设计[M].2版.北京:清华大学出版社,2023.

[20] 严蔚敏,吴伟民.数据结构(C语言版)[M].北京:清华大学出版社,2004.

[21] 廖明宏,郭福顺,张岩,等.数据结构与算法[M].4版.北京:高等教育出版社,2007.

[22] 张素琴,吕映芝,蒋维杜,等.编译原理[M].2版.北京:清华大学出版社,2005.

[23] 吴鹤龄,崔林.ACM图灵奖:计算机发展史的缩影[M].4版.北京:高等教育出版社,2012.

[24] 王珊,萨师煊.数据库系统概论[M].5版.北京:高等教育出版社,2014.

[25] 于戈申,德荣.分布式数据库系统[M].3版.北京:机械工业出版社,2023.

[26] 张海藩,牟永敏.软件工程导论[M].6版.北京:清华大学出版社,2013.

[27] 维克托·迈尔-舍恩伯格,肯尼斯·库克耶.大数据时代[M].盛杨燕,周涛,译.杭州:浙江人民出版社,2013.

[28] 白晶.方正人生:王选传[M].南京:江苏人民出版社,2010.

[29] 谢希仁.计算机网络[M].8版.北京:电子工业出版社,2021.

[30] 蔡开裕,朱培栋,徐明.计算机网络[M].2版.北京:机械工业出版社,2008.

[31] 桂小林.物联网技术导论[M].2版.北京:清华大学出版社,2018.

[32] 中国计算机学会主页. https://www.ccf.org.cn/.

[33] 郭文忠,董晨,张浩,等. 网络空间安全概论[M]. 北京：清华大学出版社,2023.

[34] 马利,姚永雷,苏健,等. 计算机网络安全[M]. 4 版. 北京：清华大学出版社,2023.

[35] 翟立东. 白话网络安全[M]. 北京：人民邮电出版社,2021.

[36] 徐国爱. 网络安全[M]. 北京：北京邮电大学出版社,2004.

[37] 牛少彰,崔宝江,李剑. 信息安全概论[M]. 2 版. 北京：北京邮电大学出版社,2007.

[38] 杨波. 现代密码学[M]. 2 版. 北京：清华大学出版社,2005.

[39] 尼克. 人工智能简史[M]. 2 版. 北京：人民邮电出版社,2021.

[40] 吴飞. 人工智能导论：模型与算法[M]. 北京：高等教育出版社,2020.

[41] 焦李成,刘旭,赵嘉璇,等. ChatGPT 简明教程[M]. 西安：西安电子科技大学出版社,2023.

[42] 王万良. 人工智能通识教程[M]. 北京：清华大学出版社,2020.

[43] 李德毅,于剑. 人工智能导论[M]. 北京：中国科学技术出版社,2018.

[44] 周志华. 机器学习[M]. 北京：清华大学出版社,2016.

[45] 南开大学哲学院逻辑学教研室. 逻辑学基础教程[M]. 4 版. 天津：南开大学出版社,2021.

[46] 莫宏伟,徐立芳. 人工智能伦理导论[M]. 西安：西安电子科技大学出版社,2022.

[47] 吴文俊主页. http://www.mmrc.iss.ac.cn/~wtwu/.

[48] 董荣胜. 计算机科学导论：思想与方法[M]. 3 版. 北京：高等教育出版社,2015.

[49] 张效祥,徐家福. 计算机科学技术百科全书[M]. 3 版. 北京：清华大学出版社,2018.

图 书 资 源 支 持

感谢您一直以来对清华版图书的支持和爱护。为了配合本书的使用,本书提供配套的资源,有需求的读者请扫描下方的"书圈"微信公众号二维码,在图书专区下载,也可以拨打电话或发送电子邮件咨询。

如果您在使用本书的过程中遇到了什么问题,或者有相关图书出版计划,也请您发邮件告诉我们,以便我们更好地为您服务。

我们的联系方式:

清华大学出版社计算机与信息分社网站: https://www.shuimushuhui.com/

地　　址: 北京市海淀区双清路学研大厦 A 座 714

邮　　编: 100084

电　　话: 010-83470236　010-83470237

客服邮箱: 2301891038@qq.com

QQ: 2301891038(请写明您的单位和姓名)

资源下载: 关注公众号"书圈"下载配套资源。

资源下载、样书申请

书 圈

图书案例

清华计算机学堂

观看课程直播